Dirk Siefkes

Formalisieren und Beweisen

Dirk Siefkes

Formalisieren und Beweisen

Logik für Informatiker

2., verbesserte Auflage

vieweg

Die Deutsche Bibliothek – CIP-Einheitsaufnahme

Siefkes, Dirk:
Formalisieren und beweisen: Logik für Informatiker /
Dirk Siefkes. – 2., verb. Aufl. – Braunschweig; Wiesbaden:
Vieweg, 1992

1. Auflage 1990
2., verbesserte Auflage 1992

ISBN 978-3-528-14757-0   ISBN 978-3-322-91769-0 (eBook)
DOI 10.1007/978-3-322-91769-0

Ich widme dieses Buch meinem Lehrer

Dr. Gert Heinz Müller

ordentlicher Professor für Mathematische Logik
am Mathematischen Institut der Universität Heidelberg

zu seiner Emeritierung am 1. Oktober 1990.

Als er am 1. April 1963 nach Heidelberg kam, wurde ich sein erster Schüler,
und ihm verdanke ich an erster Stelle, daß ich jetzt dieses Buch schreiben konnte.
Ich hoffe, daß es ihm gefällt, auch wenn ihm manches darin nicht logisch erscheinen wird.

Vorwort

Gregory Bateson - Biologe, Anthropologe, Psychiater, Systemtheoretiker - erzählt in der Einleitung zu seinem Buch *Geist und Natur*[1] eine Geschichte:
Ein Mann gibt in seinen Computer die Frage ein: "Wirst Du jemals denken wie ein Mensch? Rechne mal nach!" Der Computer rechnet und rechnet und gibt schließlich aus:
        Dabei fällt mir eine Geschichte ein.

Die Geschichte dieses Buches handelt von Menschen. "Fangt doch jeden Abschnitt mit einem Beispiel an", schlug *Ralf-Detlef Kutsche* vor, als er mir 1982 zusammen mit *Peter Padawitz*, *Simone Pribbenow* und *Andreas Schulze* half, die Lehrveranstaltung *Logik für Informatiker* durchzuführen. "Fragen und Aufgaben regen besser zum Arbeiten an als Begriffe und Sätze." Deswegen beginnt jeder Teil dieses Buches mit einer Geschichte, die als Arbeitsmaterial dient: Die *Einführung* mit dem Problem des *Affen mit der Banane*, die *Aussagenlogik* mit der *Ballwurflogelei*, die *Offene Prädikatenlogik* mit dem *Architektenbeispiel* und die volle *Prädikatenlogik* mit der *Geometrie Euklids*. Deswegen endet jeder Abschnitt mit Aufgaben und Fragen, die wesentlich fürs Verstehen sind. Deswegen sieht man beim Blättern so wenig Beweise: Ich entwickle einen Beweis lieber aus einer Fragestellung und formuliere das Ergebnis als Satz, statt mit dem Satz zu beginnen. Deswegen sind die Themen des Buches *Formalisieren und Verstehen*, Tätigkeiten, und nicht *Logik und Informatik*, Gebiete.

Ich behandle in dem Buch im wesentlichen die klassischen Grundthemen der mathematischen Logik: logische Folgerung, Ableitung, Vollständigkeit, logische Theorie, Axiomensystem. Es geht mir aber nicht darum, diese Begriffe und ihre Eigenschaften darzustellen. Ich will die Leser anleiten, das *Formalisieren von Beschreibungen und Beweisen* zu lernen und zu üben. Für Informatiker ist dazu die Prädikatenlogik aus mehreren Gründen geeignet: Die Logik hat eine lange Tradition, Grundbegriffe und Ergebnisse sind vielfach durchdacht, Möglichkeiten und Grenzen abgesteckt; logische Kalküle sind Programmiersprachen ähnlich genug, um die Leser Vertrautes und Erlerntes in beiden Richtungen übertragen zu lassen; sie sind andererseits den Informatikern so fremd, daß diese aus der Routine des Programmierens und Alles-Programmieren-Könnens aufgeschreckt werden; sie werden schließlich immer mehr in der Informatik direkt verwendet, so daß Informatiker die Grundlagen kennen sollten.

Die beiden Motive - Informatiker ins Formalisieren einzuführen (und nicht Mathematikern Formalismen zu präsentieren) - haben das Buch auch inhaltlich geprägt. Ich stelle den logischen Kalkül nicht neben die Umgangssprache, sondern gewinne ihn, indem ich die Umgangssprache einschränke und den Umgang mit dem formalen Teil genau festlege. Dadurch kann ich anschauliche Bezeichnungen und Schreibweisen aus der Mathematik und der Umgangssprache in der Logik beibehalten. Dadurch brauche ich Syntax und Semantik nicht so unversöhnlich zu trennen, wie es sonst üblich ist und Anfängern meist Schwierigkeiten macht; zum Beispiel schreibe ich beim Aus-

---

[1] Literaturverzeichnis Teil L6. (Ich habe die Literatur nach Bereichen geordnet.)

werten Daten in die Terme und Formeln hinein, statt sie den Variablen "zuzuordnen". Syntax und Semantik sind zwei Aspekte des Formalismus, aber beide kommen aus der gewohnten Sprache. Ich beschreibe eher Tätigkeiten als Ergebnisse, so definiere ich das Aufbauen, Auswerten, Umformen und Ableiten von Formeln induktiv durch Regelsysteme, mit denen sich handlich arbeiten läßt. Wie in der Umgangssprache betrachte ich die Aussagenlogik als einen Teil der Prädikatenlogik, nicht als einen separaten Formalismus. Ich lehne mich in den Normalformen und Ableitungssystemen an Klausellogik und Resolution an, die vielfach die Grundlage fürs automatische Theorembeweisen und logische Programmieren bilden, und widme deswegen der quantorenfreien Prädikatenlogik einen eigenen Teil des Buches. Durch all' das wird das Arbeiten mit dem Formalen natürlicher, es wirkt auf Logik-Anfänger nicht so abschreckend. Die Gefahr, daß sie dabei Wesentliches übersehen - zum Beispiel die Trennung zwischen Syntax und Semantik - wird dadurch aufgewogen, daß sie leichter mit dem Formalismus umgehen können, nicht erst ihre Intuition verlieren müssen. Ich lege die Beweise so an, daß Anfänger sie selbstständig modifizieren können, um sie auf verwandte Situationen anzuwenden. Ich entwickle zum Beispiel eingeschränkte Vollständigkeitssätze so, daß die Studenten Varianten und Verallgemeinerungen als Übungsaufgaben beweisen können. Sie sollten dann in der Lage sein, den Vollständigkeitsbeweis für die volle Prädikatenlogik, den ich nicht beweise, aus anderen Lehrbüchern zu übernehmen. Daß Studenten Vollständigkeit wirklich verstehen, habe ich beim traditionellen Vorgehen selten erlebt. 'Verstehen' heißt 'selber machen können' betone ich in diesem Buch immer wieder. Als mein Lehrer *Gert H. Müller* mich in der Diplomprüfung nach dem Vollständigkeitsbeweis fragte, konnte ich ihn vorführen, aber mehr auch nicht. Wir haben uns das nachgesehen.[2]

An den Vollständigkeitsbeweisen dieses Buches habe ich mit *Dieter Hofbauer* und *Ralf-Detlef Kutsche* gearbeitet.[3] Beide haben mit mir und selbständig die "Logik für Informatiker" betreut und mich stark beeinflußt.[4] Sie haben eine eigene "Logik II für Informatiker" entwickelt, in der sie Grundlagen des automatischen Theorembeweisens und des Termersetzens behandeln. Das daraus entstandene Buch[5] ist eine schöne Fortsetzung zu diesem. Wenn mein Buch einigermaßen klar strukturiert[6], les- und anschaubar, mit anderen Büchern verträglich und überhaupt als Lehrbuch zu verwenden ist, verdanke ich es ihnen. Auch *Annegret Habel*, von meinem Kollegen *Hartmut Ehrig* an streng formales Arbeiten gewöhnt, hat dafür gekämpft, daß ich über dem Formalisieren die Formalismen nicht vergaß. Umgekehrt haben seit dem 1. April 1963 meine Frau *Marie Luise* und später unsere vier Söhne dafür gesorgt, daß ich über dem Formalisieren der Welt nicht verloren ging und so unsere Ehe und Familie lebendig blieben. Auf wieder andere Weise hat *Hannelore Pribbenow* das Buch in die sichtbare Welt gebracht, mir dabei über viele Hürden geholfen und sich sogar mit dem Textsystem angefreundet.

---

[2] Siehe die Widmung.

[3] Dirk Siefkes, Dieter Hofbauer, Ralf-Detlef Kutsche "Completeness Proofs for Logic Programming - Refutations for Ground Clauses", Literatur L3. Die Fortsetzung "- Existencial Queries and Answer Substitutions" haben wir nicht geschrieben. Die Ergebnisse sind teilweise in anderer Form in der Literatur verstreut, aber nicht zusammenhängend behandelt und weitgehend unbekannt.

[4] Siehe den Anhang.

[5] Dieter Hofbauer, Ralf-Detlef Kutsche "Grundlagen des maschinellen Beweisens", Literatur L3.

[6] Zum Thema 'Strukturieren' siehe Abschnitt 2A1.

Wir führen die "Logik für Informatiker" seit zwei Jahren "projektorientiert" durch. Die Studenten bearbeiten eine Reihe gößerer Aufgaben selbstständig in kleinen Gruppen; dabei werden sie in Tutorien von Tutoren, Assistenten und mir unterstützt; in der Vorlesung spreche ich über Zusammenhänge, Geschichte, zusätzliche Themen. Ich bin so oft von Kollegen danach gefragt worden, daß ich am Ende des Buches das Vorgehen kurz beschreibe. *Peter Eulenhöfer* und *Hans-Jörg Burtschick* waren an der Entwicklung dieser Lehrform wesentlich beteiligt und haben so auch das Buch geprägt. Peter schreckt mich mit seinen Fragen (er hat diese Kategorie auf den Übungsblättern eingeführt) heilsam auf, wenn ich unlogisch oder nur logisch denke. *Joachim Seidel* hat große Teile des Textes mit seinen Studenten und dann mit mir durchdiskutiert; darüber hinaus hat er mir das Buch von Howard DeLong[7] gebracht. *Lars With* hat die Verzeichnisse der Begriffe, Namen und Symbole durchgearbeitet. Viele andere Studenten und Mitarbeiter, die ich nicht einzeln, sondern nur pauschal im Anhang nennen kann, denen ich aber ebenso danke wie den Genannten, haben mir auf die eine oder andere Weise beim Schreiben geholfen, teilweise ohne es zu wissen. Mein Kollege *Jan Grabowski* von der Humboldt-Universität hat das Manuskript durchgesehen und mich auf Fehler und Ungereimtheiten aufmerksam gemacht. Dasselbe hat *Reinald Klockenbusch* vom Vieweg-Verlag getan; vor allem aber hat er mich ermuntert und ermutigt, wenn ich die Freude an diesem in sich widersprüchlichen Vorhaben verlor. Wie kann Logik in sich widersprüchlich sein? Lesen Sie selbst.

Hinweise zu den Abbildungen: Das Bild vom Affen unter den Bananen hat *Christine Gonser-Buntrock* gezeichnet, als ihr Mann mit mir zusammen die "Logik für Informatiker" betreute; es hat jahrelang die Titelseite des Skriptes geziert. Den Formelsalat hat *Annegret Habel* erdacht und ins Bild gesetzt; auf den MAC gebracht haben ihn - wie die anderen Formelzutaten - *Dieter Hofbauer* und *Hannelore Pribbenow*. Dem ersteren verdanke ich auch die Weltkugel. Mit der Folie von Anne, Emil, Fritz und Gustav führe ich in Vorlesungen und Vorträgen die Ballwurflogelei vor.

---

[7] Literatur L1.

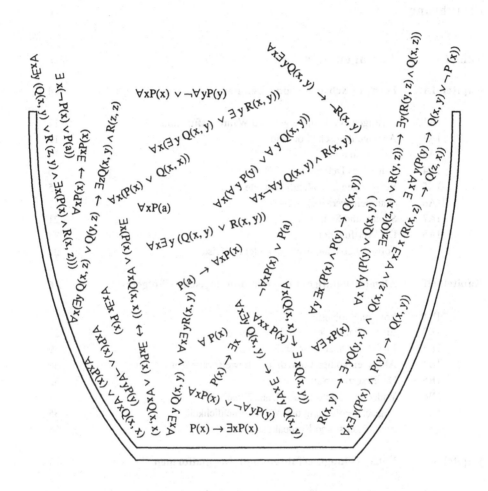

Formelsalat _Annegret_ aus den Aufgaben zu Kapitel 3A

Inhalt

Einführung

Ein Affe ist in einem Raum eingeschlossen. Hoch an der Decke hängt ein Bündel Bananen, zu hoch für den Affen. Es steht aber ein Stuhl im Raum. Kommt der Affe an die Bananen heran?

Dazu müssen wir wissen, ob der Affe den Stuhl schieben kann; ob der Stuhl hoch genug ist; ob der Affe schlau genug ist; und so weiter. Wenn ja, war es eine dumme Frage; natürlich kommt der Affe an die Bananen. Ist ja logisch.

Wenn es aber logisch ist, müßten wir es beweisen können. Nicht dem Affen; der will keine Beweise, sondern Bananen. Aber ersetzen wir den Affen durch einen Roboter, die Bananen durch radioaktive Stäbe und den Stuhl durch eine fahrbare Bühne. Kommt der Roboter an die Stäbe? Der Roboter will weder Stäbe noch Beweise; aber er könnte selbst etwas beweisen und damit etwas anfangen. Wir müßten die Situation so formal beschreiben, daß der Roboter aus der Beschreibung schließen kann, ob er die Stäbe erreichen kann und was er dazu tun muß. (Wem das noch nicht konkret genug ist, der ersetze den Roboter durch eine Rakete und die Stäbe durch den Mond oder die Stadt Berlin.)

Das Beispiel stammt aus dem Buch von D. Loveland.[1] Er präzisiert die Situation durch folgende Aussagen:

(A1)   Ein Tier, das Arme hat und nahe bei einem Ding ist, kann das Ding erreichen.

(A2)   Ein Tier auf einem hohen Gegenstand, der unter den Bananen steht, ist nahe bei den Bananen.

(A3)   Wenn ein Tier im Raum einen Gegenstand zu einem Ding schiebt, die beide im Raum sind, dann ist das Ding nahe am Boden oder der Gegenstand ist unter dem Ding.

(A4)   Wenn ein Tier einen Gegenstand ersteigt, ist es auf dem Gegenstand.

(A5)   Der Affe ist ein Tier, das Arme hat.

(A6)   Der Stuhl ist ein hoher Gegenstand.

(A7-9)   Der Affe, die Bananen und der Stuhl sind im Raum.

(A10)   Der Affe kann den Stuhl unter die Bananen schieben.

(A11)   Die Bananen sind nicht nahe am Boden.

(A12)   Der Affe kann den Stuhl ersteigen.

        Die Frage ist:

(A13?)   Kann der Affe die Bananen erreichen?

Wir könnten andere Präzisierungen wählen, gröbere, genauere, angemessenere. Mit der gegebenen können wir so schließen:

Aus (A7-10) und (A3) folgt

(A14)   Die Bananen sind nahe am Boden oder der Stuhl kann unter den Bananen sein.

Wegen (A11) gilt

(A15)   Der Stuhl kann unter den Bananen sein.

Andererseits ergibt sich aus (A12) und (A4)

(A16)   Der Affe kann auf dem Stuhl sein.

Mit (A16), (A15) und (A6) folgt aus (A2)

(A17)   Der Affe kann nahe bei den Bananen sein.

Das ergibt zusammen mit (A5) aus (A1)

(A13)   Der Affe kann die Bananen erreichen.

Na also. Aus dem Beweis können wir sogar entnehmen, was der Affe tun muß: erst den Stuhl schieben (A15), dann den Stuhl ersteigen (A16), dann die Bananen greifen (A13). Wenn es uns gelingt, den Roboter solche Beweise führen zu lassen, kann er nicht nur entscheiden, daß er die Stäbe holen kann, sondern auch wie.

Bis dahin ist allerdings noch ein langer Weg zu gehen. Zunächst müssen wir die Aussagen formalisieren. Wir folgen Loveland und schreiben:

Reichen(x, y)	für	x erreicht y (oder: kann erreichen)
Arme(x)	für	x hat Arme
Nah(x, y)	für	x ist nahe bei y (oder: kann nahe bei sein)
Auf(x, y)	für	x ist auf y (oder: kann auf sein)
Unter(x, y)	für	x ist unter y (oder: kann unter sein)
Hoch(x)	für	x ist hoch
In(x)	für	x ist im Raum

---

[1] "Automated Theorem Proving - A Logical Basis", S.20ff. Literatur L3.

Schieben(x, y, z)	für	x schiebt y zu z (oder: kann schieben)
Steigen(x, y)	für	x ersteigt y (oder: kann ersteigen)
$A \wedge B$	für	A und B
$A \rightarrow B$	für	wenn A, dann B
$A \vee B$	für	A oder B
$\neg A$	für	nicht A.

Dabei sollen x, y, z irgendwelche Dinge oder Lebewesen sein, A, B irgendwelche Aussagen.

Damit können wir die Aussagen in die Form bringen:

A1   Arme(x) $\wedge$ Nah(x, y) $\rightarrow$ Reichen(x, y)

A2   Auf(x, y) $\wedge$ Unter(y, Bananen) $\wedge$ Hoch (y) $\rightarrow$ Nah(x,Bananen)

A3   In(x) $\wedge$ In(y) $\wedge$ In(z) $\wedge$ Schieben(x, y, z) $\rightarrow$ Nah(z, Boden) $\vee$ Unter(y, z)

A4   Steigen(x, y) $\rightarrow$ Auf(x, y)

A5   Arme(Affe)   A6   Hoch(Stuhl)

A7   In(Affe)   A8   In(Bananen)   A9   In(Stuhl)

A10 Schieben(Affe, Stuhl, Bananen)   A11 $\neg$ Nah(Bananen, Boden)

A12 Steigen(Affe, Stuhl)   A13 Reichen(Affe, Bananen)

Aufgabe

Formalisieren Sie (A14) - (A17) genauso.

Als nächstes formalisieren wir die Schlüsse. Wir haben benutzt:

Aus B_1 und $B_1 \wedge ... \wedge B_n \rightarrow C$ folgt $B_2 \wedge ... \wedge B_n \rightarrow C$.

Aus B und $B \rightarrow C$ folgt C.

Aus $\neg C_1$ und $B \rightarrow C_1 \vee ... \vee C_n$ folgt $B \rightarrow C_2 \vee ... \vee C_n$.

Dabei sind B, C, B_i, C_i beliebige Aussagen. Außerdem haben wir für die Variablen Namen eingesetzt, also etwa geschlossen:

Aus A(x) folgt A(Affe).

Dabei ist A(x) eine beliebige Formel, in der die Variable x vorkommt.

Damit haben wir die Ideen für den automatischen Affen zusammen: Er muß Formeln lesen und mit Hilfe von logischen Schlüssen neue, die daraus folgen, schreiben können. Ein anspruchsvollerer Roboter sollte außerdem das, was er "wahrnimmt", selbst in Formeln übersetzen und seine Handlungen nach den gefolgerten Formeln richten. Solche Systeme zu entwerfen und zu untersuchen ist das Ziel in den Gebieten *Künstliche Intelligenz* und *Robotics*. Künstliche Intelligenz nimmt in der Informatik und in den Anwendungen einen immer breiteren Raum ein.

Damit haben wir auch das Programm für dieses Logikbuch zusammen: Wir wollen einen Formalismus aufbauen, in dem wir alle Beschreibungen von Situationen und alle logischen Schlüsse formalisieren können. Dieser Formalismus soll soweit wie möglich mechanisierbar, das heißt, durch Programme zu behandeln sein. Wir bauen den Kalkül in drei Stufen auf:

- *Aussagenlogik*, in der es nur um ganze Aussagen geht, die wahr oder falsch sein können;

- *offene Prädikatenlogik*, in der wir Situationen durch Operationen auf und Eigenschaften von Dingen in Form von Subjekt-Prädikat-Aussagen beschreiben;
- *Prädikatenlogik (Quantorenlogik)*, in der wir die Verknüpfungen "es gibt" und "für alle" hinzunehmen.

Wir wollen dabei immer von praktischen Beispielen ausgehen und den Formalismus wie eben im Affe-Banane-Beispiel aus der Problemanalyse gewinnen.

Halt! Wohin sind wir geraten? Wir wollten dem Affen helfen, alles klang so nett. Herausgekommen ist ein wissenschaftliches Programm zur Entwicklung von Raketensteuerung. Lernen wir dazu formalisieren? Was heißt 'formalisieren'? Nachdenkliche Logiker antworten darauf mit Diagrammen wie diesem:

Dabei zerfällt unsere Welt in lauter getrennte Bereiche: Wirklichkeit und Sprache, Sprache und Logik, Denken und Handeln, formales und nicht formales Vorgehen, Wissenschaft und Leben. Solche Trennungen sind für die Wissenschaft unerläßlich, ohne sie gäbe es keinen wissenschaftlichen Fort- oder Rückschritt. Aber tatsächlich beziehen sich die Bereiche vielfältig aufeinander: Wir erleben und verändern die Wirklichkeit weitgehend durch die Sprache. Jeder Formalismus entstammt der Umgangssprache und steht im Gegensatz zu ihr. Unser Denken, unser Handeln, unsere Gefühle bestimmen sich wechselseitig. Das gilt auch für die wissenschaftliche Arbeit; unsere Sprache erinnert uns daran: wir müssen alles er*fahren*, er*fassen*, veran*schau*lichen, uns *vor-stellen*, *Fingerspitzengefühl* ent*wickeln*, die Gründe ent*decken*, die uns *bewegen*. Können wir Wissenschaft be*treiben*, ohne die Beziehungen zwischen den Bereichen zu zerstören, wenn wir sie schon stören müssen? Können wir Logik be*greifen*, wenn es uns unwillig macht, sie so ver*wert*et zu sehen?

Was ist Logik? "Der spinnt!" "Na logisch, das tut er doch immer." Logisch ist, was selbstverständlich ist, was man nicht zu sagen braucht. Logisches ist überflüssig. Nicht die Logiker; die sagen uns, was man nicht zu sagen braucht. - "Was ist flüssiger als Wasser?" "Die Schwiegermutter: die ist überflüssig." Witze machen uns lachen, weil da verschiedene logische Ebenen zusammenstoßen, sagt Gregory Bateson, kein Logiker. Wer ernsthaft reden will, hält sich besser an die Logik. Trotzdem sind Witze wie Wissenschaft Sache der Männer. Ein Widerspruch? - Ein Widerspruch, wenn man Unlogisches nicht sagen darf und Logisches nicht zu sagen braucht? Was bleibt übrig? Das Vernünftige, Sinnvolle. Denn 'logisch' und 'unlogisch' sind keine Gegensätze, sondern zwei extreme Weisen, etwas zu sagen. Es gibt andere solche Extreme, zum Beispiel 'schweigen' oder 'lügen'. "Ich lüge jetzt," sagte der Kreter des Parmenides vor 2500 Jahren.

Wenn er die Wahrheit sagt, dann lügt er. Wenn er lügt, sagt er die Wahrheit. Solche Widersprüche kann man auch in der Logik nicht lösen. Man schließt sie aus, indem man sich auf formale Systeme beschränkt, in denen "wahr" und "falsch" eindeutig festliegen.

Die Logik kommt von den Griechen, das Wort 'Logik' auch: logos - λόγοσ - Wort, Geist, Sinn, ordnendes Prinzip. "Im Anfang war das Wort. Und das Wort war bei Gott. Und Gott war das Wort." Das ist der Anfang des Johannes-Evangeliums. Wie anders beginnt das alte Testament! "Im Anfang schuf Gott Himmel und Erde. Und die Erde war wüst und leer. Und der Geist Gottes schwebte über den Wassern." Da passiert was, es blitzt und kracht. Bei Johannes *ist* nur etwas, *bei* etwas. Die Logik ist statisch: Der Affe ist im Raum. A ist P oder A ist nicht P. Ewige Gesetze, immer die alte Leier. Wie sollen wir damit den Affen auf den Stuhl kriegen?

Die Menschen haben die Logik nicht entwickelt, um Affe-Banane-Probleme zu lösen. Der Grund wurde im Altertum gelegt, als Philosophen und Mathematiker - zum Beispiel Euklid, Aristoteles, die Stoiker) - über Sprechen und Denken und wissenschaftliche Methoden grübelten. Allerdings waren die Gebiete damals noch nicht so getrennt. Mehr als ein Jahrtausend lang stützte sich die scholastische Philosophie auf die Schlüsse der aristotelischen Syllogismen, wie

    Alle Menschen sind sterblich;

    Sokrates ist ein Mensch;

    also ist Sokrates sterblich.

Dabei reichten die Syllogismen nicht einmal aus, um die Mathematik, die es gab, zu formalisieren. Nur die Existenz Gottes konnte man logisch beweisen oder widerlegen.[2] Erst in der Neuzeit geriet die Logik wieder in Bewegung. Für Leibniz sind die philosophische und die mathematische Motivation noch untrennbar; aber dann zerfallen die beiden Problembereiche. Heute ist die *mathematische Logik* ein Teilgebiet der Mathematik, in dem man - orientiert an Grundlagenfragen der Mathematik und der Naturwissenschaften - eigenständige Theorien aufbaut. In der *philosophischen Logik* arbeitet man mehr an logischen Fragen der Umgangs- und der allgemeinen wissenschaftlichen Sprache und an ihren philosophischen Problemen. In beiden Fällen ergeben sich praktische Anwendungen höchstens indirekt. Direkte Anwendungen von logischen Formalismen auf automatisierte Systeme sind neu. Sie kommen aus dem Zusammenspiel von mathematischer Logik und Informatik, zum Beispiel auf den Gebieten Künstliche Intelligenz (Theorembeweiser, Problemlöser), Datenbanksysteme (Informationsgewinnung), Programmierkalküle (Programmverifikation). Daß diese Gebiete in der Informatik mit soviel Geld und Energie vorangetrieben werden, hat seinen Grund in den handfesten und vielfach militärischen Anwendungen. Durch Formalisierung bereiten wir die Automatisierung vor.

Es gibt also vielfache Gründe, Logik zu lernen. Man kann dabei
- sehen, wie man die wissenschaftliche Sprache aus der Umgangssprache gewinnt und die Umgangs- durch die wissenschaftliche Sprache beeinflußt (*Philosophie*);
- in der wissenschaftlichen und in der Umgangssprache beweglicher werden, zum Beispiel besser zu beweisen lernen (*Mathematik*);
- verstehen, wie logische Formalismen verwendet werden können, zum Beispiel in Theorembeweisern, und wozu sie verwendet werden (*Anwendungen*).

---

[2] Schöne Beispiele findet man bei Paul Feyerabend "Wissenschaft als Kunst" und Douglas Adams "Per Anhalter durch die Galaxis", Literatur L5.

Um all' das geht es mir auch in diesem Buch. Aber um mehr. Ich will den Blick für die Zusammenhänge schärfen. Ich kann nicht verantworten, wenn Sie dieses Buch ausnutzen, um nur Ihren
Intellekt zu wetzen, Ihren Geldbeutel zu füllen, Ihr Image aufzupolieren oder Ihren Haß oder Ihre
Angst abzureagieren. Ich kann Sie nicht daran hindern, aber Sie sollen wissen, was Sie tun. Ich
will deutlich machen, was es mit dem Formalisieren auf sich hat: wie man es betreibt, woher es
kommt und wohin es führen kann. Etwas ver*stehen* heißt, sich damit auf eine breitere Grundlage
stellen: die technischen Fähigkeiten erweitern, sehen was man damit machen kann. Sie können sie
anwenden, mit ihnen spielen, mit ihnen sich und andere und die Fähigkeiten selbst verändern, sie
weitergeben, ihren Wert beurteilen und darüber reden.

Zum Umgang mit dem Buch

Das Buch besteht aus *3 Teilen*, jeder Teil aus *4 Kapiteln* A, B, C, D, jedes Kapitel aus durch-
nummerierten Abschnitten. So ergibt sich für jeden Abschnitt ein *Codewort*, von *1A1* bis *3D12*,
das auch bei den Sätzen, Definitionen und Aufgaben steht. Im ganzen Buch wird daher auf
Codewörter statt auf Seitenzahlen verwiesen. Die *Aufgaben* und *Beispiele* entstammen zum
großen Teil den Übungsblättern der vergangenen Jahre, und von daher gelegentlich anderen
Lehrbüchern, ohne daß ich es immer rekonstruieren kann. Die *Aufgaben* sind in drei Kategorien
eingeteilt: Durch die gewöhnlichen *Übungen* (ohne Zusatz) sollen Sie angeregt werden, den
jeweiligen Abschnitt gründlich durchzuarbeiten und zu überprüfen, wieweit Sie ihn verstanden
haben; das sollte Sie im allgemeinen nicht zu viel Mühe und Zeit kosten. Die *eigentlichen
Aufgaben* (mit dem Zusatz *(A)* wie 'Aufgabe') beziehen sich auf größere Zusammenhänge,
erfordern intensivere Arbeit, sollten aber mit dem bis dahin Bewältigten zu behandeln sein. Noch
schwierigere Aufgaben (mit dem Zusatz *(P)* für 'Problem') gibt es wenige; für sie braucht man
weitere Kenntnisse oder Hilfe und manche sind "offen": nicht ohne weiteres zuendezubringen. Ich
empfehle folgende Arbeitsweise: Lesen Sie einen Abschnitt so, daß Sie wissen, um was es geht.
Gehen Sie dann die Aufgaben durch und bearbeiten sie solange, bis Sie die Lösung oder zumindest
das Problem sehen; dazu müssen Sie wieder in dem Abschnitt lesen, vielleicht in früheren.
Arbeiten Sie einzelne Aufgaben schriftlich aus und erläutern Sie anderen ihre Lösung. So merken
Sie selbst am besten, was Sie verstanden haben und wo es noch fehlt. Sie werden auch akzeptieren, daß es keine Musterlösungen gibt. Der Sinn von Aufgaben ist, daß Sie sie bearbeiten, nicht
daß Sie eine Lösung haben, auch wenn Ihnen das mehr von Bedeutung ist.[3]

Was heißt also 'formalisieren'? Sie werden es in dem Buch nicht definiert finden. Ich führe es vor,
wie an dem niedlichen Affe-Banane-Beispiel, ich beschreibe es aus verschiedenen Blickwinkeln
und Zusammenhängen - vielleicht widersprüchlich, denn ich lerne selbst beim Schreiben - ich
bewerte es. Ich möchte, daß Sie 'Formalisieren' verstehen.

---

[3] Suchen Sie die Abschnitte zu 'Sinn' und 'Bedeutung' im Verzeichnis der Begriffe.

Teil 1

Aussagenlogik

"Wer von Euch Halunken hat den Ball in mein Fenster geworfen?" schreit der Mann voller Zorn. Zitternd stehen die vier Kinder da. Anne sagt: "Emil war es." Emil sagt: "Gustav hat es getan." Fritz sagt: "Ich war's nicht." Gustav sagt: "Emil lügt."
Ein Passant, der den Wurf beobachtet hat, sagt: "Eins von den Kindern war es, aber Vorsicht: Nur eins der Kinder sagt die Wahrheit."

Wer hat den Ball geworfen?

Solche "Logeleien" stehen regelmäßig im Unterhaltungsteil verschiedener Zeitschriften; es gibt sie auch in Büchern[1]. Wir können sie folgendermaßen lösen: Wir setzen voraus, daß der Passant die Wahrheit sagt. (Erwachsene sind wie Orakel: Was sie sagen, stimmt immer, auch wenn es keinen Sinn ergibt.) Aufgrund seiner Aussage betrachten wir der Reihe nach die Fälle, daß Anne (Emil, Fritz, Gustav) die Wahrheit sagt.

1. Fall: Anne sagt die Wahrheit. Dann lügen Emil, Fritz und Gustav. Wenn aber Gustav lügt, wenn er sagt "Emil lügt", dann sagt Emil die Wahrheit. Das ist ein Widerspruch. Der 2. und 3. Fall (Emil bzw. Fritz sagt die Wahrheit) ergeben auf ähnliche Weise einen Widerspruch. Also sagt Gustav die Wahrheit. Also lügt Fritz. Also war er's! Daß Fritz lügt, hätten wir direkt aus dem 3. Fall folgern können. Also hätten wir den 4. Fall nicht gebraucht; den 1. und 2. eigentlich auch nicht. Vielleicht wären wir überhaupt schneller durchgekommen, wenn wir die vier Fälle "Anne (Emil, Fritz, Gustav) war es" betrachtet hätten.

Solche Überlegungen bringen uns dazu, die Logelei und ihre Lösung zu formalisieren. Damit gewinnen wir Übersicht, bringen Ordnung in die Sache, überhaupt in solche Untersuchungen. So kommen wir dem Traum aus der Einführung näher, das Beweisen zu automatisieren. Wir ersetzen uns als Untersuchende durch Roboter, auch wenn wir uns damit den Spaß am Logeln verderben können und jedem echten Richter wehtun.

Als erstes führen wir Abkürzungen für die Aussagen ein, mit denen wir beim Lösen jongliert haben, nämlich

Wa(a), Wa(e), Wa(f), Wa(g)   für "Anne (Emil, Fritz, Gustav) sagt die Wahrheit",
Tä(a), Tä(e), Tä(f), Tä(g)   für "Anne (Emil, Fritz, Gustav) war der Täter".

Damit können wir die Aussagen der Logelei formalisieren. Anne sagt: Tä(e) . Da wir aber nicht wissen, ob Wa(a) , müssen wir schreiben:

Wenn Wa(a) , dann Tä(e) , und wenn nicht Wa(a) , dann nicht Tä(e) .
Oder noch kürzer:

Wa(a)   genau dann wenn   Tä(e).
Analog für die Behauptungen der anderen Kinder. Da der Passant die Wahrheit sagt, brauchen wir Wa(p) nicht, sondern können direkt schreiben:

Wa(a) oder Wa(e) oder Wa(f) oder Wa(g)   für "Eines der Kinder sagt die Wahrheit".
Für das "Nur" müssen wir hinzufügen:

Wenn Wa(a), dann nicht Wa(e) und nicht Wa(f) und nicht Wa(g).
Ebenso für die anderen Kinder. Schließlich müssen wir noch auf die gleiche Weise die Aussage "Eines und nur eines der Kinder ist der Täter" formalisieren.

---

[1] Zum Beispiel in denen von Smullyan und Zweistein, siehe Literatur, Teil L5.

In *Kap*. *1A* führen wir einen Formalismus ein, in dem wir solche *Aussagen formalisieren* können, und geben Regeln an, um formalisierte Aussagen *auszuwerten*.

In *Kap*. *1B* definieren wir, welche formalen Aussagen immer gelten und welche aus anderen folgen, und stellen Gesetze für *Allgemeingültigkeit* und *logische Folgerung* auf.

In *Kap*. *1C* untersuchen wir das mechanische Auswertungsverfahren aus Kap. 1A und spezielle Formen formaler Aussagen. So erhalten wir *Entscheidungsverfahren* und *Normalformen*.

In *Kap*. *1D* formalisieren wir logische Schlüsse durch *Ableitungsregeln*, insbesondere durch die *Schnittregel*. Wir beweisen, daß die Schnittregel *vollständig* ist, das heißt, alle Schlüsse zu formalisieren gestattet, und gewinnen daraus die Grundlagen für automatische Theorembeweiser in der Aussagenlogik.

Im *Anhang* am Ende des Buches erzähle ich die wahre Geschichte über das Ballwerfen. Bis auf eine kleine Passage gehört sie in die Aussagenlogik.

Kapitel 1A.   Formeln schreiben und benutzen

Die Aufgabe bei der Logelei ist nur, herauszufinden, wer den Ball geworfen hat, also welche der
Aussagen, die wir mit Tä(a), Tä(e), Tä(f) und Tä(g) symbolisiert haben, wahr ist, und die
anderen damit falsch. Dazu dürfen wir diese *Aussagensymbole* und die entsprechenden für Wa
beliebig als wahr oder falsch annehmen und versuchen, diese angenommenen *Wahrheitswerte* mit
den zusammengesetzten Aussagen "Wenn Wa(a), dann Tä(e)" usw. zu kombinieren, bis wir ein
eindeutiges Ergebnis erhalten. Daher heißen die Aussagensymbole auch *Aussagenvariable*, die
daraus aufgebauten Aussagen *(aussagenlogische) Formeln*. Wir diskutieren nur ihre Wahrheitswerte und bewerten sie sonst nicht, weder moralisch noch gefühlsmäßig noch ästhetisch: wir
"logeln" eben. Ebenso beziehen sich die *Verknüpfungen* 'wenn, dann', 'nicht', 'oder' nur auf die
Wahrheitswerte; zeitliche, kausale oder finale Beziehungen zwischen den Aussagen berücksichtigen wir nicht. Wir betrachten die Aussageverknüpfungen also als *Wahrheitsfunktionen*. Wir
führen in diesem Kapitel einen Formalismus ein, in dem wir Formeln aus Aussagensymbolen mit
Hilfe von aussagenlogischen Verknüpfungszeichen zusammensetzen (1A1 - 1A3), so daß wir ihre
Wahrheitswerte aus denen der Aussagensymbole ausrechnen können (1A5, 1A6). In 1A4
beschäftigen wir uns genauer mit *induktiven Definitionen*, in 1A7 diskutieren wir *Syntax und
Semantik*. In 1A8, 1A9 vergleichen wir zwei Definitionen der Semantik des aussagenlogischen
Formalismus und unterscheiden dementsprechend *zwei Weisen zu formalisieren.*

1A1.   Aussagen, Verknüpfungen und Wahrheitsfunktionen

Zunächst stellen wir das Material zusammen, mit dem wir arbeiten wollen. Aussagensymbole
wählen wir beliebig. Abkürzungen wie Tä(a), Wa(e), ... sind wie beim Programmieren hilfreich,
um die Bedeutung im Kopf zu behalten, wenn wir Formeln aufstellen und am Schluß das Ergebnis
interpretieren. Fürs Logeln sind neutrale Buchstaben wie P, Q, ... günstiger als zu bedeutsame
Namen, die Vorurteile nahelegen wie "Mädchen können nicht werfen", "Wer über sich selbst
redet, ist verdächtig." Auch für die Wahrheitsfunktionen benutzen wir neue Symbole - zur
Abkürzung und um die gewohnte Bedeutung vergessen zu machen.

Definition   1A1
Eine *Aussage* ist eine sprachliche Form, die wahr oder falsch sein kann, aber nicht beides.
Beliebige Aussagen bezeichnen wir mit *Aussagensymbolen*, z.B. P, Q, Wa(e), Tä(g) und
anderen. Auch die *Wahrheitswerte wahr* und *falsch* sind Aussagen; wir kürzen sie durch die
Buchstaben W und F ab.
Aussagen *verknüpfen* wir durch Wahrheitsfunktionen. Eine *Wahrheitsfunktion* ist eine Funktion
mit W und F als Argumenten und Werten. Sie wurden zuerst von Leibniz und dann im vorigen
Jahrhundert von George Boole untersucht und heißen daher auch *Boolesche Funktionen*. Wir
werden die folgenden fünf benutzen, die wir mit *Wahrheitstafeln* definieren und für die wir
besondere *Verknüpfungszeichen* benutzen:

Verknüpfung	Zeichen	Wahrheitstafel	sonst übliche Symbole

nicht $\neg$

$\neg$	W F
	F W

$\sim$, $\overline{}$

und $\wedge$

$\wedge$	W F
W	W F
F	F F

& , • , Hintereinanderschreiben

oder $\vee$

$\vee$	W F
W	W W
F	W F

+

wenn dann $\rightarrow$

$\rightarrow$	W F
W	W F
F	W W

$\Rightarrow$, $\supset$

genau dann wenn $\leftrightarrow$

$\leftrightarrow$	W F
W	W F
F	F W

$\Leftrightarrow$, $\equiv$, $\sim$

Die Verknüpfungen und ihre Zeichen heißen in anderen Büchern *(aussagenlogische) Junktoren*. Das Symbol + wird auch für das ausschließende '(entweder) oder ' gebraucht.

Die Definition durch Wahrheitstafeln verschleiert, daß wir mit den Wahrheitsfunktionen die geläufigen Verknüpfungen der (mathematischen) Umgangssprache formalisieren. Wir könnten deutlicher auch schreiben, wobei wir p und q für Wahrheitswerte benutzen:

$\neg$ p	=	W	genau dann wenn	nicht p = W		
p $\wedge$ q	=	W	genau dann wenn	p = W	und	q = W
p $\vee$ q	=	W	genau dann wenn	p = W	oder	q = W
p $\rightarrow$ q	=	W	genau dann wenn	wenn p = W	dann	q = W
p $\leftrightarrow$ q	=	W	genau dann wenn	p = W	gdw	q = W

Das sieht merkwürdig aus: rechts kommen genau die Verknüpfungen vor, die wir links definieren wollen, nur mit anderen Bezeichnungen. Dasselbe träte auf, wollten wir die Wahrheitstafeln erläutern. Es geht auch nicht anders: Die Aussagenlogik ist grundlegend, wir können sie auf keinen anderen Formalismus zurückführen. Was Logik ist, lernen wir nicht durch Definitionen, sondern durchs Sprechen und Übers-Sprechen-Nachdenken. Diese Bemerkungen sollen nicht verschleiern, daß wir im täglichen Sprechen mit Aussagen und Verknüpfungen ganz anders umgehen als in der Mathematik, wo Hintersinn und Nebenbedeutungen verpönt sind, und erst recht in der Logik, wo wir nur Wahrheitsfunktionen erlauben. Denken Sie dazu über die folgenden Fragen und Aufgaben nach, und lesen Sie die ausführlichen Diskussionen in Logikbüchern wie dem von Quine[2].

Aufgaben 1A1

a) Welche der folgenden Sätze sind Aussagen?

      Pik ist Trumpf. Ist Pik Trumpf? Pik ist immer Trumpf. Sei nicht dumpf: Pik ist Trumpf!
      Pieck ißt Trumpf. Ich wollte, Pik wäre Trumpf. Beim nächsten Spiel ist sicher Pik Trumpf.

---

[2] Literatur L1.

Untersuchen Sie weitere Beispiele.

b) Werden in den folgenden Sätzen die Verknüpfungen 'nicht', 'und', 'aber' usw. als Wahrheits-funktionen gebraucht? Wenn nein, warum nicht? Wenn ja, stimmen sie mit denen in der Definition überein?

   Diese Lehrveranstaltung ist nicht erfreulich, aber auch nicht unerfreulich.

   Er erwachte und lachte.

   Soll ich jetzt arbeiten oder schlafen?

   Wenn ich ein Vöglein wär, flög ich zu Dir.

   Wenn der wüßte!

   Finden Sie weitere Beispiele.

c) Welche der folgenden Verknüpfungen können Sie als Wahrheitsfunktionen auffassen?

   Weder noch, entweder oder, obwohl, aber, nachdem, sodann, dann und nur dann.

   Soweit Sie es können, geben Sie die Wahrheitstafeln an und begründen sie.

d) (A)[3] Die Verknüpfungen 'und' und 'oder' sind *dual*, das heißt, ihre Wahrheitstafeln gehen ineinander über, wenn wir in den Werten und in den Argumenten, W und F vertauschen. Stimmt's? Welche Verknüpfung ist zu ↔ dual? Zu → ? Zu ¬ ? Stellen Sie nicht nur die Wahrheitstafeln auf, sondern suchen sie auch sprachliche Verknüpfungen dafür. Kennen sie noch mehr Verknüpfungen, die Sie durch Wahrheitsfunktionen formalisieren können?

e) Anne lügt, wenn sie nicht die Wahrheit sagt. Welche Wahrheitsfunktion meinen Sie mit 'wenn', wenn Sie mit dem Satz 'lügt' definieren wollen?

Fragen

a) Ist 'Diese Aussage ist falsch' eine Aussage? Wenn ja, ist sie wahr oder falsch?

   Ist 'Diese Aussage ist keine Aussage' eine Aussage? Ist sie wahr oder falsch?

   Ist die Definition von 'Aussage' eine Aussage? Ist sie wahr oder falsch?

   Ist diese Aussage eine Aussage?

b) "Eine Hand hat 5 Finger." "Dieser Satz hat 5 Wörter."

   Verknüpfen Sie diese Aussagen mit 'und'. Und?

1A2.   Aussagenlogische Formeln

Formeln setzen wir aus Aussagensymbolen (und gelegentlich Wahrheitswerten) mit den aussagenlogischen Verknüpfungszeichen zusammen. Eigentlich genügt dieser Satz als Definition. Da wir mit Formeln formal, sogar mechanisch, umgehen wollen, präzisieren wir ihn und legen damit die *Syntax* des Formalismus formal fest.

Definition   1A2

Wir definieren (*aussagenlogische*) *Formeln* induktiv:

   1) Die Wahrheitswerte und die Aussagensymbole sind Formeln.

   2) Sind A und B Formeln, so auch

        ¬ A   (die *Negation* von A: "nicht A"),

        (A ∧ B)   (die *Konjunktion* von A und B: "A und B"),

---

[3] Schwierigere Aufgabe. Siehe Vorwort.

(A ∨ B)   (die *Disjunktion* von A und B: "A oder B"),

(A → B)   (das *Konditional* von A und B: "wenn A, dann B"),

(A ↔ B)   (das *Bikonditional* von A und B: "A genau dann wenn B").

3) Das sind alle Formeln.

Die Aussagensymbole nennen wir *atomare Formeln* oder *Atome*, weil sie (zusammen mit den Wahrheitswerten) die Bausteine für *zusammengesetzte Formeln* nach 2) sind.

Eine *Teilformel* einer Formel A ist ein zusammenhängender Teil von A, der selbst eine Formel ist.

Formeln sind beispielsweise:

(P ∧ ¬P),

((P → F) ↔ ¬P),

(((P ∧ Q) → R) ↔ (P → (Q → R))).

Denn P ist nach 1) eine Formel, also nach 2) auch ¬P und dann (P ∧ ¬P); analog geht man in den beiden anderen Fällen vor. Teilformeln der zweiten Formel sind z.B. (P → F) und ¬P, dagegen weder P → ¬P noch F ↔ ¬P. Die verwendeten Atome sind P, Q und R.

Keine Formeln sind:

(∧ P ¬P)   (rechts von ∧ sind zwei Formeln, links keine),

((P → F) ¬ ↔ P)   (weder ¬ ↔ P noch (P → F) ¬ ist eine Formel),

(((P ∧ Q) → R) ↔ (P → (Q → R))   (Klammerung stimmt nicht).

Klammerkonventionen

In arithmetischen Ausdrücken lassen wir die Klammern weg, schreiben zum Beispiel a · b + c statt ((a · b) + c) und a · (b + c) statt (a · (b + c)), weil · "stärker bindet" als + . Ebenso können wir in Formeln viele Klammern sparen, indem wir äußerste Klammern weglassen und ausmachen:

¬ bindet stärker als ∧ , ∨ , → , ↔ ,

∧ und ∨ binden stärker als → und ↔ ,

∧ und ∨ binden gleichstark, ebenso → und ↔ .

Damit können wir die obigen Formeln schreiben als

P ∧ ¬P

(P → F) ↔ ¬P

(P ∧ Q → R) ↔ (P → (Q ↔ R)) .

Weitere Klammern sparen wir ein, indem wir aufeinanderfolgende ∧ bzw. ∨ nicht klammern, weil das den Wahrheitswert nicht ändert, siehe 1B4c (∧ und ∨ sind assoziativ); z.B. schreiben wir:

P ∧ Q ∧ R   statt   ((P ∧ Q) ∧ R)   oder   (P ∧ (Q ∧ R)).

Die Konventionen haben wir schon bei den Affe-Banane-Formeln A1-A12 in der Einführung verwendet und werden sie im ganzen Buch beibehalten.

Aufgaben 1A2

a) Was ist der Unterschied zwischen

A → (B → C), (A → B) → C, A ∧ B → C, A → B ∧ C, (A → B) ∧ (B → C)?

Warum dürfen Sie also nicht A → B → C schreiben? Was ist mit A → B, → C in einem
Beweis gemeint? Diskutieren Sie die Fragen auch für ↔ statt → .

b) Dreht man in der Definition die Regeln zum Schreiben von Formeln um, erhält man Regeln zum
   Weglöschen; der geschlängelte Pfeil steht dabei für 'ersetze':
   1) Wahrheitswerte und Aussagensymbole darf man "aus-ixen":

   W, F, P, Q,... ⤳ X .

   2) Verknüpfungszeichen mit ausge-ixten Argumenten darf man aus-ixen:

   X, (X ∧ X), (X ∨ X), (X → X), (X ↔ X) ⤳ X .

   Wenden Sie das Verfahren auf die sechs Zeichenfolgen im Beispiel an. Was kommt jeweils
   heraus? Beweisen Sie allgemein: War die Zeichenfolge eine korrekt gebaute Formel, kommt X
   heraus, sonst nicht. Was kommt heraus, wenn die Formel nicht korrekt gebaut war? Wenn Sie
   Schwierigkeiten haben (sollten Sie haben!), lesen Sie erst Abschnitt 1A4. Machen Sie aus dem
   Verfahren einen Algorithmus. (Warum ist es so keiner?) Das nennt man *Syntaxanalyse*.

1A3.   Formalisieren

Eine Aufgabe oder eine Situation *formalisieren* heißt, die umgangssprachliche Beschreibung in
Formeln fassen. Das ist meist viel schwieriger als das logische Schließen selbst, weil in der
Beschreibung mehr mitschwingt als nur "wahr" und "falsch".

Beispiel 1A3
Die Logelei zu Beginn dieses Kapitels können wir folgendermaßen formalisieren:

B1   Wa(a) ↔ Tä(e)

B2   Wa(e) ↔ Tä(g)

B3   Wa(f) ↔ ¬Tä(f)

B4   Wa(g) ↔ ¬Wa(e)

B5   Wa(a) → ¬Wa(e) ∧ ¬Wa(f) ∧ ¬Wa(g)

B6   Wa(e) → ¬Wa(a) ∧ ¬Wa(f) ∧ ¬Wa(g)

B7   Wa(f) → ¬Wa(a) ∧ ¬Wa(e) ∧ ¬Wa(g)

B8   Wa(g) → ¬Wa(a) ∧ ¬Wa(e) ∧ ¬Wa(f)

B9   Wa(a) ∨ Wa(e) ∨ Wa(f) ∨ Wa(g)

B10   Tä(a) ↔ ¬Tä(e) ∧ ¬Tä(f) ∧ ¬Tä(g)

B11   Tä(e) ↔ ¬Tä(a) ∧ ¬Tä(f) ∧ ¬Tä(g)

B12   Tä(f) ↔ ¬Tä(a) ∧ ¬Tä(e) ∧ ¬Tä(g)

B13   Tä(g) ↔ ¬Tä(a) ∧ ¬Tä(e) ∧ ¬Tä(f)

Aufgabe 1A3
Begründen Sie, daß wir mit B5-B9 die Aussage "Genau eines der Kinder sagt die Wahrheit"
formalisieren. Welche Aussage formalisieren wir mit B10-B13? Welche der beiden Formalisierungen finden Sie besser? Warum?

1A4.   Induktives Definieren und Beweisen

Die Definition 1A3 heißt *induktiv*, weil wir mit ihr Formeln Schritt für Schritt "einführen", von den einfachsten Bausteinen zu den komplizierter zusammengesetzten. Der Teil 1) der Definition heißt daher *Basis*, der Teil 2) *Schritt;* Teil 3) heißt *Abschluß*, weil er sichert, daß man mit 1) und 2) alle Formeln erhält. (Den Abschluß läßt man meist als selbstverständlich weg; die Basis nennt man auch 'Anfangsschritt'.) Dagegen heißt eine Definition *explizit*, wenn sie von der Form ist: A ist eine Formel genau dann wenn ...; wobei in ... das Wort 'Formel' nicht vorkommt.

Da wir Formeln induktiv definiert haben, können wir Eigenschaften von Formeln *induktiv beweisen*. Dazu beweisen wir die Eigenschaften zuerst für die Wahrheitswerte und die Aussagensymbole (*Induktionsbasis*). Dann beweisen wir: Haben A und B die Eigenschaft (*Induktionsvoraussetzung*), so auch ¬A, A ∧ B, A ∨ B, A → B, A ↔ B (*Induktionsbehauptung*); dieser zweite Teil des Beweises heißt *Induktionsschritt*. Da alle Formeln aus der Basis 1) mit den Schritten 2) hergestellt werden, haben damit alle Formeln die Eigenschaft. Man nennt das Verfahren *Induktion nach dem Aufbau von Formeln* oder *Strukturelle Induktion*.

Ebenso ist die *vollständige Induktion* auf den natürlichen Zahlen eine Induktion nach dem Aufbau der natürlichen Zahlen; denn die natürlichen Zahlen kann man induktiv definieren mit der Basis "0 ist eine natürliche Zahl" und dem Schritt "Ist n eine natürliche Zahl, so auch n+1".

Allgemeine induktive Beweise führt man oft, etwas gekünstelt, auf die vollständige Induktion zurück, indem man sie *Induktion nach der Schrittzahl* nennt: Wahrheitswerte und atomare Formeln werden durch einen Schritt erzeugt; für ¬A, A ∧ B, A ∨ B, A → B, A ↔ B braucht man einen Schritt mehr als für A bzw. für A und B zusammen. Da jeder Schritt die *Formellänge* (das ist entweder die Zahl der Symbole, beginnend mit 1, oder die Zahl der Verknüpfungszeichen, beginnend mit 0) um 1 erhöht, sagt man auch *Induktion nach der Formellänge*.

Aufgabe 1A4
(A) Definieren Sie Formeln als endliche binäre Bäume mit Wahrheitswerten und Aussagensymbolen an den Blättern und Verknüpfungszeichen an den inneren Knoten. Zeichnen Sie die Bäume für die drei Beispielformeln oben. Geben Sie Verfahren an, um Formeln in Bäume und Bäume in Formeln zu übersetzen. Ist die Übersetzung eindeutig? Eineindeutig? Gewinnen Sie auf diese Weise aus Aufg. 1A2b Verfahren, um binäre Bäume wachsen oder schrumpfen zu lassen. Arbeiten und spielen Sie lieber mit Formeln oder mit Bäumen? Machen sie mit Aufgabe 1A8c weiter.

1A5.   Belegungen und Wahrheitswerte

Ob eine Aussage wahr oder falsch ist, hängt von den Wahrheitswerten der Bestandteile ab, aus denen sie mit aussagenlogischen Verknüpfungen aufgebaut ist. Ebenso können wir den Wahrheitswert einer Formel erst berechnen, wenn wir die Wahrheitswerte ihrer atomaren Teilformeln kennen. Haben die Aussagensymbole keine uns bekannten Wahrheitswerte, so legen wir ihnen welche bei und bestimmen zu jeder solchen *Belegung* der Aussagensymbole den Wahrheitswert der Formel. Das können wir direkt mit Hilfe der Wahrheitstafeln in Def. 1A1 tun. Wie in der Syntaxdefinition in 1A2 präzisieren wir diese Definition der *Semantik* von Formeln, um formal damit arbeiten zu können: Wir geben Regeln an, mit denen wir Formeln von innen nach außen, wie wir sie aufgebaut haben, auswerten können. Später können wir das nicht so einfache Auswerten prädikatenlogischer Formeln ebenso definieren.

Definition   1A5

Eine *Belegung* (einer Formel A) ist eine Abbildung

$\qquad$ β: Menge der Aussagensymbole (von A) $\rightarrow$ {W, F} ,

die jedem Aussagensymbol P (in A), einen Wahrheitswert $\beta(P)$ zuordnet.

Wir definieren den *(Wahrheits-)Wert von Formeln unter der Belegung* β mit Hilfe von *Auswertungsregeln*; wie in Aufgabe 1A2b steht der geschlängelte Pfeil für 'ersetze':

$\quad$ 1) Jedes Aussagensymbol ersetzen wir durch seinen Wahrheitswert unter β

$\qquad$ P $\rightsquigarrow$ $\beta(P)$.

$\quad$ 2) Verknüpfungszeichen mit Wahrheitswerten als Argumenten werten wir gemäß den Wahrheitstafeln in 1A1 aus:

$\qquad$ $\neg W \rightsquigarrow F$, $\neg F \rightsquigarrow W$, $(W \wedge W) \rightsquigarrow W$ und so weiter.

Der Wahrheitswert, der sich aus einer Formel A bei der Auswertung unter der Belegung β ergibt, heißt der *Wert von A unter* β; wir schreiben *Wert$_\beta$(A)* und sagen:

Die Formel *A ist wahr* (bzw. *falsch*) *unter* β, wenn Wert$_\beta$(A) = W (bzw. = F) ist.

Eine *Formelmenge X ist wahr unter* β, wenn jede Formel aus X wahr unter β ist.

Ähnlich den Syntaxanalyseregeln in Aufg. 1A2b haben Auswertungsregeln die Form B $\rightsquigarrow$ W oder B $\rightsquigarrow$ F , wobei B ein Aussagensymbol oder ein Verknüpfungszeichen mit Wahrheitswerten als Argumenten ist. Sie erlauben uns, innerhalb einer Formel die Teilformel B durch ihren Wahrheitswert zu ersetzen und so eine gleichwertige einfachere Formel zu gewinnen. Werten wir in dieser Weise eine Formel aus, bis keine Regel mehr anwendbar ist, so bleibt ein eindeutig bestimmter Wahrheitswert übrig (Beweis durch Induktion nach dem Formelaufbau, 1A4).

Beispiel

Für beliebige Formeln $A_1,...,A_n$ und für jede Belegung β gilt: Die Formelmenge $\{A_1,...,A_n\}$ ist wahr unter β genau dann wenn die Formel $A_1 \wedge...\wedge A_n$ unter β wahr ist.

Beweis

Die Formelmenge $\{A_1,...,A_n\}$ ist wahr unter β $\qquad$ gdw

die Formeln $A_1,...,A_n$ unter β wahr sind $\qquad$ gdw

die Formel $A_1 \wedge...\wedge A_n$ unter β wahr ist. $\qquad\qquad\qquad$ Q.E.D.

Im täglichen Sprechen und Schreiben bestimmen wir nicht Wahrheitswerte von Aussagen, sondern behaupten wahre Aussagen. Wir sagen nicht "Es ist wahr, daß Emil lügt", sondern "Emil lügt" - außer wenn wir betonen wollen, daß wir sicher sind, oder übertönen wollen, daß wir lügen.

Ersetzen wir also in der alternativen Definition der Wahrheitsfunktionen in 1A1 die Symbole p, q
für Wahrheitswerte durch Aussagensymbole P, Q , so können wir '= W' überall streichen und
erhalten

$\neg$P   genau dann wenn   nicht P

P $\wedge$ Q   genau dann wenn   P und Q

P $\vee$ Q   genau dann wenn   P oder Q

und so weiter. Jetzt sieht man überdeutlich, wie fest der Formalismus in der Umgangssprache ver-
ankert ist; er muß es sein. Der Formalismus heißt *Aussagenlogik*.

Aufgaben 1A5

a) Wieviele verschiedene Belegungen einer Formel mit n Aussagensymbolen gibt es?

b) Schreiben Sie Algorithmen zum Auswerten von Formeln in Zeilenschreibweise bzw. in
   Baumdarstellung (Aufg. 1A4).Vergleichen Sie dazu die Syntaxanalyse in Aufg. 1A2b.

c) Nehmen Sie Auf. 1A2a über die Klammerung von $\rightarrow$- und $\leftrightarrow$-Formeln wieder auf: Unterscheiden Sie Formeln dadurch, daß Sie Belegungen angeben, die die eine wahr und die andere
   falsch macht. Formeln, bei denen das nicht geht (beweisen!), heißen *äquivalent* (Def. 1B1).

1A6.   Wahrheitswerte bestimmen

Wir können das Auswerten einer Formel unter einer Belegung darstellen, indem wir mit Regel 1)
aus Def. 1A5 unter die Aussagensymbole die zugeordneten Wahrheitswerte schreiben und dann
sukzessive mit Regel 2) Wahrheitswerte unter die Verknüpfungszeichen setzen. Zum Beispiel
werten wir die Ballspielformel B10 aus Beisp. 1A3 unter einer willkürlich gewählten Belegung so
aus:

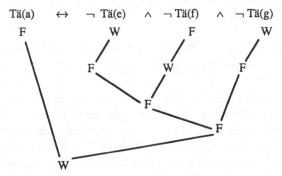

Der entstehende Baum spiegelt die Baumstruktur der Formel wider (Aufg. 1A4). Kompakter, aber
unübersichtlicher schreiben wir alle Wahrheitswerte in dieselbe Zeile, jeweils unter die Atome bzw.
Verknüpfungszeichen:

Tä(a)	$\leftrightarrow$	$\neg$	Tä(e)	$\wedge$	$\neg$	Tä(f)	$\wedge$	$\neg$	Tä(g)
F	W	F	W	F	W	F	F	F	W

Der zuletzt berechnete Wahrheitswert (der in der Wurzel bzw. unter dem "äußersten" Verknüpfungszeichen steht) ist der Wahrheitswert der Formel unter der Belegung. Die Formel B10

ist also wahr unter der Belegung, in der Emil und Gustav Täter, Anne und Fritz dagegen unschuldig sind.

Mit der Zeilenmethode können wir den Wahrheitswert einer Formel unter allen möglichen Belegungen in einer *Wahrheitstafel der Formel* berechnen, zum Beispiel

P	Q	(P	→	Q)	∧	(Q	→	P)
W	W	W	W	W	W	W	W	W
W	F	W	F	F	F	F	W	W
F	W	F	W	W	F	W	F	F
F	F	F	W	F	W	F	W	F

Die Formel ist also wahr unter β genau dann wenn $\beta(P) = \beta(Q)$. Oft können wir uns dabei viele Zeilen sparen, zum Beispiel $\text{Wert}_\beta(P \wedge A) = F$ wenn $\beta(P) = F$, unabhängig von $\text{Wert}_\beta(A)$.

In praktischen Anwendungen kennen wir meist den Wahrheitswert der Formeln und bestimmen mit "Wahrheitstafeln rückwärts" die Wahrheitswerte von Teilformeln. Zum Beispiel sollen doch die Ballspielformeln B1-B13 in Beisp. 1A3 für irgendeine Belegung alle wahr sein. Nehmen wir zusätzlich $\beta(Wa(a)) = W$ an, erhalten wir aus B5, indem wir rückwärts rechnen:

```
Wa(a)      →      ¬Wa(e)    ∧    ¬Wa(f)    ∧    ¬Wa(g)
 W         W
                              W                   W
                    W                   W                   W
                    F                   F                   F   ,
```

also $\beta(Wa(e)) = \beta(Wa(f)) = \beta(Wa(g)) = F$, und damit in B4

```
Wa(g)      ↔      ¬Wa(e)
 F         F    W   F   ,
```

also einen Widerspruch zu $\text{Wert}_\beta(B4) = W$. Also ist $\beta(Wa(a)) = F$ unter allen Belegungen β, unter denen B1-B13 wahr sind: Anne hat gelogen. Na sowas!

Jetzt können wir das *Geschäft des Formalisierens* näher beschreiben. Wir formalisieren stufenweise: Zunächst produzieren wir eine Beschreibung der Situation - ein Protokoll, eine Geschichte, irgendeine Darstellung. Damit bringen wir das Geschehen in eine bestimmte Form, die wir weiterverarbeiten können. Wie unterschiedlich die Formen sein können! Das wissen wir aus guter und schlechter Erfahrung, zum Beispiel von Romanen und Zeugenaussagen. In der Ballwurflogelei haben wir die unterschiedlichsten, teilweise einander widersprechenden Aussagen in einer Darstellung zusammengefaßt. Erst die Beschreibung können wir in logische Formeln übersetzen, zweite Stufe des Formalisierens. Auch hier brauchen wir Erfahrung und Geschick: Was wählen wir als atomare Formeln? Welche Verknüpfungen passen? Erst mit den Formeln können wir formal arbeiten: Belegungen wählen, Wahrheitswerte ausrechnen. Den Belegungen der Atome (formal) entsprechen dabei Mutmaßungen in der Geschichte (nicht formal). Aus den Rechenergebnissen können wir auf die Beschreibung und von da auf das Geschehen zurückschließen: Finden wir genau eine Belegung, die alle Formeln wahr macht, haben wir das Problem gelöst und können Fritz zur Rechenschaft ziehen oder ihn im Sportclub anmelden. Gibt es mehrere solche Belegungen, war die Geschichte unvollständig, wir müssen weitere Zeugen suchen. Gibt es keine solche Belegung, stimmt die Geschichte nicht; so kann es nicht passiert sein. (Vergleiche dazu die Aufgaben unten und im nächsten Abschnitt.) Aber natürlich kann es auch an der Formalisierung liegen; also die nochmal überprüfen. Unter Umständen müssen wir oft zwischen Geschehen, Geschichte und Geformel hin- und herpendeln, bis wir klarsehen. Kommen wir von Logeleien zu echten mathematischen oder informatischen Problemen, kann das Gefummel endlos werden. Das Formalisieren des Architektenbeispiels zieht sich durch den ganzen Teil 2 des Buches, und in Kap. 3C und 3D lernen wir gar, wir wenig wir etwas so Einfaches wie das Rechnen mit natürlichen Zahlen formalisieren können.

Gregory Bateson beschreibt in seinen Büchern[4] jede geistige Tätigkeit als Zickzack zwischen *Form* und *Prozeß*. Prozesse geschehen, führen zu Ergebnissen irgendeiner Form, auf denen neue Prozesse ablaufen.

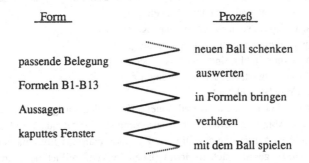

In jeder Stufe bringen wir etwas in eine feste Form. Beim Formulieren ist das Ergebnis eine sprachliche Form, beim Formalisieren auf extreme Weise: die Sprache ist künstlich, gehorcht festen Regeln. Wichtig an dem Bild ist die Richtung nach oben: das Form-elieren geht immer weiter. Formalisieren ist kein Hin und Her zwischen Sprache und Wirklichkeit, wie es noch so naiv in der Einführung aussah. Mißlich an dem Bild ist, daß der Rückbezug fehlt: auf den oberen Stufen lernen wir etwas über die unteren. Natürlich können wir, was geschehen ist, nicht ändern, aber die Ergebnisse: wir können Fenster reparieren, Formeln korrigieren, Fußballplätze planieren. Und wir lernen etwas über den Vorgang insgesamt: Form-elieren[5], insbesondere Formalisieren, ist prozeßhaft, also nicht formal. Schließlich lernen wir etwas über das ganze Bild: Wir lehren und lernen nicht dadurch, daß wir Stoff vermitteln und Ergebnisse zur Kenntnis nehmen, sondern durch Prozesse, die in Gang kommen. Wir lernen am besten durch Geschichten; das sagt Bateson mit der Geschichte im Vorwort. Mit Geschichten vermitteln wir zwischen Geschehen und Geschehenem.

Aufgaben   1A6
a) Legen Sie wie oben für Wa(a) , der Lösung der Ballwurflogelei in der Einleitung zu diesem

---

[4] "Geist und Natur" und "Ökologie des Geistes", Literatur L6.

[5] Es gibt kein deutsches Wort für 'in eine feste Form bringen' außer 'formulieren' im Sprachlichen. Siehe auch meine Arbeiten zur Kommunikation, Literatur L7.

Kapitel folgend, die Wahrheitswerte der übrigen sieben Aussagensymbole fest.

b) Zwei Fälle aus den Akten von Inspektor Craig[6]:

"Was fängst du mit diesen Fakten an?" fragt Inspektor Craig den Sergeant McPherson.

(1)   Wenn A schuldig und B unschuldig ist, so ist C schuldig.

(2)   C arbeitet niemals allein.

(3)   A arbeitet niemals mit C.

(4)   Niemand außer A, B oder C war beteiligt, und mindestens einer von ihnen ist schuldig.

Der Sergeant kratzt sich den Kopf und sagte: "Nicht viel, tut mir leid, Sir. Können Sie aus diesen Fakten schließen, wer unschuldig und wer schuldig ist?" "Nein," entgegnet Craig, "aber das Material reicht aus, um wenigstens einen von ihnen zu beschuldigen."

Wer ist auf jeden Fall schuldig?

c) Mister McGregor, ein Londoner Ladeninhaber, rief bei Scotland Yard an und teilte mit, daß sein Laden ausgeraubt worden sei. Drei Verdächtige, A, B und C, wurden zum Verhör geholt. Folgende Tatbestände wurden ermittelt:

(1)   Jeder der Männer A, B, C war am Tag des Geschehens in dem Laden gewesen, und kein anderer hatte den Laden an dem Tag betreten.

(2)   Wenn A schuldig ist, so hat er genau einen Komplizen.

(3)   Wenn B unschuldig ist, ist auch C unschuldig.

(4)   Wenn genau zwei schuldig sind, so ist A einer von ihnen.

(5)   Wenn C unschuldig ist, ist auch B unschuldig.

Wen hat Inspektor Craig beschuldigt?

d) In Dufthausen hatte wieder einmal das traditionelle Käserollen stattgefunden. Den Endlauf bestritten die Herren Abrahmer, Brierührer, Chesterschmelz, Drückequark und Emmentaler. Keine zwei Teilnehmer kamen gleichzeitig ans Ziel. Als man das Ereignis nachher beim kräftigen Harzer feierte, gesellte sich ein Journalist zu den fünf Teilnehmern, um sie für das Dufthausener Käseblatt[7] zu interviewen. Er kannte keinen beim Namen, darum notierte er ihre Aussagen so:

Der Blonde:	"Ich bin vor Brierührer und Chesterschmelz ins Ziel gekommen."
Der Rothaarige:	"Drückequark hat das Rollen gewonnen."
Der Dunkelhaarige:	(1) "Weder Abrahmer noch Chesterschmelz war letzter."
	(2) "Emmentaler war Zweiter."
Der Weißhaarige:	(1) "Emmentaler war Vierter."
	(2) "Chesterschmelz kam hinter Abrahmer ins Ziel."
Der Kahlköpfige:	"Chesterschmelz kam vor Emmentaler ins Ziel."

Das macht keinen rechten Sinn. Doch hätte der Journalist gewußt, daß jede Aussage, mit der ein Teilnehmer über einen oder mehrere Teilnehmer sprach, die hinter ihm ins Ziel gekommen waren, der Wahrheit entsprach, während jede Aussage über Teilnehmer, die vor dem Sprecher ins Ziel gekommen waren, gelogen war, dann wäre ihm klar geworden, wer wer war und welchen Platz er belegt hatte; freilich war noch dies zu beachten: Hatte ein Teilnehmer über zwei andere gesprochen, war sein Platz nicht zwischen den beiden. Und wer über sich selbst sprach, hatte dies stets in der Ichform getan.

Wer ist wer und auf welchem Platz? Und warum?

---

[6] Fall 72 und 73 aus dem Buch "Wie heißt dieses Buch?" von Raymond Smullyan, natürlich auch bei Vieweg (Literatur L5).

[7] Siehe den Artikel im Lokalteil der Ausgabe vom 1. April 1963.

1A7.   Syntax und Semantik

Wie in 1A5 erwähnt rechnet man den Teil des aussagenlogischen Formalismus, in dem man die
Bedeutung von Formeln festlegt, zur *Semantik*. Was nur mit dem Aussehen von Formeln, der
Anordnung der Symbole in Ihnen zu tun hat, gehört zur *Syntax*. Beide Wörter kommen aus dem
Griechischen: *syntaxis* ist die Anordnung, auch die Schlachtreihe; *semainein* heißt 'bezeichnen',
auch 'befehlen'. Merkwürdigerweise heißt das englische Wort 'to order' beides, 'anordnen' und
'befehlen'; das deutsche Wort 'anordnen' ja auch. Formalisieren ist eine Weise, der Welt
anzuordnen, die Welt anzuordnen. Oder genauer, da man der Welt nichts anordnen und die Welt
nicht anordnen kann: Wenn ich formalisiere, ordne ich anderen und mir die Sprache an.

Mit *Namen* bezeichnen wir etwas: Personen, allgemeiner Lebewesen, Gegenstände, Vorgänge,
Sachverhalte, Begriffe. Was der Name bezeichnet, ist seine *Bedeutung*. In der Logik ist jeder
Bezeichner - Name minus Bedeutung - ein *Symbol*; griechisch symbolon - Vertrag, verabredetes
Zeichen, Kennzeichen. In der Umgangssprache denkt man sich Bezeichner und Bedeutung fest
verknüpft, daher hat hier ein Symbol eine "tiefere Bedeutung". Tatsächlich muß man aber Namen
lernen, man kann sie verwechseln, ändern, vergessen, es gibt Spitznamen, Künstlernamen,
mehrere Personen können denselben Namen haben. Es ist der zeitliche und räumliche Kontext, oft
die ganze Kultur, die den Namen festhalten. In einer formalen Sprache dagegen legt man die
Bedeutung von Symbolen fest und bestimmt daraus die Bedeutung von Formeln. So haben wir in
der Aussagenlogik die Aussagensymbole mit Wahrheitswerten belegt und dann den Wahrheitswert
von Formeln ausgerechnet.

Halt! Da stimmt etwas nicht. Die Bedeutung von Aussagensymbolen müßten logischerweise
Aussagen, nicht Wahrheitswerte sein. So haben wir sie auch eingeführt: Die Bedeutung von
Wa(e) ist 'Emil sagt die Wahrheit', nicht 'wahr' oder 'falsch' oder gar 'F' oder 'W'. Der deutsche
Logiker (Mathematiker, Philosoph) Gottlob Frege[8] hat zwischen 'Sinn' und 'Bedeutung'
sprachlicher Ausdrücke unterschieden. Für ihn ist die Bedeutung eines Namens die bezeichnete
Person, eines Begriffes sein Umfang, einer Aussage ihr Wahrheitswert: 'Gottlob Frege' bedeutet
Gottlob Frege, 'Baum' bedeutet jeden Baum oder die Menge aller Bäume, 'Emil sagt die Wahrheit'
bedeutet wahr oder falsch, je nachdem. Der Sinn eines Ausdrucks andererseits ist für Frege das,
was ihn uns verstehen läßt. Wenn Gustav sagt "Emil lügt", verstehen wir, was er meint, ohne zu
wissen, ob Emil oder Gustav lügt, also ohne die Bedeutung zu kennen. Ohne Sinn dagegen keine
Bedeutung. Für Frege wäre also Wa(e) wohl nur eine Abkürzung für 'Emil sagt die Wahrheit',
beides hat denselben Sinn und dieselbe Bedeutung.

Umgangssprachlich werden 'Sinn' und 'Bedeutung' anders verwendet, oft nicht klar getrennt.
Unterschieden werden sie, wie man an den beiden Sätzen sieht:
      Dieses Wort ergibt hier keinen Sinn.
      Dieses Wort hat mehrere Bedeutungen.
Bedeutungen kommen im Plural, man kann sie wechseln, Sinn nicht. Wo der Sinn fehlt, können
wir nicht weiter. Der Sinn einer Aussage ist, uns weiterzubringen, in der Welt oder in unseren
Gedanken. Der Sinn besteht in diesem Hinweisen auf Möglichkeiten, sagt Niklas Luhmann.[9]

---

[8] Literatur L4, 1892.

[9] "Soziale Systeme", Literatur L5.

Die Fregesche Unterscheidung ist nützlich, um zu verstehen, was man unter der Semantik formaler Sprachen versteht: Festlegen der Bedeutung formaler Ausdrücke. In der Aussagenlogik belegen wir also Aussagensymbole mit Wahrheitswerten, willkürlich oder sinngemäß, und können dann die Bedeutung zusammengesetzter Formeln ausrechnen. Das ist der Inhalt der Abschnitte 1A5 und 1A6. Dabei entsteht eine Schwierigkeit. Normalerweise liegen die Bereiche von Syntax und Semantik getrennt. Mit 'Baum' meinen wir einen Baum oder Bäume; meinen wir das Wort oder den Begriff, benutzen wir Anführungsstriche. Wollen wir aber, wie in der Linguistik oder der Logik, Semantik festlegen oder gar darüber reden, brauchen wir zwei Sorten von Bezeichnern: die in der formalen Sprache und andere, um die intendierte Bedeutung zu klären. So benutzen wir in Formeln 'Wa(e)' und '∧' (Syntax), in der Semantik dagegen 'Emil sagt die Wahrheit' und 'und'. Auf diese Weise trennen wir die Zeichenvorräte von Syntax und Semantik. Die Schwierigkeit ist: Wohin gehören W und F? F und W sind bei uns Formeln, treten also auch in zusammengesetzten Formeln auf; gleichzeitig bezeichnen wir damit Wahrheitswerte in der nichtformalen Sprache. In den meisten Lehrbüchern sind Syntax und Semantik strikt getrennt: W und F in der Syntax, $\underline{W}$ und $\underline{F}$ in der Semantik, mit der Zuordnung $\text{Wert}_\beta(W) = \underline{W}$, $\text{Wert}_\beta(F) = \underline{F}$. Ich halte das für überflüssig. Es ist wichtig, '∧' und 'und' zu trennen, weil wir '∧' als Wahrheitsfunktion verwenden, 'und' aber nur in strikt mathematischen Zusammenhängen so verwendet wird, zum Beispiel in der Zeile:

$$p \wedge q = W \quad \text{genau dann wenn} \quad p = W \quad \text{und} \quad q = W.$$

W und $\underline{W}$ dagegen bedeuten dasselbe. Also sollte man sie nicht unterscheiden. Non sunt multiplicanda entia praeter necessitatem - man sollte nichts ohne Not vervielfachen, sagt Wilhelm von Ockham dazu.

In diesem Buch sind logische Formalismen nicht willkürlich gewählt. Wir wollen die (mathematische) Umgangssprache formalisieren; also übernehmen wir das, was genügend präzise ist, in den Formalismus. Wir können daher Auswerten auch als syntaktische Operation auffassen: mit Hilfe von Regeln ersetzen wir Teilformeln solange durch kürzere - zum Beispiel W → F durch F -, bis wir den Wahrheitswert ausgerechnet haben. Wir entfernen uns nicht weiter vom üblichen mathematischen Arbeiten als nötig. In der Aussagenlogik scheint das unerheblich; in der Prädikatenlogik wird es uns das Leben und Lernen sehr erleichtern.

Aufgabe 1A7

Im Jahre 2050 finden drei Enkeltöchter von Anne, Emil, Fritz und Gustav dieses Buch. Es sind Annabella, Emilia, und Gustavia; die vierte, Friederike, ist gerade krank. Sie lesen die Logelei über ihre Großeltern und beschließen, die Geschichte nachzuspielen. Nach langem Getuschele schreiben sie:

  Annabella sagt: "Emilia war es."

  Emilia sagt: "Gustavia hat es getan."

  Gustavia sagt: "Emilia lügt."

  Eine von denen war's. Und nur eine lügt nicht. Nun?
Nun?

Frage

Warum haben die aussagenlogischen Verknüpfungszeichen (1A1) eine feste Semantik?

1A8. Die Wertfunktion

In Abschn. 1A7 haben wir gesehen, wie man den Wert einer Formel A unter einer Belegung β bestimmt, und haben dafür $\text{Wert}_\beta(A)$ geschrieben. Für festes β erhalten wir so eine Funktion

$$\text{Wert}_\beta : \text{Formeln} \to \{W,F\}.$$

In der Literatur wird diese Funktion oft durch eine Rekursion über den Formelaufbau definiert, durch die man die Belegung von Atomen auf beliebige Formeln "fortsetzt". Formeln wertet man dann aus, indem man die Wertfunktion berechnet. Die Rekursion sieht so aus:

$$\text{Wert}_\beta(W) = W, \quad \text{Wert}_\beta(F) = F, \quad \text{Wert}_\beta(P) = \beta(P) \text{ für all Atome } P,$$

$$\text{Wert}_\beta(\neg A) \quad = W \quad \text{gdw} \quad \text{nicht } \text{Wert}_\beta(A) = W,$$

$$\text{Wert}_\beta(A \wedge B) \quad = W \quad \text{gdw} \quad \text{Wert}_\beta(A) = W \text{ und } \text{Wert}_\beta(B) = W,$$

$$\text{Wert}_\beta(A \vee B) \quad = W \quad \text{gdw} \quad \text{Wert}_\beta(A) = W \text{ oder } \text{Wert}_\beta(B) = W,$$

$$\text{Wert}_\beta(A \to B) \quad = W \quad \text{gdw} \quad \text{wenn } \text{Wert}_\beta(A) = W \text{ dann } \text{Wert}_\beta(B) = W,$$

$$\text{Wert}_\beta(A \leftrightarrow B) \quad = W \quad \text{gdw} \quad \text{Wert}_\beta(A) = W \text{ genau dann wenn } \text{Wert}_\beta(B) = W.$$

Es ist leicht zu sehen, daß beide Definitionen dasselbe Ergebnis liefern. Genau kann man das durch Induktion über den Aufbau von A beweisen (Abschn. 1A4).

Der Wahrheitswert $\text{Wert}_\beta(A)$ hängt von der Formel A und der Belegung β ab. Oben haben wir daher Wert_β für festes β als Funktion von A betrachtet und rekursiv über den Aufbau von A definiert. Ebensogut kann man es für eine feste Formel A als Funktion von β betrachten, die die Wahrheitswerte von A unter allen Belegungen liefert. Enthält A genau n Aussagensymbole, so ist

$$\text{Wert}(A) : \{W, F\}^n \to \{W, F\}$$

eine n-stellige Wahrheitsfunktion. (Genaugenommen setzt man dabei eine Numerierung der Aussagensymbole voraus. Wieso?) Ganz allgemein kann man schließlich Wert als zweistellige Funktion

$$\text{Wert} : \text{Formeln} \times \text{Belegungen} \to \{W, F\}$$

auffassen. Natürlich passen jetzt Formeln und Belegungen im allgemeinen nicht mehr zueinander. Alfred Tarski hat deswegen Belegungen als unendliche Funktionen eingeführt, die immer auf allen Aussagensymbolen definiert sind. Der Formalismus wird dadurch präzise; mir ist er zu groß (siehe den nächsten Abschnitt).

Aufgaben 1A8

a) (A) Wir haben gesehen, wie man durch eine Formel mit n Aussagensymbolen eine n-stellige Wahrheitsfunktion definiert; augenscheinlich kann man ihre Wahrheitstafel bestimmen, indem man die Wahrheitswerte der Formel für alle Belegungen ausrechnet. Können Sie umgekehrt aus der Wertetafel einer n-stelligen Wahrheitsfunktion eine Formel mit n Aussagensymbolen konstruieren, die die Funktion definiert? (Da wir jetzt von der Funktion ausgehen, sagen wir auch, daß wir sie durch die Formel *darstellen*.) Beweisen Sie so, daß jede Wahrheitsfunktion durch eine Formel darstellbar ist.

b) (A) Definieren Sie eine Funktion

   Wert : Formeln × Belegungen → {W, F}

so, daß Wert(A,β) = Wert$_\beta$(A), falls die Belegung β zur Formel A paßt. Was heißt 'paßt'?
Was machen Sie, wenn β nicht zu A paßt? Lesen Sie nach, was in anderen Logikbüchern
dazu steht. Finden Sie eine wirklich schöne Definition? Schreiben Sie eine Geschichte der
Semantikdefinitionen der Aussagenlogik. (Warnung: Das geht in der Prädikatenlogik weiter; da
wird es erst interessant.)

c) (A) Jetzt wollen wir Wahrheitsfunktionen durch Netzwerke (Schaltungen) darstellen. Schauen
Sie sich dazu diesen Graphen an:

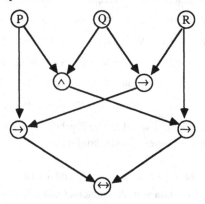

Er hat drei Eingabeknoten (in die keine Kanten hineinführen) und einen Ausgabeknoten (aus
dem keine Kante herausführt). Die Eingabeknoten sind mit Aussagensymbolen, die übrigen mit
Verknüpfungszeichen markiert. In dem Graphen gibt es keine Kreise (geht man von einem
Knoten weg, kommt man nicht zurück). Mit so markierten endlichen gerichteten kreisfreien
Graphen stellen wir rückkopplungsfreie binäre Netzwerke dar. Zur Vereinfachung nennen wir
die Graphen selbst *Netzwerke*; in der Literatur heißen sie auch *Schalt"kreise"*, etwas irre-
führend. Auch mit Netzwerken kann man Wahrheitsfunktionen darstellen. Wie? Führen Sie
Aufgabe a) für Netzwerke statt für Formeln durch. Welche Beziehung erhalten Sie auf diese
Weise zwischen Formeln und Netzwerken? Wie sieht die Formel zum oben gezeichneten Netz-
werk aus? Wie sehen die Netzwerke zu den Formeln aus, mit denen Sie in Aufgabe a) Wahrheitsfunktionen dargestellt haben? Übersetzen Sie Formeln in Netzwerke und Netzwerke in
Formeln; dabei sollten Sie induktiv vorgehen (Abschn. 1A4). Ist die Übersetzung eindeutig?
Eineindeutig? Wenn Sie Aufgabe 1A4 nicht bearbeitet haben, tun Sie es jetzt und gewinnen die
Beziehung zwischen Formeln und Netzwerken über Formelbäume. Was ist der Unterschied
zwischen Bäumen und Netzwerken? Welche sind größer?

1A9.   Formalisieren auf kleine und große Weise

Die beiden Definitionen des Auswertens von Formeln sind also dem Ergebnis nach gleich, dem
Geiste nach dagegen völlig verschieden. In Def. 1A5 gebe ich an, wie man Formeln auswertet,

und behaupte, daß das Ergebnis Wert$_\beta$(A) eindeutig bestimmt ist. Hat man sich das Auswerten an Beispielen genügend klargemacht (1A6), stellt man fest, daß auf diese Weise eine Funktion definiert ist, und kann beweisen, daß sie den Rekursionsgleichungen oben genügt (1A8). Bei der rekursiven Definition von Wert$_\beta$ geht man genau umgekehrt vor: Man beginnt mit einer abstrakten Funktion, definiert sie durch Rekursionsgleichungen und rechnet dann in Beispielen den Wert von Formeln mit Hilfe der rekursiven Definition aus. Dieses Ausrechnen ist aber umständlicher als das mit den Auswertungsregeln aus 1A5. Beim Rechnen mit den Rekursionsgleichungen zerlegt man nämlich zunächst die Formeln in ihre Teilformeln, bis man bei den Atomen angekommen ist. Die ersetzt man durch die Wahrheitswerte in der Belegung und rechnet dann den Wahrheitswert der Formel aus. Das letztere macht man genauso, wenn man mit den Auswertungsregeln der Definition 1A5 arbeitet. Aber das erstere fehlt: Das Suchen der Atome ist in der Definition 1A5 nicht enthalten. Der Unterschied im Aufwand wird schon an so einfachen Beispielen wie in 1A6 drastisch deutlich. Deswegen geht man in allen Lehrbüchern schnell zum Rechnen mit Wahrheitstafeln oder einem anderen Verfahren über, das dem in 1A5 entspricht. Für das Auswerten per Hand ist die rekursive Definition nicht praktikabel.

Informatiker begründen die rekursive Definition mit der Implementierung: Auf dem Rechner hat man keinen direkten Zugriff auf die Atome, also muß man die Formel erst zerlegen. Das Argument ist nicht stichhaltig. Natürlich muß man für den Rechner das syntaktische Zerlegen der Formel programmieren (lexikalische Analyse), aber den Vorgang sollte man von der eigentlichen Auswertung trennen - wegen der Übersichtlichkeit, wegen möglicherweise verschiedener Datenrepräsentationen und fürs Suchen nach Effizienzverbesserungen.

Mathematiker begründen die rekursive Definition mit dem höheren Abstraktionsgrad: 'Wert' ist eine Funktion auf Formeln, also muß man sie als solche definieren. Sie berücksichtigen dabei nicht, daß man Abstraktes nur aufgrund konkreter eigener Erfahrung verstehen kann. Der Anfänger muß logische Formeln ausgewertet haben, bevor er mit den Rekursionsgleichungen etwas anfangen kann.

In meinen Arbeiten über "Kleine Systeme"[10] nenne ich die beiden Vorgehensweisen 'klein' und 'groß'. Einen formalen Begriff (hier 'Wertfunktion') auf kleine Weise einführen kann heißen: anleiten damit umzugehen, an Beispielen kennenlernen lassen, dann erst abstrakt definieren. Auf diese Weise formal arbeiten hilft verstehen. Auf große Weise beginnt man mit einer Definition, die am Ende eines langen Abstraktionsweges stand - auch für einen selber - und läßt den Leser den Weg allein gehen; das ist fürs Verstehen nicht hilfreich. Natürlich ist ein selbstgefundener Weg vertrauter; deswegen sollten auch "kleine" Definitionen Anleitungen zum Finden, nicht zum Gehen sein.

Am Beispiel der Definition der aussagenlogischen Wertfunktion mag der Unterschied zwischen kleinem und großem Vorgehen klein erscheinen. Klein ist er, aber wichtig fürs folgende: Die Definitionen werden komplizierter werden.

---

[10] Literatur L7.

Kapitel 1B.   Allgemeingültige Formeln und logisches Folgern

In der Logelei zu Beginn des Kapitels haben wir Fritz mit Hilfe von "logischen Schlüssen" überführt:

> Aus Wa(a) → ¬Wa(e) ∧ ¬Wa(f) ∧ ¬Wa(g) und Wa(a)
>
> folgen ¬Wa(e) und ¬Wa(f) und ¬Wa(g) .
>
> Aus ¬Wa(g) und ¬Wa(g) ↔ Wa(e) folgt Wa(e) .
>
> Aus Wa(a) ∨ Wa(e) ∨ Wa(f) ∨ Wa(g) und ¬Wa(a) und ¬Wa(e) und ¬Wa(f)
> folgt Wa(g).

Die Schlüsse gelten, weil - für beliebige Wahrheitswerte der atomaren Formeln - die gefolgerten Formeln immer wahr sind, wenn nur die Voraussetzungen wahr sind. Wir empfinden die Schlüsse als "logisch", weil wir uns in dieser Weise nur auf Wahrheitswerte stützen, nicht auf die Bedeutung der Formeln oder auf inhaltliche Beziehungen zwischen den Formeln. Eine solche *logische Folgerung*, etwa "aus A und B folgt C" gilt genau dann, wenn das zugehörige Konditional A ∧ B → C *allgemeingültig*, das heißt, unter allen Belegungen wahr ist.

Diese und damit zusammenhängende Begriffe wollen wir in diesem Kapitel einführen. Das Ziel sind dabei nicht so sehr Anwendungen auf Logeleien oder Theorembeweiser. Vielmehr sollen Sie dadurch Begriffe wie 'daraus folgt', 'gilt immer', 'Beweis', 'Widerspruch', auf die Sie im Alltag und in der Wissenschaft stoßen, besser verstehen lernen und damit aufmerksamer und beweglicher in Ihren Denk- und Sprechgewohnheiten werden. Die Liste von allgemeingültigen Formeln in Satz 1B4 ist also keine Datenbank für einen Theorembeweiser, sondern eine Fundgrube, die Ihnen zusammen mit den Sätzen über Allgemeingültigkeit und logisches Folgern beim Beweisen dienen kann, in der Logik und anderswo. Auf diese Weise lernen Sie die Sätze dieses Abschnitts am besten kennen, nicht durch Auswendiglernen. Die Abschnitte 1B6 und 1B7 über widersprüchliche und widerspruchsfreie Formelmengen werden wir besonders für Theorembeweiser brauchen. In Abschn. 1B8 beweisen wir den ersten tiefliegenden Satz: Eine Formel, die aus unendlich vielen Formeln folgt, folgt schon aus endlich vielen davon. Logische Beweise sind in diesem Sinne, wie ihre umgangssprachlichen Vorfahren, endlich.

1B1.   Logische Folgerung

Definition 1B1

Eine *Formel* oder eine *Formelmenge* heißt *erfüllbar*, wenn es eine Belegung gibt, unter der sie wahr ist. Sie heißt *allgemeingültig*, wenn sie unter jeder Belegung wahr ist.

Eine *Formel B folgt (logisch, genauer aussagenlogisch) aus einer Formel A*, wenn unter jeder Belegung, unter der A wahr ist, auch B wahr ist. Eine *Formel B folgt (logisch) aus einer Formelmenge X*, wenn unter jeder Belegung, unter der X wahr ist, auch B wahr ist.

Eine *Formelmenge Y folgt (logisch) aus einer Formelmenge* X, wenn jede Formel von Y aus X folgt. Wir schreiben:

A ⊨ B   bzw.   X ⊨ B   bzw.   X ⊨ Y.

Zwei *Formeln* oder *Formelmengen* heißen *(logisch) äquivalent,* wenn sie wechselseitig auseinander folgen. Wir schreiben:

A äq B   bzw.   X äq Y.

Bezeichnungsweise

Sind die Mengen endlich, so lassen wir die Mengenklammern weg, schreiben also:

$A_1,...,A_m$ ⊨ $B_1,..., B_n$ statt $\{A_1,..., A_m\}$ ⊨ $\{B_1,..., B_n\}$;

ebenso für die Äquivalenz. Ähnlich schreiben wir X, A statt X ∪ {A}.

Im ganzen Buch verneinen wir symbolisierte Aussagen, indem wir die Symbole durchstreichen.

So schreiben wir X ⊭ B für "B folgt nicht aus X".

Beispiele

Die Formel Tä(f) folgt aus den Formeln B1 - B13 der Ballwurflogelei (Beispiel 1A4); denn nach dem Beweis in der Einleitung zu diesem Kapitel gibt es nur eine einzige Belegung, unter der B1 - B13 alle wahr sind, und unter dieser Belegung ist Tä(f) wahr. Dagegen folgt Tä(f) nicht mehr, wenn wir B7 und B8 weglassen. Denn dann können wir Wa(f), Wa(g) und Tä(a) mit W belegen, die übrigen atomaren Formeln mit F; unter dieser Belegung sind B1 - B6 und B9 - B13 wahr und Tä(f) falsch.

Aufgaben 1B1

a) Folgt Tä(a) aus B1 - B6, B9 - B13? Folgt Tä(f) aus B1 - B7, B9 - B13 oder aus B1 - B6, B8 - B13? Welche Formeln können Sie aus B1 - B13 weglassen oder abschwächen (in dem Sinn: ↔ durch → ersetzen oder Konjunktionen weglassen), so daß Tä(f) noch folgt?

b) Welche der folgenden Formeln sind allgemeingültig, erfüllbar, unerfüllbar?

A , $W \to F$, $P \wedge Q \to F$, $P \wedge Q \leftrightarrow F$,

$(P_1 \wedge P_2 \wedge P_3 \wedge \neg P_2) \vee (Q_1 \wedge \neg Q_1)$, $(P_1 \vee P_2 \vee P_3 \vee \neg P_2) \wedge (Q_1 \vee \neg Q_1)$.

c) Überprüfen Sie, welche der Formelmengen V,...,Z paarweise logisch auseinander folgen und welche logisch äquivalent sind.

$V = \{ P \to P \vee Q , R \wedge S \to R \vee S \}$,

$W = \{ P , P \to Q , Q \to R , R \to S , \neg S \}$,

$X = \{ Q , Q \vee R \to S , \neg P \vee Q \to R , \neg(S \wedge P) \}$,

$Y = \{ \neg(S \wedge P) , R \vee P , R , P \to Q , \neg P \to Q \vee S \}$,

$Z = \{ S , \neg P , Q , R \}$.

d) Welche der folgenden Formeln sind erfüllbar, welche allgemeingültig?
Geben Sie für erfüllbare Formeln erfüllende Belegungen an.

$P \wedge (\neg P \to W)$,

$(P \to Q) \to \neg(P \wedge \neg Q)$,

$((P \vee Q) \wedge \neg P) \to Q$,

$(P \vee \neg P) \to F$,

$(P \to Q) \to (Q \to P)$.

Im folgenden sammeln wir eine Reihe von Allgemeingültigkeiten, logischen Folgerungen und Äquivalenzen, teils damit Sie die Begriffe üben, teils um sie später zu verwenden. Dabei haben Anfänger erfahrungsgemäß insbesondere mit der logischen Folgerung eine Schwierigkeit: Viele der Aussagen erscheinen trivial, weil die zu beweisenden Eigenschaften Ihnen vom gewohnten Folgern her vertraut sind. Führen Sie deswegen die Beweise in diesem Abschnitt streng nach der obigen Definition durch, um zu sehen, daß der formale Begriff wirklich die gewohnten Eigenschaften hat. In manchen Lehrbüchern heißt die logische Folgerung deswegen *Implikation*. Das hat einen Vorteil: Man hat verschiedene Namen für den formalen Begriff und das nicht-formale Vorgehen. Und es hat einen Nachteil: Man arbeitet mit einem künstlichen Namen für einen bekannten Begriff. Mit der obigen Definition verengen oder verändern wir ja den Begriff des logischen Folgerns nicht, wir formulieren ihn nur präzise. Deswegen behalte ich in diesem Buch den Namen 'logische Folgerung' bei, lasse auch, außer in diesem Kapitel, meist den Zusatz 'logisch' weg.

1B2.   Eigenschaften der logischen Folgerung

Wir beginnen mit einigen einfachen Eigenschaften der logischen Folgerung. Hier gilt besonders die eben ausgesprochene Warnung. Überzeugen Sie sich zunächst, daß das Folgern "natürlich" diese Eigenschaften hat; für die Beweise vergessen Sie es wieder und benutzen nur die Definition.

Satz
Für beliebige Mengen X, Y, Z von Formeln gilt:
a) Formeln folgen logisch aus sich selber (und weiteren Formeln):
$$\text{Wenn } X \subseteq Y, \text{ dann } Y \vDash X.$$
Insbesondere ist die logische Folgerung reflexiv:
$$X \vDash X.$$
b) Die logische Folgerung ist transitiv:
$$\text{Wenn } X \vDash Y \text{ und } Y \vDash Z, \text{ dann } X \vDash Z.$$
c) Aus mehr Formeln kann man mindestens genau so viel logisch folgern:
$$\text{Wenn } X \subseteq Y \text{ und } X \vDash Z, \text{ dann } Y \vDash Z.$$

Beweis von c)
Sei β eine Belegung, die (alle Formeln in) Y wahr macht. Wegen $X \subseteq Y$ macht sie X wahr, wegen $X \vDash Z$ auch Z. Also ist unter jeder Belegung, unter der Y wahr ist, auch Z wahr; das heißt, $Y \vDash Z$.   Q.E.D.

Aufgaben 1B2
a) Beweisen Sie Teil a) und b) des Satzes. Zeigen Sie, daß sich c) aus a), b) ergibt.
b) Beweisen Sie: Wenn X allgemeingültig ist und $X \vDash Y$, dann ist Y allgemeingültig.
   Folgern Sie daraus: Wenn Y aus der leeren Menge logisch folgt, so ist Y allgemeingültig.
   Gilt das auch umgekehrt?

c) Betrachten Sie die folgenden "Umkehrungen" der Aussagen in dem Satz:

   Wenn $Y \vDash X$, dann $X \subseteq Y$.

   Wenn für alle Z gilt: wenn $Y \vDash Z$, dann $X \vDash Z$, dann gilt $X \vDash Y$.

   Wenn für alle Z gilt: wenn $X \vDash Z$, dann $Y \vDash Z$, dann gilt $X \subseteq Y$.

d) Welche der folgenden Folgerungen treffen zu?

   $A \vDash B$, $A \vDash \neg B$, $A, A \rightarrow B \vDash B$, $P \wedge Q \rightarrow P \vDash P$.

1B3.   Beziehungen zu anderen Begriffen

Was ist der Unterschied zwischen einem Konditional $A \rightarrow B$ und einer logischen Folgerung $A \vDash$ B? Das erste ist eine aussagenlogische Formel, das zweite eine Aussage der *Metasprache* - der Sprache, mit der wir über (griech. meta) den Kalkül sprechen. Formel und Aussage können beide wahr oder falsch sein, aber in verschiedenem Sinn: Die Formel ist wahr oder falsch unter einer Belegung der Aussagensymbole, im Sinn der Definition 1A5; ob dagegen B aus A folgt, hängt nicht von Belegungen ab, sondern von der Form von A und B. Wir können aus der Formel eine Aussage der Metasprache machen, indem wir 'ist allgemeingültig' hinzufügen. Diese Aussage steht auf derselben Stufe wie die logische Folgerung. Darüber hinaus sind beide Aussagen gleichwertig. In diesem, aber auch nur in diesem Sinn entspricht der Pfeil im Kalkül dem Folgerungszeichen der Metasprache, modellieren wir also die logische Folgerung durch das Konditional. Auf diese Weise können wir logische Folgerungen aus allgemeingültigen Konditionalen gewinnen; siehe auch 1B4, 1B5. Wieder auf eine andere Stufe, nämlich in die "Metametasprache", gehört die Aussage 'Wenn A allgemeingültig ist, so auch B'. Wie verhält sie sich zu den beiden ersten? - Solchen Fragen gehen wir in diesem Abschnitt nach.

Satz 1B3
In den folgenden Behauptungen seien A, B beliebige Formeln, X, Y beliebige Formelmengen:

a) Logische Folgerung und Allgemeingültigkeit:

   A ist allgemeingültig genau dann wenn A aus der leeren Menge logisch folgt.

   Ist A allgemeingültig, so gilt $X, A \vDash B$ genau dann wenn $X \vDash B$.

b) Logische Folgerung und Erfüllbarkeit:

   $X \vDash A$ genau dann wenn $X, \neg A$ unerfüllbar ist.

   Insbesondere ist A allgemeingültig genau dann wenn $\neg A$ unerfüllbar ist.

c) Logische Folgerung und Konditional:

   $X \vDash A \rightarrow B$ genau dann wenn $X, A \vDash B$.

   Insbesondere ist $A \rightarrow B$ allgemeingültig genau dann wenn $A \vDash B$.

   Entsprechendes gilt für das Bi-Konditional.

d) Logische Folgerung und Konjunktion:

   Die Formelmenge $A_1,...,A_n$ ist äquivalent zur Formel $A_1 \wedge ... \wedge A_n$. Daher:

   $X \vDash A_1,...,A_n$ genau dann wenn $X \vDash A_1 \wedge ... \wedge A_n$,

   $A_1,...,A_n \vDash X$ genau dann wenn $A_1 \wedge ... \wedge A_n \vDash X$.

Beweis von c)

Nach Def. 1B1 gilt $X \models A \rightarrow B$

genau dann wenn jede Belegung, die X wahr macht, auch $A \rightarrow B$ wahr macht

genau dann (nach Def. 1A5 für $\rightarrow$) wenn jede Belegung, die X wahr macht, falls sie A wahr
    macht, auch B wahr macht

genau dann (deutschsprachliche Umformung) wenn jede Belegung, die X und A wahr macht,
    auch B wahr macht

genau dann (nach Def. 1B1) wenn $X, A \models B$.   Q.E.D.

Folgerung

Die Konjunktion $A_1 \wedge ... \wedge A_n$ ist allgemeingültig genau dann wenn die Formelmenge $A_1,...,A_n$
allgemeingültig ist, genau dann wenn jede der Formeln $A_1,...,A_n$ allgemeingültig ist.

Aufgaben   1B3

a) Beweisen Sie den Rest des Satzes.

b) Formulieren und beweisen Sie Teil c) für das Bikonditional.

c) Beweisen Sie:

$$A \rightarrow B \vee E, \ E \wedge C \rightarrow D \models A \wedge C \rightarrow B \vee D.$$

d) Beweisen Sie die Folgerung.

e) Beweisen Sie ebenso wie in der Folgerung: Die Formel $A_1 \wedge ... \wedge A_n$ ist erfüllbar genau dann
    wenn jede der Formeln $A_1,...,A_n$ erfüllbar ist. Finden Sie ein Gegenbeispiel dazu. Wo liegt
    der Fehler? Können Sie die Aussage und den Beweis verbessern?

f) Vergleichen Sie 'A $\rightarrow$ B ist allgemeingültig' mit 'Wenn A allgemeingültig ist, so auch B'.
    Folgt eine Behauptung aus der anderen für beliebige Formeln A, B?

g) In einem alten Logik-Papyrus fand sich der Satz:

        "Wenn $A \rightarrow B$, dann $A \models B$".

    Was für ein Fehler ist da beim Abschreiben passiert? Korrigieren Sie den Satz. Präzisieren Sie
    die unterschiedlichen syntaktischen Ebenen. Woher nehmen Sie die Bedeutung ("Semantik")
    der Ebenen?

1B4.   Allgemeingültige Formeln und Beweisprinzipien

Wir stellen eine Liste allgemeingültiger Formeln auf. Zusammen mit den beiden vorhergehenden
Sätzen ist sie nützlich, um logische Folgerungen zu beweisen. Damit lernen wir mathematische
Beweisprinzipien kennen oder schätzen und können im nächsten Abschnitt Formeln in Normal-
formen umformen.

Satz   1B4

Für beliebige Formeln A, B, C sind allgemeingültig:

a) $A \vee \neg A$ (Gesetz vom ausgeschlossenen Dritten)

b) $\neg \neg A \leftrightarrow A$ (Weglassen einer doppelten Negation)

$A \wedge W \leftrightarrow A, A \wedge F \leftrightarrow F,$ $A \vee W \leftrightarrow W,$ $A \vee F \leftrightarrow A$

$(A \rightarrow W) \leftrightarrow W, (A \rightarrow F) \leftrightarrow \neg A,$ $(W \rightarrow A) \leftrightarrow A,$ $(F \rightarrow A) \leftrightarrow W$

$(A \leftrightarrow W) \leftrightarrow A, (A \leftrightarrow F) \leftrightarrow \neg A,$ $\neg W \leftrightarrow F,$ $\neg F \leftrightarrow W$

(Weglassen von W oder F)

c) $A \vee B \leftrightarrow B \vee A,$ $A \vee (B \vee C) \leftrightarrow (A \vee B) \vee C,$ $A \vee (B \wedge C) \leftrightarrow (A \vee B) \wedge (A \vee C)$

$A \wedge B \leftrightarrow B \wedge A,$ $A \wedge (B \wedge C) \wedge \leftrightarrow (A \wedge B) \wedge C,$ $A \wedge (B \vee C) \leftrightarrow (A \wedge B) \vee (A \wedge C)$

$A \vee A \leftrightarrow A,$ $A \wedge A \leftrightarrow A$ (Disjunktion und Konjunktion sind kommutativ, assoziativ, distributiv und idempotent)

$A \rightarrow A,$ $(A \rightarrow B) \wedge (B \rightarrow C) \rightarrow (A \rightarrow C)$

(Konditional ist reflexiv und transitiv)

$A \leftrightarrow A,$ $(A \leftrightarrow B) \leftrightarrow (B \leftrightarrow A)$ (Bikonditional ist reflexiv und kommutativ)

d) $(A \leftrightarrow B) \leftrightarrow (A \rightarrow B) \wedge (B \rightarrow A)$ (Ersetzen von $\leftrightarrow$ durch $\rightarrow$ und $\wedge$)

$(A \rightarrow B) \leftrightarrow \neg A \vee B,$ $(A \rightarrow B) \leftrightarrow \neg (A \wedge \neg B)$

(Ersetzen von $\rightarrow$ durch $\neg$ und $\vee$ oder $\wedge$)

$(A \wedge B) \leftrightarrow \neg (\neg A \vee \neg B),$ $(A \vee B) \leftrightarrow \neg (\neg A \wedge \neg B)$

(Ersetzen von $\wedge$ und $\vee$ mit Hilfe von $\neg$)

e) $A \rightarrow A \vee B,$ $B \rightarrow A \vee B$ (Abschwächen zu einer Disjunktion)

$A \wedge B \rightarrow A,$ $A \wedge B \rightarrow B$ (Abschwächen einer Konjunktion)

f) $(A \rightarrow B) \leftrightarrow (\neg B \rightarrow \neg A)$ (Umkehren des Konditionals)

$(A \rightarrow B \vee C) \leftrightarrow (A \wedge \neg B \rightarrow C)$ (Vertauschen von Prämisse und Konklusion)

$(A \rightarrow (B \rightarrow C)) \leftrightarrow (A \wedge B \rightarrow C)$ (Verlagern einer Prämisse)

$A \wedge (A \rightarrow B) \rightarrow B$ (Anwenden eines Konditionals)

Wir können alle Behauptungen mit der Methode der Wahrheitstafeln (1A6) beweisen. Weitere Methoden lernen wir in Kap. 1C und 1D kennen. Nützlich sind diese Allgemeingültigkeiten erst, wenn Sie sie mit Hilfe der vorigen Sätze anwenden. Zum Beispiel kann man mit der ersten Formel in f) den *Beweis durch Kontraposition* begründen: statt B aus A beweisen Sie $\neg A$ aus $\neg B$. Nach Satz 1B3c ist $A \vDash B$ gleichwertig dazu, daß $A \rightarrow B$ allgemeingültig ist. Nach f) und nochmals Satz 1B3c (fürs Bikonditional) sind $A \rightarrow B$ und $\neg B \rightarrow \neg A$ äquivalent. Also können Sie statt $A \vDash B$ ebensogut $\neg B \vDash \neg A$ beweisen.

Ähnlich können wir mit einem Spezialfall der Formel darunter den *Beweis durch Widerspruch* (oder *indirekten Beweis*) rechtfertigen: Statt B aus A beweisen Sie aus A und $\neg B$ ("Annahme") einen Widerspruch ("also ist die Annahme zu verwerfen, und wir haben B aus A bewiesen"). Zur Begründung wählen wir in der zweiten Formel in f) für C die Formel F (falsch), gehen wie oben mit Satz 1B3c zur Äquivalenz über, eliminieren links mit b) das F und erhalten, daß $A \rightarrow B$ mit $A \wedge \neg B \rightarrow F$ äquivalent ist. Quod erat demonstrandum.

Ein anderes Beweisprinzip ist die *Fallunterscheidung*: Wenn B aus A und aus $\neg A$ folgt, so gilt es. Dazu brauchen wir a) oder die allgemeinere allgemeingültige Formel

$(A \rightarrow B) \wedge (\neg A \rightarrow B) \rightarrow B$.

Weitere Beweisprinzipien sind uns so geläufig, daß wir gar nicht merken, daß wir sie anwenden: Die *abschwächenden Schlüsse* nach e), das *Abtrennen* oder *Hineinziehen einer Prämisse* und der *modus ponens* (die beiden letzten Formeln in f), das Umgehen mit Konjunktion, Disjunktion, Konditional und Bikonditional, insbesondere der *Kettenschluß* (c). Im nächsten Abschnitt werden wir viele der Gesetze benutzen, um Formeln in Normalformen umzuformen.

Aufgaben 1B4

a) Lesen Sie die Formeln im Satz durch und beweisen Sie, daß sie allgemeingültig sind, soweit Sie es nicht direkt einsehen.

b) Schreiben Sie einen Beweis für die Ballwurflogelei auf, und begründen Sie alle logischen Schlüsse wie oben. Kommen neue hinzu?

c) (A) Wir arbeiten mit den fünf Wahrheitsfunktionen ¬, ∧, ∨, → und ↔, weil sie geläufigen aussagenlogischen Verknüpfungen entsprechen. In vielen Darstellungen der Logik arbeitet man mit weniger Wahrheitsfunktionen, zum Beispiel nur mit ¬ und ∧, weil dadurch der Formalismus einfacher wird und "weil man die übrigen ja durch die zwei definieren kann". Was heißt hier 'definieren'? Können Sie ∨, →, ↔ durch ¬, ∧ definieren? Finden Sie andere solche "Basen" aus zwei Wahrheitsfunktionen? (Wahrheitsfunktionen bilden eine *Basis*, wenn man mit ihnen alle Wahrheitsfunktionen definieren kann; vergl. dazu Aufgabe 1A8a.) Kommen Sie ohne ¬ aus, wenn sie die Formel F verwenden dürfen? Ohne die Formel F auch? Wir benutzen alle fünf Wahrheitsfunktionen, weil uns das Formalisieren, nicht der Formalismus wichtig ist.

d) Formalisieren und begründen Sie wie oben den Beweis durch Fallunterscheidung mit drei bzw. n Fällen.

1B5.   Der Ersetzungssatz

Beim Rechnen mit arithmetischen Ausdrücken benutzen wir das Prinzip "Ersetzen von Gleichem durch Gleiches gibt Gleiches": wenn p = q gilt und wenn p im Ausdruck r vorkommt und wir durch Ersetzen von p durch q aus r den Ausdruck s erhalten, so gilt r = s. Das entsprechende Prinzip wollen wir jetzt für die Äquivalenz von Formeln beweisen.

Ersetzungssatz 1B5
Ersetzen wir in der Formel A die Teilformel B durch die Formel C, so ist das Ergebnis D eine Formel, und aus B ↔ C folgt logisch A ↔ D; graphisch:

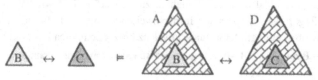

Beweis
Induktion nach dem Aufbau von A.
Basis: Ist A atomar, so ist B = A und D = C ; also gilt die Behauptung.

Schritt: Es sei A von der Form ¬A*. Falls B = A , gilt die Behauptung wie oben. Falls B ≠ A ,
ist B eine Teilformel von A* . Es entstehe D* aus A* , indem wir B durch C ersetzen. Nach
Induktionsvoraussetzung ist D* eine Formel und aus B ↔ C folgt logisch A* ↔ D*. Da A =
¬A*, ist D = ¬D*. Also ist D eine Formel und aus A* ↔ D* folgt logisch A ↔ D mit 1B4d,f
und 1B3. Also folgt A ↔ D logisch aus B ↔ C mit 1B2.
Für die anderen Formen von A geht der Beweis analog.   Q.E.D.

Folgerung   1B5
Sind A, B, C, D Formeln wie im Satz und sind B und C logisch äquivalent, so auch A und D .

Beweis
Nach Aufgabe 1B2b.

Wir verwenden den Ersetzungssatz beim Beweisen dauernd, ohne es zu merken. Wie beweisen
wir zum Beispiel in der Ballwurflogelei, daß Emil oder Gustav die Wahrheit sagt? Wählen wir für
den Ersetzungssatz

  A : Wa(e) ∨ ¬Wa(e),   B: ¬Wa(e),   C: Wa(g),

und ersetzen B in A durch C, so erhalten wir D: Wa(e) ∨ Wa(g) . Also gilt nach dem Satz:

  ¬Wa(e) ↔ Wa(g) ⊨ Wa(e) ∨ ¬Wa(e) ↔ Wa(e) ∨ Wa(g) .

Links steht (bis auf die Reihenfolge) die Formel B4 aus 1A3. Die Formel rechts vom Folgerungszeichen ist nach den Rechengesetzen in 1B4 und dem Ersetzungssatz bzw. der Folgerung (mehrfach angewendet) logisch äquivalent zu Wa(e) ∨ Wa(g) .

Aufgaben   1B5
a) Wiederholen Sie Aufgabe 1B1c. Geht's jetzt leichter oder schwerer?
b) Ebenso mit Aufgabe 1B1d.

Frage
Warum wird durch's Lernen manches leichter, anderes schwerer. Was heißt 'leichter', was
'schwerer'? Was heißt 'heißt'? Kann manches leichter und schwerer zugleich werden?

1B6.   Widersprüchlichkeit und Erfüllbarkeit

Wollen wir eine Situation mit einer Formelmenge X beschreiben, so kann X nicht "widersprüchlich" sein, das heißt X kann nicht eine Formel und ihre Negation enthalten. Solch ein
Widerspruch A , ¬A kann auch nicht in X versteckt sein, das heißt, logisch aus X folgen. In
dem folgenden Satz charakterisieren wir Widersprüchlichkeit mit verschiedenen Formulierungen,
die wir später synonym benutzen werden, z.B. für Theorembeweiser.

Definition   1B6

Eine Formelmenge X heißt *widersprüchlich*, wenn es eine Formel A gibt, so daß A und ¬A
logisch aus X folgen; sonst heißt X *widerspruchsfrei*.

Satz   1B6

Die folgenden Aussagen sind äquivalent:

a) X ist widersprüchlich, d.h. es gibt eine Formel mit X ⊨ A und X ⊨ ¬A.

b) Aus X folgt logisch etwas Falsches: X ⊨ F.

c) Jede Formel folgt logisch aus X.

d) X ist unerfüllbar: es gibt keine Belegung, unter der X wahr ist.

Beweis

Die Äquivalenz von a) - d) folgt aus dem folgenden "Ringbeweis", wie man sich formal aus den
Sätzen 1B2 - 5, angewendet auf die Aussagen a) - d), klarmachen kann.

a) ⇒ d): Beweis indirekt: Es sei X widersprüchlich, sei also A eine Formel mit X ⊨ A und
X ⊨ ¬A.

Annahme: X ist erfüllbar. Dann gibt es eine Belegung β, unter der X wahr ist. Wegen X ⊨ A
ist A wahr unter β, wegen X ⊨ ¬A ist ¬A wahr unter β, also A falsch unter β;
Widerspruch. Also ist X unerfüllbar.

d) ⇒ c): Sei X unerfüllbar, sei A eine Formel.

Da X unter keiner Belegung wahr ist, ist A unter jeder Belegung wahr, unter der X wahr ist;
also X ⊨ A.

c) ⇒ b): b) ist ein Spezialfall von c).

b) ⇒ a): Es gelte X ⊨ F. Da jede Belegung ¬F wahr macht, gilt X ⊨ ¬F für jede
Formelmenge. Also folgen F und ¬F logisch aus X.   Q.E.D.

Folgerung   1B6

Die folgenden Aussagen sind äquivalent:

a) X ist widerspruchsfrei, d.h. für alle Formeln A gilt: wenn X ⊨ A , dann X ⊭ ¬A.

b) Aus X folgt logisch nichts Falsches: X ⊭ F.

c) Es gibt Formeln, die nicht logisch aus X folgen.

d) X ist erfüllbar.

Beweis

Das sind die Negationen der Aussagen im Satz.

Aufgaben   1B6

Rechtfertigen Sie die Beweise von Satz und Korollar, indem Sie zeigen:

a) (Zum Beweis a) ⇒ d)) Folgen C und ¬C aus A und ¬B , so folgt B aus A.

b) Folgt A aus B, B aus C, C aus D und D aus A, so sind A, B, C, D alle äquivalent.

c) Aus A ↔ B folgt ¬A ↔ ¬B.

Oft tut man sich beim Finden von Beweisen leichter, wenn man sich in dieser Weise eine günstige
logische Struktur sucht.

Fragen

Was ist der Unterschied zwischen

- erfüllbar und nicht allgemeingültig?
- nicht erfüllbar und widersprüchlich?
- einem Klavier und einem Streichholz?
- einer Meise?

1B7.   Logische Folgerung und Widersprüchlichkeit

Wir führen einen Satz separat auf, der direkt aus schon gezeigten folgt, den wir aber später im Zusammenhang mit Theorembeweisern so oft brauchen werden, daß er jetzt schon auffallen soll. Nach Satz 1B3b ist eine logische Folgerung $X \vDash A$ äquivalent zur Unerfüllbarkeit von $X, \neg A$. Mit Satz 1B6 erhalten wir:

Satz 1B7

Eine Formel A folgt logisch aus einer Formelmenge X genau dann wenn $X, \neg A$ widersprüchlich ist:

$$X \vDash A \qquad \text{genau dann wenn} \qquad X, \neg A \text{ widersprüchlich.}$$

Aus Verfahren, mit denen wir Formelmengen auf Widersprüchlichkeit testen, erhalten wir damit Theorembeweiser: Verfahren, mit denen wir auf logische Folgerung testen (Abschnitt 2D5).

1B8.   Endlichkeits- und Kompaktheitssatz

Beweise können lang sein, auch langweilig, aber irgendwann ist der furchtbarste Beweis zuende. (Beweise suchen ist langwieriger, hört vielleicht nie auf, wie wir in Abschnitt 3D5 lernen werden.) Jeder Beweis ist also endlich, auch wenn wir von unendlich vielen Voraussetzungen ausgehen. Wenn die Definition 1B1 der logischen Folgerung den Begriff der Beweisbarkeit richtig erfaßt, müßte das Endlichkeitsprinzip auch für die logische Folgerung gelten. Zum Beispiel brauchen wir, um aus den unendlich vielen Formeln

$$P_1, \; P_1 \to P_2, \; P_2 \to P_3, \; ...$$

die Formel P_{17} zu folgern, nur 17 der Formeln und nur 17 Schlüsse. Im allgemeinen können wir aber der Formel nicht ansehen, wie lang der Beweis sein wird und wieviele Voraussetzungen wir brauchen. Ersetzen Sie zum Beispiel in den Formeln P_1 durch $\neg P_{17}$ und folgern Sie daraus $\neg P_1$! Vielleicht brauchen wir zum Folgern manchmal doch unendlich viele Voraussetzungen? Insbesondere könnte eine unendliche Formelmenge widersprüchlich sein, ohne daß der Widerspruch aus endlich vielen Formeln folgt. Wir wollen jetzt beweisen, daß das nicht so ist.

Endlichkeitssatz 1B8

Wenn A aus X folgt, folgt A aus einer endlichen Teilmenge von X.

Das ist ein erstaunlicher Satz und entsprechend schwierig zu beweisen. Einen verwandten, aber nicht einfacheren Beweis erhalten wir aus dem Vollständigkeitssatz in Kap. 1D. Dort mechanisieren wir das logische Folgern auf gewisse Weise, und diese algorithmischen Beweise ("Ableitungen") sind per definitionem endlich. Wir beweisen den Endlichkeitssatz zunächst für einen speziellen Fall:

   Wenn X widersprüchlich ist, so schon eine endliche Teilmenge von X.

Dabei haben wir für A die Formel F gewählt und Satz 1B6 benutzt. Kontraponieren wir, erhalten wir den

Kompaktheitssatz   1B8
Ist jede endliche Teilmenge einer Formelmenge X erfüllbar, so ist X selbst erfüllbar.

'Kompakt' heißt eine Menge in der Topologie, wenn man jede Überdeckung auf eine endliche zurückführen kann: Ist M eine Teilmenge einer unendlichen Vereinigung offener Mengen, so gibt es darunter endlich viele, die dasselbe leisten, das heißt M "überdecken". (Alle abgeschlossenen Intervalle von $\mathbb{R}$ sind kompakt, nicht aber die offenen oder gar die unbeschränkten.) Die Logiker haben diese Bezeichnung für den analogen Sachverhalt für Widersprüchlichkeit übernommen. Wie beweisen wir ihn? Da jede endliche Teilmenge von X erfüllbar ist, könnten wir X mit endlichen Teilmengen "überdecken" und die erfüllende Belegung stückweise aufbauen, zum Beispiel so:

   $P_1, P_2, ...$ seien die Atome, die in Formeln aus X vorkommen;

   für $n \geq 1$ sei X_n die Menge der Formeln aus X, die nur Atome P_i mit $i \leq n$ enthalten.

Dann gilt:

(1) $X_1 \subseteq X_2 \subseteq ...$ und $\bigcup X_n = X$,

Wir könnten erfüllende Belegungen für $X_1, X_2,...$ immer weiter verlängern, bis sie X erfüllen. Die erste Schwierigkeit: Die Mengen X_n brauchen nicht endlich zu sein, also ist unsere Voraussetzung nicht anwendbar. Zum Beispiel kann X_1 aus lauter Formeln $P_1 \wedge ... \wedge P_1$ bestehen. Die sind allerdings alle äquivalent zu P_1, und tatsächlich gilt allgemein: Zu endlich vielen Atomen gibt es nur endlich viele nicht äquivalente Formeln. (Das ist direkt nicht ganz leicht zu beweisen; versuchen Sie, Aufgabe 1A8a zu benutzen. Es folgt aber sofort daraus, daß jede Formel eine äquivalente konjunktive Normalform hat; davon gibt es zu endlich vielen Atomen nur endlich viele. Siehe Satz 1C2.) Jede Formelmenge aus endlich vielen Atomen ist also äquivalent zu einer endlichen Menge. Also können wir voraussetzen, daß in X unendlich viele Atome vorkommen (sonst ist der Satz trivial) und daß die Mengen X_n alle endlich sind (sonst können wir X entsprechend reduzieren).

Jede Menge X_n ist also nach der Voraussetzung des Satzes erfüllbar; sei β_n eine Belegung, die X_n wahr macht. Die zweite Schwierigkeit: Die β_n müssen nicht zusammenpassen; das heißt, β_m und β_n müssen auf dem gemeinsamen Teil des Definitionsbereiches ($P_1,...,P_m$, falls m < n) nicht übereinstimmen. Konstruieren Sie ein Beispiel. Wir dürfen uns also nicht auf ein festes β_m beschränken, sondern müssen alle betrachten. Da $X_m \subseteq X_n$, machen alle X_n erfüllenden Belegungen auch X_m wahr und gewisse X_m erfüllende Belegungen lassen sich zu solchen für X_n fortsetzen. Das schreiben wir jetzt genauer auf.

Eine Belegung der Atome $P_1,...,P_n$ können wir durch das Wort der Länge n ihrer Wahrheitswerte darstellen: Der Belegung β mit $\beta(P_1) = \beta(P_4) = W$ (und $= F$ sonst) entspricht das Wort $w(\beta) = WFFW$. Umgekehrt definiert ein W,F-Wort u der Länge n eine Belegung $B(u)$ der Atome $P_1,...,P_n$. Ebenso entsprechen sich unendliche Wörter und Belegungen aller Atome P_1, P_2, ... Also identifizieren wir Belegungen und Wörter. Alle (endlichen und unendlichen) W,F-Wörter stellt man üblicherweise durch den unendlichen vollständigen binären Baum dar:

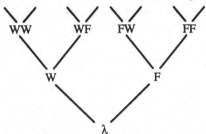

Der Baum wurzelt im leeren Wort λ (hoffentlich stürmt es nicht) und verzweigt sich im Knoten u zu uW und uF. Knoten der Höhe n entsprechen also Belegungen der Atome $P_1,...,P_n$; liegt v über u, so ist u ein Anfangswort von v, die Belegungen $B(u)$ und $B(v)$ sind also verträglich: $B(u)$ stimmt mit dem Anfang von $B(v)$ überein. Unendliche Pfade im Baum definieren daher eindeutig eine Belegung aller Atome.

Jetzt markieren wir jeden Knoten im Baum mit den Formeln aus X, die die zum Knoten gehörige Belegung wahr macht:

für das Wort u sei $X_u := \{A \in X ; \text{Wert}_{B(u)}(A) = W\}$.

Diese Markierung hat die folgenden Eigenschaften, die sich leicht aus dem Bisherigen beweisen lassen. Dabei schreiben wir $|u|$ für die Länge (Höhe) von u . Beweisen Sie also:

(2) $X_u \subseteq X_{|u|}$;
(3) $X_u = X_{|u|}$ genau dann wenn $X_{|u|}$ unter $B(u)$ wahr ist;
(4)   Ist u ein Anfangswort von v, so ist $X_u = X_v \cap X_{|u|}$;
(5)   Ist u ein Anfangswort von v und $X_v = X_{|v|}$, so auch $X_u = X_{|u|}$;
(6)   Für jedes n gibt es Knoten u der Länge n mit $X_u = X_n$.

Haben Sie das bewiesen, streichen Sie alle Knoten u aus dem Baum, die zu mager markiert sind: $X_u \neq X_{|u|}$. Was bleibt übrig? Nach (5) bleiben mit jedem Knoten alle seine Vorgänger, also haben Sie noch einen binären Baum. Nach (6) ist dieser Restbaum sogar unendlich groß. Gibt es darin einen unendlichen Pfad? Na klar: Über der Wurzel liegen unendlich viele Knoten des Restbaums; und liegen über einem Knoten u unendlich viele, so auch über uW oder über uF (oder über beiden); also können Sie den Pfad induktiv definieren. Die Belegung auf diesem unendlichen Pfad macht alle X_n , also ganz X wahr. Fertig! - Die Konstruktion zum Schluß spielt im Zusammenhang mit dem Auswahlaxiom eine solche Rolle, daß sie nach ihrem Konstrukteur heißt:

Königs Lemma
Ein endlich verzweigter unendlicher Baum enthält mindestens einen unendlichen Pfad.

Aufgaben 1B8
a) Beweisen Sie die Eigenschaften (1) - (6) im Text.

b) Konstruieren Sie eine Formelmenge X, bei der es für jedes n Belegungen gibt, die X_n wahr machen, die Sie aber nicht zu Belegungen fortsetzen können, die X_{n+1} wahr machen. Wie sieht der zugehörige Restbaum aus? Ist X erfüllbar? Wenn ja, wie sieht der unendliche Pfad aus?

c) (A) Beweisen Sie: Jede Formelmenge aus endlich vielen Atomen ist äquivalent zu einer endlichen Formelmenge.

d) Beweisen Sie den Endlichkeitssatz aus dem Kompaktheitssatz.

Kapitel 1C. Entscheidungsverfahren und Normalformen

Vor Ihnen stehen fünf Häuser verschiedener Farbe. Die Bewohner sind verschiedener Nationalität, halten verschiedene Tiere, bevorzugen verschiedene Getränke und haben verschiedene Rauchgewohnheiten. Sie wissen schon:

> Der Engländer bewohnt das rote Haus.
> Dem Spanier gehört der Hund.
> Im grünen Haus trinkt man Kaffee.
> Der Ukrainer trinkt Tee.
> Das grüne Haus steht - von Ihnen gesehen - unmittelbar rechts neben dem weißen Haus.
> Der Zigarettenraucher hält Schnecken.
> Der Zigarrenraucher wohnt im gelben Haus.
> Der Bewohner des mittleren Hauses trinkt Milch.
> Der Norweger bewohnt das erste Haus links.
> Der Pfeifenraucher lebt in dem Haus neben dem Mann mit dem Fuchs.
> Der Zigarrenraucher bewohnt das Haus neben dem Mann mit dem Pferd.
> Der Stumpenraucher trinkt Limonade.
> Der Japaner raucht Zigarillos.
> Der Norweger wohnt neben dem blauen Haus.

Wer trinkt Wasser? Wem gehört das Zebra?

Diese Logelei können Sie, wie die über die zerworfene Fensterscheibe im Anfang dieses Kapitels, durch Probieren lösen. Das ist mühsam, weil Sie so viele Aussagen betrachten müssen. Vielleicht wird Ihnen das Logeln auf die Dauer sowieso langweilig. Das könnte uns auf die Idee bringen, das Logeln zu automatisieren. Formalisieren, d.h. die Logelei in Formeln überführen, müssen Sie selbst. Aber wir hätten gern ein Verfahren, das eine Belegung sucht, die die Formeln wahr macht, und "unerfüllbar" ausgibt, falls es keine erfüllende Belegung gibt.

Einen solchen Algorithmus nennt man ein *Entscheidungsverfahren für Erfüllbarkeit*. Ähnlich hilfreich für viele Aufgaben könnten Entscheidungsverfahren für Allgemeingültigkeit und logische Folgerung sein (die nur "ja" oder "nein" ausgeben müssen). Mit solchen Verfahren beschäftigen wir uns in diesem Kapitel. Sie sollten sich dabei im klaren sein, daß das Automatisieren den Spaß am Logeln zerstören kann.

Entscheidungsverfahren für Erfüllbarkeit, Allgemeingültigkeit und logische Folgerung (Def. 1C1) gewinnen wir in Satz 1C1 direkt aus der Wahrheitstafelmethode, in Satz 1C3 etwas langwieriger über die *konjunktive Normalform* (Def. 1C2). Beide Arten von Verfahren haben exponentiellen Aufwand (1C1, 1C3), sind deswegen für größere Aufgaben nicht praktisch anwendbar. Für den Gebrauch in Theorembeweisern führen wir deswegen in 1C4 *Gentzen- und Hornformeln* ein.

1C1.   **Entscheidungsverfahren mit Wahrheitstafeln und ihr Aufwand**

Definition   1C1
Ein *Entscheidungsverfahren für Erfüllbarkeit* ist ein Algorithmus, der bei Eingabe einer endlichen
Formelmenge X mit "ja" terminiert, falls X erfüllbar, ist und sonst mit "nein", und im Fall der
Erfüllbarkeit zusätzlich eine Belegung ausgibt, unter der X wahr ist.
Entscheidungsverfahren für Allgemeingültigkeit und *für logische Folgerung* sind entsprechend
definiert (ohne Ausgabe von Belegungen).
Eine Eigenschaft, für die es ein Entscheidungsverfahren gibt, heißt *entscheidbar*.

Satz   1C1
Erfüllbarkeit, Allgemeingültigkeit und logische Folgerung sind für endliche Formelmengen entscheidbar: Die Methode der Wahrheitstafeln (1A6) liefert Entscheidungsverfahren für Erfüllbarkeit
und Allgemeingültigkeit und mit Satz 1B3a,c auch für logische Folgerung: um zu entscheiden, ob
A aus $A_1,...,A_n$ folgt, entscheiden wir über die Allgemeingültigkeit von $A_1 \wedge ... \wedge A_n \rightarrow A$.

Für n Aussagensymbole gibt es 2^n verschiedene Belegungen (Beweis durch vollständige
Induktion). Bei den Entscheidungsverfahren müssen daher für eine Formel oder Formelmenge mit
n Aussagensymbolen im schlimmsten Fall 2^n Belegungen nachgeprüft werden; man sagt, sie
haben *exponentiellen Aufwand*. Sie sind daher für größere n nicht mehr praktisch anwendbar.
Um zum Beispiel die Logelei zu Beginn dieses Kapitels zu formalisieren, braucht man 125
Aussagensymbole; und 2^{125} ist eine unvorstellbar große Zahl. Der Weise, der den König um
Weizenkörner für die 64 Felder seines Schachbretts bat ("Nur ein Korn auf das erste, auf das
nächste zwei, dann vier und so weiter; immer grad verdoppeln."), verlangte mit diesen
$1+2+4+...+2^{63} = 2^{64}-1$ Körnern mehr Weizen, als die Erde trägt. Diese Menge müßte man noch
mehr als 60 mal verdoppeln, um 2^{125} Körner zu erhalten.

Tatsächlich kann man die Logelei ziemlich schnell lösen: die Formeln sind alle von einfacher Form;
dadurch brauchen wir nur wenige Fälle durchzuprobieren, bis wir eine erfüllende Belegung
gefunden haben. Aber scharfes Hinsehen kann man nicht automatisieren. Im Jahr 1964 brauchte
der Telefunkenrechner des Astronomischen Recheninstituts der Universität Heidelberg eine halbe
Stunde oder eine ganze Nacht, um diese Logelei zu lösen - jenachdem mit welcher Strategie das
Entscheidungsverfahren vorging. (Der Mathematiker, der das Verfahren geschrieben hatte, wählte
den Rechner nicht wegen der astronomischen Größe des Problems, sondern weil es der einzige der
Universität war. Seine beiden Assistenten ließen sich automatisch wecken, wenn das Programm
abstürzte: Geriet der Rechner in eine Endlosschleife, stanzte der Schnelldrucker Zeilen voller
Neunen aufs Papier; das dampframmenartige Geräusch wurde per Mikrophon und Lautsprecher in
das nahe Gartenhäuschen übertragen, in dem sie schliefen.) Bis heute ist das Problem ungelöst, ob
es Entscheidungsverfahren für Erfüllbarkeit mit *polynomialem Aufwand* gibt (n^k für irgendein k,
statt k^n wie oben). Gäbe es sie, so ließen sie sich auf viele andere ähnlich schwierige (sogenannte
NP-vollständige) Probleme - wie das Finden von Hamiltonkreisen in Graphen (das Problem des
Handlungsreisenden in seiner einfachsten Form) - übertragen. Alle diese Probleme sind nämlich
von ähnlicher Struktur: ob eine mögliche Lösung (Belegung einer Formel, Linie in einem Graphen)
wirklich eine Lösung (erfüllende Belegung, Hamiltonkreis) darstellt, ist leicht (mit polynomialem

Aufwand) nachzuprüfen; aber es gibt so (exponentiell) viele Kanditaten. *N*ichtdeterministisch (mit Raten) kann man die Probleme also mit *P*olynomaufwand lösen (deswegen *NP*, aber nicht deterministisch (*P*). Deswegen ist die Frage "P = NP?" so berühmt, auch wenn man heute mehr und schnellere Rechner hat. Wer mehr darüber wissen will - was bedeutet zum Beispiel NP genauer? -, sollte sich mit Algorithmen- und Komplexitätstheorie beschäftigen.[1]

Aufgaben 1C1

a) Befassen Sie sich noch einmal mit Aufg. 1A8a, in der Sie Wahrheitsfunktionen durch Formeln darstellen sollten. Schreiben Sie möglichst viele möglichst kurze Formeln mit zwei Aussagen-symbolen auf, die sich in den Belegungen, die sie wahr machen, paarweise voneinander unter-scheiden. Wieviele sind das? Was sind die zugehörigen Wahrheitsfunktionen in der Umgangs-sprache? Wieviele dreistellige umgangssprachliche Wahrheitsfunktionen kennen Sie? Was sind die zugehörigen Formeln?

b) (P) Das Erfüllbarkeitsproblem ist *NP-schwierig*, das heißt, alle nichtdeterministisch mit Poly-nomaufwand lösbaren Probleme lassen sich mit leichten (Polynomaufwand!) Umformungen darauf zurückführen. Das hat Stephen Cook 1971 bewiesen, indem er Berechnungen soge-nannter nichtdeterministischer Turingmaschinen in der Aussagenlogik formalisierte und dabei Berechnungen von polynomialem Aufwand durch Formeln polynomialer Länge (in der Größe der Eingaben) ausdrückte. Klingt fürchterlich? Dann erfinden Sie seinen Beweis nach. Das ist das beste Mittel gegen Furcht. Wenn Sie die Methode noch nicht kennen, holen Sie sich Hilfe in Abschnitt 3D2; dort formalisieren wir Berechnungen in der Prädikatenlogik. Sie können auch Bücher zur Algorithmen- und Komplexitätstheorie zu Rate ziehen (siehe oben). Aber nicht einfach nachlesen! Einen solchen technischen Beweis (mit Hilfe) selber zusammenzubauen bringt mehr Freud' und weniger Leid, als ihn bei anderen nachzuempfinden.

1C2.   Konjunktive und disjunktive Normalform

Formeln in konjunktiver bzw. disjunktiver Normalform sind Konjunktionen von Disjunktionen bzw. Disjunktionen von Konjunktionen. *Normalformen* spielen in der Logik eine ähnliche Rolle wie Polynome (Summen von Produkten) in der Arithmetik: Man kann alle aussagenlogischen Formeln in diese Form bringen, und man kann mit ihnen oft besser arbeiten als mit beliebigen Formeln. Sie sind nützlich, um Übersicht über alle Formeln zu gewinnen, um Eigenschaften leichter zu beweisen ("für den Beweis nehmen wir an, daß A in konjunktiver Normalform ist"), um Schaltkreise einheitlich darzustellen, um Entscheidungsverfahren zu erleichtern. Diese Erwar-tungen erfüllen sie aber nur teilweise, wie wir im folgenden sehen werden. Die Normalformen wurden schon im vorigen Jahrhundert von F. Schröder ausführlich untersucht.

Definition 1C2

Ein *Literal* ist ein Atom oder seine Negation, also von der Form P oder ¬P; es heißt *negativ* oder *positiv*, je nachdem ob es negiert ist oder nicht. Etwas nachlässig fassen wir die Negation als

---

[1] Siehe zum Beispiel die Bücher von Martin Davis und Elaine Weyuker oder John Hopcroft und Jeffrey Ullman, Literatur L2.

Operation auf Literalen auf, indem wir doppelte Negationen weglassen: Ist $L = \neg P$, so steht $\neg L$ für P statt für $\neg \neg P$.

Eine Formel ist in *konjunktiver Normalform*, wenn sie entweder W oder F oder eine Konjunktion von Disjunktionen von Literalen ist, also von der Form

$$(A_{1,1} \vee ... \vee A_{1,m_1}) \wedge ... \wedge (A_{n,1} \vee ... \vee A_{n,m_n}) \, ,$$

wobei $n, m_1, ..., m_n \geq 1$ und die $A_{i,j}$ Literale sind und in keiner Disjunktion ein Atom mehrfach vorkommt (auch nicht negiert). Dual dazu ist die *disjunktive Normalform* ($\wedge$ und $\vee$ vertauscht, vergl. Aufg. 1A1d).

Satz   1C2

Wir können jede Formel in eine äquivalente in konjunktiver Normalform überführen, indem wir die folgenden *Umformungsregeln* sukzessiv auf Teilformeln anwenden:

$A \leftrightarrow B \rightsquigarrow (A \rightarrow B) \wedge (B \rightarrow A)$	(Bikonditionale wegbringen)
$A \rightarrow B \rightsquigarrow \neg A \vee B$	(Konditionale wegbringen)
$\neg \neg A \rightsquigarrow A$	(doppelte Negationen wegbringen)
$\neg (A \wedge B) \rightsquigarrow \neg A \vee \neg B$	(Negationen nach innen bringen)
$\neg (A \vee B) \rightsquigarrow \neg A \wedge \neg B$	
$\neg W \rightsquigarrow F, \quad \neg F \rightsquigarrow W$	(Wahrheitswerte wegbringen)
$W \vee A \rightsquigarrow W, \quad W \wedge A \rightsquigarrow A$	
$F \wedge A \rightsquigarrow F, \quad F \vee A \rightsquigarrow A$	
$A \vee (B \wedge C) \rightsquigarrow (A \vee B) \wedge (A \vee C)$	(Disjunktionen nach innen bringen)
$A \wedge A \rightsquigarrow A$	(doppelte Disjunktionen und Konjunk-
$A \vee A \rightsquigarrow A$	tionen wegbringen)
$A \vee \neg A \rightsquigarrow W$	(Trivialitäten wegbringen)
$A \wedge \neg A \rightsquigarrow F$	(Widersprüche wegbringen)

Dazu kommen weitere Regeln, wie $A \vee W \rightsquigarrow W$, die sich aus der Kommutativität von $\wedge$ und $\vee$ ergeben.

Aufgaben   1C2

a) Beweisen Sie den Satz, indem Sie zeigen:
   Jeder Umformungsschritt (durch eine Regelanwendung) liefert eine äquivalente Formel. (Kap. 1B benutzen!) Das Verfahren terminiert immer, d.h. nach endlich vielen Schritten sind keine Regeln mehr anwendbar. Das Ergebnis ist eine Formel in konjunktiver Normalform.

b) Nehmen Sie an, Sie sollten das Verfahren programmieren. Was wäre die Hauptschwierigkeit? Wie sähe Ihr Lösungsweg aus? Die Antwort soll ein deutscher Text sein, Programme werden nicht akzeptiert.

c) Formulieren Sie Definition und Satz entsprechend für die disjunktive Normalform.

d) In Aufgabe 1A8a haben Sie (hoffentlich) Wahrheitsfunktionen durch Formeln dargestellt. Können Sie erreichen, daß die darstellende Formel immer in konjunktiver (in disjunktiver) Normalform ist?

e) (A) In Aufg. 1A4 und 1A8c haben Sie gelernt, Wahrheitsfunktionen durch Formeln, Bäume und Netzwerke darstellen und die verschiedenen Darstellungen ineinander zu übersetzen. Wie "tief" sind die Netzwerke bei Ihrer Darstellung von Wahrheitsfunktionen? Wie "hoch" die Bäume? Wie sehen Bäume und Netzwerke zu konjunktiven (disjunktiven) Normalformen aus? Kann es vorkommen, daß zusammengehörige Formeln, Bäume, Netzwerke unterschiedlich "groß" sind? In welchem Sinn? Und wieviel? Suchen Sie Beispiele. Können Sie die Größenverhältnisse abschätzen? Entwickeln Sie ein bißchen Phantasie, und damit eine Theorie. Eine Theorie ist, wörtlich aus dem Griechischen, "eine Weise etwas zu sehen", Phantasie "eine Weise etwas zu zeigen": theoro - ich sehe, phaino - ich zeige, mache sichtbar. Ohne Phantasie keine Theorie - zumindest ist jede Theorie grau ohne Phantasie. Wenn sie über Theorie anders denken, lesen Sie meine Phantasie-Arbeit.[2]

1C3.   Entscheidungsverfahren mit Normalformen

Die konjunktive Normalform zu einer Formel ist nicht eindeutig bestimmt. (Beispiele? Siehe Aufgabe c unten.) Immerhin haben alle allgemeingültigen Formeln dieselbe Normalform, nämlich die Formel W. Das liefert ein scheinbar einfaches Entscheidungsverfahren.

Satz 1C3
Eine Formel in konjunktiver Normalform ist allgemeingültig genau dann wenn sie die Gestalt W hat.

Beweis
Es sei A eine Formel in konjunktiver Normalform.
⇐:   Ist A die Formel W, so ist A allgemeingültig.
⇒:   Durch Kontraposition (vgl. 1B4). A sei nicht die Formel W. Ist A die Formel F, ist A nicht allgemeingültig. Sei also A eine Konjunktion von Disjunktionen, sei B eins der Konjunktionsglieder, also eine Disjunktion von Literalen. Wir definieren eine Belegung von A durch:
$$\beta(P) := F \text{ falls } P \text{ in } B \text{ vorkommt}; \quad \beta(P) := W \text{ falls } \neg P \text{ in } B \text{ vorkommt}.$$
Für die übrigen Atome in A sei β beliebig. Da P und ¬P nicht beide in B vorkommen, ist β eindeutig definiert. Jedes Literal in B ist falsch unter β, damit B selbst, und damit ganz A. Also ist A nicht allgemeingültig.   Q.E.D.

Damit haben wir ein neues Entscheidungsverfahren für Allgemeingültigkeit: Man bringe die Formel A mit Satz 1C2 in konjunktive Normalform und entscheide deren Allgemeingültigkeit mit obigem Satz. Ist die Formel A nicht allgemeingültig, so liefert der Beweis des Satzes eine Belegung, unter der A falsch ist. Nach Satz 1B3 können wir das Verfahren auch zum Entscheiden von Erfüllbarkeit und logischer Folgerung benutzen. Der zweite Teil des Verfahrens, nämlich die Anwendung des Satzes, ist schnell; dafür kann der erste Teil sehr aufwendig sein: nach der nachfolgenden Aufgabe kann die konjunktive Normalform einer Formel exponentiell länger sein als die Formel. (Dabei definieren wir die Länge einer Formel als die Anzahl ihrer atomaren Formeln, mehrfaches Vorkommen mehrfach gezählt.) Damit hat auch dieses Entscheidungsverfahren exponentiellen Aufwand und ist nicht praktisch verwendbar. Damit ist auch die Benennung *Normalform*

---

[2] Literatur L7.

fragwürdig; es ist eben nicht die normale Form von Formeln. 'Normform' wäre besser.

Die Erfüllbarkeit ist für Formeln in konjunktiver Normalform genauso schwierig zu entscheiden wie für beliebige Formeln. Gäbe es dafür ein polynomiales Verfahren, wäre P = NP. (Vgl. Abschnitt 1C1b und Aufgabe e) unten.)

Aufgaben 1C3

a) Es sei $A_n := (P_1 \wedge Q_1) \vee ... \vee (P_n \wedge Q_n)$, wobei die P_i und Q_j verschiedene Atome sind. Bringen Sie A_n in konjunktive Normalform und zeigen Sie, daß das Ergebnis die Länge $n \cdot 2^n$ hat. In welchem Sinn ist diese Länge exponentiell in der Länge von A_n? (Wie lang ist A_n?)

b) (A) Dasselbe für $A_n := P_1 \leftrightarrow (P_2 \leftrightarrow ... \leftrightarrow (P_{n-1} \leftrightarrow P_n)...)$ und die Länge $n \cdot 2^{n-1}$. (Es gilt $n \cdot 2^{n-1} \geq 2^n$ für $n > 1$.)

c) Können verschiedene Formeln dieselbe konjunktive Normalform, und kann eine Formel verschiedene konjunktive Normalformen haben? Unterschiede aufgrund der Reihenfolge in Konjunktionen und Disjunktionen gelten nicht. Eine konjunktive Normalform heißt *ausgezeichnet*, wenn in jedem Konjunktionsglied alle Aussagensymbole der Formel vorkommen. So ist $(P \vee Q) \wedge (\neg P \vee \neg Q)$ ausgezeichnet, $(P \vee Q) \wedge (\neg P \vee R)$ nicht. Können Sie
- konjunktive Normalformen äquivalent in ausgezeichnete umformen?
- beliebige Formeln äquivalent in ausgezeichnete konjunktive Normalform umformen?
- jede Wahrheitsfunktion durch eine ausgezeichnete konjunktive Normalform darstellen?
Wenn Sie Schwierigkeiten haben, bearbeiten Sie zuerst die Aufgaben 1A8a und 1C2d übers Darstellen von Wahrheitsfunktionen durch Formeln und verstehen den obigen Beweis. Lesen Sie auch die letzten Sätze von Aufgabe 1C2e über Theorie und Phantasie. Jetzt können Sie die letzte Frage beantworten: In welchem Sinn ist die ausgezeichnete konjunktive Normalform einer Formel eindeutig?

d) Formulieren und beweisen Sie die Aussagen der Abschnitte 1C2 und 1C3 für die disjunktive Normalform.

e) (P) Falls Sie Aufgabe 1C1b bearbeitet haben: Können Sie die Formeln, mit denen Sie Berechnungen beschreiben, in konjunktive Normalform bringen, ohne sie wesentlich (was heißt das?) zu verändern?

1C4.   Klauseln, Gentzen- und Hornformeln

Früher hat man in Theorembeweisern fast ausschließlich mit Formeln in konjunktiver Normalform gearbeitet. Man repräsentierte dabei die Disjunktionen als Mengen von Literalen, genannt *Klauseln*, und die Formeln selber als Mengen von Klauseln. Formeln in konjunktiver Normalform und Klauseln passen nicht zur natürlichen Sprache und sind daher schlecht zu lesen. Wir arbeiten deswegen mit einer äquivalenten gut lesbaren Form, die wir *Gentzenformeln* nennen. Spezielle Gentzenformeln, *Hornformeln*, benutzt man heute vielfach beim logischen Programmieren, z.B. in der Programmiersprache PROLOG. Hornformeln bilden keine Normalform (Abschnitt 1C2), reichen aber in vielen Fällen aus.

Definition   1C4

Eine *Klausel* ist eine endliche Menge von Literalen; sie repräsentiert eine Disjunktion:

$\{L_1,...,L_n\}$ steht für $L_1 \vee ... \vee L_n$; wir benutzen beide Schreibweisen gleichwertig.

Die *leere Klausel*, {} oder $\square$, steht für die leere Disjunktion, die immer falsch ist.

Nach Satz 1C2 ist jede Formel äquivalent zu einer endlichen Menge von Klauseln. (Wieso?) In der *Klausellogik* arbeitet man daher mit endlichen Mengen von Klauseln statt mit Formeln. Allgemeingültige Formeln stellt man dabei nicht durch W, sondern durch Klauseln vom Typ $A \vee P \vee \neg P$ dar, kontradiktorische nicht durch F, sondern durch die leere Klausel (siehe Aufgabe b unten). Wir schreiben Klauseln als Disjunktionen, weil die doppelte Verwendung des Kommas für 'und' und/oder 'oder' zu irreführend ist. Wir denken dabei aber an Mengen und nutzen aus, daß die Disjunktion assoziativ, kommutativ und idempotent ist. So ist $A \vee L$ eine Klausel, die irgendwo (!) das Literal L enthält; und keine Klausel enthält ein Literal doppelt. Dagegen ist ein Literal und seine Negation jetzt erlaubt (anders als bei konjunktiven Normalformen).

Klauseln sind für die Darstellung von Formeln im Rechner gut geeignet. Mit ihnen zu arbeiten ist mühsam, weil wir eher in Konditionalen (Folgerungen) als in Alternativen denken. Glücklicherweise ist eine Klausel

$\{\neg P_1,...,\neg P_n, Q_1,...,Q_m\}$ bzw. $\neg P_1 \vee ... \vee \neg P_n \vee Q_1 \vee ... \vee Q_m$

nach Kap. 1B äquivalent zu

$\neg(P_1 \wedge ... \wedge P_n) \vee Q_1 \vee ... \vee Q_m$,

und damit zu dem Konditional

$P_1 \wedge ... \wedge P_n \rightarrow Q_1 \vee ... \vee Q_m$.

Solche Formeln sind leicht zu lesen und zu verstehen: "Wenn die und die Bedingungen ($P_1,...,P_n$) erfüllt sind, dann tritt einer der folgenden Fälle ($Q_1,...,Q_m$) ein." Oft sind daher in Anwendungen beschreibende Formeln von selbst in dieser Form, wir müssen sie nicht umformen. Zum Beispiel sind alle Axiome des Affe-Banane-Problems aus der Einleitung zu diesem Buch von der Form. Der Logiker *Gerhard Gentzen* hat 1934 eine Logik mit ähnlichen Formeln aufgebaut, die er *Sequenzen* nennt. Sie sind von der Form 'Konjunktion $\rightarrow$ Disjunktion'; allerdings sind seine Bestandteile beliebige Formeln und sein Pfeil bedeutet 'beweisbar'.[3] Wir nennen obige Formeln ihm zu Ehren *Gentzenformeln*.

Definition 1C4 (Fortsetzung)

Eine *Gentzenformel* ist von der Form

$P_1 \wedge ... \wedge P_n \rightarrow Q_1 \vee ... \vee Q_m$,

wobei $n,m \geq 0$ und die P_i und die Q_j Atome sind. Wir nennen $P_1 \wedge ... \wedge P_n$ das *Vorderglied*, $Q_1 \vee ... \vee Q_m$ das *Hinterglied* der Formel. Die Atome im Vorder- und im Hinterglied sind jeweils voneinander verschieden. Eine leere Konjunktion schreiben wir als W, eine leere Disjunktion als F (warum?), also

$W \rightarrow Q_1 \vee ... \vee Q_m$ oder kürzer	$Q_1 \vee ... \vee Q_m$	(*positive Formel*)
$P_1 \wedge ... \wedge P_n \rightarrow F$ oder kürzer	$\neg (P_1 \wedge ... \wedge P_n)$	(*negative Formel*)
$W \rightarrow F$ oder kürzer	F	(*Widerspruch*)

---

[3] Siehe zum Beispiel das Buch von Michael Richter "Logik Kalküle", Literatur L1.

Eine *Hornformel* ist eine Gentzenformel mit höchstens einem Atom im Hinterglied, also von der
Form

$$P_1 \wedge \ldots \wedge P_n \rightarrow Q, \quad \text{wobei } n \geq 0, \quad P_1,\ldots,P_n \text{ verschiedene Atome, Q Atom oder F;}$$

speziell

$$W \rightarrow Q \qquad \text{oder kürzer} \qquad Q, \qquad \qquad \textit{(Faktum)}$$

$$P_1 \wedge \ldots \wedge P_n \rightarrow F \qquad \text{oder kürzer} \qquad \neg(P_1 \wedge \ldots \wedge P_n),$$

$$W \rightarrow F.$$

Eine Gentzenformel, in der in Vorder- und Hinterglied dasselbe Atom vorkommt ($P_i = Q_j$) heißt
tautologisch oder *Tautologie*.

Schreibweise

In Gentzen- und Hornformeln schreiben wir Disjunktionen und Konjunktionen kommutativ, das
heißt, wir unterscheiden nicht zwischen verschiedenen Reihenfolgen der P_i bzw. der Q_j. So ist
$A \wedge P \rightarrow Q \vee B$ eine Gentzenformel, die irgendwo im Vorderglied das Atom P und im
Hinterglied das Atom Q enthält. Wenn es einfacher ist, schreiben wir dort statt Gentzen- und
Hornformeln die entsprechenden äquivalenten Klauseln (Disjunktionen). Eine *Hornklausel* enthält
also höchstens ein positives Literal.

Mit Hornformeln können wir also nur "Welten ohne Alternativen" beschreiben. Aber gerade
deswegen ist der Umgang mit ihnen leichter zu automatisieren als mit beliebigen Formeln. Auch
wenn sie keine Normalform darstellen (siehe Satz e) unten), erhält man beim Formalisieren die
Axiome oft als Horn-formeln - oder zumindest schon fast in dieser Form. Hornformeln haben sich
daher als Grundlage der Programmiersprache PROLOG durchgesetzt. Sie werden nur etwas
anders geschrieben: Der Pfeil zeigt nach links, durch :- symbolisiert; das Konjunktionszeichen im
Vorderglied wird wie das Disjunktionszeichen bei Klauseln durch das Komma ersetzt; leere
Konjunktionen und Disjunktionen bleiben leer; in negativen Formeln steht statt F oft ein Frage-
zeichen, weil sie als "Anfragen" dienen. Also werden aus der

Hornformel	PROLOG-Zeilen
$P_1 \wedge \ldots \wedge P_n \rightarrow Q$	$Q \text{ :- } P_1,\ldots,P_n.$
$P_1 \wedge \ldots \wedge P_n \rightarrow F$	$(?) \text{ :- } P_1,\ldots,P_n.$
$W \rightarrow Q$	$Q.$

Satz 1C4

a) Jede Formel ist äquivalent zu einer endlichen Menge von Gentzenformeln; wir können sie aus
   der konjunktiven Normalform der Formel gewinnen. Gentzenformeln bilden also auch eine
   Normalform der Aussagenlogik.

b) Eine Gentzenformel ist allgemeingültig genau dann wenn sie tautologisch ist; sie ist widersprüchlich genau dann wenn sie leer ist, also die Formel $W \rightarrow F$ ist. Es ist daher trivial, die Allgemeingültigkeit, Erfüllbarkeit und Widersprüchlichkeit von Gentzenformeln zu entscheiden;
   für Mengen von Gentzenformeln gilt das (bis auf die Allgemeingültigkeit) nicht.

c) Die Disjunktion von Gentzenformeln ist äquivalent zu einer Gentzenformel; die Konjunktion
   von Gentzenformeln ist äquivalent zu der Menge dieser Gentzenformeln. Die Negation einer

Gentzenformel ist äquivalent zu einer Menge von Literalen, nämlich

$$\neg\,(P_1 \wedge \ldots \wedge P_n \;\rightarrow\; Q_1 \vee \ldots \vee Q_m) \;\; \text{zu} \;\; P_1,\ldots,P_n, \neg Q_1,\ldots,\neg Q_m.$$

d) Die Konjunktion und die Negation von Hornformeln sind äquivalent zu endlichen Mengen von Hornformeln.

e) Die Disjunktion von Hornformeln ist im allgemeinen nicht äquivalent zu einer Menge von Hornformeln, zum Beispiel die Formel $P \vee Q$ nicht. Allgemeiner ist eine Gentzenformel, die keine Hornformel ist, auch nicht äquivalent zu einer Menge von Hornformeln. Hornformeln bilden also keine Normalform.

Der Beweis des Satzes bleibt als Aufgabe. Aus Teil b) und der Definition erklärt sich, warum man die allgemeingültigen Gentzenformeln Tautologien nennt. *Tautologisch* heißt auf Griechisch 'dasselbe sagend': "Wenn's regnet, dann regnet's." Eine Tautologie für Hundefreunde habe ich in München gehört: "Gehorcht Ihnen der Hund auch, Sie?" "Ja freili. Wann i sag´: 'Gehst her oder net!', dann geht er her oder net." Leider gibt es Leute, die nur auf Wahrheitswerte und nicht auf die Sprache achten. Sie sagen zu einer beliebigen allgemeingültigen Formel 'Tautologie' und zu ihrem Hund 'Harras, komm her'. Dabei ist der Satz "Wenn ich zu unserem Hund sage 'komm her!', dann kommt er her" genauso schwierig zu bewahrheiten wie beliebige allgemeingültige Formeln, wie Ihnen unser Hund bestätigen kann. Vergleichen Sie Abschnitt 1C1.

Aufgaben 1C4

a) Wieso ist jede Formel äquivalent zu einer endlichen Menge von Klauseln? Stellen Sie alle Sätze zusammen, die Sie für den Beweis brauchen.

b) Warum ist es sinnvoll, die leere Disjunktion als falsch und die leere Konjunktion als wahr anzunehmen? Schauen Sie sich Satz 1B4b an.

c) Überführen Sie die Formeln B1 - B13 aus der Ballwurflogelei in 1A3 in Gentzenformeln. Welche der Ergebnisse sind Hornformeln?

d) Formen Sie die folgenden Formeln in (Mengen von) Gentzenformeln um:

$$P \wedge \neg Q \rightarrow R \vee \neg S, \qquad P \vee Q \rightarrow R, \qquad P \rightarrow Q \wedge R,$$
$$(P \rightarrow Q) \vee (R \rightarrow S), \qquad \neg\,(P \rightarrow Q).$$

Welche der Ergebnisse sind Hornformeln? Es lohnt sich, die Prinzipien zu behalten, die hinter den Umformungen stecken.

e) Warum ist für endliche Mengen von Gentzenformeln die Allgemeingültigkeit trivial, die Erfüllbarkeit und Widersprüchlichkeit aber schwierig zu entscheiden?

f) Warum ist die Negation und die Konjunktion von Hornformeln äquivalent zu endlichen Mengen von Hornformeln?

g) Beweisen Sie, daß es keine zu $P \vee Q$ äquivalente Menge von Hornformeln gibt. Das kann man recht einfach und sehr umständlich beweisen; lassen Sie Ihre Phantasie spielen.

h) (A) Finden Sie einen einfachen Algorithmus, um die Erfüllbarkeit von endlichen Mengen von Hornformeln zu entscheiden. Zu 'einfach' vergleichen Sie Abschnitt 1C1: Der Aufwand soll durch ein Polynom in der Anzahl der Aussagensymbole abschätzbar sein. Überlegen Sie sich zuerst, daß eine Gentzenformelmenge immer erfüllbar ist, wenn Sie keine positiven oder keine negativen Formeln enthält. Wie sieht eine positive Hornformel aus? Welche Hornformel können Sie aus einer positiven und einer beliebigen Hornformel folgern? (Unterscheiden Sie Fälle.) Benutzen Sie Satz 1B6 und versuchen Sie, F zu folgern statt Unerfüllbarkeit zu beweisen. Wo versagt Ihre Methode bei beliebigen Gentzenformeln? Warum muß sie versagen? Lesen Sie Abschnitt 1C1.

i) (A) Wie sehen Gentzenformeln aus, die höchstens zwei verschiedene Atome enthalten? (Tautologien nicht vergessen.) Finden Sie einen einfachen Algorithmus, um die Erfüllbarkeit endlicher Mengen solcher Gentzenformeln zu entscheiden. Wo versagt Ihre Methode bei beliebigen Gentzenformeln? Warum muß sie versagen?

j) (P) Falls Sie die Aufgaben 1C1b und 1C3e bearbeitet haben: Können Sie die Formeln, mit denen Sie Berechnungen beschreiben, zu Hornformeln machen? Wenn nicht, warum nicht? Wie steht es mit deterministischen Berechnungen?

Kapitel 1D.   Ableiten

Wie haben wir Fritz des Ballwurfs überführt? Mit Argumenten. Zu Beginn von Kap. 1B haben wir
die Argumente zu "logischen Schlüssen" verdichtet und damit die Definition der logischen
Folgerung motiviert. Aber herausgekommen ist etwas anderes: Zwar folgt Tä(f) aus den Axiomen
B1-B13, wie man nachrechnen kann. Aber wir haben das nicht durch Rechnen herausgefunden,
sondern durch logische Schlüsse. Viele kleine Schlüsse ergaben zusammen die Folgerung: "Fritz
war's!" Jeder Schluß stellte eine logische Folgerung dar und war daher korrekt; so hätten wir ihn
bei Befragen auch gerechtfertigt. Aber umgekehrt ist nicht jede logische Folgerung schon ein
logischer Schluß. Logische Folgerungen kann man mit Hilfe von Wahrheitstafeln oder
Normalformen beweisen - eben durch Nachrechnen. In Kap. 1C haben wir gesehen, wie aufwendig das sein kann. Aber wenn wir "logisch!" sagen, meinen wir: automatisch, auf bloßes
Hinsehen, ohne Rechnen, ohne Aufwand. Ein logischer Schluß ist eine Regel, die wir parat haben
und ohne Nachdenken anwenden können - wie eine Spielregel.

'Spielregel' ist ein gutes Wort. Wir fassen ein logisches Regelsystem als Spielkasten auf: Ziel des
Spiels ist es, irgendeine Aussage zu beweisen; erlaubt sind nicht beliebige Schlüsse, sondern nur
die aus dem Kasten; wer als erster die Aussage erreicht, gewinnt. Damit Sie Spiel und Wirklichkeit
nicht durcheinanderbringen, nennt man das Spielen nicht 'Beweisen', sondern *Ableiten*, die
Regeln *Ableitungsregeln* statt 'Schlußregeln', die Protokolle *Ableitungen* statt 'Beweise'.

Die präzise Definition der logischen Folgerung aus Kap. 1B stammt von Alfred Tarski ca. 1930.
Etwa 50 Jahre früher hat Gottlob Frege in seiner "Begriffsschrift" Ableitungsregeln und formale
Ableitungen eingeführt. Tatsächlich sind schon die Syllogismen des Aristoteles Ableitungsregeln.
Das Wort stammt aus dem Lateinischen: deducere - herausführen, ableiten. "Die Scholastiker,"
sagt Professor Späth im Anhang zu diesem Buch, "sahen in einem Beweis die Wahrheit aus den
Prämissen herausgeholt und nannten ihn deshalb 'deductio'." Aber erst 1930 hat Kurt Gödel be-
wiesen, daß Ableitungsregeln *vollständig* sein können, das heißt, daß man mit ihnen alle logischen Folgerungen beweisen, also alle logischen Schlüsse mit dem Spielkasten nachbauen kann.

Diesen aufregenden Zusammenhängen wollen wir in diesem Kapitel nachgehen. Dazu entwickeln
wir in den ersten drei Abschnitten dieses Kapitels die Begriffe: *(korrekte) Ableitungsregel, ableiten, Ableitung, ableitbar.* In Abschnitt 1D4 führen wir die *Schnittregel* für Klauseln und für
Gentzenformeln ein und beweisen in den Abschnitten 1D7 und 1D8, daß sie *vollständig fürs
Ableiten von Widersprüchen* (Def. 1D5) ist. Vollständigkeitsbeweise sind schwierig; deswegen
diskutieren wir in 1D6 ausführlich, wozu sie dienen, und fangen in 1D7 mit einem einfachen
Spezialfall - Hornformeln - an. Wer mit Vollständigkeit vertraut ist, kann die Abschnitte 1D5 und
1D7 auslassen. In den Abschnitten 1D9-1D11 erweitern wir das Ergebnis aus 1D8 auf *Vollständigkeit fürs Ableiten beliebiger Formeln.* In Abschnitt 1D12 gewinnen wir aus dem Vollständigkeitsergebnis neue *Entscheidungsverfahren für Erfüllbarkeit und logische Folgerung.* Wer mit
mehr Genuß etwas über Ableiten und Vollständigkeit lernen will, lese den *Dialog zum "Beispiel
Ballspiel" im Anhang.*

1D1   Ableiten an Beispielen

Wenn Ableiten Spielen ist, ist eine genaue Definition schwierig; wie könnte man 'Spiel' definieren? Deswegen fangen wir mit zwei Beipielen an.

a) Die drei "Schlüsse", die wir im Anfang von Kap. 1B zur Ballwurflogelei gezogen haben, waren die logischen Folgerungen, für gewisse Atome P, Q, R, S:

$$P, \quad P \to \neg Q \land \neg R \land \neg S \quad \vDash \quad \neg Q, \ \neg R, \ \neg S \,,$$

$$\neg P, \quad \neg P \leftrightarrow Q \quad \vDash \quad Q \,,$$

$$P \lor Q \lor R \lor S, \quad \neg P, \ \neg Q, \ \neg R \quad \vDash \quad S \,.$$

Für Ableitungsregeln sind sie uns zu kompliziert, zu speziell und zu unsystematisch zusammengetragen. Wir können sie aber auf die folgenden einfachen Regeln zurückführen, in dem Sinn, daß wir mit ihnen aus P und $P \to \neg Q \land \neg R \land \neg S$ die Formeln $\neg Q$, $\neg R$ und $\neg S$ "ableiten" können; ebensofür die beiden anderen Schlüsse. Das System besteht aus sieben Regeln:

$$(0) \quad \frac{A \quad \neg A}{F} \qquad \text{(Widerspruch)}$$

$$(1) \quad \frac{A \quad A \to B}{B} \qquad \text{(modus ponens)} \qquad (2) \quad \frac{A \lor B}{\neg A \to B} \quad \text{(Umformen)}$$

$$(3) \quad \frac{A \land B}{A} \qquad\qquad (4) \quad \frac{A \land B}{B} \qquad \text{(Abschwächen einer Konjunktion)}$$

$$(5) \quad \frac{A \leftrightarrow B}{A \to B} \qquad\qquad (6) \quad \frac{A \leftrightarrow \neg B}{\neg A \to B} \qquad \text{(Abschwächen eines Bikonditionals)}$$

Wir wenden sie so an: Für beliebige Formeln A , B ersetzen wir das, was oben steht (die *Prämissen*), durch das, was unten steht (die *Konklusion* der Regel), zum Beispiel so:

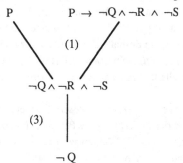

Die Formel $\neg S$ würden wir genauso mit Regel (4) statt (3) ableiten, für $\neg R$ brauchen wir einen Schritt mehr. Wer spielt mit um die beiden anderen Schlußfolgerungen? Wir wenden die Ableitungsregeln also äußerlich wie die Regeln zur Definition und zum Auswerten von Formeln in den Abschnitten 1A2 und 1A5 an: aus den Voraussetzungen und aus schon abgeleiteten Formeln produzieren wir neue Formeln. Die Regeln sind korrekt: die Formeln unten folgen aus denen oben. (Sätze 1B3 und 1B4 benutzen! Oder besser: Selber nachrechnen, das geht schneller. Wie war 'logische Folgerung' definiert?) Also folgen die abgeleiteten Formeln aus den Voraussetzungen, und wir haben die drei Schlüsse bewiesen.

Anders als bei den Auswertungsregeln dürfen wir Ableitungsregeln nur auf ganze Formeln, nicht auf Teilformeln anwenden. Zum Beispiel dürfen wir auf $\neg(A \wedge B)$ nicht Regel (3) anwenden und $\neg A$ ableiten, glücklicherweise; denn das wäre kein korrekter (=logischer) Schluß. Auch umkehren dürfen wir Regeln nicht; bis auf (2) wären die Regeln, von unten nach oben angewendet, nicht korrekt. Wenden wir die Regeln (3) und (4) auf mehrgliedrige Konjunktionen an, so hängt das Ergebnis davon ab, wie wir sie uns geklammert denken: aus $P \wedge Q \wedge R$ können wir mit (3) und (4) P und $Q \wedge R$ ableiten, aber auch $P \wedge Q$ und R. Sonst ist das Ergebnis einer Regelanwendung durch die gegebenen Formeln und die Wahl der Regel eindeutig bestimmt.

b) Nach Aufgabe 1B4c bilden die Wahrheitsfunktionen $\neg$ und $\vee$ eine "Basis" für alle Wahrheitsfunktionen. Für einen Kalkül, in dem nur diese beiden benutzt werden, sind die folgenden Regeln gedacht:

$$\frac{\quad\quad\quad}{\neg A \vee A} \quad\quad \text{(Gesetz vom ausgeschlossenen Dritten)}$$

$$\frac{A \vee A}{A} \quad\quad \text{(Idempotenz der Disjunktion)}$$

$$\frac{A}{B \vee A} \quad\quad \text{(Abschwächen zu einer Disjunktion)}$$

$$\frac{A \vee (B \vee C)}{(A \vee B) \vee C} \quad\quad \text{(Assoziativität der Disjunktion)}$$

$$\frac{A \vee B \quad\quad \neg A \vee C}{B \vee C} \quad\quad \text{(Schnittregel für die Disjunktion)}$$

Während wir mit den Regeln aus Beispiel a) nur Formeln aus gegebenen Formeln ableiten konnten, können wir hier mit der "0-stelligen" ersten Regel Formeln produzieren. Auch mit der dritten Regel sind wir produktiver: wir dürfen die Formel B frei wählen. In beiden Fällen ist das Ergebnis der Regelanwendung nicht eindeutig bestimmt. Das gibt Überraschungen. Zum Beispiel ist für beliebige Formeln A, B die Formel $B \vee A$ aus $A \vee B$ ableitbar:

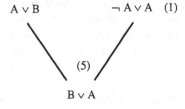

Wir können uns also das System um die *abgeleitete Regel*

$$\frac{A \vee B}{B \vee A} \quad\quad \text{(Kommutativität der Disjunktion)}$$

ergänzt denken, ohne es tatsächlich zu erweitern. Tatsächlich ist das System, anders als das zufällig gewählte in Beispiel a), "vollständig": wir können alle logischen Folgerungen darin ableiten; siehe die Aufgaben 1D8f und 1D11d.

Aufgabe 1D1

Spielen Sie ein paar Runden Mastermind oder Egghead oder ein anderes Kombinationsspiel. Versuchen Sie nicht, das Spiel zu formalisieren, sondern spielen Sie.

1D2.   Ableitungsregeln, Ableiten, Ableitungen

Definition 1D2

Eine *n-stellige Ableitungsregel*, $n \geq 0$, hat die Form

$$\frac{A_1,...,A_n}{B} ,$$

wobei $A_1,...,A_n$ und B Formeln gegebener Gestalt sind; in der Regel ist also eine Beziehung zwischen der syntaktischen Form von $A_1,...,A_n$ und B festgelegt. Eine Regel *wenden* wir *an*, indem wir konkrete Formeln $A_1,...,A_n$ und B wählen, die der Regel genügen, und die gegebenen Formeln $A_1,...,A_n$ durch B ersetzen. Das sukzessive Anwenden von Regeln nennen wir *Ableiten*, die einzelnen Regelanwendungen *Ableitungsschritte,* die produzierten Formeln *ableitbar*, das zugehörige Protokoll (abgeleitete Formeln und Ableitungsschritte) *Ableitung,* die Anfangs- (also nicht, auch nicht mit 0-stelligen Regeln, produzierten) Formeln *Voraussetzungen* der Ableitung. Wollen wir besonders auf die verwendete(n) Regel(n) $\mathcal{R}$ hinweisen, so sagen wir *ableitbar mit der Regel* $\mathcal{R}$ oder *mit Regeln aus* $\mathcal{R}$ oder kurz *mit* $\mathcal{R}$. Als Zeichen verwenden wir die zum Reißnagel stilisierte Pfeilspitze, wenn nötig mit $\mathcal{R}$ darunter:

$$X \vdash B \quad \text{bzw.} \quad X \vdash_{\mathcal{R}} B$$

steht für: B ist aus X (mit $\mathcal{R}$) ableitbar.

In manchen Logikbüchern wird 'n-stellige Ableitungsregel' als 'entscheidbare n+1-stellige Relation auf Formeln' definiert. Das ist arg allgemein. Entscheidbar sollen Regeln natürlich sein; wir wollen ja nachprüfen können, ob jemand korrekt spielt. Aber wir wollen mehr: "parat haben" wollen wir die Regeln, "ohne Nachdenken anwenden können" haben wir in der Einleitung gesagt. "Ein Regelsystem ist eine überschaubare Sammlung von leicht anwendbaren Vorschriften, aus gegebenen Formeln neue zu erzeugen." Das zeigt ziemlich genau, was wir wollen, läßt auch den speziellen Situationen und Bedürfnissen genügend Raum; aber es ist keine wissenschaftliche Definition. In anderen Logikbüchern wird deswegen 'Ableitungsregel' gar nicht definiert. Mit unserer Definition gehen wir einen Mittelweg.

Auch 'Ableiten' wird in den meisten Büchern nicht definiert, dafür 'Ableitung' oder sogar nur 'ableitbar'. Eine induktive Definition von 'Ableitung einer Formel A aus Voraussetzungen X mit Regeln aus $\mathcal{R}$ ' wäre zum Beispiel:

(1)   Jede Formel A ist eine Ableitung von A aus den Voraussetzungen $\{A\}$ mit Regeln aus $\mathcal{R}$.

(2)   Sind $\bigvee\limits_{A_i}^{X_i}$ für $i = 1,...,n$ Ableitungen von A_i aus den Voraussetzungen X_i mit Regeln

aus $\mathcal{R}$ und können wir B aus $A_1,...,A_n$ durch Anwendung einer Regel in $\mathcal{R}$ gewinnen, so ist

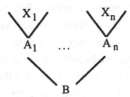

eine Ableitung von B aus den Voraussetzungen $X := \bigcup\limits_{i=1}^{n} X_i$ mit Regeln aus $\mathcal{R}$.

Man kann sich davon überzeugen, daß mit diesen Ableitungen gerade das Ableiten aus unserer Definition protokolliert wird. Aber die Blickrichtung der beiden Definitionen ist verschieden: Wir fangen mit der Tätigkeit 'Ableiten' an. Tätigkeiten kann man nur verstehen, indem man sie tut. Hat man ein paar Ableitungen zustandegebracht, versteht man 'Ableiten', 'Ableitungen', 'ableitbar', versteht zum Schluß sogar die obige induktive Definition von 'Ableitung'. Fängt man dagegen mit dieser Definition an, steht das Produkt am Anfang; wie man damit umgeht, muß man selbst herausfinden. Es sieht so aus, als ob es um Ableitungen ginge, nicht ums Ableiten. Tatsächlich spielen Ableitungen erst eine Rolle, wenn wir uns für ihre Eigenschaften interessieren; das tun wir in diesem Buch erst später. Die Situation ist die gleiche wie beim Auswerten von Formeln in Abschnitt 1A9 diskutiert: Geht es um den Formalismus, oder ums Formalisieren mit dem Formalismus als Werkzeug? Wollen wir auf kleine oder große Weise formalisieren?

Die Entscheidung hat unerwartete Konsequenzen: in der induktiven Definition sind Ableitungen Bäume; die Voraussetzungen und die Ergebnisse 0-stelliger Regeln stehen in den Blättern, in den übrigen Knoten die Ergebnisse anderer Regeln, in der Wurzel die abgeleitete Formel. In der Praxis (auf dem Papier oder im Rechner) wird man aber solche Bäume "kollabieren": eine Formel, die man mehrfach verwendet, wird man nicht mehrfach ableiten; das Protokoll ist also kein Baum, sondern ein endlicher gerichteter kreisfreier Graph wie in dem folgenden Beispiel:

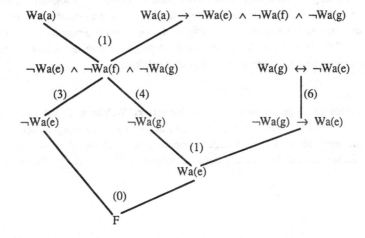

Das wird durch die induktive Definition nicht verboten, aber auch nicht nahegelegt. Tatsächlich werden in vielen Logikbüchern Ableitungen weder als Bäume noch als kollabierte Bäume, sondern als Folgen von Formeln definiert: jede Formel in der Folge ist aus anderen, die vorher in der Folge stehen, durch Auswertung einer Regel zu gewinnen. Natürlich sind solche Folgen "flachgeklopfte" Ableitungsbäume; aber das sieht man ihnen nicht an, wenn man die Bäume nicht kennt. Folgen sind leichter zu schreiben, tippen, drucken als Graphen, aber schlechter zu lesen.

Durch Formalisieren auf kleine Weise regen wir zum Tun an, beim Formalisieren auf große Weise geben wir unsere Produkte weiter (vgl. Abschnitt 1A9).

Aufgaben 1D2
a) Definieren Sie 'ableitbar' (1) mit Hilfe von 'Ableitungen', (2) induktiv, ohne 'Ableitung' zu verwenden.
b) Bringen Sie wie oben die drei anderen Fälle aus der Lösung der Ballwurflogelei zu Beginn dieses Kapitels in die Form von Ableitungen. Benutzen Sie die Regeln aus Beispiel 1D1a und führen Sie, soweit nötig, neue ein. Versuchen Sie nicht, die ganze Lösung in eine Ableitung zu bringen.

1D3.   Korrektheit

Definition 1D3
Eine Ableitungsregel $\frac{A_1,...,A_n}{B}$ heißt *korrekt*, wenn B aus $A_1,...,A_n$ folgt. Eine Menge von Regeln (auch *Regelsystem* genannt) heißt *korrekt*, wenn jede ihrer Regeln korrekt ist.

Wenn wir eine Ableitungsregel einführen, müssen wir beweisen, daß sie korrekt ist; eine inkorrekte ist von Schaden, nicht von Nutzen (warum?). Danach müssen wir nur noch systematisch nachprüfen, ob die Regel korrekt angewendet wurde, und müssen uns ums logische Folgern nicht mehr kümmern: Jede Formel, die wir mit korrekten Regeln aus Voraussetzungen abgeleitet haben, folgt logisch daraus. Das ist unmittelbar einsichtig, da die logische Folgerung transitiv ist und sich so von Schritt zu Schritt vererbt. Man kann es auch durch Induktion nach der Schrittzahl beweisen, lernt dabei aber nichts über Korrektheit, nur etwas über Induktion.

Aufgaben 1D3
a) Welche der Ableitungsregeln in Abschnitt 1D1 sind korrekt? Welche ihrer Umkehrungen?
b) "Geh ich nicht heut, geh ich morgen. Ich geh heute; also geh ich morgen nicht." Welcher logische Schluß steckt hinter dieser Aussage? Formalisieren Sie ihn als Ableitungsregel. Ist sie korrekt? Können Sie Fritz mit dieser neuen Regel schneller überführen (Beispiel 1D1a)?

1D4.   Die Schnittregel

Die Schnittregel für Disjunktionen aus Beispiel 1D1b, angewendet auf Klauseln A, B und
Atome P,

$$\frac{A \vee P \quad \neg P \vee B}{A \vee B} \qquad \textit{(Schnittregel für Klauseln, engl. cut rule)}$$

spielt in der Klausellogik eine besondere Rolle: sie ist die einzige, die man braucht. Wir formalisieren sie für Gentzenformeln, da wir im Rest des Buches vorwiegend damit arbeiten.

Definition 1D4

Mit der *Schnittregel* (*für Gentzenformeln*)

$$(S) \qquad \frac{A \to B \vee P \quad P \wedge C \to D}{A \wedge C \to B \vee D}$$

schneiden wir aus zwei Gentzenformeln das Atom P im Vorder- bzw. Hinterglied heraus und
verschmelzen die Formeln zu einer neuen Gentzenformel; die Konjunktionen A, C und die Disjunktionen B, D dürfen dabei fehlen.

Wichtig: (1) Wie in 1C8 vereinbart schreiben wir in Gentzenformeln Disjunktionen und Konjunktionen kommutativ; P kann also an beliebiger Stelle im Hinter- bzw. Vorderglied stehen.
(2) Damit das Ergebnis eine Gentzenformel ist, müssen wir gegebenenfalls Wiederholungen sowie
W oder F im Vorder- bzw. Hinterglied streichen.

In dem einfachen Spezialfall, in dem eine der Prämissen nur ein Literal ist, verkürzen wir mit der
Schnittregel die andere Prämisse. Der Fall hat deswegen einen Namen bekommen:

$$\frac{A \vee L \quad \neg L}{A} \qquad \textit{(Einerschnittregel für Klauseln, engl. unit cut rule)}$$

Für Gentzenformeln werden zwei Regeln daraus:

Definition 1D4 (Fortsetzung)

Mit der *positiven* und der *negativen Einerschnittregel* (für Gentzenformeln)

$$\frac{W \to P \quad P \wedge C \to D}{C \to D} \qquad\qquad \frac{A \to B \vee P \quad P \to F}{A \to B}$$

schneiden wir aus dem Vorder- bzw.Hinterglied einer Gentzenformel ein Atom heraus.

Die Schnittregel ist ideal fürs Formalisieren von Widerspruchsbeweisen. Um die Formel A zu
beweisen, nehmen wir ¬A an, bringen dies in Gentzenform und schneiden solange mit und
zwischen den Voraussetzungen („die schon in Gentzenform seien), bis wir auf die Formel F , den
Widerspruch, stoßen.

Wollen wir zum Beispiel ¬P aus P → Q , P → R und ¬(Q ∧ R) beweisen, so fügen wir P zu
den drei Voraussetzungen hinzu und können aus den entstehenden vier Hornformeln mit der
positiven Einerschnittregel F ableiten:

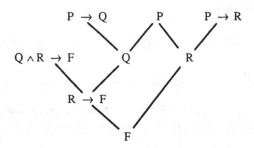

Spannender ist es, Fritz zu überführen. Die Axiome B1-B13 haben Sie in Aufgabe 1C4c in Gentzenform gebracht, also können Sie die Schlüsse aus der Einleitung zu Kap. 1B in Schnitt-regelableitungen bringen und so eine Annahme nach der anderen widerlegen. Oder, da Sie schon einen Verdacht haben, widerlegen Sie direkt die Annahme, daß Fritz unschuldig sei.

Definition 1D4 (Fortsetzung)

Wir *widerlegen* eine Menge X von *Voraussetzungen*, indem wir den Widerspruch F aus X (mit der Schnittregel) ableiten. Insbesondere *widerlegen* wir *eine Annahme A aus den Voraus-setzungen* X , indem wir X, A widerlegen. (Dabei setzen wir stillschweigend voraus, daß X selbst widerspruchsfrei ist.) Eine widerlegende Ableitung nennen wir *Widerlegung* (der Vor-aussetzungen bzw. der Annahme).

Aufgaben 1D4

a) Ist die Schnittregel korrekt?

b) Bringen Sie die Schlüsse im Affe-Banane-Beispiel aus der Einführung des Buches in die Form einer Ableitung mit der (positiven und negativen) Einerschnittregel. Kommen Sie mit der positiven Einerschnittregel aus? Damit es nicht zu langwierig wird, fassen Sie unabhängige Anwendungen der Einerschnittregel zu einem Schritt zusammen, so:

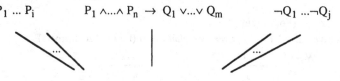

c) Finden Sie eine andere Widerlegung von P , P → Q , P → R , ¬(Q ∧ R) als die oben ge-gebene? Finden Sie eine kürzere (weniger als 4 Schnitte)?

d) Überführen Sie Fritz mit der Schnittregel (siehe Text vor den Aufgaben). Wieviele Schnitte brauchen Sie? Kommen Sie mit der (positiven) Einerschnittregel aus? An der TU Berlin haben wir in der Veranstaltung "Logik für Informatiker" einmal einen Preis für die kürzeste solche Widerlegung ausgesetzt. Wir konnten gleich zwei Studenten zum Mittagessen einladen, die nur 4 Schnitte brauchten. Können Sie es mit noch weniger Schnitten? (Für diesen Fall lädt Sie der Verlag Vieweg zum Mittagessen ein.) Wieviel Einerschnitte?

e) Gibt es Gentzenformeln, die Sie mit sich selber schneiden können? Wie sehen sie aus? Wie sehen die Ergebnisse aus?

1D5.   Vollständigkeit

Mit Ableiten bilden wir Beweisen nach: Da wir nur korrekte Ableitungsregeln verwenden, stellt eine Ableitung von A aus Voraussetzungen X ein Gerüst logischer Schlüsse dar, das zeigt, daß A aus X folgt. Die Ableitung liefert also einen formalen Beweis. Was ist aber, wenn wir keine Ableitung finden? Können wir dann schließen, daß A nicht aus X folgt? Nur wenn das Regelsystem *vollständig* ist, das heißt: so stark, daß alle Folgerungen auch ableitbar sind. Formal ist 'vollständig' die Umkehrung zu 'korrekt': alle ableitbaren Formeln folgen logisch.

Definition 1D5

Eine Regelmenge $\mathcal{R}$ heißt *vollständig fürs Ableiten* oder kurz *vollständig*, wenn für jede Formelmenge X jede Formel, die aus X folgt, aus X mit $\mathcal{R}$ ableitbar ist:

  wenn $X \vDash B$ dann $X \vdash_{\mathcal{R}} B$.

Eine Regelmenge $\mathcal{R}$ heißt *vollständig fürs Widerlegen* oder auch *widerlegungsvollständig*, wenn dasselbe für die spezielle Formel F gilt; also wenn aus jeder widersprüchlichen Formelmenge (1B6) F mit $\mathcal{R}$ ableitbar ist:

  wenn $X \vDash F$ dann $X \vdash_{\mathcal{R}} F$.

Eine Regelmenge, die korrekt und vollständig fürs Ableiten bzw. Widerlegen ist, heißt *adäquat* (fürs Ableiten bzw. Widerlegen).

Ist $\mathcal{R}$ (widerlegungs-)adäquat, so stimmen Folgerbarkeit und Ableitbarkeit von Formeln (bzw. von der Formel F) überein; das heißt, für jede Menge X von Voraussetzungen gilt:

  $X \vDash B$ genau dann wenn $X \vdash_{\mathcal{R}} B$ für jede Formel B

bzw.

  $X \vDash F$ genau dann wenn $X \vdash_{\mathcal{R}} F$.

Der Ableitbarkeitsbegriff, der rein syntaktisch (durch Regeln, die sich auf die Gestalt und nicht auf die Bedeutung von Formeln beziehen) definiert ist, bildet also den Folgerungsbegriff nach, der semantisch (über den Wahrheitswert und damit über die Bedeutung von Formeln) definiert ist.

Nach Satz 1B7 folgt eine Formel A aus Voraussetzungen X genau dann, wenn X, ¬A widersprüchlich ist. Also reicht die Vollständigkeit fürs Widerlegen auch zum Beweisen von Folgerungen, wenn man mit Widerspruchsbeweisen zufrieden ist. Widerlegungen sind anscheinend leichter zu finden als beliebige Ableitungen. Deswegen arbeitet man für Theorembeweiser und in der logischen Programmierung vorzugsweise mit Widerlegungen.

Aufgabe

Kann eine inkorrekte Ableitungsregel vollständig fürs Widerlegen oder fürs Ableiten sein? Adäquat? Beispiele?

1D6.   Wozu Vollständigkeitsbeweise?

Der Wiener Logiker Kurt Gödel ist der Ahnherr aller Vollständigkeitsresultate: In seiner Dissertation 1930 präsentiert er eine vollständige Regelmenge fürs Ableiten in der Logik erster Stufe. Die Vorgeschichte kann man in dem schönen Buch von Morris Kline nachlesen.[1] Der Vollständigkeitssatz ist ein tiefes Ergebnis, grundlegend für die Logik und daher in jedem Logikbuch bewiesen. Nach Gödels kompliziertem Beweis gab es neue, ganz verschieden erscheinende Beweise; alle sind schwierig und man braucht starke mathematische Hilfsmittel wie den "Ultrafiltersatz" oder den "Fixpunktsatz" - Gödel selbst benutzt Induktion über Ordinalzahlen. Der Vollständigkeitssatz stellt daher eine ewige Herausforderung an den Anfänger in Logik dar, ebenso an jeden, der in einer Vorlesung oder in einem Buch Anfänger in die Logik einführen will. In der Logik will man die Mathematik - oder sogar die Wissenschaft, wenn nicht das Denken überhaupt formalisieren. Für den ersten grundlegenden Satz in Logik sollte man daher möglichst wenig und elementare Mathematik brauchen.

Was ist die Bedeutung eines Vollständigkeitssatzes? Wir arbeiten immer mit korrekten Ableitungsregeln; eine Regelmenge, die vollständig fürs Folgern ist, ist daher adäquat, wie im letzten Abschnitt definiert: 'logisch folgerbar' und 'ableitbar' stimmen überein. Die erste Antwort auf die Frage nach der Bedeutung ist daher für gewöhnlich: Mit dem Vollständigkeitssatz zeigen wir, daß die *logische Folgerung formalisiert* werden kann. Das trifft meiner Meinung nach den Punkt nicht wirklich. Die logische Folgerung ist selbst schon ein formaler Begriff; wir formalisieren damit, ebenso wie mit Ableitungen, unsere Vorstellung von mathematischen oder umgangssprachlichen Beweisen. Ableitbarkeit und Folgerbarkeit sind zwei grundverschiedene Formalisierungen ein und desselben Sachverhalts. Nach Definition 1B1 folgt A aus X, wenn A unter allen Belegungen wahr ist, die X wahr machen. Die logische Folgerung ist also ein globaler Begriff: wir beziehen uns dabei auf "alle Belegungen", in der Prädikatenlogik sogar auf alle "Strukturen", das heißt, auf alle denkbaren Situationen; wir geben aber keine Hilfe, einen Beweis zu finden. Eine Ableitung ist dagegen in extremer Weise lokal: wir schreiben einen Beweis in winzigen Schritten nieder, in denen wir nur auf die unmittelbar umliegenden Formeln Bezug nehmen. Aus dem Vollständigkeitssatz entnehmen wir, daß diese zwei verschiedenen Formalisierungen äquivalent sind. Das allerdings ist erstaunlich.

In der Mathematik und im umgangssprachlichen Argumentieren arbeiten wir auf einer mittleren Ebene. Die Schritte sind weder lokal noch global. Wir gehen davon aus, daß sie direkt verständlich sind, und nehmen daher die Schritte ganz verschieden weit - je nachdem wer spricht und wer zuhört. Mit einem Beweis versuche ich die Zuhörer zu überzeugen, daß das, was ich sage, wahr ist. Ich kann sie nicht zwingen, nicht mit dem ausgefeiltesten Beweis; sie müssen meinen Argumenten trauen. Im Englischen haben die Wörter 'true' - 'wahr' und 'trust' - 'trauen' dieselbe indogermanische Wurzel: 'deru' - 'dauern, währen'. Dieselbe Wurzel hat 'tree' - 'Baum'. Im Deutschen dagegen ist wahr nicht, was währt, sondern was sich vor Gericht bewährt, was sich halten läßt. Wahrheit ist hier eine Frage des Rechthabens und hat nichts mit Vertrauen zu tun, der einzige Baum weit und breit ist die Gerichtseiche.[2]

---

[1] "The Loss of Certainty", Literatur L5.

[2] Allerdings haben, laut Kluges Etymologischem Wörterbuch, die beiden Wortstämme 'wahren' und 'währen' möglicherweise eine nicht nachweisbare gemeinsame Herkunft.

Mit Bäumen stellt man Ableitungen, also logische Beweise, dar. Solche Beweisbäume sind aber viel zu elementar, um Vertrauen zu erzeugen; in richtigen Beweisen werden sie daher nicht benutzt. Man kann jeden Schritt nachprüfen, sogar mechanisch. Aber daran sieht man nichts, außer daß der Beweis korrekt ist. Und es bringt einen keinen Schritt weiter, die Aussage zu verstehen. Die Schritte - kleinste Einheiten - in einem richtigen Beweis müssen für Zuhörer oder Leser Sinn ergeben. Sie müssen darin Möglichkeiten sehen, zu folgen und weiterzugehen und sich so einen eigenen Beweis zu schaffen - dem sie wirklich trauen. Diese Sinneinheiten zu finden, ist die eigentliche Schwierigkeit beim Beweisen. Da hilft weder logisches Folgern noch Ableiten; denn Sinn ist nicht formalisierbar. Wer das nicht glaubt, denke noch einmal über den Unterschied zwischen Sinn und Bedeutung nach (siehe Abschnitt 1A7).

Ein anderes geläufiges Argument für die Bedeutung des Vollständigkeitssatzes ist: Aufgrund der Vollständigkeit kann man die *logische Folgerung mechanisieren.* Das diskutieren wir genauer in den Abschnitten 1D12, 2D5 und 3B3: Beziehen Ableitungsregeln sich nur auf die Gestalt von Formeln, werden sie mechanisch angewendet; also kann man alle ableitbaren Formeln mechanisch produzieren, zum Beispiel indem man alle Ableitungen aufzählt. Ein solches Verfahren nennt man einen *(automatischen) Theorembeweiser.* - Auch dieses Argument ist nicht ganz zutreffend. Erstens ist Ableitbarkeit nur semi-entscheidbar: die ableitbaren Formeln kann man aufzählen (3B3), aber ob eine Formel ableitbar ist, kann man nicht mechanisch entscheiden (3D4). Zweitens kann man mit automatischen Theorembeweisern aus Gründen der Komplexität nur bescheidene Probleme lösen. Mit einem Theorembeweiser kann man nämlich insbesondere Erfüllbarkeit entscheiden; wir haben in Kap. 1C diskutiert, daß das wohl nicht effizient geht. Mechanische Beweisverfahren können eben keine sinnvollen Schritte machen. Sie gehen lokal vor, rein logisch.

Endlichkeit ist ein dritter Grund, den Vollständigkeitssatz grundlegend zu nennen: man kann mit seiner Hilfe die *logische Folgerung finitisieren,* das heißt, auf endliche Formelmengen zurück-führen. Das geht so: Wenn eine Formel A aus einer Menge X von Voraussetzungen folgt und daher wegen der Vollständigkeit aus X ableitbar ist, so ist, da Ableitungen endlich sind, A aus einer endlichen Teilmenge von X ableitbar, folgt also schon daraus. Kurz gesagt: Wenn eine Formel aus Voraussetzungen folgt, so folgt sie schon aus endlich vielen davon. Das ist der *Endlichkeitssatz* oder für den Spezialfall einer widersprüchlichen Formel der *Kompaktheitssatz.* Wir haben ihn schon in Abschnitt 1B8 semantisch bewiesen. Richtig anschaulich wird er erst durch Ableitungen und den Vollständigkeitssatz.[3] Er ist ein erstaunliches und sehr nützliches Ergebnis; wir werden es in Kap. 3C ausnutzen. Aber auch die Finitisierung ist nur halbwegs konstruktiv: Falls A aus X folgt, kann man die endliche Teilmenge, aus der A folgt, durch Aufzählen von Ableitungen oder durch Entscheiden von endlichen Folgerungen (1D12) konstru-ieren. Das ist die Idee, die automatischen Theorembeweisern zugrunde liegt (siehe oben).

Trotz oder vielleicht wegen der Probleme mit dem Mechanisieren ist *Logisches Programmieren* ein aktuelles Gebiet geworden. Man verwendet Theorembeweiser in eingeschränkten Formalismen, durchsetzt sie mit Programmierkonzepten und erhält so aus logischen Ableitungssystemen Programmierkalküle. Dafür braucht man, daß die Ableitungssysteme vollständig sind. In den Abschnitten 2D7 und 3B5 gehen wir kurz auf die Grundlagen von PROLOG ein. PROLOG-Programme bestehen aus (prädikatenlogischen) Hornformeln, gerechnet wird mit Hilfe von

---

[3] Die beiden Beweise sollen Sie in Aufg. 1D8k und 1D11e vergleichen.

Ableitungen, als Regel gibt es *Resolution,* das ist die negative Schnittregel (1D7, 1D8) kombiniert mit einer speziellen Form der Einsetzungsregel (2D1), man arbeitet mit einer effizienten, aber leicht unvollständigen Strategie. In Büchern zum Logischen Programmieren finden sich zwei Arten von Beweisen, daß die zugrundeliegende Ableitungsregel widerlegungsvollständig ist. Bei der ersten Art beschränkt man sich auf endliche Mengen von Axiomen und führt den Beweis mit Induktion nach einem Größenparameter. Das reicht für Programmieranwendungen aus, ist aber logisch gesehen nicht so schön; siehe oben. Manche Autoren übertragen das Vollständigkeitsergebnis auf unendliche Axiomenmengen mit Hilfe des Kompaktheitssatzes (3B8), den sie aus anderer Quelle nehmen. Bei der zweiten Art von Beweis verwenden die Autoren den Vollständigkeitssatz für den vollen Prädikatenkalkül oder etwas Verwandtes, und erhalten das gewünschte Resultat als Spezialfall. Ich empfinde beide Arten von Beweis als unnötig kompliziert und nicht hilfreich, um das System zu verstehen.

1D7.   Die Schnittregel ist vollständig fürs Widerlegen von Hornformeln

Es ist leicht zu sehen, daß die Schnittregel - mit der man Atome wegschneiden, aber nicht hinzufügen kann - nicht vollständig fürs Ableiten ist. Zum Beispiel folgen alle Tautologien aus keinen Voraussetzungen, aber aus der leeren Menge ist nichts ableitbar; auch ist $Q \vee R$ nicht aus Q ableitbar. Aber immerhin ist die Schnittregel (S) vollständig fürs Widerlegen, das heißt:

$$\text{wenn } X \vDash F \text{ dann } X \vdash_S F \text{ für jede Menge } X \text{ von Gentzenformeln.}$$

Es ist nicht zu sehen, wie wir aus der Tatsache, daß X widersprüchlich ist, eine Ableitung von F aus X gewinnen sollten. Wir führen daher den Beweis durch Kontraposition. (Wer das Wort nicht mehr kennt, sehe sich die Beweisprinzipien in Abschnitt 1B4 noch einmal an.) Wir wollen also zeigen:

$$\text{wenn } X \nvdash_S F \text{ dann } X \nvDash F \text{ für jede Menge } X \text{ von Gentzenformeln.}$$

Da wir viel mit der Voraussetzung arbeiten werden, führen wir eine Sprechweise ein:

Definition   1D7

Es sei $\mathcal{R}$ eine Ableitungsregel oder eine Menge von Ableitungsregeln. Eine Formelmenge X heißt *$\mathcal{R}$-konsistent*, wenn der Widerspruch F nicht mit $\mathcal{R}$ aus X ableitbar ist. Wenn $\mathcal{R}$ sich aus dem Kontext ergibt, lassen wir das Präfix weg.

Benutzen wir noch, daß nach Satz 1B6 'widerspruchsfrei' und 'erfüllbar' gleichwertig sind, wollen wir also für beliebige Mengen X von Gentzenformeln zeigen:

wenn X konsistent (für die Schnittregel) ist, ist X erfüllbar.

Versuchen wir das zunächst für Hornformeln; da ist es einfacher. Im ganzen Abschnitt wie auch in den folgenden arbeiten wir, wenn nicht ausdrücklich anders gesagt, mit der Schnittregel; 'konsistent' und 'ableitbar' ($\vdash$) bezieht sich also darauf, auch wenn der Buchstabe S fehlt.

Es sei also X eine Menge von Hornformeln, aus der F mit der Schnittregel nicht ableitbar ist. Wir suchen eine Belegung β, die X wahr macht. Es ist naheliegend, β aus X selbst zu gewinnen: β muß sicher die Atome aus X wahr machen; also definieren wir β so.

Definition 1D7 (Fortsetzung)

Sei Z eine beliebige Menge von Formeln. Die *durch Z induzierte Belegung* β ist definiert als

β(P) = W genau dann wenn P ∈ Z (das Atom P kommt in Z als Formel vor).

Wir schreiben dafür auch β[Z] .

Die induzierte Belegung macht im allgemeinen die Formelmenge nicht wahr - zum Beispiel sicher nicht, wenn die Menge widersprüchlich ist. Daß unsere Formelmenge X widerspruchsfrei ist, wollen wir erst zeigen; wir wissen aber, daß sie konsistent ist. Daher kann X offensichtliche Widersprüche wie P und ¬P nicht enthalten; denn daraus wäre F ableitbar. Außer versteckten Widersprüchen kann aber X versteckte Forderungen enthalten, wie P und P → Q. Ein solches X wird unter einer Belegung β nur wahr, wenn β(P) = β(Q) = W; aber β[X] macht Q falsch, da Q in X nicht als Formel (nur als Teilformel) vorkommt. Wir müssen also auf jeden Fall X um die ableitbaren Atome erweitern. Tatsächlich klappt es dann:

Bemerkung 1D7

Erweitern wir eine konsistente Menge X von Hornformeln um die Atome, die daraus ableitbar sind, in Formeln

$$X^* := X \cup \{P; \ P \text{ Atom und } X \vdash P\},$$

so macht die induzierte Belegung β[X*] die Menge X* und damit X wahr.

Beweis

Zunächst halten wir fest, daß X* ebenso wie X konsistent ist und daß alle aus X* ableitbaren Atome schon in X* sind; denn jede Ableitung aus X* können wir in eine Ableitung aus X umwandeln (wie?). Dann wählen wir eine Hornformel H := $R_1 \wedge ... \wedge R_n \rightarrow Q$ in X*. Darin ist Q entweder ein Atom oder die Formel F, und wir können Q aus H und $R_1,...,R_n$ mit n Anwendungen der Schnittregel ableiten. Wir wollen zeigen, daß H unter der induzierten Belegung β := β[X*] wahr ist. Dafür zeigen wir (1A5), daß Q unter β wahr ist, falls die R_i es sind. Seien also $R_1,...,R_n$ wahr unter β. Nach Definition von β sind sie dann alle in X*. Da auch H in X* ist, können wir, wie oben bemerkt, Q aus X* ableiten. X* ist konsistent; daher kann Q nicht F sein. Also ist Q ein Atom und aus X* ableitbar, ist also in X*. Daher ist Q wahr unter β. Damit haben wir gezeigt, daß H, und daher jede Formel in X*, also erst recht jede in X, unter β wahr ist.   Q.E.D.

Vollständigkeitssatz fürs Widerlegen 1D7

Die Schnittregel ist vollständig fürs Widerlegen von Hornformeln.

Der Satz folgt sofort aus der Bemerkung. Wer den Beweis überraschend findet, frage sich: Welche logischen Schlüsse kann man denn mit Hornformeln anstellen? Hornformeln können formalisierte Fakten (Atome) oder Bedingungssätze sein. Fakten kann man als Bedingungen (Prämissen in Konditionalen) streichen, dadurch schritt-weise zu neuen Fakten gelangen. Atome, die nicht auf diese Weise - also durch Schnitte - zu Fakten werden, sind keine, wir können sie als falsch ansehen; Fakten dagegen sind natürlich wahr. Tritt bei diesen Schlüssen kein Widerspruch auf, macht die so definierte Belegung - die wir oben 'induzierte' genannt haben - alle Hornformeln wahr. Das ist der ganze Beweis.

Bei dieser Überlegung - das ist meist so bei Veranschaulichungen - fällt noch etwas anderes auf: Wir haben nur Fakten aus Bedingungssätzen gestrichen, entsprechend im Beweis nur die positive Einerschnittregel (1D4) benutzt; stimmt's?

Folgerung   1D7
Die positive Einerschnittregel ist vollständig fürs Widerlegen von Hornformeln.

Es liegt nahe, zu vermuten, daß die negative Einerschnittregel ebenfalls vollständig ist. Allerdings ist sie für Hornformeln arg speziell. Betrachten wir allgemein die negative Schnittregel für Hornformeln:

$$\frac{A \to P \quad P \wedge C \to F}{A \wedge C \to F}$$

Wir nennen sie *Prolog-Regel*, weil sie der aussagenlogische Anteil der Ableitungsregel in der logischen Programmiersprache PROLOG ist. Die Beweise in Lehrbüchern, daß die in PROLOG verwendete Regel - abgesehen von den zusätzlichen Strategien - vollständig fürs Widerlegen ist, sind kompliziert. Und tatsächlich bricht unser einfacher Beweis für die Prolog-Regel zusammen: Wenn Q ein Atom ist, können wir es aus $H := R_1 \wedge ... \wedge R_n \to Q$ und $R_1, ..., R_n$ mit der Prolog-Regel nicht ableiten; wir haben ja keine negative Formel, um die negative Schnittregel anzuwenden. Hätten wir $\neg Q$ als zusätzliche Prämisse, so könnten wir H von rechts her abarbeiten und so F ableiten. Aber an dem oben schon zitierten Beispiel $X := \{R, R \to Q\}$ sehen wir, daß es nicht klappen kann: Aus X ist Q mit der Prolog-Regel nicht ableitbar; also ist $X^* = X$, und $\beta(X^*)$ macht X nicht wahr. Beim zweiten Hinsehen fällt uns auf, daß man mit der Prolog-Regel überhaupt keine neuen Atome ableiten kann. Alle abgeleiteten Formeln sind negativ.

Wenn die Prolog-Regel zum Ableiten von Atomen zu schwach ist, könnten wir versuchen, zu X alle Atome hinzuzunehmen, die mit X konsistent sind. Eine Formel A ist *mit X konsistent*, wenn $\neg A$ nicht aus X, oder alternativ, wenn F nicht aus X und A ableitbar ist. Aber weder

$$X^* := X \cup \{P; \, X \nvdash \neg P\} \quad \text{noch} \quad X^* := X \cup \{P; \, X, P \nvdash F\}$$

müssen erfüllbar sein. Zum Beispiel sind sowohl R wie Q nach beiden Definitionen mit $X :=$ $\{\neg(R \wedge Q)\}$ konsistent, aber $X^* = X \cup \{R, Q\}$ ist widersprüchlich.

Aufgaben   1D7
a) (A) Konstruieren Sie die Menge X^* wie oben in der Bemerkung definiert für

   $X := \{P, P \to Q, \neg(Q \wedge R)\}$.

   Was ist die induzierte Belegung $\beta[X*]$? Macht sie $X*$ oder X wahr? Was ändert sich, wenn Sie die Schnittregel auf die positive oder auf die negative Einerschnittregel einschränken? Was ändert sich, wenn Sie X um die Formel $P \to R$ erweitern?
b) Ist die negative Einerschnittregel vollständig fürs Widerlegen von Hornformeln?
c) Untersuchen Sie andere Spezialfälle der Schnittregel auf Vollständigkeit.

d) (A) Sind die beiden obigen Definitionen von 'konsistent mit X' gleichwertig, das heißt, folgen die beiden Bedingungen auseinander? Oder ist eine stärker? Untersuchen Sie die volle Schnitt-regel und Spezialfälle. Geben Sie Beweise bzw. Gegenbeispiele. Sie brauchen dazu teilweise Methoden, die wir erst in 1D9, 1D10 behandeln. Wenn Sie steckenbleiben, aber nur dann, holen Sie sich dort Ideen. Zur Motivation: Wenn Sie in den beiden Definitionen 'ableitbar' durch 'folgt' ersetzen, werden sie nach Satz 1B7 gleichwertig. Mit der Aufgabe sollen Sie also Unterschieden zwischen 'folgt' und 'ableitbar' auf die Spur kommen.

Fragen

Was ist der Unterschied zwischen
- konsistent und erfüllbar?
- inkonsistent und widersprüchlich?
- konsistent und inkonsistent?
- lügen und nicht die Wahrheit sagen?

1D8.   Die Schnittregel ist vollständig fürs Widerlegen von Gentzenformeln

Vielleicht kommen wir weiter, wenn wir zum allgemeinen Fall zurückgehen: Gentzenformeln und die volle Schnittregel. Am Beispiel $X := \{Q \vee R\}$ sehen wir, daß das Verfahren aus dem letzten Abschnitt für Gentzenformeln nicht klappt. Aus X ist nämlich weder Q noch R ableitbar, die Erweiterung X^* ist daher zu klein, nämlich $=X$, die induzierte Belegung macht alle Atome und daher X falsch. Das duale Beispiel $X := \{\neg (Q \wedge R)\}$ zeigt, daß wir andererseits nicht alle mit X konsistenten Atome hinzufügen können. Sowohl Q wie R sind nämlich, jedes für sich, mit X konsistent, die Erweiterung X^* ist daher zu groß, die induzierte Belegung macht Q und R wahr, und daher wird X falsch. Also gehen wir einen Mittelweg: Wir testen ein Atom nach dem anderen und fügen es hinzu, wenn es mit X und den schon hinzugenommenen Atomen konsistent ist. Ähnlich haben wir im Beweis des Endlichkeitssatzes 1B8 die erfüllende Belegung definiert: Für jedes Atom probieren wir W und F als Belegung aus, gehen links oder rechts im Baum. Hier ist die Definition einfacher: Wir entscheiden über rechts oder links beim Gehen, nicht erst hinterher. Aus der Defintion wird eine Konstruktion, wenn auch eine unendliche.

Genau das könnte der Detektiv mit den Ballspielern tun: ein Kind nach dem anderen verdächtigen. Das heißt, er würde nacheinander testen, welche der Hypothesen Tä(a), Tä(e), Tä(f), Tä(g) mit seiner Information X, den Ballwurfaxiomen B1-B13, verträglich ist. Da seine Information voll-ständig ist - der Täter bestimmt - , würde er damit den Richtigen erwischen. Ließe sie mehrere Täter zu, würde er den unter ihnen beschuldigen, den er zuerst verdächtigt. Pech!

Halten wir das fest für unser Verfahren, Formelmengen zu erweitern: welche Atome wir dazu-bekommen, hängt von der Reihenfolge ab, in der wir sie testen. Fangen wir in unserem obigen Beispiel $X := \{\neg(Q \wedge R)\}$ mit Q an, so nehmen wir es hinzu, da es mit X konsistent ist. Mit der erweiterten Menge $X \cup \{Q\}$ ist R nicht mehr konsistent; also enden wir mit $X^* = X \cup \{Q\}$. Testen wir R zuerst, erhalten wir genauso $X^* = X \cup \{R\}$. Beide induzierten Belegungen machen

X wahr.

Eine andere Lehre, die wir aus Abschnitt 1D7 ziehen können, ist: Atome hinzufügen reicht nicht, wir brauchen auch negierte Atome. Im Beweis von Bemerkung 1D7 zeigen wir, daß keine Formel, die unter der induzierten Belegung $\beta[X^*]$ falsch ist, zu X^* gehört. Bleiben wir beim obigen Beispiel $X := \{\neg (Q \wedge R)\}$ und $X^* = X \cup \{Q\}$, so müßten wir beispielsweise zeigen, daß die Formel $Q \to R$ nicht in X^* liegt. Da $Q \in X^*$, können wir R aus $Q \to R$ und X^* ableiten. Wäre auch $\neg R$ in X^* - möglich, da $R \notin X^*$, also $\beta(R) = F$ -, könnten wir F aus $Q \to R$ und X^* ableiten und damit zeigen, daß $Q \to R$ nicht zu X^* gehört, da X^* konsistent ist. Das Literal $\neg R$ liegt aber nicht in X^*, der Beweis geht nicht durch. Also verschärfen wir unser Verfahren: ist ein Atom konsistent mit der bisher aufgebauten Menge, fügen wir es hinzu; sonst seine Negation. Bleibt die Menge dabei konsistent? Zum Glück ja; das werden wir am Ende des Abschnitts beweisen. Tatsächlich wird sie sogar *maximal konsistent* (bezüglich Literalen), das heißt, jedes weitere Literal würde sie inkonsistent machen; denn wir haben ja für jedes Atom P entweder P oder $\neg P$ hinzugefügt. Die Menge X^* enthält also neben X eine vollständige Liste der Literale, die unter der Belegung wahr sind, die X wahr macht; das Verfahren heißt daher *Lindenbaum-Vervollständigung* von X. Der polnische Logiker Adolf Lindenbaum hat in den dreißiger Jahren den ursprünglich von Gödel gegebenen Vollständigkeitsbeweis mit der Methode vereinfacht. Dabei ging es um den vollen Prädikatenkalkül, aufgezählt und hinzugefügt werden nicht Literale, sondern beliebige Formeln.

Lindenbaum-Vervollständigung   1D8
Es sei X eine (endliche oder unendliche) Menge von Gentzenformeln, die für die Schnittregel konsistent ist. Man zähle die Atome, die in Formeln aus X vorkommen, in irgendeiner Reihenfolge auf: $P_0, P_1, P_2, \ldots$. Dann definiere man eine aufsteigende Folge von Mengen von Gentzenformeln $X_0, X_1, X_2, \ldots$ folgendermaßen. (Ist X endlich, brechen beide Folgen ab, sonst im allgemeinen nicht.)

$$X_0 := X; \quad X_{n+1} := \begin{cases} X_n \cup \{P_n\}; & \text{falls } X_n, P_n \nvdash F \\ X_n \cup \{\neg P_n\}; & \text{sonst} \end{cases} \qquad X^* := \bigcup_{n \geq 0} X_n$$

Die Mengen haben die folgenden Eigenschaften:
(1)   Alle Mengen X_n sind konsistent.
(2)   Die Menge X^* ist konsistent.
(3) X^* ist sogar maximal konsistent: $P_n \notin X^*$ gdw $\neg P_n \in X^*$ für alle n.

Beweis
(1) Induktion nach n. Der Anfang gilt nach Voraussetzung, und für den Induktionsschritt brauchen wir das schon erwähnte Konsistenzlemma, das wir unten beweisen: Wenn X_n konsistent ist, dann kann es nicht mit P_n und mit $\neg P_n$ inkonsistent werden.
(2) Folgt direkt aus (1): Ableitungen sind endlich, eine Widerlegung von X^* wäre eine Widerlegung von X_n für irgendwelche n.
(3) Die Konsistenz ("wenn") ist (2), die Maximalität ("genau dann") folgt aus der Konstruktion.
                                                                                      Q.E.D.

Bemerkung

Erweitern wir eine konsistente Menge X von Gentzenformeln mit der Lindenbaum-Vervollständigung wie oben zu X^*, so macht die induzierte Belegung X^* und damit X wahr.

Vollständigkeitssatz fürs Widerlegen 1D8

Die Schnittregel ist vollständig fürs Widerlegen von Gentzenformeln.

Der Beweis für die Bemerkung läuft fast genauso wie der entsprechende im letzten Abschnitt; wir führen ihn hier einfacher mit Kontraposition: Wir wählen eine Gentzenformel, die unter $\beta[X^*]$ falsch ist, und zeigen, daß sie nicht zu X^* gehören kann. Dabei brauchen wir neben (2) die Eigenschaft (3) wie weiter oben diskutiert. Das sollten Sie unbedingt selbst aufschreiben. Tun Sie das, könnten Sie Verdacht schöpfen: Sie brauchen außer der positiven nur die negative Einerschnittregel (1D7); sind die beiden schon vollständig fürs Widerlegen von Gentzenformeln? Bevor Sie voreilige Schlüsse ziehen, gehen Sie den ganzen Beweis des Satzes durch, vor allem das Konsistenzlemma, das noch kommt. Wenn die Einerregeln zu schwach sind, wie steht es mit der positiven oder der negativen Schnittregel?

Definition 1D8

Bei der *positiven* bzw. *negativen Schnittregel* ist eine Prämisse positiv bzw. negativ:

$$(\text{PS}) \quad \frac{W \to B \vee P \quad P \wedge C \to D}{C \to B \vee D} \qquad (\text{NS}) \quad \frac{A \to B \vee P \quad P \wedge C \to F}{A \wedge C \to B}$$

Konsistenzlemma für die Schnittregel 1D8

Ist Z eine konsistente Menge von Gentzenformeln und P ein Atom, so ist Z auch mit P oder mit $\neg$P (oder mit beiden) konsistent - in Formeln:

$$\text{wenn } Z \nvdash F, \text{ dann } Z, P \nvdash F \text{ oder } Z, \neg P \nvdash F; \text{ mit Kontraposition:}$$

$$\text{wenn } Z, P \vdash F \text{ und } Z, \neg P \vdash F, \text{ dann } Z \vdash F.$$

Das stimmt offensichtlich, wenn wir $\vdash$ durch $\vDash$ ersetzen, also 'konsistent' durch 'widerspruchsfrei': jede Belegung, die Z wahr macht, macht P oder $\neg$P wahr. Für 'konsistent' kommen die Ableitungsregeln ins Spiel (in unserem Fall der Schnitt) - was bei einem Vollständigkeitsbeweis zu erwarten ist. Wir kommen jetzt ans Herz des ganzen Beweises.

Beweis des Konsistenzlemmas

Wir arbeiten mit Kontraposition, setzen also voraus, daß Z mit P und mit $\neg$P inkonsistent ist. Betrachten wir zwei dementsprechende Widerlegungen. Wenn eine von ihnen nur Voraussetzungen aus Z benutzt, ist Z inkonsistent, wir sind fertig. Wenn nicht, stricken wir aus beiden eine Widerlegung von Z auf folgende Weise:

Beginnen wir mit der Ableitung von F aus Z, P. Nach Voraussetzung enthält der Ableitungsbaum ein Blatt P; das streichen wir. Dadurch wird der Schnitt, mit dem wir P aus einer anderen Formel der Form $P \wedge C \to D$ herausgeschnitten hatten, unmöglich; wir streichen das Ergebnis

C → D auch, müssen dafür P in der nächsten Formel darunter im Vorderglied einfügen:

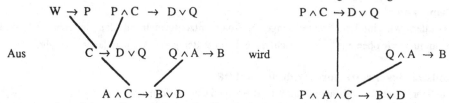

Das setzen wir nach unten fort: wir fügen in allen Formeln darunter links ein P ein, bis wir zur Wurzel kommen oder auf eine Formel stoßen, die im Vorderglied P schon enthält, also nicht "repariert" zu werden braucht. In beiden Fällen haben wir wieder eine korrekte Schnittregelableitung hergestellt, mit einem Blatt P weniger. So entfernen wir ein Blatt P nach dem anderen. Kommen wir dabei nie zur Wurzel, erhalten wir eine Widerlegung von Z; fein. Anderenfalls haben wir P in die Wurzel eingefügt und P → F aus W → F gemacht, also eine Ableitung von ¬P aus Z erhalten. Pfropfen wir diese Ableitung auf jedes Blatt ¬P der Widerlegung von Z, ¬P, die wir nach Voraussetzung auch noch haben, so erhalten wir - Wurzel auf Blätter pfropfen, Heiliger Hortensius Hilf - eine Widerlegung von Z.   Q.E.D.

Beispiel

Die Menge Z bestehe nur aus den Formeln

W → S, P → Q, P → R, Q ∧ R → F, S → P .

Z ist zusammen mit P inkonsistent, eine Widerlegung könnte so aussehen:

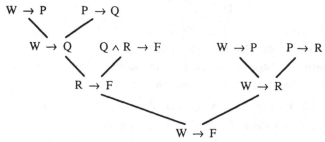

Streichen Sie darin wie in dem obigen Beweis die Blätter P und "reparieren", so erhalten Sie:

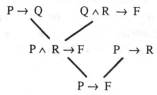

Z ist auch zusammen mit ¬P inkonsistent, zum Beispiel:

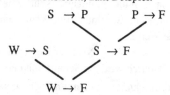

Setzen Sie in dieser Widerlegung über das Blatt $P \rightarrow F$ die gerade konstruierte Ableitung von $P \rightarrow F$, erhalten Sie eine Widerlegung von Z, die Sie natürlich direkt schneller gefunden hätten. Jetzt drehen Sie das Beispiel um und betrachten zuerst $Z, \neg P$, dann Z, P.

Aufgaben 1D8

a) Beweisen Sie, daß die durch die Lindenbaum-Vervollständigung induzierte Belegung alle Formeln in X^* und damit in X wahr macht. Welche der Bedingungen (1) - (3) brauchen Sie?

b) Konstruieren Sie eine Widerlegung der Menge Z in dem Beispiel, indem sie zuerst $Z, \neg P$ und dann Z, P benutzen.

c) Wenden Sie die Konstruktionen im Beweis des Konsistenzlemmas und in der vorigen Aufgabe auf die folgende Formelmenge an:

$$W \rightarrow P \vee Q, \ P \rightarrow Q, \ Q \rightarrow P, \ P \wedge Q \rightarrow F.$$

d) Versuchen Sie in den beiden vorigen Aufgaben nur mit der positiven oder nur mit der negativen Schnittregel durchzukommen. Wann klappt es? Wie steht es mit den entsprechenden Einerregeln?

e) Sind die positive und die negative Einerschnittregel (1D5) zusammen vollständig fürs Widerlegen von Gentzenformeln, das heißt, reicht das Herausschneiden von positiven und negativen Fakten? Vergleichen Sie Folgerung 1D7.

f) (A) Ist die positive oder die negative Schnittregel vollständig fürs Widerlegen von Gentzenformeln? Beide zusammen? Kritisch ist immer das Konsistenzlemma. Wenn Sie mit der positiven Schnittregel nicht klarkommen, versuchen Sie es erst mit der negativen. Ist die widerlegungsvollständig, so auch die Prologregel (1D7) für Hornformeln. Warum?

g) (A) Sind andere Spezialfälle der Schnittregel vollständig fürs Widerlegen von Gentzenformeln? Im Anhang finden Sie Hinweise.

h) Gilt das Konsistenzlemma für andere Formeln statt für Atome?

i) (A) Übertragen Sie den Beweis des Vollständigkeitssatzes auf das Regelsystem in Beispiel 1D1b und zeigen Sie so, daß es vollständig fürs Widerlegen von $\neg, \vee$-Formeln ist. Das ist ein aufwendiges Unterfangen, bei dem Sie viel Erfahrungen mit Ableiten sammeln können. Wieder einmal macht das Konsistenzlemma Schwierigkeiten.

j) Beweisen Sie den Kompaktheitssatz 1B8 aus dem Vollständigkeitssatz fürs Widerlegen. Die beiden Sätze haben nichts miteinander zu tun? Dann lesen Sie Abschnitt 1D6.

k) (A) Vergleichen Sie die Lindenbaum-Vervollständigung mit dem Beweis des Kompaktheitssatzes in 1B8. Beidesmal wird eine unendliche Belegung induktiv definiert. Welche Definition finden Sie schwieriger? Welche konstruktiver? (Was könnte 'konstruktiv' heißen?) Wird bei Lindenbaum auch ein Pfad in einem Baum definiert? Warum wird in 1B8 erst der ganze Baum aufgebaut und dann darin ein Pfad definiert, und nicht der Pfad (die Belegung) direkt? Versuchen Sie es direkt: Tun Sie die beiden Schritte gleichzeitig. Jetzt lesen Sie den Beweis des Endlichkeitssatzes in dem Buch von Uwe Schöning.[4]

---

[4] Literatur L1. Ich bin den Weg umgekehrt gegangen: Ich habe erst das Lindenbaum-Verfahren für die Schnittregel ausgeforstet und so den Beweis für den Vollständigkeitssatz aufgebaut, dann den Beweis von Uwe Schöning gelesen und die Konstruktion darin in zwei Schritte getrennt, um ihn durchsichtiger zu machen. Sie finden solche Details über das Entstehen von Beweisen überflüssig? Aber Sie wollen doch etwas übers Beweisen lernen?

1D9.   Widerlegungen in Ableitungen umformen

Im Beweis des Konsistenzlemmas im letzten Abschnitt haben wir eine interessante Konstruktion konstruiert: wir haben eine Widerlegung in eine Ableitung umgestrickt. Genauer: wir haben aus einer Widerlegung von X, P die Blätter P gestrichen und unterhalb davon ¬P (nämlich P links vom Pfeil) soweit wie nötig eingefügt; dadurch erhalten wir eine Ableitung von ¬P oder von F aus X. Wenn X konsistent ist, leiten wir auf jeden Fall ¬P ab. Dasselbe Verfahren können wir auf negierte Atome anwenden: ¬P als Voraussetzung streichen und P in die Formeln darunter einfügen. Das lohnt sich näher anzusehen.

Um dabei die lästige Unterscheidung zwischen 'rechts' und 'links' zu vermeiden, identifizieren wir im folgenden Gentzenformeln mit Disjunktionen oder Klauseln (1C5). Das ist das alte Lied: Fürs Arbeiten mit Formeln sind Gentzenformeln angenehmer, weil sie sich leichter lesen lassen; fürs Arbeiten *über* Formeln sind Disjunktionen oder gar Klauseln angenehmer, weil sie sich einfacher darstellen lassen und es auf die Bedeutung nicht ankommt. Warum gibt es in der Literatur über Theorembeweiser nur die letztere Form?

Schreibweise
Im Rest des Kapitels schreiben und denken wir uns Gentzenformeln als Disjunktionen von Literalen oder als Klauseln (1C5). Auch benutzen wir die Negation als Operation auf Literalen: ¬ ¬P ist P (1C2). Die Ableitungsregel ist nach wir vor - wenn nicht ausdrücklich anders gesagt - die Schnittregel.

Umformungslemma für Widerlegungen   1D9
Ist X eine konsistente Menge von Gentzenformeln und L ein Literal, so können wir eine Widerlegung von L mit X in eine Ableitung von L aus X umformen:

> wenn $X \not\vdash F$ und $X, \neg L \vdash F$, dann $X \vdash L$.

Da wir aus L und ¬L mit einem Schnitt F erhalten, gilt sogar:

> wenn $X \not\vdash F$, dann $X, \neg L \vdash F$ gdw $X \vdash L$.

Das ist verblüffend. Wir wissen ja, daß die Schnittregel nur fürs Widerlegen vollständig ist, nicht fürs Ableiten allgemein. Aber bei konsistenten Voraussetzungen und für Literale ist sie fürs Widerlegen oder fürs Ableiten gleichstark. Also ist in dieser speziellen Situation die Schnittregel doch vollständig: Wenn L aus X folgt, ist X, ¬L widersprüchlich (Satz 1B7), also ist F daraus ableitbar (Satz 1D8); ist X konsistent, ist also L ableitbar aus X (Umformungslemma). Das heißt:

Vollständigkeitslemma für Literale   1D9
Die Schnittregel ist vollständig fürs Ableiten von Literalen aus konsistenten Voraussetzungen:

> wenn $X \not\vdash F$ und $X \vDash L$, dann $X \vdash L$.

Wer die Aufgabe 1D8f bearbeitet hat, weiß, daß die positive und die negative Schnittregel vollständig fürs Widerlegen sind. Sind sie auch vollständig fürs Ableiten von Literalen? Wohl kaum, denn mit der positiven (negativen) Schnittregel kann man bei negativen (positiven) Atomen nichts ausrichten. Oder?

Man kann das Umformungslemma etwas anders beweisen: Die störende Voraussetzung $\neg L$ nicht streichen, sondern durch Hinzufügen von L zu einer Tautologie $L \vee \neg L$ (als Gentzenformel $L \rightarrow L$) machen; dann wie bisher L in den darunterliegenden Formeln soweit nach unten wie nötig einfügen. Man erhält also eine Ableitung von L aus X, $L \rightarrow L$. Tautologien kann man aus Ableitungen eliminieren (Aufgabe b), fertig. Das Verfahren klingt umständlicher, läßt sich aber besser verallgemeinern. Wohin?

Schließlich kann man den Beweis des Umformungslemmas auf eine dritte Weise ansehen: Die Voraussetzung $\neg L$ weder streichen noch tautologisieren, sondern nach unten schicken: durch Vertauschen mit darunterliegenden Schnitten schrittweise bis an die Wurzel der Widerlegung. Und dann? Aufgabe c).

Aufgaben 1D9

a) In welchen Fällen gelten das Umformungs- und das Vollständigkeitslemma für Literale für die positive bzw. die negative Schnittregel? Beweise und Gegenbeispiele.

b) (A) Tautologien eliminieren: Warum können Sie für die Frage, ob die Formel A aus den Voraussetzungen X folgt, die Tautologien aus X streichen? Was passiert, wenn dabei X leer wird? Was können Sie sagen, wenn A selbst eine Tautologie ist? Das waren einfache Fragen, schwierig werden sie erst, wenn Sie 'folgt' durch 'ableitbar' ersetzen. Was können Sie für welche Regelmengen beweisen? Sie müßten zum Beispiel zeigen: Wenn A keine Tautologie und A aus X ableitbar ist, so gibt es Ableitungen von A aus X, die keine Tautologien enthalten. Eine Schwierigkeit tritt dabei neu auf: Nehmen Sie an, weder X noch A seien tautologisch verseucht; kann es vorkommen, daß eine Ableitung von A aus X trotzdem Tautologien enthält? Wenn ja, können Sie sie eliminieren? Wenn Sie Schwierigkeiten haben, versuchen Sie sich an Aufgabe c).

c) (P) Schnitte vertauschen: Was passiert, wenn Sie in einer Ableitung zwei aufeinanderfolgende Schnitte vertauschen? Können Sie auf diese Weise einen gegebenen Schnitt ganz nach oben oder ganz nach unten schieben? Verändern sich dabei die Voraussetzungen und die abgeleitete Formel? Untersuchen sie zuerst Beispiele, dann Spezialfälle der Schnittregel: Einer, positiv, negativ, Prolog; vielleicht gibt es überhaupt für Hornformeln besondere Ergebnisse? Können Sie so beliebige Widerlegungen in Ableitungen umformen, nicht nur für Literale? Können Sie Ableitungen umgekehrt zu Widerlegungen machen? Suchen Sie schöne Ergebnisse, Verfahren, Methoden; Normalformen für Ableitungen. Vieles davon finden Sie verstreut in der Literatur zu Theorembeweisern. Entwickeln Sie eine Theorie der Schnittregelableitungen. Dann verstehen Sie die Einzelergebnisse in der Literatur besser. Lesen Sie dazu, was Peter Naur und ich über Theoriebildung geschrieben haben.[5] Vergleichen Sie Abschnitt 2C4.

---

[5] "Programming as Theory Building" und "Wende zur Phantasie - Zur Theoriebildung in der Informatik", Literatur L5 bzw. L7.

1D10.   Die Schnittregel ist fast vollständig

Jetzt versuchen wir, die Ergebnisse des letzten Abschnitts von Literalen auf beliebige Formeln zu verallgemeinern. Das kann nicht gutgehen, die Schnittregel ist nicht vollständig. Mal sehen, was passiert.

Sei also X eine Menge von Gentzenformeln (oder Klauseln), $G := L_1 \vee ... \vee L_n$ eine Klausel, die daraus folgt. Also ist X, $\neg G$ widersprüchlich. Da $\neg G$ äquivalent zur Menge $\{\neg L_1,...,\neg L_n\}$ ist, folgt F aus X,$\neg L_1$,...,$\neg L_n$, also gibt es eine Widerlegung dieser Menge mit der Schnittregel. Aus dem Widerlegungsbaum können wir $\neg L_1$ mit dem Verfahren aus dem vorigen Abschnitt entfernen. Aber dann haben wir keine Widerlegung mehr. Um die übrigen Literale nacheinander entfernen zu können, müssen wir das Verfahren auf Ableitungen verallgemeinern; der Beweis bleibt.

Umformungslemma für Ableitungen
Ist X eine Menge von Gentzenformeln, K eine Gentzenformel und L ein Literal, so können wir eine Ableitung von K aus X, $\neg L$ in eine Ableitung von $K \vee L$ oder von K aus X umformen:

wenn   X, $\neg L \vdash K$,   dann $X \vdash K \vee L$ oder $X \vdash K$.

Setzen wir für K den Widerspruch F, erhalten wir das alte Umformungslemma, leicht umgeformt. - Gehen wir zurück zu unserem Ausgangsproblem: X,$\neg L_1$,...,$\neg L_n \vdash F$. Wenden wir das Umformungslemma n-mal an, so wandern die Literale eins nach dem anderen auf die andere Seite des Ableitungszeichens, werden dabei negiert und disjunktiv verknüpft. Also erhalten wir eine Ableitung von G aus X. Stimmt das? Nicht alle Literale müssen beim Umformen unten ankommen, also erhalten wir nicht notwendigerweise G, sondern eine Teildisjunktion.

Definition   1D10
Jede Teilmenge der Literale in einer Gentzenformel (Disjunktion, Klausel) K definiert eine *Subformel* K_0 von K. Wir schreiben $K_0 \subseteq K$.

Für eine Klausel ist eine Subformel einfach eine Teilmenge und für eine Disjunktion eine Teilformel, für eine Gentzenformel dagegen nicht. Die Subformeln von $R \to Q$ zum Beispiel sind $R \to Q$, $W \to Q$, $R \to F$ und F. Die Formel F, und K selbst, sind Subformeln jeder Gentzenformel K. Beim Übergang zur Subformel wird die Disjunktion kürzer, daher folgt eine Formel aus jeder ihrer Subformeln, aber nicht umgekehrt.

Bemerkung
Aus einer Gentzenformel folgt eine andere genau dann, wenn sie eine Subformel davon ist; zwei Gentzenformeln sind äquivalent genau dann, wenn sie gleich sind:

$H \vDash K$ gdw $H \subseteq K$; H äq K gdw $H = K$.

Bevor wir unser Ergebnis festhalten, daß die Schnittregel vollständig fürs Ableiten von Subformeln ist, müssen wir einen Fehler beseitigen. Eine Tautologie, zum Beispiel $G := L \vee \neg L$, folgt aus beliebigen Voraussetzungen, sogar aus gar keinen. Aber wir können G nicht aus beliebigen Voraussetzungen ableiten, sicher nicht aus der leeren Menge. Wo haben wir uns geirrt? Sehen wir uns die Umformung an. Aus $X, \neg G$, das heißt aus $X, L, \neg L$, ist natürlich F ableitbar. Aber in der Widerlegung brauchen wir X gar nicht zu benutzen. Also können wir das Umformungslemma nur einmal anwenden, um L aus X, L abzuleiten; diese Ableitung ist leer, und wir können sie nicht weiter umformen. Das Umformungslemma gilt nicht, wenn $K = L$ ist; daher gelten die Bemerkung und die Vollständigkeit nicht für Tautologien.

Korrektur zum Umformungslemma für Ableitungen
Die Gentzenformel und das Literal dürfen nicht übereinstimmen:

wenn $X, \neg L \vdash K$ und $K \neq \neg L$, dann $X \vdash K \vee L$ oder $X \vdash K$.

Korrektur zur Bemerkung über Subformeln
Die Bemerkung gilt nicht für Tautologien:

$H \vDash K$ gdw $H \subseteq K$ oder K Tautologie;

H äq K gdw $H = K$ oder H, K Tautologien.

Umformungsprinzip für Widerlegungen
Wir können eine Widerlegung einer nicht-tautologischen Gentzenformel in eine Ableitung einer Subformel umformen:

wenn $X, G \vdash F$ für eine Nicht-Tautologie G,

dann $X \vdash G_0$ für eine Subformel $G_0 \subseteq G$.

Definition 1D10 (Fortsetzung)
Eine Regel oder Regelmenge heißt *subvollständig* (für einen Typ von Formeln), falls wir aus Voraussetzungen (dieses Typs), aus denen eine Formel (dieses Typs) folgt, immer eine Subformel der Formel ableiten können:

wenn $X \vDash G$, dann $X \vdash G_0$ für eine Subfomel G_0 von G, kurz: $X \vdash_{sub} G$.

Satz 1D10
Die Schnittregel ist subvollständig für nicht-tautologische Gentzenformeln.

Aufgaben 1D10
a) Beweisen Sie die Bemerkung oder die Korrektur dazu.
b) (A) Für welche Typen von Gentzenformeln sind die positive und die negative Schnittregel subvollständig? Beweise und Gegenbeispiele.
c) (A) Formulieren und beweisen Sie ein "Umformungsprinzip für Ableitungen".

1D11. Die Schnittregel vervollständigen

Die Bezeichnung legt nahe, daß 'subvollständig' weniger ist als 'vollständig': im allgemeinen können wir nicht die gefolgerte Formel selbst ableiten, sondern nur eine Subformel. Andererseits folgt die Formel aus der Subformel; die ist daher eine stärkere Aussage (siehe die Bemerkung im letzten Abschnitt). Auf jeden Fall ergibt sich aus dem letzteren, wie wir die Schnittregel leicht vollständig machen können: wir stellen zwei neue Regeln auf. Mit der einen können wir Tautologien einführen (die wir nicht subableiten können), mit der anderen können wir eine Klausel abschwächen, indem wir Literale anhängen (damit kommen wir von Subformeln zur Formel). Damit entledigen wir uns auch der beiden Beispiele aus dem Anfang von Abschnitt 1D7, die zeigen, daß die Schnittregel nicht vollständig ist: $Q \to Q$ folgt aus der leeren Menge und $Q \vee R$ aus Q ; aber beide Folgerungen können wir mit der Schnittregel nicht nachmachen. Für Gentzenformeln kommt die Abschwächungsregel in zwei Hälften, um Atome im Vorder- und Hinterglied anzuhängen. In dieser Form kommen sie auch in Gentzens Sequenzen-Kalkül vor (siehe Abschnitt 1C4).

Definition   1D11

Die *Tautologieregel* und die *Abschwächungsregeln*

$$\frac{}{P \to P} \qquad \frac{A \to B}{P \wedge A \to B} \qquad \frac{A \to B}{A \to B \vee P}$$

erlauben, elementare Tautologien hinzuschreiben und in einer Gentzenformel vorn oder hinten ein Atom einzufügen.

Bemerkung a

Ist eine Regel oder Regelmenge subvollständig für Gentzenformeln, so ist sie zusammen mit der Tautologieregel und den Abschwächungsregeln vollständig.

Vollständigkeitssatz   1D11

Die Schnittregel ist zusammen mit der Tautologieregel und den Abschwächungsregeln vollständig, und daher adäquat, für Gentzenformeln.

In unserem erweiterten Kalkül haben wir also zwei ganz verschiedene Arten von Ableitungen. Ist die abzuleitende Formel G keine Tautologie, so versuchen wir, mit der Schnittregel eine Subformel von G abzuleiten; gelingt uns das, erhalten wir daraus G durch Abschwächen. Ist dagegen G tautologisch, also von der Form $P \wedge A \to B \vee P$, so schreiben wir $P \to P$ hin und ergänzen wieder den Rest durch Abschwächen; die Schnittregel brauchen wir gar nicht. In Ableitungskalkülen vom "Hilbert-Typ" wie in Beispiel 1D1b ist beides gemischt; wir haben dort die Tautologie $\neg A \vee A$ gebraucht, um $B \vee A$ aus $A \vee B$ abzuleiten. Natürlich würde niemand eine Tautologie ableiten wollen. Ableitungen sind ja formalisierte Beweise. Wozu etwas beweisen, von dem wir schon wissen, daß es gilt? Das ist ein Nachteil unseres Kalküls: Wir müssen Formeln in Gentzenform bringen, bevor wir überhaupt anfangen können abzuleiten. Und nur bei Gentzenformeln sind Tautologien trivial zu erkennen, man erinnere Abschnitt 1C4. Wie sähe ein Kalkül aus, in dem auch das Umformen in und aus Gentzenformeln mit Ableitungsregeln geschieht?

Aus dem Vollständigkeitssatz beziehungsweise aus seinem Beweis folgt, daß der erweiterte Kalkül gleichstark fürs Ableiten wie fürs Widerlegen ist:

Bemerkung b

Für die Schnitt-, Tautologie- und Abschwächungsregeln gilt

$$X \vdash G \quad \text{gdw} \quad X, \neg G \vdash F$$

für jede Menge X von Voraussetzungen und jede Gentzenformel G.

Die Richtung von links nach rechts gilt für alle "vernünftigen" Regelmengen, die von rechts nach links im allgemeinen, z. B. für die Schnittregel allein, nicht. Tatsächlich folgt für Regelmengen, die diese Eigenschaft haben, die Vollständigkeit fürs Ableiten aus der fürs Widerlegen. (Wieso? Vgl. Satz 1B7.) Meist beweist man Vollständigkeit auf diese Weise. Wir mußten den Kalkül dazu erst erweitern.

Zum Schluß wundern wir uns, daß wir, um Ableitungen zu erhalten, über Widerlegungen gehen. Natürlich können wir jetzt, da wir die Vollständigkeit fürs Ableiten nachgewiesen haben, direkt eine Ableitung suchen, ohne erst eine Widerlegung zu konstruieren; aber zumindest für den Beweis brauchen wir Widerlegungen. Doch ist auch das nicht nötig. Wir können den Beweis für die Widerlegungsvollständigkeit verallgemeinern und so die Subvollständigkeit auch direkt zeigen. Das ist einfach; sehen wir uns ihn an.

Sei also X eine Menge von Gentzenformeln, G eine nicht-tautologische Gentzenformel. Wir wollen zeigen: Wenn G aus X folgt, dann

$X \vdash_{sub} G$, das heißt $X \vdash G_0$ mit der Schnittregel für eine Subformel G_0 von G.

Wir kontraponieren, setzen also voraus:

$X \nvdash_{sub} G$, das heißt $X \nvdash G_0$ mit der Schnittregel für jede Subformel G_0 von G.

Jetzt folgen wir dem Beweis aus Abschnitt 1D8 und ersetzen dabei überall $\vdash F$ durch $\vdash_{sub} G$. Wir zählen also wie dort die Atome auf, definieren die Formelmengen $X_0, X_1, X_2, \ldots$ und X^* und zeigen: (1), (2) daraus ist keine Subformel von G ableitbar, (3) X^* ist maximal und (4) definiert eine Belegung β, die X^* wahr macht. Zusätzlich müssen wir zeigen: (5) β macht G falsch, also folgt G nicht aus X; fertig. Wir führen die Beweise nicht durch; man hat nur etwas davon, wenn man sie selber macht.

Aufgaben   1D11

a) (A) Verallgemeinern Sie den Beweis aus Abschnitt 1D8 wie eben skizziert, und beweisen Sie so direkt, daß die Schnittregel subvollständig ist. Vor allem müssen Sie Formulierung und Beweis des Konsistenzlemmas solange durchschütteln, bis Sie ein entsprechendes "Subableitungs- lemma" (und einen besseren Namen dafür) erhalten.

b) Ergänzen Sie die Schnittregel und das Regelsystem dieses Abschnitts um Regeln, wie Sie sie beim Umformen in Gentzenformeln brauchen, bis Sie Regelmengen erhalten, die vollständig fürs Widerlegen (bzw. Subableiten bzw. Ableiten) beliebiger Formeln (nicht notwendig in Gentzenform) sind.

c) (A) Können Sie die Ergebnisse aus Aufgabe 1D10b über die Vollständigkeit der positiven und der negativen Schnittregel direkt beweisen, indem Sie wie oben in Aufgabe a) den Beweis aus Abschnitt 1D8 verallgemeinern?

d) (A) Ist der Hilbert-Kalkül aus Beispiel 1D1b vollständig? Bearbeiten Sie zuerst Aufgabe 1D8i.

e) Beweisen Sie den Endlichkeitssatz 1B8 aus dem Vollständigkeitssatz oben (vgl. Aufg. 1D8b).

1D12.   Entscheiden durch Ableiten

Was haben wir aus den Vollständigkeitsbeweisen gelernt? In Abschnitt 1D6 haben wir diskutiert, in welchem Sinn wir durch eine vollständige Regelmenge den Folgerungsbegriff formalisieren. Der Vollständigkeitsbeweis hilft uns also, logische Grundbegriffe besser zu verstehen, bringt uns so theoretischen Nutzen. Wir haben auch andiskutiert, wie wir mit einer vollständigen Regelmenge die logische Folgerung mechanisieren, also praktischen Nutzen daraus ziehen können. Das wollen wir uns zum Schluß genauer ansehen.

Betrachten wir eine Regelmenge $\mathcal{R}$, die vollständig fürs Widerlegen ist. Nach Satz 1B6 ist eine Formelmenge X erfüllbar genau dann, wenn sie widerspruchsfrei ist, das heißt wenn $X \nvdash F$ gilt. Da $\mathcal{R}$ vollständig fürs Widerlegen ist, ist das gleichwertig dazu, daß F mit $\mathcal{R}$ nicht aus X ableitbar ist. Könnten wir die Ableitbarkeit entscheiden, so hätten wir ein neues Entscheidungsverfahren für Erfüllbarkeit.

Regeln können wir mechanisch anwenden. Besteht also $\mathcal{R}$ nur aus endlich vielen Regeln und X nur aus endlich vielen Formeln, so können wir ein Programm schreiben, das alle Formeln, die mit $\mathcal{R}$ aus X ableitbar sind, in einer gewissen Reihenfolge produziert. Man sagt, daß das Programm die ableitbaren Formeln *effektiv aufzählt*. Das Programm durchläuft (zum Beispiel) für jede Regel aus $\mathcal{R}$ die Menge X und fügt die Formeln hinzu, die durch eine Anwendung der Regel auf Formeln aus X entstehen; dann dasselbe für die erweiterte Menge; und so weiter. (Genauer: Wir machen aus der induktiven Definition von 'ableitbar' einen rekursiven Algorithmus. So einfach geht es im allgemeinen aber nicht; man muß Endlosschleifen verwenden.) Also haben wir:

Hilfssatz a
Ist $\mathcal{R}$ eine endliche Regelmenge, so kann man für jede endliche Formelmenge X alle mit $\mathcal{R}$ aus X ableitbaren Formeln effektiv aufzählen.

Das hilft uns nur, wenn X inkonsistent, also F ableitbar ist; dann wird nämlich F irgendwann produziert, und wir sind fertig: X ist unerfüllbar. Ist X konsistent, so kann der Algorithmus F nicht produzieren, und unser Verfahren terminiert nicht. Im allgemeinen sind nämlich unendlich viele Formeln aus X ableitbar, immer längere und längere werden produziert, aber die kurze Formel F könnte immer noch auftauchen - wer weiß. Hier hilft uns die Schnittregel, unsere alte Bekannte. Wenden wir sie auf zwei Gentzenformeln G_1 und G_2 an, so ist das Ergebnis G zwar im allgemeinen länger als G_1 und G_2, aber nicht zu viel: G enthält nur die Atome aus G_1 und G_2, ohne das herausgeschnittene. Alle aus X ableitbaren Formeln enthalten also nur Atome, die schon in X vorkommen; daher gibt es nur endlich viele solche (warum?).

Hilfssatz b

Ist X eine endliche Menge von Gentzenformeln, so sind mit der Schnittregel nur endlich viele Formeln aus X ableitbar.

Damit können wir Konsistenz entscheiden: Wir leiten Formeln aus X ab, bis F auftaucht oder bis es keine neuen Formeln mehr gibt; das Verfahren terminiert. Da die Schnittregel vollständig fürs Widerlegen ist, also $X \vDash F$ gdw $X \vdash F$, können wir so Erfüllbarkeit entscheiden. Wegen Satz 1B7,

A folgt aus X genau dann wenn X, ¬A unerfüllbar ist,

geht das Verfahren auch für logische Folgerung. (Allgemeingültigkeit von Gentzenformeln zu entscheiden ist nach Satz 1C4 trivial.) Alternativ können wir benutzen, daß Schnitt-, Tautologie- und Abschwächungsregeln zusammen vollständig fürs Folgern sind (Satz 1D11), und Folgern direkt durch Ableiten in dem erweiterten Kalkül entscheiden. (Wieso? Hilfssatz b gilt nicht mehr; wieso nicht?)

Satz 1D12

Erfüllbarkeit und logische Folgerung sind für endliche Mengen von Gentzenformeln mit Hilfe von Ableitungen entscheidbar.

Ob die Verfahren schneller sind als die Verfahren aus Kap. 1C mit Wahrheitstafeln oder Normalformen, ist unbekannt. Wären sie polynomial, wäre $P = NP$ (vergl. Abschn. 1C1, 1C3). Für die Prädikatenlogik dient das Widerlegungsverfahren, entsprechend erweitert, als Grundlage für eine ganze Klasse von Theorembeweisern; eingeschränkt auf Hornformeln wird es in der Programmiersprache PROLOG benutzt. Allerdings gibt es für die Prädikatenlogik keine Entscheidungsverfahren, die Ableitungsverfahren terminieren daher nicht immer. Das Thema behandeln wir in Abschnitt 2D8 und ausführlich in Abschnitt 3B5.

Aufgaben 1D12

a) Aus den Gentzenformeln G_1 und G_2 erhalte man mit der Schnittregel die Formel G . Wovon hängt es ab, wieviele Atome G enthält? Wie groß ist also G höchstens? Mindestens? Wann werden diese Schranken angenommen?

b) (A) Wieviele Gentzenformeln können Sie aus einer gegebenen Menge von Atomen bilden? Wieviele davon sind tautologisch (Abschnitt 1C4)? Wie ist das bei Hornformeln? Für die Beantwortung müssen Sie kombinatorische Anzahlformeln kennen (oder finden), wie man sie in der elementaren Wahrscheinlichkeitstheorie verwendet.

c) Schreiben Sie einen Algorithmus, der alle Gentzenformeln produziert, die aus einer eingegebenen endlichen Menge von Gentzenformeln mit der Schnittregel ableitbar sind. Terminiert der Algorithmus immer?

d) (A) Falls Sie Aufgabe 1C4h noch nicht bearbeitet haben, entwickeln Sie jetzt ein polynomiales Entscheidungsverfahren für die Erfüllbarkeit endlicher Mengen von Hornformeln. Das Entwickeln könnte länger dauern, sollte aber nicht exponentiell in der Länge der Aufgabe sein. Warum funktioniert das Verfahren nicht für beliebige Gentzenformeln?

e) (A) Wie können Sie die logische Folgerung durch Ableiten mit Schnitt-, Tautologie- und Abschwächungsregeln entscheiden?

Teil 2

Offene Prädikatenlogik

Es war einmal ein kleiner Architekt. Lothar hieß er. Der hatte es satt, am Zeichentisch zu stehen und Gebäudepläne zu konstruieren. "Immer dasselbe," seufzte er. "Ich setze Block auf Block, bis ich einen Pfeiler habe. Pfeiler setze ich zu Bögen zusammen. Und so weiter. Ein Haus ausdenken macht Spaß. Aber diese ewigen Konstruktionszeichnungen!" "Wenn es immer dasselbe ist, können wir Computer einsetzen," schlug seine Tochter Clarissa vor. "Du skizzierst Deinen Plan mit dem Lichtgriffel auf den Bildschirm. Der Computer analysiert die Skizze, zerlegt den Plan in Blöcke, Pfeiler und Bögen und zeichnet danach den genauen Plan. Das nennt man CAD - Computer Aided Design, zu deutsch: rechnergestützter Entwurf." "Schreibst Du mir das Programm?" fragte Lothar? "Na klar, wenn Du mir den Computer kaufst," lachte Clarissa. "Ich lese gerade ein Buch[1] darüber. Fangen wir mit der Analyse an. Du sollst mit Hilfe des Programms in Entwurfszeichnungen Blöcke, Pfeiler und Bögen identifizieren können. Zum Beispiel gilt in der Zeichnung:

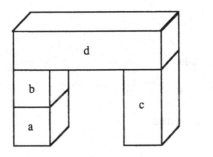

---

[1] Die "Blockwelt" findet man in dieser Form in dem Buch von Loveland, Literatur L3. Sie hat in der frühen Entwicklung der Künstlichen Intelligenz eine große Rolle gespielt.

a, b, c, d und e sind Blöcke; jeder Block, der auf dem Boden steht, ist ein Pfeiler; ferner bilden a,b sowie a,b,d und c,d (jeweils in dieser Reihenfolge aufeinander) Pfeiler; sonst gibt es keine Pfeiler; und d auf a,b einerseits und auf c andererseits bildet den einzigen Bogen.

Als erstes stellen wir also Prinzipien zusammen, nach denen ganz allgemein Pfeiler und Bögen aus Blöcken aufgebaut sind. Zum Beispiel:

(C1) Wenn ein Block auf zwei Pfeilern liegt, so bilden sie zusammen einen Bogen.

(C2) Jeder Block, der auf dem Boden steht, ist ein Pfeiler.

(C3) Ein Block, der auf einem Pfeiler liegt, bildet mit ihm wieder einen Pfeiler.

(C4) Ein Block, der auf dem obersten Block eines Pfeilers liegt, liegt damit auch auf dem Pfeiler.

Formulieren wir das genauer:

(C1) Wenn x ein Block, u ein Pfeiler und v ein Pfeiler ist und wenn x auf u und auf v liegt, dann ist das Gebilde aus x auf u und v ein Bogen.

(C2) Wenn x ein Block ist, der auf dem Boden steht, so ist das Gebilde aus x allein ein Pfeiler.

(C3) Wenn x ein Block ist, der auf dem Pfeiler u liegt, so bilden x und u einen Pfeiler.

(C4) Wenn x auf y liegt und y der oberste Block eines Pfeilers ist, so liegt x auch auf dem Pfeiler.

Wir sprechen also in den Prinzipien mit Hilfe von *Variablen* x, y, u, v über die *Gegenstände* a, b, c, d, e und über weitere, die wir mit *Operationen* wie 'Gebilde aus x auf y und z' und 'Gebilde aus x allein' zusammenfügen. Über diese Gegenstände machen wir einfache Aussagen mit Hilfe von *Prädikaten* wie 'x ist ein Block', 'x steht auf dem Boden', 'x liegt auf u'. Die einfachen Aussagen setzen wir mit den aussagenlogischen Verknüpfungen 'wenn dann', 'und' usw. aus Teil 1 zusammen.

Als nächstes führen wir Symbole für die Operationen und Prädikate ein:

$\boxed{x}$	x ist ein Block
$|u|$	u ist ein Pfeiler
$(U\backslash$	U ist ein Bogen
$\underset{\text{////}}{x}$	x steht auf dem Boden
$\dfrac{x}{u}$	x liegt auf u
$\overset{x}{\rule{1em}{0.4pt}}$	das Gebilde aus x allein
$\overset{x}{\underset{u}{\rule{1em}{0.4pt}}}$	das Gebilde aus x auf u
$\overset{x}{\underset{u\quad v}{\rule{2em}{0.4pt}}}$	das Gebilde aus x auf u und v.

Damit und mit den aussagenlogischen Verknüpfungen aus Kap. 1A können wir (C1)-(C4) formalisieren:

C1 $\boxed{x} \wedge |u| \wedge |v| \wedge \dfrac{x}{u} \wedge \dfrac{x}{v} \;\rightarrow\; \overset{\displaystyle \frown}{\underset{u\quad v}{x}}$

C2 $\boxed{x} \wedge \dfrac{x}{\rule{1em}{0.4em}} \;\rightarrow\; |\underset{\rule{1em}{0.1em}}{x}|$

C3 $\boxed{x} \wedge |u| \wedge \dfrac{x}{u} \;\rightarrow\; |\underset{u}{\underline{x}}|$

C4 $\boxed{x} \wedge \boxed{y} \wedge |u| \wedge \dfrac{x}{\underset{\rule{0.6em}{0.1em}}{y}} \wedge \dfrac{y}{u} \;\rightarrow\; \dfrac{x}{\underset{u}{\underline{y}}}$

Um die Prinzipien auf eine konkrete Situation anzuwenden, müssen wir zusätzlich die Situation beschreiben; z.B. die anfangs gezeichnete Szene:

(C5) - (C9)   a, b, c, d, e sind die Blöcke,

(C10)   b liegt auf a , (C11), (C12) d liegt auf b und c ,

(C13) - (C15) a, c, e stehen auf dem Boden.

In Formeln:

C5 $\boxed{a}$ C6 $\boxed{b}$ C7 $\boxed{c}$ C8 $\boxed{d}$ C9 $\boxed{e}$

C10 $\dfrac{b}{\underline{a}}$ C11 $\dfrac{d}{\underline{b}}$ C12 $\dfrac{d}{\underline{c}}$ C13 $\underset{\rule{1em}{0.4em}}{a}$ C14 $\underset{\rule{1em}{0.4em}}{c}$ C15 $\underset{\rule{1em}{0.4em}}{e}$.

Schließlich müssen wir Regeln finden, nach denen wir mechanisch von den Prinzipien (C1) - (C4) und der Situationsbeschreibung (C5) - (C15) auf Aussagen wie

(C16)   Das Gebilde aus d auf b und a einerseits und auf c andererseits ist ein Bogen

schließen können, also von den Formeln C1-C15 auf die Formel

C16

Damit haben wir einen Anfangssatz an Komponenten unseres CAD-Programms: die Formeln C1-C4 für beliebige Situationen und für jede konkrete Situation eine Beschreibung wie in C5-C15; dazu die Ableitungsregeln, die wir noch aufstellen müssen."

Stop, Clarissa! Das reicht als Programm für diesen Teil des Buches: Wir betten die Aussagenlogik aus Teil 1 in einen Formalismus ein, der für die Behandlung von allgemeineren Problemen geeignet ist. Dazu verallgemeinern wir in Kap. 2A den Begriff *Formel* und zeigen, wie man mit den neuen Formeln umgeht. In Kap. 2B und 2D übertragen wir das in Teil 1 Gelernte auf den neuen Formalismus und erweitern es, führen insbesondere in 2B *Herbrandstrukturen* ein und konstruieren in 2D *Theorembeweiser* und *logische Programme*. In Kap. 2C behandeln wir die besondere Rolle der *Gleichheit* und *formalisieren* Situationen mit Hilfe von *Axiomen* und *Theorien*. Der Formalismus heißt *offene Prädikatenlogik*, weil zur vollen Prädikatenlogik die Quantoren als wichtiges Ausdrucksmittel fehlen und wir daher Formeln nicht durch Quantoren "abschließen" können (siehe Def. 3A2); die Quantorenlogik behandeln wir in Teil 3.

Das *Architektenbeispiel* soll nicht den Eindruck erwecken, als würde in diesem Buch die Logik eingeführt, damit Sie lernen, Theorembeweiser oder gar CAD-Programme zu schreiben. Tatsächlich ist die Effizienz und damit die Anwendbarkeit von logischen Programmen ungeklärt (siehe Kapitel 1C und 3B). Die Logik bietet einen allgemeinen Rahmen fürs Formalisieren, in den sich viele Formen des Formalisierens von Beschreibungen einbetten lassen. Formalisieren ist ein wesentliches Hilfsmittel in den meisten Arbeitsgebieten der Informatik; in der Logik wollen wir lernen, dieses Hilfsmittel zu verstehen und sinnvoll zu benutzen. Ob und wieweit der logische Formalismus selbst zur Lösung algorithmischer Probleme, speziell zum Programmieren, geeignet ist, ist Gegenstand lebhafter theoretischer und praktischer Forschung.

Lothar und Clarissa werden in den nächsten Kapiteln immer wieder auftauchen und uns Anschauungsmaterial liefern. Wenn Ihnen ihre Formalisierung nicht gefällt, formalisieren Sie selbst anders und vergleichen laufend. Dadurch lernen sie viel mehr als durch Nach-Lesen. Lesen können Sie dazu meine Arbeit über die "Wende zur Phantasie"[2].

Aufgabe
Clarissas Formalisierung enthält einen Schnitzer. Wo? Ändern Sie lieber die Formel oder das formalisierte Prinzip?

---

[2] Literatur L7.

Kapitel 2A. Situationen strukturieren und durch Formeln beschreiben

In der Sprache, die wir in der Logik formalisieren wollen, sprechen wir über Bereiche. Die Elemente dieser Bereiche nennen wir *Daten*; meist gibt es verschiedene *Sorten* von Daten, wie bool, int, real oder Matrizen, Bäume, Graphen. Wir machen Aussagen über *Operationen* auf Daten mit Hilfe von *Prädikaten*, die auf Daten zutreffen oder nicht zutreffen. Jeden Bereich, der so strukturiert ist, nennen wir eine *Struktur* (Def. 2A1). Im Formalismus benutzen wir also Namen von Daten, Sorten, Operationen und Prädikaten; die Sammlung der dabei verwendeten Symbole nennen wir die *Signatur* der Sprache bzw. der Struktur (Def. 2A2). Aus den Daten- und Operationssymbolen setzen wir den Sorten nach passend *Terme* als Bezeichner für die Daten zusammen; als Platzhalter für Datennamen benutzen wir dabei zusätzlich *Variable* (Def. 2A3). Prädikatensymbole mit passenden Termen als Argumenten sind *atomare Formeln,* die wir mit den aussagenlogischen Verknüpfungszeichen aus Teil 1 zu beliebigen *Formeln* (Def. 2A4) verknüpfen. Mit Hilfe von Auswertungsregeln werten wir Terme und Formeln aus; der *Wert* eines variablenfreien Terms ist ein Datum, der Wert einer variablenfreien Formel ein Wahrheitswert (Def. 2A5). Eine Formel mit Variablen ist *gültig* in einer Struktur, wenn sie für alle Daten, deren Namen wir für die Variablen *einsetzen* (Def. 2A6), wahr ist (Def. 2A7). Der Formalismus mit dieser Syntax und Semantik ist die *offene Prädikatenlogik.* In Abschnitt 2A8 vergleichen wir unsere Definition des Auswertens und der Gültigkeit von Formeln mit der üblichen rekursiven Definition der *Wertfunktion* mit Hilfe von *Zuweisungen,* wie wir das in Abschnitt 1A10 für die Aussagenlogik getan haben. In Abschnitt 2A9 identifizieren wir die Aussagenlogik als Teil der offenen Prädikatenlogik.

2A1. Strukturieren und Struktur

Wie *strukturieren* wir eine Diskussion? Wir geben Themen vor, bleiben bei einem Thema, bis es erschöpft ist, finden Anschlußthemen, bis wir erschöpft sind. Rückblickend erst sehen wir die *Struktur* der Diskussion, in einem guten Protokoll arbeiten wir sie heraus. Die Struktur hilft uns, die Diskussion zu behalten und weiterzugeben.

Wie *strukturieren* wir eine Situation in der Mathematik? Wir grenzen die Bereiche aus, mit denen wir uns beschäftigen wollen, stellen fest, was uns an Daten zur Verfügung steht, wie wir mit ihnen operieren können oder wollen, was für Eigenschaften sie haben, was für Beziehungen zwischen ihnen bestehen. Die Zuordnungen von Daten zu Ergebnissen beim Operieren nennt man *Operationen* (oder *Funktionen*), die Eigenschaften und Beziehungen *Prädikate* (oder *Attribute* oder, soweit mehrstellig, *Relationen*). Operationen sind in der klassischen Logik immer *total:* für jedes Datum des Bereichs ist das Ergebnis definiert. Und Bereiche sind nicht leer; sonst schüfen wir sie nicht. Das Ergebnis des Strukturierens - Datenbereiche und darauf Operationen und Prädikate - nennen die Mathematiker *(relationale) Algebra,* die Informatiker *Datenstruktur* oder kurz

Struktur. Nur mit den Strukturen bzw. Algebren beschäftigen wir uns weiter.

Was haben Strukturen in diesen beiden Bedeutungen gemeinsam? Nichts, scheint's. Beim mathematischen Arbeiten ist die Struktur das ganze Ergebnis, den Rest vergessen wir. Beim Diskutieren
dienen Strukturen als Hilfsmittel, um das Ergebnis nicht zu vergessen. Das lateinische Verb
'struere' heißt im Deutschen 'bauen', im Englischen 'to build'. Beim Diskutieren builden wir eine
Meinung, beim Formalisieren bauen wir eine Theorie, eine Sichtweise. Die Struktur ist nicht mehr
als der Versuch, diesen Prozeß zu protokollieren. Daten liegen nicht auf der Erde herum, wir
müssen etwas als gegeben (*datum*) voraussetzen und nennen es so. Operationen sprudeln nicht als
Quellen aus dem Fels; wir wollen Handlungen wiederholbar machen und operieren nach Regeln.
Prädikate hängen nicht als Farne von den Bäumen; wir handeln und reden dabei und stellen
Übereinkünfte fest. 'Ding' und 'denken' haben dieselbe Wurzel, nämlich 'Thing', schreibt der
Physiker David Bohm. Beim Thing versammeln sich die Leute und versuchen, sich über ihre
Erfahrungen einig zu werden. "Die Welt ist, was der Fall ist," setzt Ludwig Wittgenstein im
"Tractatus Logico-Philosophicus" fest, und Gottlob Freges Logik ruht auf einer ähnlich stabilen
Weltsicht. Aber Charles Saunders Peirce, auch ein Begründer der modernen Logik, versteht
Symbole (Zeichen) als Bündelung ständig wiederkehrender Erfahrungen, und "Logik wurzelt" für
ihn "im sozialen Prinzip". Auch Wittgenstein hat sein frühes Diktum später relativiert.

Formal ist eine Struktur ein (mehrsortiger) Bereich mit Operationen und Prädikaten darauf. Aber
Strukturen sind nicht einfach da. Wir strukturieren einen Interessenbereich und machen ihn so
wissenschaftlich zugänglich. In "Programming as Theory Building" - einer wunderschönen Arbeit,
die jeder Informatiker auf dem Schreib- und dem Nachttisch liegen haben sollte - sagt Peter Naur:
Beim Programmieren erwerben wir bestimmte Fähigkeiten, mit Problemen umzugehen; die Fähigkeiten stecken nicht im produzierten Code. Ebenso steckt das, was wir beim Formalisieren lernen,
nicht in der herausgefeilten Struktur. Vergessen wir über der Struktur den Vorgang des Formalisierens, verlieren wir die Verbindung - zum betroffenen Arbeitsbereich und zum Mit-Arbeiter, der
anders strukturiert. Mehr zu dem Thema schreibe ich in Abschnitt 2C4 und in meinen Arbeiten.[3]

Definition   2A1
Eine *Struktur* M ist durch Daten verschiedener Sorten sowie durch Operationen und Prädikate
darauf gegeben. Die *Daten der Sorte s* bilden den (nichtleeren!) *Bereich* M_s *der Sorte s,* alle
Daten zusammen den *Bereich M* von M.
Eine *Operation auf M* ist eine Funktion

$$f: M_{s_1} \times ... \times M_{s_n} \to M_s,$$

wobei $s_1,...,s_n$ und s Sorten sind. Wir nennen die Menge $M_{s_1} \times ... \times M_{s_n}$ den *Argumentbereich*, die Menge M_s den *Wertbereich*, das Tupel $(s_1,...,s_n)$ den *Argumenttyp*, das Sortensymbol s den *Werttyp* und die Zahl $n \geq 0$ die *Stelligkeit von f*.
Ein *Prädikat auf M* ist eine Funktion

$$P: M_{s_1} \times ... \times M_{s_n} \to \{W, F\},$$

wobei $s_1,...,s_n$ Sorten sind. Wir nennen die Menge $M_{s_1} \times ... \times M_{s_n}$ den *Argumentbereich*, das
Tupel $(s_1,...,s_n)$ den *Argumenttyp* und die Zahl $n \geq 0$ die *Stelligkeit von P*.

---

[3] Hinweise im Literaturverzeichnis: zu Bohm in L6, zu Naur in L5, zu Frege, Peirce und Wittgenstein in L4, zu
meinen Arbeiten in L7; zu Peirce siehe auch das Buch von Fisch in L5.

Ein Prädikat ist also wie eine Operation mit Wertbereich {W, F}; wir setzen aber nicht voraus, daß die Wahrheitswerte eine Sorte bilden, sondern behandeln Prädikate wegen ihrer besonderen Rolle in der Sprache gesondert. Ist $P(a_1,...,a_n) = W$, so sagen wir: P *trifft auf* $a_1,...,a_n$ *zu*.

Beispiele 2A1

a) Die Situation von Lothar und Clarissa im Architektenbeispiel zu Beginn des Kapitels können Sie folgendermaßen als *Architektenstruktur* auffassen: Die Sorten sind 'Block', 'Pfeiler' und 'Bogen'. Die zugehörigen Bereiche sind: die Blöcke a, b, c, d, e, alle baubaren Pfeiler (nicht nur die vorhandenen), alle baubaren Bögen. Es gibt drei einstellige Prädikate 'ist ein (vorhandener) Block', 'ist ein (vorhandener) Pfeiler', 'ist ein (vorhandener) Bogen' mit der jeweiligen Sorte als Argumenttyp, ein einstelliges Prädikat 'steht auf dem Boden' und ein zweistelliges Prädikat 'liegt auf'. Es gibt eine einstellige Operation 'das Gebilde aus - allein' mit dem Argumenttyp Block und dem Werttyp Pfeiler, eine zweistellige Operation 'das Gebilde aus - auf -' mit dem Argumenttyp (Block, Pfeiler) und eine dreistellige Operation 'das Gebilde aus - auf - und -'. Die Prädikate 'ist ein Pfeiler' und 'ist ein Bogen' sind nur für die in der Struktur wirklich vorhandenen Pfeiler bzw. Bögen wahr. Das Prädikat 'ist ein Block' dagegen ist immer wahr - also eigentlich überflüssig -, denn es gibt im Bereich der Blöcke nur die vorhandenen Blöcke. (Alternativ können Sie Clarissa alle Blöcke ihres Vaters in den Bereich werfen und die jeweils vorhandenen mit dem Prädikat eingrenzen lassen.) Die vorhandenen Blöcke, Pfeiler und Bögen allein bilden keine Struktur, weil in der Logik alle Operationen total sind. Die Struktur muß daher neben dem realen Pfeiler 'b auf a' auch den Pfeiler 'a auf b' enthalten, den es in der Ausgangssituation nicht gab. In der Informatik benutzt man an dieser Stelle meist Fehler-meldungen beim Auswerten (2A5). In der Logik können wir das nachmachen, indem wir Fehler-Elemente einführen: Traumpfeiler und -bögen, auf die wir die irrealen Elemente ab-bilden. Informatiker würden dafür in jeder Sorte ein neues Element einführen. Dem natürlichen Sprachgebrauch kommen wir näher, wenn wir die sprachlichen Ausdrücke (Terme, 2A3), denen in der Realität nichts entspricht, selbst als Fehler-Elemente benutzen: wir erweitern die Wirklichkeit durch unsere Phantasie. In der Logik nennt man das *Herbrandstrukturen*; siehe Abschnitt 2B3.

b) Die Struktur ℕ der *natürlichen Zahlen* hat nur eine Sorte, auch mit ℕ bezeichnet, die Opera-tionen *Null* (0, nullstellig), *Nachfolger* (+1, einstellig) sowie *Addition* und *Multiplikation* (zweistellig) und die zweistelligen Prädikate *gleich, kleiner, kleiner gleich*.

c) Noch einfacher ist die *Ballspielstruktur*, die wir erhalten, wenn wir das Beispiel Ballspiel aus Teil 1 analysieren. Wir müssen nur über die Beteiligten reden, nicht über den Ball oder das Wetter. Oder? Also haben wir nur einen Bereich, nennen wir ihn 'Leute'. Dazu gehören Anne, Emil, Fritz und Gustav, vielleicht der Mann und der Passant, aber nicht Herr Mayer, der zufälligerweise gegenüber aus dem Fenster schaut. Die Kinder operieren mit dem Ball und der Ball mit der Scheibe, wir aber nicht mit den Kindern; also gibt es keine Operationen. Wir möchten wissen, wer den Ball geworfen hat, und dazu, wer die Wahrheit sagt und wer nicht; also brauchen wir diese beiden Prädikate. Im folgenden werden wir diese Struktur immer wieder erweitern oder ändern.

Aufgaben 2A1

a) Definieren Sie für Lothar und Clarissa auf geeignete Weise die nicht angegebenen Argument-

und Wertbereiche. Worin unterscheiden sich die 3 Operationen? Wozu dient die erste davon?

Was ist $\overline{\underset{a}{a}}$ oder $\overline{\underset{e}{a}} \quad \underset{e}{\overset{e}{\overline{\underset{a}{b}}}}$ usw.?

Legen Sie die Werte der Operationen für solche Argumente fest. Unterscheiden Sie genauer zwischen "baubaren" und den "nur denkbaren" Pfeilern und Bögen. Nennen Sie Pfeiler und Bögen, für die Pfeiler bzw. Bogenprädikat falsch sind.

b) Suchen Sie die Situation durch abgeänderte Strukturen wiederzugeben, z.B. das Prädikat 'ist ein Block' wegzulassen, oder die einstellige Operation 'das Gebilde aus - allein' wegzulassen und dafür "leere Pfeiler" oder auf dem Boden stehende Blöcke als Pfeiler einzuführen. Was müssen Sie dann sonst an der Struktur und an den Formeln C1-C15 ändern?

c) Ersetzen Sie die baubaren, aber nicht vorhandenen, oder die denk-, aber nicht baubaren Pfeiler und Bögen durch Fehler-Elemente (Beispiel a und Aufgabe a). Hat das Folgen? Wieviele brauchen Sie? Was für eine Struktur erhalten Sie, wenn Sie stattdessen nicht ausführbare Konstruktionsanweisungen ignorieren, also zum Beispiel 'das Gebilde aus a auf a' als 'das Gebilde aus a allein' ansetzen?

d) Erweitern Sie die Ballspielstruktur aus Beispiel c) um die Operation 'beschuldigt' und beschreiben Sie sie. Vorsicht: Fritz beschuldigt eigentlich niemanden, er ent-schuldigt sich. Deswegen war er uns ja gleich verdächtig. Und Gustav? Was machen Sie mit dem Passanten? Sie sehen: Formalisieren ist nicht formal, es zwingt uns genauer hinzusehen.

Definieren Sie eine geeignete Struktur:

e) für das Affe-Banane-Problem (Einführung),

f) für das Käserollen (Abschnitt 1A6),

g) für das Zebra (Einleitung Kap. 1C).

Frage

Wievielstellig ist die Relation 'verantworten können'? Welche Sorten passen dazu? Wie steht es mit 'verantwortbar'? Was ist da mit der Stelligkeit passiert? Können Sie die Relation nullstellig machen?

2 A 2.   Symbole, Signatur, Interpretation

Wenn wir eine Situation strukturieren, benutzen wir beim Sprechen *Namen* für die Daten, Sorten, Operationen und Prädikate der Struktur. Namen haben Sinn und Bedeutung (vgl. Abschnitt 1A7). Die *Bedeutung* ist das, was wir mit dem Namen meinen (wir "deuten" damit auf eine Person, eine Sache, einen Sachverhalt); *Sinn* ergibt sich aus dem, was wir damit anfangen können, also aus all' unseren Erfahrungen und Erwartungen. Sinn und Bedeutung sind beim Sprechen vom Namen nicht zu trennen. Beim Schreiben benutzen wir *Zeichen* für die Namen, zweidimensionale Gebilde auf Papier, Tafel oder Bildschirm. Und plötzlich scheiden wir Namen von Sinn und Bedeutung. Der zuspätkommende Student oder die nachfolgende Dozentin starrt an die Tafel und wundert sich: "Signatur. Was soll das heißen?" Der lebendige Zusammenhang des Gesprächs oder der gemeinsamen Erfahrung fehlt. "Ma-us! Kleines Nagetier mit vier Buchstaben," kam meine Großtante aus ihrer Kreuzworträtselvertiefung. "Alles habe ich rausgekriegt. Aber Ma-us? Kenn' ich nicht. Gibt keinen Sinn." Manchmal passiert das auch beim Sprechen. Kennen Sie das Gefühl begeisterten Schauders, wenn Sie ein Wort wie 'Kartoffel' wie eine kalte Kartoffel im Mund bewegen, ohne daß es etwas bedeutet. Kar-tof-fel. Kenn' ich nicht. Nur einen Moment lang.

In der Logik trennt man Namen und ihre Bedeutung vorsätzlich. Man will ja einen Kalkül konstruieren, eine künstliche Schriftsprache, in der möglichst viel nach festen Regeln abläuft. Dazu beraubt man Wörter und Zeichen ihrer natürlichen Bedeutung oder führt neue Zeichen und Wörter ein, die noch keine Bedeutung haben. Diesen bedeutungslosen Gebilden gibt man Bedeutung, indem man die Wörter definiert und die Zeichen interpretiert oder sonstwie den Umgang mit ihnen regelt. *Formalisieren* heißt dann, möglichst viel von dem, was man weiß, von der natürlichen Sprache in die Definitionen und Regeln des Kalküls zu übertragen, so daß man Ergebnisse in beiden Richtungen übernehmen kann. So haben wir die Ballwurflogelei in Teil 1 formalisiert. Wir haben die Geschichte in die Formeln B1-B13 gepreßt und die Formeln manipuliert: durch Auswerten in Kap. 1A, durch Umformen in Kap. 1B, durch Entscheiden in Kap. 1C und durch Ableiten in Kap. 1D. Immer wenn wir wieder Tä(f) als logische Folgerung im Kalkül erhielten, wußten wir auf gut Deutsch: Fritz war's. Na logisch! An Zeichen haben wir in den Formeln die aussagenlogischen Verknüp-fungszeichen $\neg$, $\wedge$ usw. und Aussagensymbole Tä(a),...,Wa(g) benutzt, weitere Zeichen und Wörter in anderen Formeln und in der Metasprache. Die Verknüpfungszeichen hatten eine feste Bedeutung als Wahrheitsfunktionen, die Bedeutung W oder F der Aussagensymbole mußten wir durch Belegungen "belegen" (wie der Segler sagt), die Bedeutung von Wörtern wie 'Belegung' haben wir durch Definitionen geregelt.

Zeichen, deren Bedeutung man festlegt, nennt man in der Logik und allgemeiner in Mathematik und Informatik *Symbole*. Eine Struktur besteht aus Daten verschiedener Sorten sowie aus Operationen und Prädikaten darauf. Also brauchen wir für prädikatenlogische Formeln Sorten-, Operations- und Prädikatensymbole. Eine Vorschrift, mit der wir solchen Symbolen eine Bedeutung zuordnen, heißt *Interpretation*. In der Aussagenlogik sind Interpretationen einfach Belegungen: Wahrheitswerte für Aussagensymbole (vgl. Abschnitt 1A7: Syntax und Semantik). In der Prädikatenlogik wird das vielschichtiger: für jedes Sorten-, Operations- und Prädikatensymbol ein passendes Objekt. Sortensymbole dienen nur der Unterteilung der Daten, wir interpretieren sie daher durch die zugehörigen Bereiche, die man dann auch 'Sorten' nennt. Nullstellige Operationssymbole heißen *(Individuen-) Konstanten*. Bei einer n-stelligen Operation hängt der Wert von den n Argumenten ab; für n = 0 hängt der Wert also von 0 Argumenten ab, ist ein festes Datum. Daten gibt es meist viel mehr als Konstante: neben Anne, Emil, Fritz und Gustav vielleicht noch viele Leute, neben 0 und 1 abzählbar viele natürliche Zahlen und noch mehr reelle; Lothar und Clarissa arbeiten sogar mit unendlich vielen Pfeilern und Bögen, ohne eine einzige Konstante dafür zu haben. Abgesehen von den Daten sind Interpretationen im allgemeinen Bijektionen: für jede Sorte, Operation, Prädikat genau ein Symbol und umgekehrt. Daten gibt es meist zu viele, nur für ausgezeichnete benutzen wir eigene Namen. Als Platzhalter für beliebige Datennamen benutzen wir daher *Variable*. Umgekehrt steht es mit den nullstelligen Prädikatensymbolen, die *Aussagensymbole* heißen und durch einen festen Wahrheitswert interpretiert werden: Aussagensymbole gibt es viele (acht für die Ballwurflogelei), aber nur zwei Wahrheitswerte. Konstanten und Aussagensymbole als nullstellige Operations- bzw. Prädikatensymbole aufzufassen, ist praktisch, aber begrifflich und sprachlich unschön. Ich werde daher weiterhin von Konstanten und Aus-

sagensymbolen sprechen, sie aber oft bei den Operations- bzw. Prädikatensymbolen mit auf-
führen.

Jetzt legen wir fest, welche Symbole wir in dem Kalkül, den wir aufbauen, verwenden wollen. In
der Informatik sind mnemotechnische Symbole wie 'nat', 'add', 'Block', 'on' üblich, sowie
mathematische Zeichen wie $+$. Wir wollen möglichst anschauliche Namen verwenden und alle
gängigen Bezeichnungsweisen zulassen. Als *Operations-* und *Prädikatensymbole* verwenden wir
daher beliebige zweidimensionale Konfigurationen, aus denen wir eindeutig den Bezeichner f
bzw. P der Operation bzw. des Prädikats sowie den Argumenttyp $(s_1,...,s_n)$ und bei Operationen den Werttyp s ablesen können. Dazu setzen wir in die Argumentstellen der Bezeichner die
Sortentypen ein und setzen bei Operationen $\rightarrow$ s rechts daneben, zum Beispiel $(\mathbb{N}+\mathbb{N}) \rightarrow \mathbb{N}$,
$\mathbb{N} = \mathbb{N}$. Nur für die allgemeine Diskussion schreiben wir

$$f : s_1,...,s_n \rightarrow s \qquad bzw. \qquad P : s_1,...,s_n$$

für ein solches Symbol und

$$f(d_1,...,d_n) \qquad bzw. \qquad P(d_1,...,d_n)$$

für den Ausdruck, der daraus entsteht, wenn wir die Sortensymbole $s_1,...,s_n$ durch irgendwelche Ausdrücke $d_1,...,d_n$ ersetzen. Damit bevorzugen wir aber nicht die Präfix-Notation; wir
brauchen nur eine allgemeine Schreibweise. Wen andererseits die Architektensignatur abschreckt,
der denke sich eine andere aus oder bleibe bei der gewohnten Präfix-Schreibweise. Wichtig ist mir
nur, daß es auch anders geht, sich beim Signieren jeder jede Freiheit erlauben kann.

Definition 2A2

Eine Menge von Sortensymbolen sowie von Operations- und Prädikatensymbolen mit Argument-
und Werttypen aus diesen Sorten heißt *Signatur*. Konstanten rechnen wir zu den Operationssymbolen, Aussagensymbole zu den Prädikatensymbolen. Signaturen sind im allgemeinen endlich,
höchstens abzählbar unendlich. Eine Signatur, die nur Aussagensymbole enthält, heißt *aussagenlogisch*. Ist $\mathcal{M}$ eine Struktur, so heißt die Menge der Sorten-, Operations- und Prädikatensymbole, die wir zu ihrer Beschreibung benutzen, eine *Signatur der Struktur* $\mathcal{M}$. Ist Σ eine
Signatur, so heißt eine Struktur, die zu jedem Sorten-, Operations- und Prädikatensymbol von Σ
eine Sorte, eine Operation bzw. ein Prädikat von dem gleichen Argument- (und Wert-) Typ enthält,
eine *Struktur der Signatur* Σ. Die Abbildung, die so jedem Symbol eine passende Bedeutung
zuordnet, heißt *Interpretation* I ; wir schreiben $I(\Sigma) = \mathcal{M}$. Bis auf die Daten- und Aussagensymbole sind Interpretationen meist bijektiv.

Beispiele 2A2

a) Eine Signatur der Architektenstruktur aus Beispiel 2A1a ist:

        Sortensymbole: Block, Pfeiler, Bogen ;

        Konstanten: a $\rightarrow$ Block ,..., e $\rightarrow$ Block ;

        Operationssymbole:

        Prädikatensymbole:

b) Eine Signatur der natürlichen Zahlen (Beipiel 2A1b) ist zum Beispiel:

Sortensymbol:	$\mathbb{N}$;
Konstanten:	$0 \to \mathbb{N}$, $1 \to \mathbb{N}$;
Operationssymbole:	$\mathbb{N}' \to \mathbb{N}$, $(\mathbb{N}+\mathbb{N}) \to \mathbb{N}$, $(\mathbb{N} \cdot \mathbb{N}) \to \mathbb{N}$;
Prädikatensymbole:	$\mathbb{N} = \mathbb{N}$, $\mathbb{N} < \mathbb{N}$, $\mathbb{N} \leq \mathbb{N}$.

Interpretationen kommen auf zwei Weisen zustande. Entweder gehen wir von einer Struktur aus, die wir durch Formalisieren gewonnen haben. Dann benutze ich im Kalkül die Symbole aus der Umgangssprache, die Interpretation sieht aus wie die Identität, nur daß wir im Kalkül die Bedeutung aus der Umgangssprache unterdrücken. Oder wir gehen von Formeln aus, geschrieben in irgendwelchen Symbolen - zum Beispiel den gerade durch Abstraktion gewonnenen - und fragen, in welchen Strukturen die Formeln gelten. Dann müsen wir Interpretationen beliebig konstruieren. Dabei ist es ungünstig, wenn wir im Kalkül Symbole aus der Umgangssprache benutzen, weil wir die gewohnte Bedeutung schwer loswerden. Das Hauptthema dieses Buches ist Formalisieren; ich gehe daher meist den ersten Weg, benutze in Kalkül und umgangssprachlicher Beschreibung dieselben Symbole. Ich warne aber den Leser vor Aufgaben, in denen er den zweiten Weg gehen muß: vertraute Symbole machen blind gegenüber neuen Interpretationen. Das ist der Sinn von Vertrauen.

Interpretationen als Zuordnungen von Bedeutung zu bedeutungslosen Kalkülzeichen - das ist arg naiv. Wir müssen die Daten, Operationen und Prädikate beschreiben, um die Interpretation zu definieren. Beim Beschreiben benutzen wir Namen, also wieder Symbole, diesmal aus der nicht formalisierten Sprache. Eine Interpretation kann also wie eine Zuordnung von Symbolen zu Symbolen aussehen, im Extremfall wie die Identität. Joseph Shoenfield[4] definiert daher eine Interpretation als eine Abbildung von einer formalen Sprache in eine andere. Ich halte das für irreführend; denn die zweite Sprache ist nicht formal. Ebenso mißlich erscheint mir das Interpretieren durch Unterstreichen, das in vielen Lehrbüchern üblich ist: nat, 0 und succ werden durch nat, 0 und succ interpretiert. Nur um zu betonen, daß die Symbole im Kalkül keine Bedeutung haben, zerstört man das gewohnte Umgehen mit ihnen. Anders, wenn man von abstrakten Symbolen wie f und P ausgeht; dann kann man in einer Struktur $\mathcal{M}$ gut von der Operation $f_{\mathcal{M}}$ und dem Prädikat $P_{\mathcal{M}}$ sprechen.

Will man den Kalkül von der Umgangssprache sauber trennen, muß man beides üben, das formale Arbeiten mit dem Kalkül und das informale Beschreiben mit der Umgangssprache. Sehen wir uns als Beispiel wieder die Ballspielstruktur aus Beispiel 2A1c an: Da haben wir den Bereich der Leute, darunter Anne, Emil, Fritz und Gustav, und auf dem Bereich die beiden Prädikate '- sagt die Wahrheit' und '- ist der Täter'. Wir könnten die Symbole im Kalkül benutzen und hätten dann deutschsprachliche Sätze wie 'Anne sagt die Wahrheit' als Formeln. Zur Abkürzung (und weil wir sonst mit Anne in Schwierigkeiten kämen) benutzen wir a, e, f, g als Konstante und Wa(Leute) und Tä(Leute) als Prädikatensymbole. Wie beschreiben wir die Struktur (und andere zur selben Signatur)? Wir können das umgangssprachlich machen: "Zu den Leuten gehören die vier Kinder und der Mann und ein Passant. Die Wahrheit sagen nur die beiden Erwachsenen. Emil ist der Täter." Oder mehr mathematisch mit Listen und Tabellen (falls der Platz reicht):

---

[4] Literatur L1.

Leute := { Anne, Emil, Fritz, Gustav, Mann, Passant}.

Prädikate	Anne	Emil	Fritz	Gustav	Mann	Passant
Wahrheit	F	F	F	F	W	W
Täter	F	W	F	F	F	F

Am besten graphisch:

Leute

Anne	Emil[†]	<u>Mann</u>
Fritz	Gustav	<u>Passant</u>

Wer die Wahrheit sagt, wird unterstrichen (umkringelt, blau unterlegt). Der Täter kriegt ein Kreuz (wird rot schraffiert). Operationen kann man durch Pfeile widergeben. Später lernen wir, Strukturen durch Formeln zu beschreiben. Das ist aber noch ein Fernziel, vgl. 'axiomatisieren' und 'formalisieren' im Verzeichnis der Begriffe.

Jetzt können wir die Unterscheidung zwischen *Syntax* und *Semantik* aus der Aussagenlogik (1A7) in die Prädikatenlogik hochheben. In der Syntax manipuliert man Zeichen, die keine Bedeutung haben, nach formalen Regeln. Signaturen sind Syntax. Terme und Formeln, die wir gleich definieren werden, sind Syntax. In der Semantik arbeitet man mit Bedeutungen. Strukturen sind Semantik. Die Definition von 'Signatur' und 'Struktur' ist Semantik auf höherer Ebene. Mit Interpretationen vermitteln wir zwischen Syntax und Semantik. Sie gehören also zur Semantik. Rein syntaktisch arbeiten können nur Maschinen, wir Menschen können die Bedeutung nicht abschütteln. Bedeutungsloses Tun ergibt keinen Sinn, sinnlos können wir nicht leben. In der Künstlichen Intelligenz versucht man, möglichst viel Semantisches syntaktisch zu machen, um es auf den Rechner bringen zu können. Ob dieses Unternehmen sinnvoll oder auch nur erfolgversprechend sei, ist bisher nicht belegt, weder praktisch noch theoretisch.[5]

Aufgabe 2A2
Gehen Sie die Aufgaben, die Sie in Abschnitt 2A1 bearbeitet haben, noch einmal durch und identifizieren sie alles nach den jetzt eingeführten Begriffen.

2A3.   Terme bilden

Es sei Σ eine Signatur. Wir wollen die Terme definieren, mit denen wir über Daten in Strukturen der Signatur Σ sprechen können. Setzen wir Konstanten und Operationssymbole aus Σ so zusammen, daß die Sorten passen, erhalten wir neue Namen für Daten, die wir Terme nennen. Als Hilfsmittel brauchen wir (Daten-)Variablen der verschiedenen Sorten, die wir in Termen als Platzhalter für Datennamen und andere Terme der passenden Sorte benutzen. Wir setzen also voraus, daß wir für jede Sorte s in Σ höchstens abzählbar viele *Variablen der Sorte s* zur Verfügung haben; das sind Symbole, die nicht in der Signatur vorkommen und für verschiedene Sorten voneinander verschieden sind. Setzen wir Variable, Konstanten und Operationssymbole aus Σ

---

[5] Vgl. meine "Beziehungskiste", Literatur L7.

den Sorten nach passend zusammen, erhalten wir Bezeichnungsschemata für Daten, die wir wieder Terme nennen.

Definition   2A3

Wir definieren Σ-*Terme der Sorte s* induktiv (vgl. 1A4) für alle Sorten s in Σ gleichzeitig:

1) Die Variablen und Konstanten der Sorte s sind Σ-Terme der Sorte s .
2) Sind $t_1,...,t_n$ Σ-Terme der Sorten $s_1,...,s_n$ und ist f : $s_1,...,s_n \to s$ ein Operationssymbol in Σ, so ist $f(t_1,...,t_n)$ ein Σ-Term der Sorte s .
3) Das sind alle Σ-Terme der Sorte s .

Statt Σ-Term sagen wir auch *Term zur Signatur* Σ. Sind Signatur und/oder Sorte unwichtig oder aus dem Kontext ersichtlich, lassen wir sie weg und sagen einfach *Term*. Ein Term ist *variablenfrei* oder *Grundterm*, wenn er keine Variablen enthält.

Beispiel

In Clarissas Formeln zur Architektensignatur in der Einleitung zu diesem Kapitel sind x, y Variable der Sorte 'Block', u, v Variable der Sorte 'Pfeiler'; Variable der Sorte 'Bogen' kommen nicht vor. Terme (mit den Sorten in Klammern) sind:

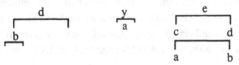

Keine Terme sind:

Aufgaben   2A3

a) Wie unterscheiden Sie beim Lesen die drei verschiedenen Funktionssymbole ⌐¬ ? Warum sind die obigen Nichtterme nicht Terme? Setzen Sie in den Termen für die Variablen passende Objekte ein und zeichnen die bezeichneten Gegenstände (siehe Einleitung zu diesem Kapitel). Schreiben Sie die Termdefinition für diese konkrete Signatur auf.

b) Beweisen sie, daß es für jede Signatur höchstens abzählbar viele Terme gibt. Finden Sie eine Signatur, für die es nur endlich viele Terme gibt? Grundterme? Eine Signatur, für die es überhaupt keine Grundterme gibt?

Frage

Was ist der Unterschied zwischen Variablen und Konstanten?

2A4.   Formeln bilden

Es sei Σ eine Signatur. Wir wollen die Formeln definieren, mit denen wir über Strukturen der Signatur sprechen können. Dazu benutzen wir Σ-Terme und die Prädikatensymbole aus Σ. Setzen wir Terme so in die Argumentstellen der Prädikatensymbole, daß die Sorten passen, erhalten wir atomare Formeln. Für variablenfreie Terme sind das Aussagen, die in den Strukturen wahr oder falsch sind. Sonst müssen wir für die Variablen Daten einsetzen, bevor wir die Formeln auswerten können (Abschnitt 2A5). Beliebige Formeln schließlich setzen wir aus atomaren mit den aussagenlogischen Verknüpfungszeichen aus 1A1 zusammen. Quantoren behandeln wir erst im 3. Teil des Buches.

Definition 2A4

Formeln zur Signatur Σ oder Σ-*Formeln (für die offene Prädikatenlogik)* definieren wir induktiv (1A4), indem wir in der Formeldefinition 1A3 die Basis erweitern:

1) Die Wahrheitswerte und die Aussagensymbole in Σ sind Σ-Formeln.

   Sind $t_1,...,t_n$ Σ-Terme der Sorten $s_1,...,s_n$ und ist $P : s_1,...,s_n$ ein Prädikatensymbol in Σ, so ist $P(t_1,...,t_n)$ eine Σ-Formel.

2) Sind A und B Σ-Formeln, so auch $\neg A$, $(A \wedge B)$, $(A \vee B)$, $(A \to B)$, $(A \leftrightarrow B)$.

3) Das sind alle Σ-Formeln.

Ist die Signatur klar, sagen wir einfach *Formel*. Eine Formel ist *variablenfrei* oder *Grundformel*, wenn sie keine Variablen enthält. Formeln, die nur Aussagensymbole enthalten, heißen *aussagenlogisch*. Die Definitionen von *Atom, atomar, zusammengesetzt* und *Teilformel* ändern sich nicht.

Formeln sind also wie in der Aussagenlogik mit den aussagenlogischen Verknüpfungen aus atomaren Formeln und Wahrheitswerten aufgebaut; aber Atome sind jetzt Prädikatensymbole angewendet auf Terme der richtigen Sorte. Die Formeln nach 1A3 sind auch Formeln im Sinn der obigen Definition, nämlich als Formeln zu aussagenlogischen Signaturen (Def. 1A2).

Beispiele

a) Clarissas Formeln C1-C15 sind Formeln zur Signatur in Beispiel 2A2a. Da wir die Variablen "sortiert" haben, können wir die Bedingungen $\boxed{x}$, $\boxed{y}$, die sowieso zutreffen, aus den Prämissen der Formeln C1-C4 weglassen, dagegen $|u|$, $|v|$ nicht. Sortierte Variablen sind also nützlich, um Formeln einfacher schreiben zu können.

b) Die Formeln B1-B13 in 1A3 sind aussagenlogisch. Wir können die Aussagensymbole Wa(a), Tä(e) usw. auch zerlegen in die einstelligen Prädikatensymbole Wa und Tä und die Konstanten a, e, f, g; dann sind B1-B13 (prädikatenlogische) Formeln zur Signatur in 2A2 (vgl. auch Aufgabe 2A1d).

Aufgaben 2A4

a) Schreiben Sie die Formeldefinition für die Architektensignatur auf. Warum können Sie im Vorderglied der Formeln C1-C4 Atome der Form $\boxed{t}$ weglassen, Atome der Form $|t|$ dagegen nicht? Überlegen Sie sich, wie Sie umgekehrt die Signatur "unsortiert" (*einsortig*) machen können. Benennen Sie dazu alle Sorten gleich und führen Sie in der Struktur zwei neue

Prädikate ein, die auf alle (baubaren) Pfeiler bzw. Bögen zutreffen. Schreiben Sie die Axiome C1-C15 in der neuen Signatur. Geben Sie ein allgemeines Verfahren an, Formeln aus der alten in die neue Signatur zu übersetzen. Was ändert sich, wenn Clarissa alle Klötze ihres Vaters in die Strukturen, nicht aber in die Signatur, einbringt?

b) Betrachten Sie die Signatur Σ mit dem Sortensymbol 'sorte', der Konstanten e $\rightarrow$ sorte, den einstelligen Operationssymbolen f(sorte) $\rightarrow$ sorte und g(sorte) $\rightarrow$ sorte, dem zweistelligen Operationssymbol h(sorte, sorte) $\rightarrow$ sorte, dem einstelligen Prädikatensymbol P(sorte) und dem zweistelligen Prädikatensymbol R(sorte, sorte) . x_1, x_2, y_1, y_2, z seien Variable zur Sorte sorte.

Welche der folgenden Ausdrücke sind Terme, welche Formeln, welche keins von beiden?

1) f(f(f(e)))
2) h(f(g(e)), g(e))
3) (P(z) $\vee$ R(x_1, x_2))
4) P(f(z))
5) f(x)
6) f(h(e, P(x_1)))
7) (P $\vee$ ¬P)
8) R(g(e), e)
9) P(f(g(e)))
10) R(f(g(x_1, e), x_2))
11) ((P(e) $\wedge$ R(e, e)) $\vee$ ¬P(f(e)))
12) (R(g(f(e)), f(f(e)))
13) (R(h(x_1, e), h(y_1, e)) $\rightarrow$ R(x_1, y_1))
14) (P(z) $\rightarrow$ R(e, f(e, e)))
15) h(f(e), g(e))
16) (P(e) $\leftrightarrow$ P(f(g(e))))

c) Wiederholen Sie Aufg. 2A3b für Formeln statt für Terme.

2A5.   Variablenfreie Terme und Formeln auswerten

Variablenfreie Formeln in einer zur Signatur passenden Struktur auszuwerten, scheint einfach: wir "rechnen" die Terme in der Struktur "aus" und stellen fest, ob die Prädikate auf die errechneten Daten zutreffen; der Rest ist Aussagenlogik. Aber so glatt geht es nicht: für die errechneten Daten gibt es im allgemeinen keine Konstanten in der Signatur, wir können sie deswegen nicht in die Formeln hineinschreiben. Noch schwieriger ist es bei Formeln mit Variablen: wir müßten fürs Auswerten beliebige Daten einsetzen, für die haben wir aber keine Namen.

Vereinbarung 2A5
Wenn wir Terme und Formeln in einer Struktur auswerten, nehmen wir an, daß wir für die Daten der Struktur irgendwelche Namen haben. Diese *Datennamen erlauben wir in Termen und Formeln* an den passenden Stellen, behandeln sie also wie Konstanten. Wenn eine Unterscheidung nötig ist, sprechen wir dann von *Datentermen* und *Datenformeln*.

Dieses Vorgehen ist nicht üblich. Stattdessen ordnet man oft in der Literatur fürs Auswerten den Variablen mit *Zuweisungen* (Abschn. 2A8) Daten zu und definiert die Wertfunktion rekursiv, wie in Abschnitt 1A8 für die Aussagenlogik. Auf diese Weise hält man Formeln und Daten, Syntax und Semantik, sauber getrennt, macht aber das Auswerten kompliziert und unanschaulich (vgl. Abschnitt 1A7 und 2A2). In anderen Büchern werden die Zuweisungen zu den Interpretationen gerechnet. Damit vermischt man aber Konstanten und Variablen. - Wir beginnen mit dem Auswerten variablenfreier Formeln und behandeln Formeln mit Variablen in Abschnitt 2A7.

Definition   2A5

Es sei $\mathcal{M}$ eine Struktur der Signatur Σ. Wir definieren den Wert in $\mathcal{M}$ von variablenfreien Σ-Termen und Σ-Formeln mit Hilfe von *Auswertungsregeln*, mit denen wir wie in Abschnitt 1A5 Terme und Formeln von innen nach außen auswerten:

Für jedes Operationssymbol $f : s_1,...,s_n \rightarrow s$ und Daten $a_1,...,a_n$ und b der Sorten $s_1,...,s_n$ und s ersetzen wir $f(a_1,...,a_n)$ durch seinen Wert:

$$f(a_1,...,a_n) \rightsquigarrow b \text{ , falls } f(a_1,...,a_n) = b \text{ in } \mathcal{M} \text{ gilt.}$$

Insbesondere für jede Konstante $f \rightsquigarrow b$, falls $f = b$ in $\mathcal{M}$ gilt.

Für jedes Prädikatensymbol $P : s_1,...,s_n$ und Daten $a_1,...,a_n$ der Sorten $s_1,...,s_n$ entsprechend:

$$P(a_1,...,a_n) \rightsquigarrow W, \text{ falls } P \text{ auf } a_1,...,a_n \text{ in } \mathcal{M} \text{ zutrifft; } P(a_1,..., a_n) \rightsquigarrow F \text{ sonst.}$$

Insbesondere für jedes Aussagensymbol $P \rightsquigarrow W$, falls P in $\mathcal{M}$ zutrifft, $P \rightsquigarrow F$ sonst.

Die Regeln fürs Auswerten der aussagenlogischen Verknüpfungen sind dieselben wie in Def. 1A5:

$$\neg W \rightsquigarrow F \text{ , } \neg F \rightsquigarrow W \text{ , } (W \wedge W) \rightsquigarrow W \text{ , usw.}$$

Benutzen wir in Struktur und Signatur nicht dieselben Symbole, so können wir bei den Regeln auf der rechten Seite $f_{\mathcal{M}}$ oder $I(f)$ statt f und $P_{\mathcal{M}}$ oder $I(P)$ statt P setzen und "in $\mathcal{M}$ gilt" weglassen; wir könnten also kürzer schreiben:

$$f(a_1,...,a_n) \rightsquigarrow f_{\mathcal{M}}(a_1,...,a_n) \text{ , } \qquad P(a_1,...,a_n) \rightsquigarrow P_{\mathcal{M}}(a_1,...,a_n) \text{ , }$$

wobei auf der rechten Seite jeweils der ausgerechnete (Daten- bzw. Wahrheits-) Wert gemeint ist. Benutzen wir andererseits Konstanten auch als Namen in der Struktur, müssen wir sie nicht auswerten, wir sparen also Geisterschritte wie $0 \rightsquigarrow 0_{\mathcal{M}}$.

Die Regeln fürs Auswerten von Termen führen von Termen zu Daten, die Regeln fürs Auswerten von Formeln von Formeln zu Wahrheitswerten. Der Wert eines variablenfreien Terms der Sorte s ist daher ein Datum der Sorte s, der Wert einer variablenfreien Formel ein Wahrheitswert. Die Werte sind eindeutig bestimmt, wie man durch Induktion nach dem Aufbau von Termen bzw. Formeln (Abschnitt 1A4) beweisen kann.

Definition   2A5   (Fortsetzung)

Das Datum a, das sich für einen variablenfreien Term t bei der Auswertung in $\mathcal{M}$ ergibt, heißt *(Daten-)Wert von t in $\mathcal{M}$* ; wir schreiben $\text{wert}_{\mathcal{M}}(t) = a$ und sagen: *t hat den Wert a in $\mathcal{M}$* oder kurz $t = a$ in $\mathcal{M}$.

Der Wahrheitswert, der sich für eine variablenfreie Formel A bei der Auswertung in $\mathcal{M}$ ergibt, heißt *(Wahrheits-)Wert von A in $\mathcal{M}$* ; wir schreiben $\text{Wert}_{\mathcal{M}}(A)$ und sagen: *A ist wahr* (bzw. *falsch*) *in $\mathcal{M}$*, wenn $\text{Wert}_{\mathcal{M}}(A) = W$ (bzw. $= F$) ist.

Beispiele

a) In den natürlichen Zahlen (Beispiel 2A1b) werten wir aus, wie wir es von der Schule kennen:

$$(3+4) \cdot (7+2) \rightsquigarrow 7 \cdot (7+2) \rightsquigarrow 7 \cdot 9 \rightsquigarrow 63, \qquad \text{oder}$$
$$(3+4) \cdot (7+2) \rightsquigarrow (3+4) \cdot 9 \rightsquigarrow 7 \cdot 9 \rightsquigarrow 63;$$
$$3 \cdot 4 < 3+2 \rightsquigarrow 12 < 3+2 \rightsquigarrow 12 < 5 \rightsquigarrow F, \qquad \text{oder}$$

$3 \cdot 4 < 3+2 \rightsquigarrow 3 \cdot 4 < 5 \rightsquigarrow 12 < 5 \rightsquigarrow F;$

also ist $(3+4) \cdot (7+2) = 63$ in $\mathbb{N}$ und $3 \cdot 4 < 3+2$ ist falsch in $\mathbb{N}$. Allerdings sind "Abkürzungen" wie

$0 \cdot (7+2) \rightsquigarrow 0,\ 3 \cdot 4 < 0 \rightsquigarrow F$

nicht möglich, da Operations- und Prädikatensymbole nur auf Daten, nicht auf anderen Termen ausgewertet werden dürfen.

b) Auch in der Architektenstruktur von Lothar und Clarissa (Beispiel 2A1a, Aufgaben 2A1a-c) ergeben die Auswertungen für vernünftige Terme das gewohnte Ergebnis. Für unsinnige Terme wie in Aufgabe 2A1a müssen Sie sich etwas einfallen lassen. Zeichnen Sie Pfeiler und Bögen dreidimensional wie in der Einleitung zu diesem Teil und überschlagen der Kürze halber die Schritte von den Konstanten zu den Blöcken, gehen also von $\underset{\llcorner\quad\lrcorner}{a}$,...gleich zu $\boxed{a}$,... , so können Auswertungen so aussehen:

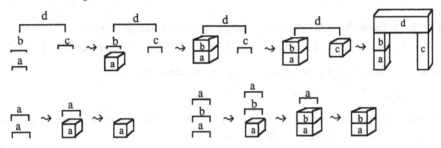

Aufgaben 2A5

a) Setzen Sie die Terme aus Beispiel b) oben in Prädikatensymbole passenden Typs ein und werten sie aus.

b) Ändern Sie in Beispiel b) die Operationen auf unsinnigen Argumenten so ab, wie es Ihnen sinnvoll erscheint, und werten Sie die Terme neu aus. Wiederholen Sie Aufgabe a).

c) Eine Struktur zur Signatur in Aufgabe 2A4b ist N mit der Sorte $\mathbb{N}$, dem Datum 0 (für e), den einstelligen Operationen "Nachfolger" und "Verdoppeln", der zweistelligen Operation "Addition", dem einstelligen Prädikat "ungleich Null" und dem zweistelligen Prädikat "gleich".
Werten Sie die Grundterme und Grundformeln aus der Aufgabe in N aus, das heißt, bestimmen Sie wert$_N$(t) und Wert$_N$(A) für alle Terme t und Formeln A ohne Variablen.

d) Geben Sie eine weitere, von N in Aufgabe c) ganz und gar verschiedene Struktur zur selben Signatur an und bestimmen Sie darin die Werte der Grundterme und Grundformeln.

2A6. Einsetzen, Substitution

Variable dienen, in Termen und Formeln, als Platzhalter für Terme; sie haben selbst keine Bedeutung. Deshalb sind Terme und Formeln mit Variablen wert-los, wir müssen erst Daten oder Konstanten oder allgemeiner variablenfreie Terme für ihre Variablen einsetzen, dann können wir ihre Werte ausrechnen. Diese Operation wollen wir jetzt allgemein, fürs Einsetzen beliebiger Terme (auch mit Variablen oder Daten), definieren.

Definition   2A6

Es seien t ein Term und A eine Formel, es seien $x_1,...,x_n$ Variable der Sorte $s_1,...,s_n$ und $t_1,...,t_n$ Terme der Sorten $s_1,...,s_n$. Dann entsteht

$$t \begin{bmatrix} x_1 \cdots x_n \\ t_1 \cdots t_n \end{bmatrix} \quad \text{bzw.} \quad A \begin{bmatrix} x_1 \cdots x_n \\ t_1 \cdots t_n \end{bmatrix}$$

aus t bzw. A, indem wir gleichzeitig die Terme $t_1,...,t_n$ für die Variablen $x_1,...,x_n$, überall wo sie vorkommen, *einsetzen (substituieren)*. Der Vorgang und die zugehörige Abbildung

$$\sigma = \begin{bmatrix} x_1 \cdots x_n \\ t_1 \cdots t_n \end{bmatrix},$$

mit der wir Terme in Terme und Formeln in Formeln überführen, heißt *Einsetzung* oder *Substitution*. Für das Ergebnis schreiben wir auch $t\sigma$ bzw. $A\sigma$ und nennen es *Beispiel* oder *Instanz* von t bzw. A .

Wir müssen überall den gleichen Term für die gleiche Variable einsetzen; so ist

$$(x+y) \cdot (y+x) \begin{bmatrix} x & y \\ 2 & 7 \end{bmatrix} = (2+7) \cdot (7+2), \text{ nicht } = (2+7) \cdot (y+x) \text{ und nicht } = (2+7) \cdot (2+7).$$

Kommen Variable nicht vor, so können wir für sie nicht einsetzen:

$$(x+x) \begin{bmatrix} x & y \\ 2 & 7 \end{bmatrix} = (x+x) \begin{bmatrix} x \\ 2 \end{bmatrix} = (2+2).$$

Wir setzen die Terme gleichzeitig ein, nicht nacheinander. Das kann einen Unterschied machen, wenn die Terme selbst wieder Variable enthalten:

$$(x+y) \begin{bmatrix} x & y \\ y & x \end{bmatrix} = (y+x),$$

$$((x+y) \begin{bmatrix} x \\ y \end{bmatrix}) \begin{bmatrix} y \\ x \end{bmatrix} = (y+y) \begin{bmatrix} y \\ x \end{bmatrix} = (x+x),$$

$$((x+y) \begin{bmatrix} y \\ x \end{bmatrix}) \begin{bmatrix} x \\ y \end{bmatrix} = (x+x) \begin{bmatrix} x \\ y \end{bmatrix} = (y+y).$$

Normalerweise schreibt man aufeinanderfolgende Einsetzungen ungeklammert: $A\sigma\tau$ statt $(A\sigma)\tau$. Oft wird die Substitution rekursiv über den Formelaufbau definiert. Dazu habe ich das gleiche zu sagen wie in Abschnitt 1A8 zu der rekursiven Definition der Wertfunktion: unnötig.

Warnung

Einsetzen von Datennamen, die nicht Terme sind, ist nur beim Auswerten, sonst am allgemeinen nicht erlaubt, weil Sie damit die Signatur verlassen.

Aufgaben   2A6

a) Beweisen Sie für Terme q und t , Formeln A und Variablen x :

$$\text{wert} (t \begin{bmatrix} x \\ q \end{bmatrix}) = \text{wert} (t \begin{bmatrix} x \\ \text{wert} (q) \end{bmatrix}), \quad \text{Wert} (A \begin{bmatrix} x \\ q \end{bmatrix}) = \text{Wert} (A \begin{bmatrix} x \\ \text{wert} (q) \end{bmatrix}).$$

Dabei soll q variablenfrei und x die einzige Variable von t und A sein. Wie kann man mit diesen Gleichungen Aufwand beim Auswerten einsparen? Wie sehen die entsprechenden Gleichungen für Terme und Formeln mit Variablen aus? Beweise?

b) (P) In welchem Sinn kann man mit Hilfe von Termen mit Variablen und der Funktion 'wert' aus 2A5 Operationen in Strukturen definieren? Legen Sie sich auf eine Definition fest und zeigen Sie: In den natürlichen Zahlen mit 0 und Nachfolger kann man alle konstanten Funktionen f(x) := k und alle "konstanten Additionen" f(x) := x+k für natürliche Zahlen k definieren, nicht aber die Addition selbst. Sie wissen nicht, wie? Welche Terme gibt es denn in der Signatur? Geht es jetzt? Wenn nicht, lesen Sie den nächsten Abschnitt und hilfreiche Bücher. Dann fügen Sie die Addition zur Struktur hinzu und formulieren und beweisen einen analogen Satz für die Multiplikation.

c) (A) Ersetzen Sie in den Termen der Aufgabe 2A4b die Konstante e durch eine Variable. Welche Funktionen sind durch die jetzt vorhandenen Terme mit Variablen in den Strukturen aus den Aufgaben 2A5c,d definiert?

2A7.   Gültige Formeln und Modelle

Wir benutzen Variable als Platzhalter für beliebige Datennamen. So bedeutet x+y = y+x, daß die Addition kommutativ ist, das heißt, daß m+n und n+m für alle Zahlen m und n den gleichen Wert haben. Ebenso sollen die Formeln C1-C4 in der Einleitung zu diesem Kapitel für alle Werte von x, y, u, v gelten. Wir sagen deswegen "Eine Formel gilt in einer Struktur", wenn sie für alle Werte ihrer Variablen in der Struktur wahr ist. Eine Formel mit Variablen können wir nicht auswerten, sie ist also weder wahr noch falsch in einer Struktur.

Definition 2A7
Es sei A eine Formel mit den Variablen $x_1,...,x_n$ und $\mathcal{M}$ eine Struktur passender Signatur. Die *Formel A gilt in* $\mathcal{M}$ (oder *ist gültig in* $\mathcal{M}$), wenn für alle Daten $a_1,...,a_n$ in $\mathcal{M}$ passender Sorten die Formel
$$A \left[\begin{array}{c} x_1 \cdots x_n \\ a_1 \cdots a_n \end{array} \right]$$
in $\mathcal{M}$ wahr ist. Eine *Formelmenge X gilt in* $\mathcal{M}$ (oder: *ist gültig in* $\mathcal{M}$), wenn alle Formeln aus X in $\mathcal{M}$ gelten.
Gilt A bzw. X in $\mathcal{M}$, so heißt $\mathcal{M}$ ein *Modell von* A bzw. X.

Beispiel
Die Formeln A1-A13 aus der Einführung gelten in der Affe-Banane-Struktur aus Aufgabe 2A1c; die Struktur ist also ein Modell der Formeln.

Aufgaben 2A7
a) Zeigen Sie: Eine variablenfreie Formel gilt in einer Struktur genau dann, wenn sie darin wahr ist.
b) Prüfen Sie nach, ob Clarissas Formeln C1-C4 aus der Einleitung in der folgenden Struktur gelten: Der Grundbereich besteht aus den reellen Zahlen. Die Sorten sind die negativen reellen Zahlen ("Blöcke"), die positiven reellen Zahlen ("Pfeiler") und die Zahl 0 ("Bögen"). Die Operationen und Prädikate sind folgendermaßen definiert:

$\boxed{x}$ x ist negative ganze Zahl

|u| u ist positive ganze Zahl

$\boxed{U}$ U = 0

$\dfrac{x}{\text{▨}}$ -x ist eine Primzahl

$\dfrac{x}{u}$ x teilt u

$\overset{x}{\sqcap}$ $|x|$ (Absolutbetrag von x)

$\dfrac{\overset{x}{\sqcap}}{u}$ $|x| + u$

$\underset{u \quad v}{\sqcup}\overset{x}{}$ $\left| \dfrac{u-v}{x} \right| - \left| \dfrac{v-u}{x} \right|$

Wählen Sie Objekte a,...,e so, daß C5-C15 in der Struktur wahr sind. Welche anderen Grundatome sind dann wahr?

c) Finden Sie andere Strukturen, in denen die Formeln A1-A13 bzw. C1-C16 gelten.

d) Definieren Sie in der Architektenstruktur eine Operation 'der oberste Block des Pfeilers -' . Formulieren Sie Eigenschaften der Operation, schreiben Sie die Eigenschaften als Formeln und zeigen Sie, daß die Formeln in der erweiterten Struktur gelten.

e) (P) Wie können Sie mit Hilfe der Funktion 'Wert' Relationen in Strukturen definieren? Denken Sie sich dabei eine n-stellige Relation als eine Menge von n-Tupeln. Vgl. Aufgabe 2A6b.

f) (A) Ersetzen Sie in den Formeln der Aufgabe 2A4b die Konstante e durch eine Variable. Welche Relationen sind durch die jetzt vorhandenen Formeln mit Variablen in den Strukturen aus den Aufgaben 2A5c,d definiert? Welche der Formeln sind also gültig in den Strukturen? Vgl. Aufg. 2A6c.

g) Gelten Clarissas Formeln C1-C15 in der Architektenstruktur aus Beispiel 2A1a? Natürlich, denn Lothar hat sie ja aufgeschrieben, um solche Strukturen zu beschreiben. Das ist aber kein Beweis. Finden Sie den Fehler. Können Sie ihn reparieren? Nennen Sie eine Struktur, die Sie aus Blöcken wirklich bauen können, eine *Standard*-(Architekten-)*Struktur*, und charakterisieren Sie die davon, in denen alle Formeln C1-C4 gelten. Leider sind es nicht die interessanten. Wir werden uns dem Problem später widmen: Abschnitte 2B9, 2C5.

2A8.   Auswerten mit Zuweisungen

Gebräuchlich ist die Definition des Auswertens nach 2A5, 2A7 nicht. Üblicherweise schreibt man weder Datennamen in Terme und Formeln, noch wertet man mit Hilfe von Regeln aus. Tatsächlich erweitern wir mit Datentermen und -formeln den Formalismus beträchtlich: Unsere Signaturen sind bisher (schon für den Gebrauch im Rechner) endlich, im allgemeinen höchstens abzählbar; Strukturen können aber beliebig groß sein. Was sollen Formeln mit Namen für beliebige reelle Zahlen darin? Aber wir erweitern ja nicht die Signatur, sondern lassen Daten nur zusätzlich fürs Auswerten zu. Wir erlauben das übliche mathematische Vorgehen, ohne den Formalismus zu sprengen.

Ohne Datennamen in Termen und Formeln könnten wir auch nicht mit Regeln von innen nach außen auswerten. Üblicherweise ordnet man stattdessen den Variablen mit "Zuweisungen" Daten zu und definiert die Wertfunktion rekursiv, wie in Abschnitt 1A8 für die Aussagenlogik:

$$wert_{\mathcal{M}}(f(t_1,...,t_n), Z) := f_{\mathcal{M}}(wert_{\mathcal{M}}(t_1, Z),...,wert_{\mathcal{M}}(t_n, Z)), \quad wert_{\mathcal{M}}(x, Z) := Z(x),$$
$$Wert_{\mathcal{M}}(P(t_1,...,t_n), Z) := P_{\mathcal{M}}(wert_{\mathcal{M}}(t_1, Z),...,wert_{\mathcal{M}}(t_n, Z)).$$

Der Rest der Rekursion (über den aussagenlogischen Aufbau) sieht aus wie in 1A8. Dabei ist die *Zuweisung*

$$Z := (Z_s)_{s \, \varepsilon \, S}, \qquad Z_s : \text{Variablen der Sorte } s \rightarrow M_s$$

eine Abbildung (genauer: eine Menge von Abbildungen), die Variablen Daten passender Sorte zuweist. Die Operation $f_{\mathcal{M}}$ und das Prädikat $P_{\mathcal{M}}$ sind die Interpretationen der entsprechenden Symbole in der Struktur $\mathcal{M}$; stattdessen könnte also auch I(f) und I(P) stehen.

Vergleichen wir die rekursive Definition der Wertfunktion mit der unsrigen aus 2A5, 2A7, so machen wir dieselben Feststellungen wie in der Aussagenlogik (Abschnitt 1A8): Rechnen wir die Rekursion für eine Formel aus, so zerlegen wir zunächst die Formel und dann ihre Terme ihrem Aufbau nach, wir betreiben also Syntaxanalyse. An den Blättern des Rekursionsbaumes ersetzen wir Variable durch die ihnen zugewiesenen Daten, Daten- und Aussagensymbole durch die Daten- bzw. Wahrheitswerte gemäß der Interpretation. Dann steigen wir im Baum wieder ab, wobei wir "in der Struktur rechnen". Die letzten beiden Teile entsprechen dem Auswerten gemäß Def. 2A5, 2A7; gerade sie geschehen hier außerhalb des Formalismus, formal elegant, aber auch wohlversteckt in der Rekursion.

Formal sind 'wert' und 'Wert' jetzt Funktionen von drei Parametern: Termen bzw. Formeln, Strukturen (oder Interpretationen) und Zuweisungen; sie liefern Daten- bzw. Wahrheitswerte. Wie in Abschnitt 1A8 kann man einzelne Parameter festhalten. Interessant sind vor allem 'wert' und 'Wert' als Funktion von Zuweisungen bei fester Struktur und festem Term bzw. fester Formel.

Aufgaben 2A8

a) Natürlich kann man auch die Wertfunktionen aus Abschnitt 2A5, also für Terme und Formeln ohne Variable, rekursiv definieren. Wir sehen die Rekursionsgleichungen aus?

b) Beweisen Sie für Terme t , Formeln A und Variablen x :

$$\text{wert} (t, Z) = \text{wert} (t \begin{bmatrix} x \\ Z(x) \end{bmatrix}), \quad \text{Wert} (A, Z) = \text{Wert} (A \begin{bmatrix} x \\ Z(x) \end{bmatrix}).$$

Dabei soll x die einzige freie Variable von t bzw. A sein.

c) Bearbeiten Sie die Aufgaben 2A6b,c und 2A7e,f mit Hilfe von Zuweisungen.

2A9.   Aussagenlogik in der Prädikatenlogik

Den Formalismus mit der Syntax aus 2A2-2A6 und der Semantik aus 2A1 und 2A7 nennt man *(offene) Prädikatenlogik.* Die Aussagenlogik ist ein Teil davon: aussagenlogische Formeln sind spezielle prädikatenlogische (2A4); deswegen haben wir ihre Signaturen (nur Aussagen-, keine anderen Prädikaten-, keine Sorten- und Operationssymbole) in Abschnitt 2A2 'aussagenlogisch' genannt. Dabei sind wir großzügig: Wollen wir mit Formeln beliebiger Signatur aussagenlogisch arbeiten, ändern wir die Signatur: Wir nennen die Atome (aus den gegebenen Formeln oder alle variablenfreien Atome zur Signatur) Aussagensymbole und werfen den Rest der Signatur weg; schon sind wir in der Aussagenlogik. (Aussagensymbole bleiben dabei erhalten, siehe 2A2.) So können wir die Ballspielaxiome B1-B13 als prädikatenlogische Formeln zur einsortigen Signatur mit den einstelligen Prädikatensymbolen Wa und Tä und den Konstanten a, e, f, g auffassen, aber ebenso als aussagenlogische mit den acht Aussagensymbolen Wa(a),...,Tä(g) .

Auch aussagenlogisches Auswerten ist spezielles prädikatenlogisches. Mit einer Interpretation ordnen wir den Aussagensymbolen Wahrheitswerte zu: Interpretationen aussagenlogischer Signaturen und Belegungen sind dasselbe. Deswegen nennen wir eine Belegung, die eine Menge X aussagenlogischer Formeln wahr macht, auch (*aussagenlogisches*) *Modell von* X (Def. 2A7).

Also ist die Aussagenlogik nichts anderes als die Logik aussagenlogischer Signaturen, wir können sie als Teil der Prädikatenlogik auffassen; das werden wir in Abschnitt 2B3 ausführlich tun. Bei Formeln mit freien Variablen gibt es dabei Schwierigkeiten. Kein Wunder: Variable sind in der Prädikatenlogik Platzhalter für Daten, in der Aussagenlogik nur Teile der Atome, die von Konstanten zum Beispiel nicht zu unterscheiden sind.

Aufgaben   2A9

a) Welche Probleme tauchen auf, wenn Sie die Architektenaxiome C1-C15 als aussagenlogische Formeln interpretieren wollen?

b) Es scheint näherliegend, statt Belegungen und Interpretationen Belegungen (Zuordnungen von Wahrheitswerten zu Aussagensymbolen) und Zuweisungen (Zuordnungen von Datenwerten zu Datenvariablen) in Beziehung zu setzen. Was geht dabei schief?

Kapitel 2B.   Mit Formeln und Strukturen umgehen

Mit dem Architektenbeispiel aus der Einleitung zu diesem Teil des Buches haben Lothar und Clarissa uns eine doppelte Aufgabe gestellt: Wir sollen einen Formalismus entwickeln, in dem sie beliebige Situationen beschreiben können; und sie wollen in diesem Formalismus zutreffend über Situationen argumentieren können. Mit der ersten Aufgabe sind wir schon weit gekommen: Wir haben Situationen strukturiert, bis sie zu mathematischen Objekten, eben Strukturen, wurden, und wir haben Aussagen über Situationen formalisiert, bis sie zu logischen Objekten, eben Formeln, wurden. Formeln und Strukturen passen genau zueinander. Das ist nicht überraschend. Was wir erleben, bringt unsere Sprache hervor. Und worüber wir denken und sprechen können und wollen, das beeinflußt, was wir erleben. Sprache und Wirklichkeit tragen sich gegenseitig. Das Verhältnis ist nicht symmetrisch (deswegen auch meine Formulierungen). Nur ein Teil unseres Erlebens ist sprachlich erreichbar. Und welchen Teil der Wirklichkeit sie mit der formalen Sprache erreichen, darüber werden Lothar und Clarissa noch viel nachzudenken haben.

Jetzt kommt der zweite Teil der Aufgabe dran: Wir sollen Aussagen, die auf eine Situation zutreffen, formal aus der Beschreibung folgern können. Dabei heißt 'formal', daß wir nicht unsere Anschauung - im Architektenbeispiel Anschauung über Blöcke, Pfeiler, Bögen, über Stehen und Liegen, über 'auf' und 'unter' -, sondern nur die beschreibenden Formeln benutzen.

Wir betrachten also eine beliebige Struktur $\mathcal{M}$ zu der Signatur aus Beispiel 2A2a, in der die Formeln C1-C15 gelten. Wir wollen zeigen, daß das Gebilde aus a, b, c, d in der Zeichnung auch in $\mathcal{M}$ ein Bogen ist, das heißt, daß in $\mathcal{M}$ die Formel

C16

das Gebilde aus d auf b und a einerseits und auf c andererseits ist ein Bogen

wahr ist. Da $\mathcal{M}$ eine ganz beliebige Struktur ist, müssen wir uns zunächst Bezeichnungen für die Daten in $\mathcal{M}$ beschaffen. Am einfachsten ist es, wenn wir dafür - ohne uns dadurch verwirren zu lassen - die variablenfreien Terme der formalen Sprache wählen. Sie bezeichnen ja Daten in $\mathcal{M}$, und wir dürfen Datennamen beliebig wählen (Abschnitt 2A5); andere Daten in $\mathcal{M}$ interessieren uns im Moment nicht.

Dann können wir so schließen: Da C2 in $\mathcal{M}$ gilt und a ein Datum von der Sorte Block ist, ist die Formel

$C2\begin{bmatrix} x \\ a \end{bmatrix}$, d.h.

wahr in $\mathcal{M}$. Da C5 und C13 in $\mathcal{M}$ wahr sind, ist also $\left|\frac{a}{\sqcap}\right|$ wahr in $\mathcal{M}$. Ebenso ist

$$C3\begin{bmatrix} x & u \\ b & a \end{bmatrix}, \quad \text{d.h.} \quad \boxed{b} \wedge \left|\frac{a}{\sqcap}\right| \wedge \frac{b}{a} \to \left|\frac{b}{\frac{\sqcap}{a}}\right|$$

wahr in $\mathcal{M}$, also wegen C6, C10 auch $\left|\frac{b}{\frac{\sqcap}{a}}\right|$. Wieder mit C2 sowie C7 und C14 schließen wir,

daß $\left|\frac{c}{\sqcap}\right|$ wahr in $\mathcal{M}$ ist. Mit C6, C8, C10, C11 und $\left|\frac{a}{\sqcap}\right|$ gewinnen wir aus C4 mittels einer

geeigneten Substitution, daß $\dfrac{d}{\underset{\underset{a}{\sqcap}}{b}}$ in $\mathcal{M}$ wahr ist. Das liefert zusammen mit C1, C8, C12 und an-

deren schon bewiesenen Formeln, daß die gewünschte Formel C16 in $\mathcal{M}$ wahr ist. Daß wir bei dem Beweis die Anschauung nicht benutzt haben, machen wir uns am besten dadurch klar, daß wir andere Strukturen suchen, in denen C1-C15 gelten, wie die merkwürdige aus Aufgabe 2A7b, und zeigen, daß auch darin C16 wahr ist.

Damit haben wir für dieses Kapitel folgendes Programm: In 2B1 definieren wir die grundlegenden Begriffe *erfüllbar*, *allgemeingültig*, *folgt (logisch)* und *äquivalent* analog zur Aussagenlogik. In 2B2 führen wir *erzeugte* und in 2B3 *Herbrandstrukturen* ein; dadurch gewinnen wir ein Mittel, prädikatenlogische Strukturen aus dem Nichts zu gewinnen - wichtig für manche Beweise. Zum Beispiel zeigen wir damit in 2B4, daß für variablenfreie Formeln sämtliche Ergebnisse aus der Aussagenlogik für die oben genannten Begriffe gelten. Die Aussagenlogik ist also ein Teil-formalismus der Prädikatenlogik. In 2B5-2B7 untersuchen wir, welche Ergebnisse aus Teil 1 sich für Formeln mit freien Variablen übertragen lassen. Dazu verschärfen wir in 2B7 den Begriff der Äquivalenz; jede Formel hat *stark äquivalente* konjunktive, disjunktive und Gentzen-*Normal-formen*. Dagegen liefert Umbenennen von Variablen nur äquivalente, Substituieren nur folgerbare Formeln (2B8). Was wir in dem Kapitel über die Prädikatenlogik gelernt haben, wenden wir in 2B9 an, um ein paar *Axiome für Lothars Architektenstrukturen* zu gewinnen. Das ist nur ein Anfang; ernsthafter werden wir uns dem Axiomatisieren - Formalisieren von Beschreibungen - in den Kapiteln 2C und 3C widmen.

2B1.   Erfüllbare Formeln und logische Folgerung

Dem Anfangsbeispiel folgend übertragen wir die Begriffe 'erfüllbar', 'allgemeingültig', 'folgt (logisch)' und 'äquivalent' von der Aussagenlogik auf die Prädikatenlogik; die Definitionen sind wörtlich dieselben, nur ersetzen wir 'Belegung' durch 'Struktur' und 'wahr' durch 'gültig'. Wir haben ja in Abschnitt 2A9 Belegungen als spezielle (Interpretationen in) Strukturen entlarvt. Also ist 'wahr in der Aussagenlogik' ein spezieller Fall von 'wahr in der Prädikatenlogik', das wiederum ein spezieller Fall von 'gültig' (für Formeln mit Variablen). Beim Lesen der Definition, insbesondere für die logische Folgerung, erinnere man sich deswegen an die Motivation für die entsprechenden aussagenlogischen Definitionen in Abschnitt 1B1.

Definition   2B1
Eine *Formel* oder *Formelmenge* heißt *erfüllbar*, wenn es eine Struktur ihrer Signatur gibt, in der sie gültig ist. Sie heißt *allgemeingültig*, wenn sie in jeder Struktur ihrer Signatur gültig ist. Eine

Formel B *folgt (logisch)* aus einer *Formel* A , wenn in jeder Struktur, in der A gültig ist, auch B gültig ist; analog für Formelmengen X, Y. Wir schreiben

     A ⊨ B bzw. X ⊨ Y .

Zwei *Formeln* oder *Formelmengen* heißen *(logisch) äquivalent*, wenn sie wechselseitig (logisch) auseinander folgen. Wir schreiben

     A äq B bzw. X äq Y

Schreibweise

Sind die Mengen X oder Y endlich, lassen wir die Mengenklammern weg, schreiben also wie in der Aussagenlogik:

     $A_1,...,A_m ⊨ B_1,...,B_n$ statt $\{A_1,...,A_m\} ⊨ \{B_1,...,B_n\}$;

ebenso für die Äquivalenz.

Warnung

In der Literatur heißt meist eine Formel A *erfüllbar in einer Struktur* $\mathcal{M}$, wenn es Daten $a_1,...,a_n$ darin gibt, so daß $A \begin{bmatrix} x_1 \cdots x_n \\ a_1 \cdots a_n \end{bmatrix}$ wahr ist; A heißt *erfüllbar*, wenn es eine Struktur gibt, in der sie erfüllbar ist. Man betrachtet dabei A als eine Bedingung für Daten, fragt nach den Daten, die diese Bedingung - zum Beispiel eine Gleichung - erfüllen. Wir betrachten Formeln als Bedingungen für Strukturen, fragen nach den Strukturen, in denen sie gelten.

Beispiele

a) Die Formel $P(a) \land \neg P(b)$, in der P ein einstelliges Prädikatensymbol und a und b Individuenkonstanten sind, ist erfüllbar: Sie ist wahr in jeder Struktur, in der P auf a zutrifft und auf b nicht zutrifft; da sie keine Variablen enthält, gilt sie in einer solchen Struktur (vgl. Aufg. 2A7a). Sie ist nicht allgemeingültig; zum Beispiel ist sie in jeder einelementigen Struktur falsch, da darin a = b ist. Dagegen ist die Formel $P(x) \land \neg P(b)$, wobei x eine Variable ist, nicht erfüllbar, also erst recht nicht allgemeingültig: Wäre sie gültig in einer Struktur, müßte darin auch $P(b) \land \neg P(b)$ wahr sein. (Die Formel ist erfüllbar, in dem in der Warnung genannten Sinn; denn sie ist erfüllbar in jeder Struktur, in der P auf mindestens ein Datum, nicht aber auf b zutrifft.) Die Formel $P(a) \land \neg P(b)$ folgt aus den Formeln P(a) und ¬P(b) und umgekehrt. Die Formel P(a) folgt aus der Formel P(x) , aber nicht umgekehrt.

b) Die Formel

C16

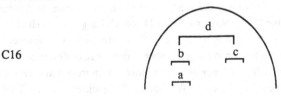

folgt aus den Formeln C1-C15 des Architektenbeispiels, wie wir zu Anfang dieses Abschnitts bewiesen haben. Dagegen folgt die Formel

C17

nicht aus C1-C15, da sie in der Architektenstruktur falsch ist.

Beweismethoden

Damit haben wir die beiden wesentlichen Beweismethoden für logische Folgerungen gesehen: Wollen wir $X \vDash B$ für eine Formelmenge X und eine Formel B beweisen, so wählen wir eine beliebige Struktur $\mathcal{M}$, in der X gilt, und zeigen, daß darin B gilt; dabei dürfen wir nur Eigenschaften von $\mathcal{M}$ benutzen, die durch X ausgedrückt sind. Wollen wir dagegen $X \nvDash B$ beweisen, so konstruieren wir eine Struktur, in der X gilt, auf eine solche Weise, daß B darin nicht gilt.

Aufgaben 2B1

a) Beweisen Sie, daß C16 aus C1-C15 folgt, indem Sie den Beweis aus der Einleitung für die seltsame Struktur aus Aufg. 2A7b führen. Denken Sie dabei nicht an Lothar, nur an Clarissa.

b) Folgen alle im Architektenbeispiel wahren atomaren Formeln aus den Axiomen? Wie weit kommen Sie mit negierten Atomen, zum Beispiel ¬C16, ¬C17? Können Sie die Schwierigkeiten genau beschreiben und begründen?

c) Betrachten Sie folgende Formeln zur Signatur aus Aufgabe 2A4b:

$$P(f(e)) \rightarrow R(z, e) \qquad\qquad P(z) \wedge \neg P(f(e)) \qquad\qquad R(z, e)$$
$$((P(z) \rightarrow R(z, y)) \wedge P(e)) \rightarrow R(e, y) \qquad\qquad P(f(y)) \rightarrow R(z, x).$$

Welche von ihnen sind erfüllbar, allgemeingültig bzw. unerfüllbar? Welche folgen logisch auseinander? Begründen Sie Ihre Antwort!

d) Beweisen Sie, daß B aus A folgt, wenn $A \rightarrow B$ allgemeingültig ist. Wann gilt die Umkehrung; wann nicht? Beweise bzw. Gegenbeispiele.

2B2.   Erzeugte Strukturen

Beschreibt man Strukturen durch Formeln, hat man für alle Operationen und Prädikate der Struktur entsprechende Symbole in der Signatur (2A2). Nicht so für die Daten: Daten gibt es in Hülle und Fülle, aber Datensymbole (Konstanten, Zeichen in der Signatur für Daten) meist nur wenige. So kennen wir im Beispiel Ballspiel nur die Namen der Kinder, aber in der Struktur dürfen sich eine Menge Leute herumtreiben. Im allgemeinen können wir namenlose Daten trotzdem benennen, nämlich durch variablenfreie Terme, die solche Daten als Wert haben. So bezeichnen wir die Zahl 3 in der Struktur $\mathbb{N}$ aus Beispiel 2A1b durch den Term $0'''$ aus der Signatur in Beispiel 2A2b. Auch Clarissa kann Lothars Pfeiler und Bögen benennen, obwohl sie keine Konstanten dafür hat. Beide Male haben wir unendlich viele Namen, obwohl die Signatur endlich ist. Aber immer geht das nicht: Auch die ganzen Zahlen sind eine Struktur zu der Signatur; aber wir haben keine formalen Namen für die negativen Zahlen, wenn wir nicht die Signatur und die Interpretation erweitern, zum Beispiel um die Vorgängerfunktion und ein Symbol dafür. In Logik und Algebra sind solche Strukturen von Interesse, in denen man für jedes Datum einen Term als Namen hat; sie heißen *operationserzeugt* oder einfach *erzeugt*. Der Name stammt aus der Algebra: man erhält alle Daten, indem man - von den (Interpretationen der) Konstanten ausgehend - immer wieder die Operationen anwendet; man kann also die Struktur mit den Operationen aus den Konstanten (die man zu den Operationen rechnet) induktiv erzeugen (Abschnitt 1A4).

Ist eine Struktur nicht erzeugt, so kann man sie auf ihren *erzeugten Anteil* reduzieren: Man wirft die nicht erzeugten Daten raus und schränkt die Operationen und Prädikate auf das Verbleibende ein. (Warum geht das?) So ist $\mathbb{N}$ der erzeugte Anteil von $\mathbb{Z}$ oder $\mathbb{R}$ in der Signatur nur mit Null und Nachfolger. Der Kürze halber sagen wir im folgenden, wie in der Literatur zu Theorembeweisern und logischer Programmierung üblich und in Kap. 2A schon angekündigt, *grund-* statt variablenfrei: *Grundterm, Grundatom, Grundformel, Grundbeispiel* (2A3, 2A4, 2A6).

Definition 2B2

Eine Struktur heißt *(operations)erzeugt*, wenn es zu jedem ihrer Daten mindestens einen Grundterm gibt, der dieses Datum als Wert hat. Der *erzeugte Anteil* E($\mathcal{M}$) einer Struktur besteht aus den Daten, die Werte von Grundtermen sind, mit den entsprechend eingeschränkten Operationen und Prädikaten. Die Menge der Grundbeispiele einer Formel A bezeichnen wir mit Grund(A) ; analog Grund(X) für eine Formelmenge X .

Aufgaben 2B2

a) Erweitern Sie die Signatur (0, ', <) der Symbole für Null, Nachfolger und Ordnung, schrittweise um Symbole für Addition, Multiplikation, Vorgänger, Subtraktion, Division, Wurzelziehen. Erweitern Sie die Struktur der natürlichen Zahlen mit Null, Nachfolger und Ordnung schrittweise auf die ganzen, rationalen und reellen Zahlen und den jeweils passenden Operationen. Welche Operationen sind auf welchen Strukturen total? (Definieren Sie x/0 irgendwie.) Welche sind erzeugt? Welches ist der erzeugte Anteil? Können Sie durch noch größere Signaturen $\mathbb{R} = E(\mathbb{R})$ erreichen? (Aufgabe b.)

b) Warum ist der erzeugte Anteil einer Struktur immer höchstens abzählbar? (Aufg. 2A3b.)

c) Warum sind die Operationen auf dem erzeugten Anteil einer Struktur noch total, obwohl Sie Daten weggeworfen haben? Ist der erzeugte Anteil erzeugt? Welche Rolle spielen die Prädikate? Ist Lothars Architektenstruktur erzeugt?

2B3.   Herbrandstrukturen

Bei den "Beweismethoden" am Ende von Abschnitt 2B1 hieß es so obenhin: "wählen wir eine beliebige Struktur, in der X gilt", "konstruieren wir eine Struktur, in der X gilt" - wie macht man das denn? In der Aussagenlogik mußten wir nur Belegungen durchmustern; davon gibt es zwar viele, doch sonst ist die Sache einfach (Abschnitte 1A6, 1C1). Aber wie bekommen wir eine Übersicht über die Strukturen, die als Modelle von X (2A7) in Frage kommen? Wie finden wir überhaupt eine einzige?

Wie haben wir es bisher gemacht? Nach dem Ockhamschen Prinzip "Dinge nicht ohne Not vermehren" benutzen wir dieselben Symbole in der formalen und der nicht-formalen Sprache (Abschnitte 1A7, 2A2): In allen Architektenstrukturen gibt es Klötze a, b, c, d, e , gibt es Operationen ⌐⌐ , die aus Klötzen Pfeiler, aus Pfeilern neue Pfeiler und aus Pfeilern Bögen machen, gibt es Prädikate ⧠, | | , ▨ , ∩ auf Klötzen, Pfeilern, Bögen. Weil in Logikstrukturen Operationen total sind, gibt es auch in allen Architektenstrukturen Gebilde ⌐a⌐ und ⌐b⌐ und überhaupt alle Dinge, die wir durch variablenfreie Terme bezeichnen können. Natürlich kann es vorkommen, daß wir mit zwei solchen Namen dasselbe Ding bezeichnen - jeder von uns läuft mit verschiedenen Namen herum - oder daß es für ein Ding keinen solchen Namen gibt - Namenlose gibt's auch überall -. Aber die Dinge, die wir mit Termen bezeichnen, kommen immer vor. Deswegen verwenden wir jetzt die Terme selbst als Daten. (Achtung! Nicht verwirren lassen!) Wir betrachten also Strukturen, deren Daten die variablenfreienTerme und deren Operationen die sind, mit denen wir Terme aufbauen; die Prädikate sind noch frei. Damit wir Daten jeder Sorte haben, müssen wir voraussetzen, daß es zu jeder Sorte mindestens einen variablenfreien Term gibt.

Der Logiker *Jacques Herbrand* hat 1930 in seiner Dissertation solche Strukturen betrachtet, daher heißen sie nach ihm. Tatsächlich geht die Methode auf *Leopold Löwenheim* (1915) und *Thoralf Skolem* (1920) zurück. Die späten zwanziger und frühen dreißiger Jahre müssen eine aufregende Zeit für die Logiker gewesen sein: In kurzer Zeit entwickelten sie die bis heute modernen Grundlagen der Logik, der Mengenlehre und der Theorie der Berechenbarkeit - anscheinend unberührt von der politischen und wirtschaftlichen Entwicklung. Dabei waren sie durchaus berührt: Bis 1933 gab es Logik fast nur in Europa, vor allem in Deutschland und Österreich; das änderte sich unter den Nationalsozialisten schnell, die Entwicklung wurde in die USA verlagert. Ich weiß nicht, ob es Unterlagen gibt - Briefe, Tagebücher, Berichte anderer -, die Hinweise liefern könnten, ob sich die Wissenschaftler tatsächlich um die Ereignisse außerhalb ihrer Fachwissenschaft nicht gekümmert oder aus Angst oder in Resignation nicht dazu geäußert oder sogar in ihrer Arbeit eingekapselt haben.

Ob die politische Abstinenz und die Fähigkeit zum rein formalen Denken doch zusammenhängen? Ob es uns heute gelingt, die Logik aus der formalistischen Isolierung zu befreien und mehr mit menschlichen Problemen in Verbindung zu bringen? Formalisieren und Entformalisieren statt Formalismen in den Mittelpunkt zu stellen? In der Informatik gibt es solche Ansätze, hauptsächlich in den Gebieten Programmierung und Softwareentwicklung; in diesem Sinn habe ich Peter Naur in der Einleitung zu Abschnitt 2A1 erwähnt: Formale Theorien stecken nicht in den Formalismen, sondern in denen, die sie entwickeln, benutzen und wieder beiseitelegen. Das gilt genauso für die Logik.

Voraussetzung 2B3
Wir setzen im folgenden voraus, daß es in allen Signaturen für jede Sorte mindestens einen Grundterm gibt. Fehlen solche Terme, denken wir uns die Signatur um Konstanten erweitert.

Definition 2B3
Es sei Σ eine Signatur gemäß Voraussetzung. Eine *Herbrandstruktur zu* Σ ist eine Σ-Struktur folgender Art: Die Daten (der Sorte s) sind die Σ-Grundterme (der Sorte s); sie bilden das

Herbranduniversum. Die Operationen sind die term-aufbauenden; das heißt, zum Operations-symbol f: $s_1...s_n \to s$ in Σ ist f die Operation, die Grundterme $t_1,...,t_n$ der Sorten $s_1,...,s_n$ auf den Grundterm $f(t_1,...,t_n)$ abbildet. Die Prädikate sind beliebig.
Eine Herbrandstruktur, die Modell einer Formelmenge X ist, nennen wir *Herbrandmodell von X.*

Um die Definition zu verstehen, betrachten wir zunächst *Algebren*, das sind Strukturen ohne Prädikate. Algebraiker, insbesondere in der *Universellen Algebra*, fassen Prädikate als Opera-tionen mit W, F als Werten auf, deswegen enthalten algebraische Signaturen keine Prädikaten-symbole. Eine Herbrand-Struktur zu einer solchen Signatur Σ besteht nur aus den Grundtermen und den Termoperationen, sie ist also eindeutig bestimmt; man nennt sie auch *Termalgebra* T_Σ. Die Termalgebra, und damit jede Herbrand-Struktur, ist erzeugt (2B2; warum?), der Wert eines Terms ist der Term selbst, verschiedene Terme haben also verschiedene Werte. Die Algebraiker nennen deswegen die Termalgebra *(absolut) frei*: sie "gehorcht" keinen anderen Gesetzen als den allgemeingültigen Gleichungen $t = t$. Jede andere erzeugte Algebra $\mathcal{M}$ zur Signatur Σ erhält man durch eine Projektion von T_Σ auf $\mathcal{M}$, indem man in T_Σ Terme, die in $\mathcal{M}$ denselben Wert haben, identifiziert, also neue Gleichungen zum Gesetz macht. Die Algebraiker nennen deswegen die Termalgebra auch *initial* : von ihr geht alles aus.

Beispiele   2B3
Die klassische Termalgebra ist die der natürlichen Zahlen mit Null und Nachfolger, in der die natürlichen Zahlen "unär", durch die Terme 0, 0', 0'', 0''', ... dargestellt sind. Rechnet man "modulo 2", d.h. identifiziert Zahlen, deren Differenz durch 2 teilbar ist, so ist die Struktur nicht mehr frei - es gilt ja darin z.B. 0 = 0'' -, aber erzeugt. Ebenso für andere Moduln: 7 für die Wochentage, 12 für die Uhr. (Oder geht Ihre Uhr modulo 24?) Auch die natürlichen Zahlen mit 0, Nachfolger und Addition sind erzeugt, aber nicht frei; welche Termgleichungen gelten zum Beispiel? Dagegen sind die ganzen Zahlen in der unären Signatur nicht erzeugt: Wir haben keine Terme für die negativen Zahlen. Können wir sie 'frei' nennen? Was gilt, wenn wir die Vorgänger-funktion hinzunehmen? Sind die rationalen Zahlen Herbrandstruktur für eine geeignete Signatur? Oder wenigstens erzeugt? Die reellen Zahlen? Vergleichen Sie Abschnitt 2B2.

In der Logik trennen wir Operationen und Prädikate; alle Signaturen enthalten Prädikatensymbole, ohne sie könnten wir keine Formeln bilden. Betrachten wir jetzt wieder eine solche logische Signatur. Herbrandstrukturen gewinnen wir, indem wir die Prädikate auf dem Datenbereich, dem Herbranduniversum, beliebig festlegen. (Die Operationen liegen ja fest.) Da die Daten Grundterme sind, können wir eine Herbrandstruktur durch eine Belegung der Grundatome definieren:

$\quad\quad\quad \beta(P(t)) = W$ oder $= F \quad\quad$ statt $\quad$ P trifft auf t zu bzw. nicht zu.
Das haben wir in einfachen Fällen schon in Abschnitt 2A2 gemacht. Natürlich reicht es dafür, die Grundatome aufzulisten, die in der Struktur wahr sein sollen:

$\quad\quad\quad P(t_1)$, $P(t_2)$, ... $\quad\quad$ statt $\quad$ P trifft auf t_1, t_2, ... zu.
Bei gegebener Signatur definiert - oder "ist", wie es in der Literatur oft heißt - jede Menge von Grundatomen also eine Herbrandstruktur. Haben wir schon eine beliebige Struktur $\mathcal{M}$ zu der Signatur, so können wir uns die Belegung für die Grundatome von da holen: ist P(t) in $\mathcal{M}$ falsch? Dann auch in der Herbrandstruktur.

Definition 2B3 (Fortsetzung)

Es sei Σ eine Signatur gemäß Voraussetzung. Ist β eine Belegung der Σ-Grundatome, so ist $H_\Sigma(\beta)$ die *Herbrandstruktur zu Σ und β*, in der für ein Prädikatensymbol P und ein Tupel t von Grundtermen passender Sorten gilt:

P trifft auf t zu   gdw $\beta(P(t)) = W$.

Ist X eine Menge von Σ-Grundatomen, so ist $H_\Sigma(X)$ die *Herbrandstruktur zu Σ und X*, in der gilt:

P trifft auf t zu   gdw $P(t) \in X$.

Ist $\mathcal{M}$ eine Σ-Struktur, so ist $H_\Sigma(\mathcal{M})$ die *Herbrandstruktur zu Σ und $\mathcal{M}$*, in der gilt:

P trifft auf t zu   gdw $P(t)$ in $\mathcal{M}$ wahr ist.

Ergibt sich Σ aus dem Kontext, lassen wir es weg, schreiben also $H(\beta)$, $H(X)$, $H(\mathcal{M})$.

Beispiele 2B3 (Fortsetzung)

In der Signatur $< 0, ', P >$, mit Null-, Nachfolger - und einem einstelligen Prädikatensymbol, sind die natürlichen Zahlen in der unären Darstellung aus dem letzten Beispiel mit dem Prädikat 'gerade Zahl' oder 'Zweierpotenz' oder 'Primzahl' Herbrandstrukturen. In der Ballspielsignatur gibt es außer den vier Konstanten keine Operationssymbole, das Herbranduniversum besteht daher nur aus a, e, f, g . Eine Herbrandstruktur dafür ist durch Tä(f) und Wa(g) gegeben, oder auch durch die leere Menge, wenn wir meinen: Alle lügen und keiner war's. Interessanter wird es, wenn wir die Signatur durch ein einstelliges Operationssymbol ve für 'verdächtigen' erweitern. Das Herbranduniversum ist jetzt unendlich, enthält nämlich a, ve(a), ve(ve(a)),..., und das für jeden Namen. Eine Herbrandstruktur wäre zum Beispiel gegeben durch

Tä(ve(a)) , Tä(ve(e)) , Tä(ve(f)) , Tä(ve(g)) - wer verdächtigt wird, ist schuldig.

Wissen wir, welche Grundatome in einer Struktur wahr sind, so wissen wir auch, welche Grund-formeln wahr sind. (Klar?) Ist die Struktur operationserzeugt, so wissen wir sogar, welche beliebigen Formeln gültig sind. Wieso? In Herbrandstrukturen sind alle Daten Grundterme. Daher gilt in einer Herbrandstruktur eine Formel genau dann, wenn alle ihre Grundbeispiele wahr sind. Diese schöne Eigenschaft haben schon alle erzeugten Strukturen (Abschnitt 2B2); die Daten sind zwar nicht Grundterme, aber werden durch Grundterme dargestellt. In der Informatik sind Dar-stellungen wichtig, zum Beispiel wenn man Formalismen auf den Rechner bringen will. Daher beschränkt man sich hier oft auf erzeugte Strukturen. Die meisten der folgenden Ergebnisse gelten schon für erzeugte Strukturen, insbesondere genügt statt $H(\mathcal{M})$ der erzeugte Anteil $E(\mathcal{M})$, der viel einfacher zu gewinnen ist.

In einer Herbrandstruktur verhalten wir uns also wie Sherlock Holmes: wir arbeiten nur mit Namen, denn wir haben den Täter noch nicht; wir identifizieren nicht voreilig Emil und den, den Anne verdächtigt; und wahr ist nur, was in den Akten steht, nämlich in der Liste der Grundatome. Jetzt sehen wir, wie schwierig Detektivarbeit ist: im allgemeinen ist das Universum unendlich, auch wenn die Akte nur endlich ist. Aber dann wieder ist die Detektivwelt so einfach: eine Aussage (=Formel) gilt schon, wenn sie für alle benennbaren Subjekte wahr ist. - Fassen wir zusammen:

Satz 2B3

Herbrandstrukturen haben die folgenden Eigenschaften:

a) Sie sind operationserzeugt; jeder Term hat sich selbst als Wert.

b) Die Struktur ist durch die Signatur und die in ihr wahren Grundatome eindeutig bestimmt.

c) Eine Formel ist gültig genau dann wenn alle ihre Grundbeispiele wahr sind. Also ist die Gültigkeit von Formeln durch die wahren Grundatome festgelegt.

d) Die Herbrandstruktur $H(X)$ zu einer Menge X von Grundatomen ist ein Modell von X.

e) In einer Struktur $\mathcal{M}$ und der Herbrandstruktur $H(\mathcal{M})$ sind dieselben Grundformeln wahr.

f) Gilt eine Formel in $\mathcal{M}$, so auch in $H(\mathcal{M})$.

g) Ist $\mathcal{M}$ Modell einer Formelmenge X, so ist $H(\mathcal{M})$ Herbrandmodell von X.

h) Ist $\mathcal{M}$ erzeugt, so gelten in f) und g) die Umkehrungen, sonst im allgemeinen nicht.

Beweis

Das meiste ergibt sich leicht aus dem Text vor dem Satz, bleibt daher als Aufgabe.

h) Die Formel A gelte in $H(\mathcal{M})$. Seien x die Variablen von A und d beliebige Daten aus $\mathcal{M}$ passender Sorten. Ist $A\begin{bmatrix} x \\ d \end{bmatrix}$ wahr in $\mathcal{M}$? Wenn ja, gilt A in $\mathcal{M}$. Ist $\mathcal{M}$ erzeugt, so gibt es Grundterme t, die in $\mathcal{M}$ die Daten d als Werte haben. Da A in $H(\mathcal{M})$ gilt, ist $A\begin{bmatrix} x \\ t \end{bmatrix}$ wahr in $H(\mathcal{M})$, nach e) also auch in $\mathcal{M}$. Daher ist $A\begin{bmatrix} x \\ d \end{bmatrix}$ wahr in $\mathcal{M}$.   Q.E.D.

Folgerung 2B3

Sei X eine Menge von Formeln, A eine Formel:

a) X ist erfüllbar genau dann, wenn X ein Herbrandmodell hat.

b) X ist erfüllbar genau dann, wenn Grund(X) erfüllbar ist.

c) Folgt A aus X, so gilt A in allen Herbrandmodellen von X.

d) Folgt A aus X, so folgt Grund(A) aus Grund(X).

e) Ist A eine Grundformel, so gilt in c) und d) die Umkehrung, sonst im allgemeinen nicht.

Für beliebige Formelmengen können wir uns also, was die Erfüllbarkeit und das Folgern von Grundformeln angeht, auf Herbrandstrukturen und Grundformeln beschränken.

Beweis

a) Nach Satz g).

b) Ist $\mathcal{M}$ ein Modell von X, so auch von Grund(X). Ist umgekehrt $\mathcal{M}$ ein Modell von Grund(X), so nach Satz g) auch $H(\mathcal{M})$. Nach Satz c) ist $H(\mathcal{M})$ also ein Modell von X.

c) Trivial.

d) Sei $\mathcal{M}$ ein Modell von Grund(X). Nach Satz g) ist $H(\mathcal{M})$ ein Herbrandmodell von Grund(X), nach Satz c) auch von X. Da A aus X folgt, gilt A in $H(\mathcal{M})$. Daher ist Grund(A) wahr in $H(\mathcal{M})$, nach Satz e) also auch in $\mathcal{M}$.

e) Sei jetzt A eine Grundfomel. A gelte in allen Herbrandmodellen von X; $\mathcal{M}$ sei ein beliebiges Modell von X. Nach Satz g) ist $H(\mathcal{M})$ ein Herbrandmodell von X; also gilt A darin, nach Satz e) auch in $\mathcal{M}$. Das zeigt die Umkehrung von c). Da Grund(A) = {A} und wie im Beweis von b) $X \vDash$ Grund(X), ist die Umkehrung von d) trivial.   Q.E.D.

Mit Herbrands Methode, aus Grundtermen Strukturen zu bilden, werden wir im nächsten Abschnitt Ergebnisse aus der Aussagenlogik in die Prädikatenlogik übertragen. Die Methode ist aber viel allgemeiner, und man kann mit ihrer Hilfe einiges über die Beziehung zwischen Formeln und Strukturen lernen. Herbrandstrukturen stellen eine Normalform für Strukturen dar ganz ähnlich der konjunktiven oder disjunktiven Normalform für Formeln: Herbrandstrukturen kommen "in der Natur" nicht vor, dazu sind sie zu groß; natürlicherweise hat man mehr Namen als Daten, es gelten also Gleichungen zwischen den Termen. Aber Herbrandstrukturen sind unentbehrlich zum Argumentieren. So werden wir in Kapitel 2D Vollständigkeitsergebnisse aus der Aussagenlogik in die Prädikatenlogik "hochheben". Da Herbrandstrukturen aus Grundtermen aufgebaut sind, kann man mit ihnen die Verbindungen zwischen Aussagen- und Prädikatenlogik gut beschreiben.

Aufgaben   2B3

a) Erweitern Sie die Ballspielstruktur aus Aufg. 2A1c zu einer Struktur $\mathcal{M}_1$ mit der Signatur Σ_1:

Sortensymbol: Leute

Konstanten: Mann, Anne, Emil, Fritz, Gustav, Passant $\rightarrow$ Leute

Prädikatensymbole: Wa(Leute), Tä(Leute), Auf-der-Straße(Leute)

Welche Daten gibt es bei Ihnen? Wie beschreiben Sie die Prädikate? Sorgen Sie dafür, daß alle auf der Straße sind, aber nur einer (oder eine) den Ball geworfen hat. Wie halten Sie's mit der Wahrheit? Ist $\mathcal{M}_1$ operationserzeugt? Ist $\mathcal{M}_1$ eine Herbrandstruktur?

$\mathcal{M}_2$ sei die Struktur $\mathcal{M}_1$ erweitert um Herrn Mayer, der im gegenüberliegenden Haus aus dem Fenster heraus alles beobachtet hat. Die Signatur ändert sich nicht! Ist $\mathcal{M}_2$ erzeugt? Eine Herbrandstruktur? Gibt es eine Formel, die zwar in $\mathcal{M}_1$, aber nicht in $\mathcal{M}_2$ gilt? Wenn ja, geben Sie ihre Grundbeispiele an. Sind die wahr in $\mathcal{M}_1$? In $\mathcal{M}_2$?

Σ_3 sei die Signatur Σ_1, erweitert um ein Operationssymbol ve(Leute) $\rightarrow$ Leute. Geben Sie zu Σ_3 eine Herbrandstruktur an. Erweitern Sie $\mathcal{M}_2$ zu $\mathcal{M}_3$ durch eine Operation 'verdächtigt' für ve. Wer muß wen verdächtigen, damit $\mathcal{M}_3$ erzeugt (nicht erzeugt) ist?

b) Beweisen Sie den Satz zuende. Das können Sie machen wie bei einem Preisausschreiben: Entweder Sie lesen den Text vor dem Satz, da steht das meiste; oder Sie denken selber nach.

c) Gilt Teil c) des Satzes oder wenigstens ein Teil davon für erzeugte Strukturen? Für beliebige?

d) Warum gelten die Umkehrungen von Satz f) und g) im allgemeinen nicht, wenn $\mathcal{M}$ nicht erzeugt ist?

e) Geben Sie Beispiele an, in denen die Umkehrungen von Folgerung c) und d) nicht gelten.

f) Zeigen Sie, daß sich in der Folgerung a) und b) direkt als Spezialfälle aus c) bzw. d) ergeben; benutzen Sie Folgerung e).

g) (A) Was ist der Unterschied zwischen $E(\mathcal{M})$ und $H(\mathcal{M})$? Welche Aussagen dieses Abschnitts gelten für 'erzeugt' statt 'Herbrand', also insbesondere für $E(\mathcal{M})$ statt $H(\mathcal{M})$? Beweisen Sie insbesondere Folgerung b) mit Hilfe von $E(\mathcal{M})$ direkt, ohne Aussagen dieses Abschnitts zu benutzen.

Frage

Sind Herbrandstrukturen Syntax oder Semantik?

2B4.   Logik variablenfreier Formeln

Weitere Hilfmittel zum Beweisen von logischen Folgerungen erhalten wir aus Teil 1. Dazu müssen wir die Beziehungen zwischen der Aussagenlogik und der offenen Prädikatenlogik klären; wir haben in beiden Formalismen die gleichen Bezeichnungen wie 'Formel', 'wahr', 'erfüllbar', 'folgt' benutzt. Deswegen erweitern wir die Vereinbarung von Kap. 2A:

Vereinbarung
Begriffe, die in der Aussagenlogik und in der Prädikatenlogik benutzt werden, unterscheiden wir, falls es nötig ist, durch die Beiworte 'aussagenlogisch' und 'prädikatenlogisch'.

Wir haben in Abschnitt 2A9 schon gesehen, daß wir für variablenfreie Formeln zwischen (aussagenlogischen) Belegungen und (prädikatenlogischen) Interpretationen praktisch nicht unterscheiden müssen: beidesmal ordnen wir Atomen Wahrheitswerte zu. Aus jedem Modell einer variablenfreien Formelmenge X erhalten wir so ein aussagenlogisches Modell von X. Mit der Methode von Herbrand gewinnen wir umgekehrt aus einem aussagenlogischen Modell ein prädikatenlogisches: das Herbrandmodell, das durch die Atome definiert ist, die unter der Belegung wahr sind.

Satz 2B4
Für Formeln ohne Variable stimmen die Begriffe 'erfüllbar', 'allgemeingültig', 'folgt' aus den Abschnitten 1B1 und 2B1 überein. Das heißt: Sind A und B variablenfreie Formeln, so gilt:
a) A ist prädikatenlogisch erfüllbar genau dann wenn A aussagenlogisch erfüllbar ist;
b) A ist prädikatenlogisch allgemeingültig genau dann wenn A aussagenlogisch allgemeingültig ist;
c) A folgt prädikatenlogisch aus B genau dann wenn A aussagenlogisch aus B folgt.
Das gleiche gilt für Formelmengen.

Beweis
a) Sei A prädikatenlogisch erfüllbar; sei $\mathcal{M}$ eine Struktur, in der A wahr ist. Wir definieren eine Belegung β für die atomaren Formeln D von A durch

$$\beta(D) := \text{Wert}_{\mathcal{M}}(D).$$

Dann gilt $\text{Wert}_{\beta}(A) = \text{Wert}_{\mathcal{M}}(A)$ (genauer Beweis durch Induktion über den Aufbau von A); also ist A wahr unter β.
Sei umgekehrt A aussagenlogisch erfüllbar; sei β eine Belegung der atomaren Formeln von A, unter der A wahr ist. Dann ist A nach Satz 2B3d wahr in der Herbrandstruktur $H(\beta)$.
b)+c) beweisen wir genauso; oder wir folgern die Behauptungen aus a), indem wir Satz 1B3 für variablenfreie Formeln benutzen (Beweis wie für aussagenlogische).
Die Beweise für Formelmengen gehen genauso.   Q.E.D.

Folgerung 2B4
Für Formeln ohne Variable gelten alle Ergebnisse aus Teil 1. Insbesondere haben wir die Verfahren und Normalformen aus Abschnitt 1C und die Ergebnisse übers Ableiten aus Abschnitt 1D.

Aufgabe 2B4

Beweisen Sie Teil b) und c) des Satzes wie Teil a). Interessant ist das nur für Teil c): Sie haben alle Hilfsmittel, aber die Beweisstruktur ist schwierig. Schreiben Sie sich genau auf, was Sie beweisen wollen. Der Umweg über Satz 1B3 ist verboten.

Fragen

Was ist der Unterschied zwischen Aussagenlogik und Prädikatenlogik? Welche ist eher?

2 B 5.   Formeln mit Variablen aussagenlogisch interpretieren

Für Formeln mit Variablen gelten der Satz und die Folgerung nicht; Beispiele:

- $P(x) \wedge \neg P(y)$ ist aussagenlogisch erfüllbar, aber nicht prädikatenlogisch;
- $P(a)$ folgt prädikatenlogisch aus $P(x)$, aber nicht aussagenlogisch.

Das liegt daran, daß eine Formel mit Variablen, zum Beispiel $P(x)$, wahr unter einer Belegung β ist, falls $\beta(P(x)) = W$; dagegen gilt $P(x)$ in einer Struktur $\mathcal{M}$ nur, falls $P(a)$ in $\mathcal{M}$ für alle Daten a wahr ist. Wir können daher für Formeln mit Variablen wie oben aus einem Modell ein aussagenlogisches gewinnen: wir setzen für die Variablen Daten ein und gewinnen so eine Belegung, die die Formeln wahr macht. Aber umgekehrt geht es nicht. Wir können daher den Satz des vorigen Abschnitts nur teilweise retten. In der Quantorenlogik müssen wir noch mehr einschränken (siehe Abschnitt 3A6).

Satz 2B5

Für Formeln A und B gilt in der offenen (!) Prädikatenlogik:

a) Ist A prädikatenlogisch erfüllbar, so ist A aussagenlogisch erfüllbar. Die Umkehrung gilt, wenn A variablenfrei ist; sonst im allgemeinen nicht.

b) A ist prädikatenlogisch allgemeingültig genau dann, wenn A aussagenlogisch allgemeingültig ist.

c) Folgt B aussagenlogisch aus A, so folgt B prädikatenlogisch aus A. Die Umkehrung gilt, wenn A variablenfrei ist; sonst im allgemeinen nicht.

Für Formelmengen gelten die entsprechenden Behauptungen.

Beweis

a) A sei prädikatenlogisch erfüllbar. Es sei $\mathcal{M}$ eine Struktur, in der A gilt; wir wollen aus $\mathcal{M}$ eine Belegung gewinnen, die A wahr macht. Dazu seien $x_1,...,x_n$ die Variablen aus A, $a_1,...,a_n$ irgendwelche Daten passender Sorten aus $\mathcal{M}$. Wir setzen

$$A' := A \begin{bmatrix} x_1 \cdots x_n \\ a_1 \cdots a_n \end{bmatrix} \text{ und } \beta(D) := \text{Wert}_{\mathcal{M}}(D \begin{bmatrix} x_1 \cdots x_n \\ a_1 \cdots a_n \end{bmatrix}) \text{ für die Atome D in A.}$$

Dann gilt $\text{Wert}_\beta(A) = \text{Wert}_{\mathcal{M}}(A')$ (genauer Beweis durch Induktion nach dem Aufbau von A). Da A in $\mathcal{M}$ gilt, ist A' wahr in $\mathcal{M}$, also A wahr unter β. - Für variablenfreie Formeln ist das die eine Richtung des Beweises für Satz 2B5a. Das Beispiel vor dem Satz zeigt, daß die Umkehrung nicht gelten muß, wenn A nicht variablenfrei ist.   Q.E.D.

Aufgaben 2B5

a) Beweisen Sie Teil b) und c) des Satzes. Für c) gilt dieselbe Warnung wie in Aufgabe 2B4.

b) Wieso stimmen in den Sätzen 2B4 und 2B5 die Teile b) überein, die Teile a) und c) aber nicht?

c) Welche der Formeln

$$P(x) \wedge \neg P(x), \quad P(y) \wedge \neg P(z), \quad P(x) \vee \neg P(x), \quad P(y) \vee \neg P(z)$$

sind aussagenlogisch oder prädikatenlogisch erfüllbar, allgemeingültig, unerfüllbar?

2B6.   Eigenschaften von Formeln mit Variablen

Die meisten Ergebnisse des Kapitels 1B gelten auch in der offenen Prädikatenlogik. Am einfachsten haben wir es mit der langen Liste aussagenlogisch allgemeingültiger Formeln in Satz 1B4: Da nach Satz 2B5b Allgemeingültigkeit in der Aussagen- und in der Prädikatenlogik übereinstimmt, sind all die Formeln auch mit Variablen allgemeingültig. Die Eigenschaften der logischen Folgerung in Satz 1B2 müssen wir meist neu beweisen, aber wir können die alten Beweise wörtlich übertragen, wenn wir nur 'Belegung' durch 'Struktur' und 'wahr' durch 'gültig' ersetzen. Aus dem Beweis für c)

$$\text{wenn } X \subseteq Y \text{ und } X \vDash Z, \quad \text{dann } Y \vDash Z$$

wird so zum Beispiel: Sei $\mathcal{M}$ eine Struktur, in der Y gilt. Wegen $X \subseteq Y$ gilt auch X , wegen $X \vDash Z$ auch Z in $\mathcal{M}$. Also gilt Z in jeder Struktur, in der Y gilt: $Y \vDash Z$. Q.E.D.

Ebenso übertragen wir den Ersetzungssatz 1B5 und die Aussagen in Satz 1B6, daß Unerfüllbarkeit und verschiedene Formen der Widersprüchlichkeit gleichwertig sind. Die entsprechenden Aussagen über Erfüllbarkeit und Widerspruchsfreiheit in Belegung 1B6 gelten natürlich ebenso. Dagegen ist die Folgerung 1B5 aus dem Ersetzungssatz für Formeln mit Variablen falsch, so wie sie da steht; eine richtige Formulierung finden Sie im nächsten Abschnitt.

Schwierigkeiten gibt es sonst nur bei den Beziehungen zwischen logischer Folgerung und anderen Begriffen in den Abschnitten 1B3 und 1B7. Die Ursache ist leicht zu finden: Ist A eine Formel ohne Variable, so ist in jeder Struktur passender Signatur entweder A oder $\neg A$ wahr, tertium non datur. Enthält A Variablen, gibt es eine dritte Möglichkeit: A kann für manche Daten wahr, für andere falsch sein; also gilt weder A noch $\neg A$ in der Struktur. So gilt weder P(x) noch $\neg P(x)$ in einer Struktur, in der P auf manche Daten zutrifft, aber auf andere nicht. Sicher gilt $\neg A$ nicht, wenn A gilt; aber die Umkehrung - A gilt, wenn $\neg A$ nicht gilt - ist falsch. Daher ist $\neg A$ unerfüllbar, wenn A allgemeingültig ist, aber nicht umgekehrt. Zum Beispiel ist die Formel $P(x) \wedge \neg P(a)$ unerfüllbar (stimmt das?), aber ihre Negation ist nicht allgemeingültig; das sieht man am besten, wenn man sie in $P(x) \rightarrow P(a)$ umformt. Also haben wir die Sätze 1B3b und 1B7 nur in der einen Richtung. An demselben Beispiel sehen wir, daß $A \rightarrow B$ nicht allgemeingültig zu sein braucht, auch wenn $A \vDash B$. (Folgt P(a) aus P(x)?) Wieder gilt nur die eine Richtung: Wenn $A \rightarrow B$ allgemeingültig ist, dann folgt B aus A (Satz 1B3c). Die Teile a) und d) von Satz 1B3 dagegen und die Folgerung machen keine Schwierigkeiten.

Satz 2B6

Die folgenden Ergebnisse aus Kap. 1B gelten für Formeln mit freien Variablen.

Satz 1B2:

Die logische Folgerung ist reflexiv und transitiv, und aus mehr Formeln kann man mehr folgern.

Satz 1B3:

a) Logische Folgerung und Allgemeingültigkeit:

A allgemeingültig gdw $\varnothing \vDash$ A.

A allgemeingültig: X, A $\vDash$ B gdw X $\vDash$ B.

b) Logische Folgerung und Erfüllbarkeit:

Wenn X $\vDash$ A, dann X, $\neg$A unerfüllbar; insbesondere:

Wenn A allgemeingültig, dann $\neg$A unerfüllbar.

Die Umkehrung gilt nur, wenn A variablenfrei ist.

c) Logische Folgerung und Konditional:

Wenn X $\vDash$ A $\to$ B, dann X, A $\vDash$ B; insbesondere:

Wenn A $\to$ B allgemeingültig, dann A $\vDash$ B.

Die Umkehrung gilt nur, wenn A variablenfrei ist.

d) Logische Folgerung und Konjunktion:

$A_1,...,A_n \vDash A_1 \wedge ... \wedge A_n$. Daher:

$X \vDash A_1,...,A_n \qquad$ gdw $\qquad X \vDash A_1 \wedge ... \wedge A_n$,

$A_1,...,A_n \vDash X \qquad$ gdw $\qquad A_1 \wedge ... \wedge A_n \vDash X$.

Folgerung:

$A_1 \wedge ... \wedge A_n$ allgemeingültig gdw $\{A_1,...,A_n\}$ allgemeingültig gdw alle A_i allgemeingültig.

Satz 1B4:

Alle (dort aufgeführten) aussagenlogisch allgemeingültigen Formeln sind allgemeingültig. Die daraus abgeleiteten Beweisprinzipien können wir nicht ohne weiteres übertragen. Zum Beispiel muß nicht in jeder Struktur A oder $\neg$A gelten. Und wenn B aus A folgt, muß $\neg$A nicht aus $\neg$B folgen. (Beispiel?) Über den Umgang mit Bikonditionalen lernen wir mehr im nächsten Abschnitt.

Ersetzungssatz 1B5:

Ersetzen wir in A die Teilformel B durch die Formel C, so ist das Ergebnis D eine Formel und A $\leftrightarrow$ D folgt aus B $\leftrightarrow$ C.

Die Folgerung zum Ersetzungssatz gilt in etwas anderer Form, siehe Abschnitt 2B7.

Satz 1B6:

X widersprüchlich (das heißt, X $\vDash$ A und X $\vDash$ $\neg$A für eine Formel A)

gdw X $\vDash$ F gdw X $\vDash$ A für alle Formeln A

gdw X unerfüllbar (das heißt, X gilt in keiner Struktur).

Folgerung:

Entsprechend für 'widerspruchsfrei' und 'erfüllbar'.

Satz 1B7:

Wenn X $\vDash$ A, dann X, $\neg$A widersprüchlich.

Die Umkehrung gilt nur, wenn A variablenfrei ist.

Aufgaben 2B6

a) Führen sie einige der angedeuteten Beweise aus. Ich empfehle 1B3b,c mit Beispielen gegen die Umkehrung. Hören Sie auf, wenn es langweilig wird, aber nicht vorher.

b) Was gilt in Satz 1B3c für das Bikonditional, wenn die Formeln Variablen enthalten?

c) Beweisen Sie mit Hilfe des Ersetzungssatzes, daß die Formel allgemeingültig ist:

$$((P(x) \wedge Q(x,z) \to R(z)) \to S(y)) \leftrightarrow ((P(x) \wedge Q(x,z) \wedge \neg R(z)) \vee S(y)) \,.$$

2B7. Normalformen

Natürlich haben wir in der Prädikatenlogik auch Normalformen: Wir können jede Formel in konjunktive oder disjunktive oder Gentzen-Normalform bringen. Die Normalformen sind definiert wie in der Aussagenlogik in den Abschnitten 1B3 und 1B5; Atome sind jetzt beliebige atomare Formeln, auch mit Variablen, nicht nur Aussagensymbole. Wie in der Aussagenlogik sind die Normalformen äquivalent zu den Ausgangsformeln, sogar in einem starken Sinn. Beim Umformen benutzen wir nämlich die allgemeingültigen Bikonditionale aus Satz 1B4, und 'A $\leftrightarrow$ B ist allgemeingültig' sagt mehr als 'A und B sind äquivalent'. Zum Beispiel sind die Formeln P(x) und P(y) äquivalent (warum?), aber P(x) $\leftrightarrow$ P(y) ist nicht allgemeingültig (warum nicht?).

Definition 2B7

Zwei Formeln A und B heißen *stark äquivalent*, wenn das Bikonditional A $\leftrightarrow$ B allgemeingültig ist. Zwei endliche Formelmengen heißen *stark äquivalent*, wenn die beiden Konjunktionen über die Mengen stark äquivalent sind.

Das Beispiel P(x) und P(y) ist typisch. Beim stark äquivalenten Umformen, wie zum Beispiel für die Normalformen, ändern wir die Variablen nicht - als wären es Konstanten; wir behandeln also die Atome wie Aussagensymbole. In der offenen Prädikatenlogik fallen daher 'stark äquivalent' und 'aussagenlogisch äquivalent' zusammen - in der vollen Prädikatenlogik in Teil 3 nicht mehr, sonst hätten wir keinen neuen Begriff eingeführt (vgl. Aufgabe 3A6a).

Bemerkung

Zwei Formeln oder Formelmengen sind stark äquivalent genau dann wenn sie aussagenlogisch äquivalent sind.

Beweis

Nach Satz 2B5b ist ein Bikonditional A $\leftrightarrow$ B allgemeingültig genau dann, wenn es aussagenlogisch allgemeingültig ist. Das ist nach Satz 1B3c gleichwertig damit, daß A und B aussagenlogisch äquivalent sind. 					Q.E.D.

Anschaulicher gesagt: Wenn A $\leftrightarrow$ B allgemeingültig ist, erhalten A und B unter allen Interpretationen denselben Wahrheitswert, damit aber auch unter allen Belegungen, sie sind aussagenlogisch äquivalent. Durch die Konstruktion von Herbrandmodellen (Abschnitt 2B3) kommen wir von Belegungen zurück zu Interpretationen, deswegen gilt die Aussage auch umgekehrt.

Nach diesen Überlegungen sieht man hoffentlich leichter ein, daß in der Prädikatenlogik die Folgerung aus dem Ersetzungssatz (Abschnitt 1B5, 2B6) nicht gilt: Ersetzen wir in einer Formel eine Teilformel durch eine äquivalente, kann es zu Kollisionen zwischen den Variablen kommen. So sind $P(x) \wedge \neg P(x)$ und $P(x) \wedge \neg P(y)$ nicht äquivalent, obwohl wir nur $P(x)$ durch das äquivalente $P(y)$, oder umgekehrt, ersetzen. Ersetzen wir stark äquivalent, geht es gut. Daraus folgt sofort, daß wir in der Prädikatenlogik stark äquivalente Normalformen haben; die Umformungen beruhen auf starken Äquivalenzen. Die Beweise bleiben als Aufgabe.

Folgerung 2B7 aus dem Ersetzungssatz
Ersetzen wir in der Formel A die Teilformel B durch eine stark äquivalente Formel C, so ist die entstehende Formel D stark äquivalent zur Ausgangsformel A.

Satz 2B7
Wir können jede Formel effektiv in eine stark äquivalente konjunktive oder disjunktive oder Gentzen-Normalform bringen.

Aufgaben 2B7
a) Warum sind $P(x)$ und $P(y)$ äquivalent, aber nicht stark äquivalent? Finden Sie eine Formulierung für '$P(x)$ gilt in der Struktur $\mathcal{M}$', in der die Variable x nicht vorkommt.
b) Wenn die Formeln A und B stark äquivalent sind, sollten sie auch äquivalent sein. Stimmt das? Umgekehrt?
c) Beweisen Sie die Bemerkung für endliche Formelmengen. Was fällt Ihnen zu unendlichen Formelmengen ein?
d) Beweisen Sie die Folgerung aus dem Ersetzungssatz.

2 B 8.   Umbenennen und Einsetzen

Im letzen Abschnitt haben wir äquivalente Umformungen von Formeln betrachtet, bei denen wir die Variablen nicht verändern; das ergibt starke Äquivalenz. Jetzt wollen wir umgekehrt nur Variablen verändern, und zwar durch andere ersetzen, *umbenennen*; das ergibt immerhin noch Äquivalenz, das Beispiel $P(x)$ und $P(y)$ haben wir schon gehabt. Benennen wir mehrere Variable gleichzeitig um, dürfen keine Kollisionen entstehen, die Substitution muß injektiv sein. Zum Beispiel kann man $R(x, y, x)$ durch Umbenennen umformen in $R(u, v, u)$, $R(x, v, x)$, $R(v, x, v)$, $R(y, x, y)$, aber nicht in $R(x, x, x)$ oder $R(u, v, v)$.

Definition 2B8
Variablen in einer Formel *umbenennen* heißt, Variable für Variablen so einsetzen, daß verschiedene Variable verschieden bleiben. Eine solche Substitution von Variablen heißt *Umbenennung*.

Bemerkungen
a) Die Formel-Relation 'B entsteht aus A durch Umbenennen' ist reflexiv, symmetrisch und transitiv, also eine Äquivalenzrelation.

b) Formeln, die durch Umbenennen auseinander entstehen, sind äquivalent.

Wegen der Bemerkungen a) und b) sagt man auch: Formeln sind *gleich bis auf Umbenennung.* In Anwendungen, zum Beispiel beim Ableiten, setzt man oft voraus, daß zwei Formeln oder Formelmengen *variablendisjunkt* sind, also keine gemeinsamen Variablen haben. Das kann man nach Bemerkung b) erreichen, ohne die Gültigkeit der Formeln zu verändern.

Umbenennen liefert äquivalente Formeln, da Variablen nur Platzhalter für Daten sind. Setzen wir für die Variablen beliebige Terme ein, folgt das Ergebnis noch aus der Ausgangsformel, ist aber im allgemeinen nicht mehr äquivalent; wir haben ja spezialisiert. So haben wir, da die Formeln C1-4 in der Architektenstruktur gelten, in der Einleitung zu diesem Kapitel Daten für die Variablen in C1-4 eingesetzt und mit den entstehenden Formeln weitergearbeitet. Das ist in Ordnung, da nach der Definition 2A7 von 'gelten' jede so entstehende Formel in der Struktur wahr ist. Das ist auch in Ordnung, wenn wir statt Daten beliebige variablen-freie Terme einsetzen; denn bei der Auswertung erhalten diese Terme nach Abschnitt 2A5 Daten als Werte, die dann anstelle der ursprünglichen Variablen in der Formel stehen. Das ist sogar in Ordnung, wenn die Terme, die wir einsetzen, Variable enthalten; dann ist mit dem gleichen Argument die entstehende Formel gültig in der Struktur. Einsetzen von Termen für Variable (Abschnitt 2A6) liefert also logische Folgerungen.

Satz 2B8
Entsteht die Formel B aus Formel A durch Einsetzen, so folgt B aus A.

Aufgaben 2B8
a) Beweisen Sie die Bemerkungen. Für b) könnte Aufgabe 2B6a hilfreich sein.
b) Beweisen Sie den Satz. Es lohnt sich, vorher Aufgabe 2A8b anzusehen. Warum ist der Satz richtig, auch wenn beim Einsetzen verschiedene Variable gleichgemacht werden?
c) Sind die folgenden Formelmengen widersprüchlich? (Beweis oder Gegenbeispiel)

$P(x) \to Q(x)$, $Q(y) \to R(x,y)$, $\neg R(x,y)$, $Q(y) \lor R(x,y) \to P(z)$,
$P(x) \lor Q(x)$, $\neg(P(y) \land Q(y))$, $P(x) \to Q(x)$, $Q(z) \to P(z)$.

2B9. Axiome für Architektenstrukturen

Axiome sind Formeln, die eine Situation genau beschreiben. So haben wir die Formeln B1-B13 aus Teil 1 'Ballspielaxiome' genannt, weil sie implizit besagen, wer den Ball geworfen und wer gelogen hat: Tä(f) und Wa(g) folgen aus B1-B13, ebenso folgen die Negationen der übrigen Atome; also folgen alle Formeln, die in der Ballspielstruktur wahr sind, aus B1-B13 (warum?). Reichen die Formeln C1-C15 für die Architektensituation als Axiome aus? Wir wollen die Frage hier nur anschneiden, um zu testen, was wir in diesem Kapitel über logisches Folgern gelernt haben. Ausführlicher versuchen wir uns im Axiomatisieren in den Kapiteln 2C und 3C.

Definition   2B9

Ein *Axiomensystem für eine Struktur* ist eine Menge von Formeln, aus der alle (und nur die) Formeln folgen, die in der Struktur gelten. Analog ist ein *Axiomensystem für eine Klasse von Strukturen* definiert.

Wer Aufgabe 2A7g bearbeitet hat, weiß schon, daß die Formeln C1-15 nicht als Axiomensystem für die Architektenstrukturen taugen: C1 gilt nicht darin. Ist nämlich p ein Pfeiler und b ein Block, der darauf liegt, so wäre nach C1 das Gebilde aus b auf p und p ein Bogen; absurd! Der Fehler ist leicht zu beheben: wir fügen u ≠ v im Vorderglied der Formel hinzu. Da wir aber die Gleichheit erst im nächsten Kapitel genauer untersuchen wollen, lassen wir für den Moment C1 weg und betrachten nur C2-15 und die entsprechend verkleinerte Signatur.

Weiter lassen wir, um unnötige Schreibarbeit zu sparen, das Prädikat 'ist ein Block' weg. Die einzigen Terme vom Typ 'Block' sind die Blockkonstanten, und auf die soll das Prädikat sowieso zutreffen. Ebenfalls zur Vereinfachung schreiben wir

$$\frac{x}{y} \quad \text{statt} \quad \frac{x}{y}_{\sqcap} \quad , \text{ also ein neues Prädikat 'x liegt auf y' vom Typ } \frac{\text{Block}}{\text{Block}} \; .$$

Von den Architektenaxiomen fallen jetzt also C5-C9 weg, C2-C4 sehen so aus:

C1 $\dfrac{x}{y} \leftrightarrow \dfrac{x}{y}_{\sqcap}$

C2 $\underset{\text{▨}}{x} \rightarrow |\overset{x}{\wedge}|$

C3 $|u| \wedge \dfrac{x}{u} \rightarrow |\dfrac{x}{u}|$

C4 $|u| \wedge \dfrac{x}{y} \wedge \dfrac{y}{u} \rightarrow \dfrac{x}{\underset{\sqcap u}{y}}$

Wer Aufgabe 2B1b bearbeitet hat, weiß schon, daß alle in der Architektenstruktur aus Beispiel 2A1a wahren Atome der Signatur (jetzt ohne Bögen!) aus C1-C4, C10-C15 folgen. Das heißt: was ein Pfeiler ist und welcher Block auf welchem Pfeiler liegt, ist durch die Lage der Blöcke und durch die Axiome C2-C4 bestimmt, die rekursiv 'Pfeiler' und 'auf' beschreiben. Gilt das allgemein? Betrachten wir eine Struktur $\mathcal{M}$ und einen Pfeiler p . So wie Pfeiler aus Blöcken aufgebaut sind, bestehen Pfeilerterme aus Blockkonstanten, die mit $\sqcap$ aufeinandergetürmt sind; die Zahl der Blöcke bzw. der Blockkonstanten ist ihre Höhe. Der Term p sei aus $b_1,...,b_n$ zusammengesetzt:

$$p_1 := b_{1\,\sqcup} \; , \; p_{i+1} := \dfrac{b_{i+1}}{p_i} \; , \; p := p_n$$

Wir wissen, daß in $\mathcal{M}$ b_1 auf dem Boden liegt und b_{i+1} auf b_i. Können wir schließen, daß p in $\mathcal{M}$ ein Pfeiler ist? Aus $\underset{\text{▨}}{b}$ erhalten wir $|p_1|$ mit C2, daraus und aus $\dfrac{b_2}{b_1}$ mit C1 und C3 $|p_2|$, daraus und aus $\dfrac{b_3}{b_2}$ mit C4 $\dfrac{b_3}{p_2}$, und so weiter; also eine Induktion nach n. Schöner geht es ohne Indexfummelei durch simultane Induktion nach dem Aufbau von p (also wieder nach der Höhe). Beginn: Da ist p von der Form b. Also folgt $|p|$ aus $\underset{\text{▨}}{b}$ mit C2.

Schluß: Jetzt ist p von der Form $\dfrac{b}{q}$. Nach Induktionsvoraussetzung haben wir $|q|$ schon

bewiesen. Hat q die Höhe 1, also die Form $\ulcorner c \urcorner$, so folgt $|p|$ aus $\dfrac{b}{c}$ mit C1 und C3. Sonst

hat q die Form $\ulcorner \dfrac{c}{r} \urcorner$, und nach Induktionsvoraussetzung haben wir $\dfrac{c}{r}$ und $|r|$ (wieso?)

schon bewiesen. Daraus und aus $\dfrac{b}{c}$ folgt $\dfrac{b}{q}$ mit C4, daraus und aus $|q|$ folgt $|p|$.

Q.E.D.

Nennen wir die Menge der in einer Struktur wahren Atome das *positive Diagramm* der Struktur, speziell die wahren "Blockatome" (atomare Formeln mit nur Blockkonstanten als Argumenten, also von der Form $\boxed{b}$ oder $\dfrac{b}{c}$) das *positive Blockdiagramm*, so haben wir die folgenden Aufgaben fast schon gelöst.

Aufgaben 2B9

a) Zeigen Sie, daß für jede Architektenstruktur das positive Diagramm aus dem positiven Block-diagramm und den Axiomen C1-C4 folgt. Die Lage der Blöcke bestimmt also zusammen mit C1-C4, was die Pfeiler sind.

b) Schließen Sie daraus, daß für jedes $n \geq 1$ die Formel

$$\boxed{x_1} \wedge \frac{x_2}{x_1} \wedge \ldots \wedge \frac{x_n}{x_{n-1}} \to |p_n| \wedge \frac{x_n}{p_{n-1}}$$

aus den Axiomen C1-C4 folgt. Dabei sei $p_1 := \ulcorner x_1 \urcorner$, $p_{i+1} := \ulcorner \dfrac{x_{i+1}}{p_i} \urcorner$.

Stimmt das wirklich: Die Lage der Blöcke legt die Pfeiler fest? Können wir zum Beispiel beweisen, daß in unserem Anfangsbeispiel $\ulcorner b \urcorner$ kein Pfeiler ist? Betrachten wir die folgende merkwürdige Architektenstruktur: Daten und Operationen sind beliebig, die Prädikate treffen immer zu! In dieser Musterknaben-Struktur sind alle Grundatome wahr, also alle Atome gültig, also auch unsere Axiome, da sie keine Negationszeichen enthalten. Die Struktur ist ein Modell der Axiome, in dem alle Atome gelten; daher können wir kein negiertes Atom aus den Axiomen folgern. Das ist typisch für positive Horn- und Gentzenformeln: Mit ihnen können wir nur festlegen, welche Pfeiler mindestens da sind, aber nicht, welche nicht da sind.

Das wird nicht besser, wenn wir zum positiven das *negative Blockdiagramm* (Negationen von Blockatomen, die in der Struktur wahr sind) hinzunehmen. Jetzt wissen wir, daß der Block b nicht auf dem Boden steht; aber daraus folgt mit C2 nicht, daß $\ulcorner b \urcorner$ kein Pfeiler ist. Wir brauchen die Umkehrung von C2, um so zu schließen.

Also verschärfen wir die Axiome, indem wir in C2-C4 den Pfeil durch den Doppelpfeil ersetzen. Dabei kommen wir einer Unklarheit auf die Spur: Wir hatten zunächst nur ein Prädikat 'Block liegt auf Pfeiler' und haben das (mißbräuchlich) auch für nicht vorhandene Pfeiler benutzt, zum Beispiel um in C11 zu sagen, daß d auf $\ulcorner b \urcorner$ liegt, obwohl b nicht auf dem Boden steht, also kein echter Pfeiler ist. Dann haben wir dafür ein neues Prädikat 'Block liegt auf Block' eingefügt, haben aber mit Axiom C1 den Mißbrauch beibehalten. Die Umkehrungen von C3 und C4 besagen nun, daß ein Block nur auf vorhandenen, nicht auf gedachten Pfeilern liegt. Also ändern wir C1, indem wir $\dfrac{y}{\boxed{}}$ links hinzufügen, und erhalten als unser neues Axiomensystem:

C1 $\qquad \dfrac{x}{y} \wedge \dfrac{y}{\boxed{}} \;\leftrightarrow\; \dfrac{x}{\underset{\ulcorner\;\urcorner}{y}}$

Block x liegt auf dem Gebilde $\underset{\ulcorner\;\urcorner}{y}$ gdw x auf dem Block y und y auf dem Boden liegt

C2 $\qquad \dfrac{x}{\boxed{}} \;\leftrightarrow\; \left| \overset{x}{\wedge} \right|$

Ein Block ist ein Pfeiler gdw er auf dem Boden liegt

C3 $\qquad |u| \wedge \dfrac{x}{u} \;\leftrightarrow\; \left| \dfrac{x}{u} \right|$

Das Gebilde aus x und u ist ein Pfeiler gdw u ein Pfeiler ist und x auf u liegt

C4 $\qquad \dfrac{x}{y} \wedge \left| \dfrac{y}{u} \right| \;\leftrightarrow\; \dfrac{x}{\underset{\llcorner u \lrcorner}{y}}$

Block x liegt auf dem Gebilde aus y und u gdw x auf y liegt und das Gebilde ein Pfeiler ist.

Wir definieren das *negative Diagramm einer Struktur* als die Menge der in der Struktur wahren negierten Atome und nennen die Vereinigung von positivem und negativem (Block-) Diagramm das *(Block-) Diagramm* der Struktur. Das Diagramm besteht also aus den in der Struktur wahren Literalen. Dann können wir die Aufgaben a) und b) fortsetzen:

Aufgaben 2B9   (Fortsetzung)

c) Zeigen Sie, daß für jede Architektenstruktur das Diagramm aus dem Blockdiagramm und den neuen Axiomen C1-C4 folgt. Also folgen daraus alle wahren Grundformeln (warum?): Die Lage der Blöcke bestimmt alles übrige.

d) Folgern Sie daraus, daß für jedes $n \geq 1$ die Formeln

$$\dfrac{x_1}{\boxed{}} \wedge \dfrac{x_2}{x_1} \wedge \ldots \wedge \dfrac{x_n}{x_{n-1}} \;\leftrightarrow\; |p_n| \quad \text{und}$$

$$\dfrac{x_1}{\boxed{}} \wedge \dfrac{x_2}{x_1} \wedge \ldots \wedge \dfrac{x_n}{x_{n-1}} \;\leftrightarrow\; \dfrac{x_n}{p_{n-1}}, \text{ wobei } p_1 := \underset{\ulcorner\;\urcorner}{x_1} \;, \; p_{i+1} := \dfrac{x_{i+1}}{p_i}$$

aus den neuen Axiomen C1-C4 folgen.

e) (A) Folgern Sie daraus, daß für jeden Pfeilerterm p die Formel

$$\dfrac{x}{p} \;\leftrightarrow\; \left| \dfrac{x}{p} \right|$$

aus C1-4 folgt. Können Sie darin p durch eine Pfeilervariable u ersetzen? Ginge es, wenn Sie nur erzeugte Strukturen betrachteten? Lesen Sie Kap. 3C.

Erreicht haben wir jetzt: Wenn wir das Blockdiagramm eines Modells der Axiome C1-C4 vorgeben, so können wir daraus mit C1-C4 das ganze Modell rekonstruieren. Aber diese Modelle können wunderlich aussehen. Es kann "namenlose" Blöcke geben (deren Namen nicht in der Signatur vorkommen, also nicht-erzeugte Modelle) und Blöcke mit mehreren Namen (Hilf, Heiliger Herbrand!). Ein Block kann in einem Pfeiler mehrfach vorkommen, er kann insbesondere auf sich selbst liegen. Das letztere können wir mit Axiomen ausschließen wie:

$$\frac{x}{y} \quad \rightarrow \quad \neg \frac{x}{\boxed{/\!/\!/\!/}} \qquad \text{ein Block auf einem anderen liegt nicht am Boden}$$

$$\left| \frac{x}{u} \right| \quad \rightarrow \quad \neg(x \in u) \qquad \text{der oberste Block eines Pfeilers kommt in dem Pfeiler nicht vor .}$$

Dabei haben wir ein neues Prädikat verwendet: Block ∈ Pfeiler - der Block kommt im Pfeiler vor. Dafür brauchen wir Axiome. Was machen wir mit Blöcken, die in verschiedenen Pfeilern vorkommen, oder in keinem? Können Pfeiler unendlich hoch sein? Oder tief: Stehen alle Pfeiler auf dem Boden? Viele seltsame Pfeiler können wir mit Axiomen ausschließen, in denen das Gleichheitszeichen vorkommt; warten wir auf Kap. 2C. Gegen andere Monster müssen wir mit Quantoren ankämpfen; die verschaffen wir uns in Kap. 3A. Gegen die wirklich schlimmen Monster sind wir machtlos, wie wir in Kap. 3C einsehen werden.

Das Wort 'Monster' habe ich aus dem herrlichen Buch "Beweisen und Widerlegen" des Philosophen und Logikers Imre Lakatos[1] entlehnt. Dort versuchen Schüler im Dialog mit ihrem Lehrer einen Satz von Euler über Polyeder zu beweisen. Falls Sie nicht wissen, was Polyeder sind, umso besser: die Schüler wissen es auch nicht, wie sie feststellen. Immer wenn sie einen Beweis gefunden zu haben glauben, tauchen "Monster" auf: Gegenbeispiele, mit denen ihre Kameraden zeigen, daß der Beweis oder der Satz oder die Definitionen noch nicht stimmen. Genauso zeigen die Pfeilermonster, daß Ihre Axiome noch nicht ausreichen.

---

[1] Literatur L5.

Kapitel 2C.   Strukturieren, Formalisieren, Axiomatisieren

Wir haben in Abschnitt 2B9 aus den Formeln C1-C15 des Architektenbeispiels zu Beginn von Teil 2 gefolgert, daß das Gebilde

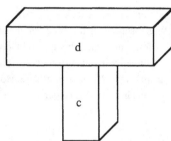

ein Bogen ist. Nach C2, C7, C14 gilt nämlich $\lfloor \frac{c}{\smile} \rfloor$, und damit und mit C8, C12 erhalten wir

C18   (figure)   aus $C1 \begin{bmatrix} x & u & v \\ d & \underset{\smile}{c} & \underset{\smile}{c} \end{bmatrix}.$

Denn natürlich dürfen wir für zwei verschiedene Variablen denselben Term einsetzen. Um den Schluß auf die Formel C18, die in der Architektenstruktur falsch ist, zu verhindern, können wir das alte Axiom C1 erweitern zu

C1' $\boxed{x} \wedge |u| \wedge |v| \wedge u \neq v \wedge \dfrac{x}{u} \wedge \dfrac{x}{v} \rightarrow \left(\overparen{\underset{u \quad v}{x}} \right)$

Jetzt können wir C18 nicht mehr folgern; allerdings C16 (Beispiel 2B1b) auch nicht mehr, wenn wir nicht $\ulcorner \underset{\smile}{c} \urcorner \neq \dfrac{b}{\underset{\smile}{a}}$ als Axiom hinzufügen. Tatsächlich brauchen wir fast immer die Gleichheit, um Situationen korrekt zu formalisieren. Wie wir korrekt formalisieren, das wollen wir in diesem Kapitel untersuchen.

Dazu sammeln wir in Abschnitt 2C1 zunächst *Axiome für die Gleichheit*. In 2C2 stellen wir fest, daß die Axiome die Gleichheit zwar nicht eindeutig, aber doch so weit festlegen, daß wir die Modelle immer zu Strukturen mit der echten Gleichheit abändern können. In 2C3 beschränken wir uns deswegen für das folgende auf solche *Gleichheitsstrukturen*; den Formalismus nennen wir *(offene) Prädikatenlogik mit Gleichheit*. In 2C4 analysieren wir genauer, was wir beim Formalisieren und beim Aufbauen von Theorien tun und was wir besser nicht tun sollten. In 2C5 schließlich starten wir ein nicht endendes Programm zum Axiomatisieren des Architektenbeispiels.

2C1.   Die Gleichheit axiomatisieren

Welche Axiome brauchen wir für die Gleichheit? Sicher ist die Gleichheit eine Äquivalenzrelation, das heißt, sie ist reflexiv, symmetrisch, transitiv. Als erste Axiome notieren wir also:

G1   *reflexiv*: $x = x$

G2   *symmetrisch*: $x = y \rightarrow y = x$

G3   *transitiv*: $x = y \wedge y = z \rightarrow x = z$

Weiter ist Gleichheit eine *Kongruenzrelation* auf jeder Struktur, das heißt, wenn wir Gleiches durch Gleiches ersetzen, ändert sich der Datenwert von Operationen und der Wahrheitswert von Prädikaten nicht. Also brauchen wir zu einer gegebenen Signatur Σ noch die Axiome

G4   *kongruent bezüglich f*: $x_j = y \rightarrow f(x_1,...,x_n) = f(x_1,...,x_{j-1}, y, x_{j+1},...,x_n)$

        für jedes Operationssymbol f: $s_1...s_n \rightarrow s$ in Σ, passende Variable $x_1,...,x_n$, y und

        jedes j mit $1 \leq j \leq n$

G5   *kongruent bezüglich P*: $x_j = y \rightarrow (P(x_1,...,x_n) \leftrightarrow P(x_1,...,x_{j-1}, y, x_{j+1},...,x_n))$

        für jedes Prädikatensymbol P: $s_1...s_n$ in Σ, passende Variable $x_1,...,x_n$, y und jedes

        $1 \leq j \leq n$.

Damit sichern wir das Prinzip "Ersetzen von Gleichem durch Gleiches liefert Gleiches" auch für beliebige Terme und Formeln.

Definition   2C1

Die Formeln G1-G5 heißen *Gleichheitsaxiome zur Signatur* Σ.

Satz 2C1

Es seien r und s zwei Terme gleicher Sorte; es sei t(r) ein Term und A(r) eine Formel, die r als (Teil-) Term enthalten; es entstehe t(s) aus t(r) und A(s) aus A(r) dadurch, daß wir r durch s ersetzen. Dann folgt aus den Gleichheitsaxiomen

G6 $r = s \rightarrow t(r) = t(s)$

G7 $r = s \rightarrow (A(r) \leftrightarrow A(s))$

Beweis

Wir haben Terme und Formeln induktiv definiert (2A3, 2A4), also können Sie den Beweis durch Induktion über den Aufbau von t bzw. A führen (1A4). Wo brauchen Sie G2 und G3?

Q.E.D.

Aufgaben 2C1

a) Was sind außer G1-G3 die Gleichheitsaxiome für die Signatur der natürlichen Zahlen mit 0 und Nachfolger? Vergessen Sie bei G5 die Gleichheit nicht; sie ist auch ein Prädikat!

b) Schreiben Sie so viele Gleichheitsaxiome G4-G5 für die Architektensignatur auf, bis Ihnen das Prinzip klar ist. Aufgabe a)!?

c) Zeigen Sie, daß G5 für das Prädikatensymbol = äquivalent zur "Drittengleichheit"

   G8 $x = y \wedge x = z \rightarrow y = z$, $y = x \wedge z = x \rightarrow y = z$

   ist. Zeigen Sie, daß G8 auch aus G2 und G3 folgt und daß umgekehrt G2 und G3 aus G8 und G1 folgen. Warum lassen Sie Symmetrie und Transitivität als Axiome nicht weg?

d) Wenn Sie sich mit Induktion nicht sicher fühlen, schreiben Sie den Beweis für den Satz genau auf. Auf jeden Fall überlegen Sie sich, welche Gleichheitsaxiome Sie wo brauchen. Wenn Sie etwas wundert, bearbeiten Sie Aufgabe c).

e) Wir verändern die Signatur für die Ballwurflogelei aus Abschnitt 2A2 ein wenig:

    Sortensymbol: Ballspieler

    Konstanten: Anne, Emil, Fritz, Gustav, Pechvogel $\rightarrow$ Ballspieler

    Operationssymbole: Vorbild(Ballspieler) $\rightarrow$ Ballspieler

    Prädikatensymbole: Wa(Ballspieler), Tä(Ballspieler), Ballspieler = Ballspieler

Jetzt können wir die Axiome so umformulieren:

D1   Wa(Anne) $\leftrightarrow$ Tä(Emil)

D2   Wa(Emil) $\leftrightarrow$ Tä(Gustav)

D3   Wa(Fritz) $\leftrightarrow$ $\neg$Tä(Fritz)

D4   Wa(Gustav) $\leftrightarrow$ $\neg$Wa(Emil)

D5 $\neg(x = y) \rightarrow (Wa(x) \rightarrow \neg Wa(y))$

D6   Wa(Vorbild(x))

D7 $\neg(x = y) \rightarrow (Tä(x) \rightarrow \neg Tä(y))$

D8   Tä(Pechvogel)

1) Folgern Sie aus den Axiomen Vorbild(x) = Vorbild(y) . (Also haben alle Ballspieler dasselbe Vorbild!) Geben Sie genau an, welche Axiome und Schlüsse Sie verwendet haben.

2) Was haben die neuen Axiome D5 und D6 mit den alten Axiomen B5-B9 zu tun? Dasselbe mit D7, D8 und B10-B13. Was soll also 'umformulieren' heißen? Können Sie D5 und D7 durch

    $Wa(x) \wedge Wa(y) \rightarrow x = y$ bzw. $Tä(x) \wedge Tä(y) \rightarrow x = y$

ersetzen? Was ändert sich, wenn Sie in D5 und D7 $\rightarrow$ durch $\leftrightarrow$ ersetzen? Können Sie dann D6 und D8 weglassen?

3) Folgt Fritz = Pechvogel aus den Axiomen D1-D8? Tä(Fritz)? Wa(Gustav)? Wenn es nicht geht, versuchen Sie es mit den negierten Formeln. Wenn Sie Fritz auch nicht entlasten können, beweisen Sie wenigstens, daß Sie ihn nicht beschuldigen können: Tä(Fritz) folgt nicht aus den Axiomen. Was ist denn der Unterschied zwischen $X \models \neg A$ und $X \not\models A$? Wie beweisen Sie das eine und das andere?

4) Bearbeiten Sie noch einmal Teil 2) der Aufgabe. Welche Antworten müssen Sie ändern?

Wenn Sie Schwierigkeiten mit der ganzen Aufgabe haben, lesen Sie Abschnitt 2C4, bearbeiten Sie insbesondere Aufgabe 2C4e.

Das Schwierige an den Gleichheitsaxiomen ist, daß sie so einfach sind; wir benutzen sie selbstverständlich - ohne es zu merken. Müssen wir sie trotzdem als Axiome hinschreiben? Sicher; ohne sie könnten wir das Gleichheitszeichen als ein beliebiges Prädikat interpretieren. Die Gleichheitsaxiome legen die Interpretation nicht völlig fest, wie wir gleich sehen werden; aber sie erzwingen doch eine Kongruenz, und dafür brauchen wir sogar das triviale $x = x$. Es verbirgt sich also keine tiefsinnige Philosophie der Identität dahinter: "Jedes Ding ist mit sich selbst identisch." Verstanden haben müssen wir, um die Gleichheit zu verstehen, den Unterschied zwischen Namen und Benannten (vgl. Abschnitt 1A7 und 2A2). Auf Papier schreiben können wir nur Namen; zum Beispiel bezeichnen wir mit 'Fritz' den Täter Fritz und mit "Fritz" den Namen 'Fritz'. Mit Gleichungen wie

der Täter = Fritz,   2+2 = 22

behaupten wir, daß zwei Namen dasselbe bezeichnen. Ersetzen wir in Aussagen wie 'Fritz ist der Täter' Gleiches durch Gleiches, so kann sich der Sinn ändern, aber nicht die Bedeutung (vgl. wieder Abschnitt 1A7). So kann aus der ersten Gleichung das triviale 'Fritz = Fritz' werden, aber nichts Falsches.

2C2.   Modelle der Gleichheitsaxiome

In jedem Modell der Gleichheitsaxiome ist die Relation, die dem Gleichheitszeichen entspricht, eine Äquivalenzrelation (wegen G1-3) und sogar eine Kongruenzrelation bezüglich der Operationen und Prädikate (wegen G4+5): sie braucht aber nicht die Gleichheit zu sein. Für ein Beispiel erweitern wir die Architektenstruktur aus der Einleitung zu diesem Kapitel um 5 Blöcke $a^+,...,e^+$,

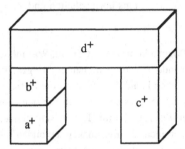

die genauso aussehen und stehen wie a,...,e und nennen zwei Blöcke oder Pfeiler oder Bögen *ähnlich*, wenn sie sich höchstens um $^+$ unterscheiden; zum Beispiel sind ähnlich

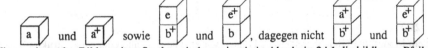

Wir erweitern das Bild zu einer Struktur, indem wir wie in Abschnitt 2A1 die bildbaren Pfeiler und Bögen dazunehmen und verlangen, daß ähnliche Dinge dieselben Eigenschaften haben. So soll nicht nur b auf a und b^+ auf a^+ liegen, sondern auch b^+ auf a und b auf a^+. In dieser Struktur gelten die Architektenaxiome C1-C4 (vgl. Abschnitt 2B9) sowie C5-C15 und die entsprechenden Axiome $C5^+$-$C15^+$. Außerdem gelten die Gleichheitsaxiome G1-G5 für die Relation 'ähnlich': 'ähnlich' ist eine Äquivalenzrelation und eine Kongruenz bezüglich der Operationen und Prädikate - wie man leicht nachprüft. Aber ähnliche Gebilde sind noch nicht gleich.

Diese gemeine Konstruktion können wir immer durchführen. Ist $\mathcal{M}$ eine Struktur, in der das Gleichheitszeichen durch die Gleichheit interpretiert wird, so blasen wir $\mathcal{M}$ auf: Für jedes Datum d fügen wir beliebig viele "ähnliche" Daten d^+ hinzu, auf die dieselben Prädikate zutreffen und die unter allen Operationen "ähnliche" Werte liefern. Die neuen sind von den alten und untereinander nicht zu unterscheiden: nicht durch die Ausdrucksmittel der Struktur und damit durch beliebige Formeln nicht. Genauer: Interpretieren wir in der neuen Struktur $\mathcal{M}^+$ das Gleichheitszeichen durch die Ähnlichkeit statt durch die Gleichheit, so gelten in $\mathcal{M}^+$ die Gleichheitsaxiome und damit auch Satz 2C1. Daraus folgt, daß in $\mathcal{M}$ und $\mathcal{M}^+$ dieselben Formeln gelten.

Definition 2C2

In einer *Gleichheitsstruktur* ist das Gleichheitszeichen durch die Gleichheit interpretiert.
Zwei Strukturen derselben Signatur heißen *äquivalent*, wenn in ihnen dieselben Formeln (dieser Signatur) gelten.

Äquivalente Strukturen kann man mit logischen Formeln nicht unterscheiden. (In der Literatur heißt das meist 'elementar äquivalent', weil wir nur Formeln der "elementaren" Logik 1. Stufe betrachten.) Wir haben gerade gezeigt, wie man zu jeder Gleichheitsstruktur beliebig große äquivalente Strukturen gewinnen kann, die keine Gleichheitsstrukturen sind.

Also steht es schlecht um das Axiomatisieren der Gleichheit? Absolut nicht. Erstens können wir ja diese zu großen Strukturen von den gegebenen nicht unterscheiden. Die neuen Elemente sind nur Schatten, sie haben keine Namen in der Signatur und sind durch Terme oder Formeln nicht zu beschreiben. Zweitens können wir den Spieß umdrehen und aus zu großen Strukturen die Luft herauslassen: von ähnlichen Elementen jeweils nur eins übrigbehalten und auf diese Weise eine Gleichheitsstruktur gewinnen.

Nehmen wir zum Beispiel an, die Ballwurflogelei komme vor Gericht. Was tut der Richter, wenn zur Verhandlung alle Verdächtigten ihre Freunde bzw. Freundinnen mitbringen, die sich jeweils so ähnlich sehen, daß er sie nicht auseinanderhalten kann? Er numeriert die Fritze durch: Fritz 1 bis Fritz 7; ebenso mit Anne, Emil, Gustav. Und befaßt sich nur noch mit den Einsern. Wenn alle Annes Emil 3 verdächtigen, verdächtigt für ihn Anne 1 Emil 1; zum Schluß überführt er Fritz 1. Statt "Repräsentanten auszuwählen" könnte er auch "Äquivalenzklassen bilden": Alle Gustave mit 'Gustav' anreden und zum Schluß alle Fritze - im Urteilsspruch 'Fritz' - einlochen. In jedem Fall hat er aus der Ähnlichkeits- eine Gleichheitsstruktur gemacht, ohne daß sich an den wahren oder gültigen Formeln etwas geändert hätte.

Satz 2C2

Zu jedem Modell der Gleichheitsaxiome können wir eine äquivalente Gleichheitsstruktur bauen, also eine Struktur, in der dieselben Formeln gelten und in der = die Gleichheit bezeichnet.

Beweis

Sei $\mathcal{M}$ ein Modell der Gleichheitsaxiome zur Signatur Σ, das Gleichheitszeichen bezeichne in $\mathcal{M}$ eine Relation 'ähnlich', die nicht die Gleichheit ist. Für jedes Datum a aus $\mathcal{M}$ sei

$\langle a \rangle := \{b; \text{ b ähnlich a}\}$, die *Ähnlichkeitsklasse von a*,

die Menge der a ähnlichen Daten. Da 'ähnlich' wegen der Gleichheitsaxiome eine Äquivalenzrelation ist, gilt

(+) $\langle a \rangle = \langle b \rangle$ genau dann wenn a und b ähnlich sind.

Sei $M^=$ die Menge der Ähnlichkeitsklassen. Wir definieren auf $M^=$:

die Sorte von $\langle a \rangle$ sei die Sorte von a,

$f(\langle a_1 \rangle,...,\langle a_n \rangle) := \langle f(a_1,...,a_n) \rangle$ für jedes Operationssymbol f: $s_1...s_n \to s$ in Σ,

$P(\langle a_1 \rangle,...,\langle a_n \rangle) := P(a_1,...,a_n)$ für jedes Prädikatensymbol P: $s_1...s_n \to s$ in Σ,

für Ähnlichkeitsklassen $\langle a_1 \rangle,...,\langle a_n \rangle$ der Sorte $s_1,...,s_n$. (Die Definitionen sind sinnvoll, weil 'ähnlich' wegen der Gleichheitsaxiome eine Kongruenzrelation ist, insbesondere wegen (+).) Dann ist $M^=$ mit diesen Sorten, Operationen und Prädikaten eine Gleichheitsstruktur $\mathcal{M}^=$ der Signatur Σ. Wir müssen zeigen, daß in $\mathcal{M}$ und $\mathcal{M}^=$ dieselben Formeln gelten. Dazu beweisen wir zuerst

$$\langle\, \text{wert}_{\mathcal{M}}(t \begin{bmatrix} x_1 & & x_n \\ & \cdots & \\ a_1 & & a_n \end{bmatrix})\,\rangle \;=\; \text{wert}_{\mathcal{M}^=}(t \begin{bmatrix} x_1 & & x_n \\ & \cdots & \\ \langle a_1\rangle & & \langle a_n\rangle \end{bmatrix})$$

für alle Terme t mit den Variablen $x_1,...,x_n$ und alle Daten $a_1,...,a_n$ der passenden Sorten, durch Induktion nach dem Aufbau von t.

Dann beweisen wir

$$\text{Wert}_{\mathcal{M}}(A \begin{bmatrix} x_1 & & x_n \\ & \cdots & \\ a_1 & & a_n \end{bmatrix}) \;=\; \text{Wert}_{\mathcal{M}^=}(A \begin{bmatrix} x_1 & & x_n \\ & \cdots & \\ \langle a_1\rangle & & \langle a_n\rangle \end{bmatrix})$$

für alle Formeln A mit den Variablen $x_1,...,x_n$ und alle Daten $a_1,...,a_n$ der passenden Sorten, durch Induktion nach dem Aufbau von A. Daraus folgt die Behauptung.   Q.E.D.

Das war der Beweis mit Klassenbildung. Wer lieber Repräsentanten auswählt, muß nur $\langle\,a\,\rangle$ als Repräsentanten definieren.

Aufgaben 2C2

a) Die *Logik-Struktur* enthält als Individuenbereiche die Menge aller Teilnehmer in der Lehrveranstaltung "Logik" und die Menge der Veranstalter, zum Beispiel

   {Dirk, Frank, Hans-Jörg, Lars, Martin, Peter}.

   In der Struktur gibt es eine Operation

   Tutor: Teilnehmer $\rightarrow$ Veranstalter,

   die zu jedem Teilnehmer den zugehörigen Tutor angibt. Außerdem enthält die Struktur zwei
   Prädikate, nämlich

   derselbe(Veranstalter, Veranstalter) und

   gleicheArbeitsgruppe(Teilnehmer, Teilnehmer),

   die so definiert sind wie die Namen sagen. Aus der Struktur ergibt sich eine passende Signatur,
   die aus den Sortensymbolen T und V , dem Operationssymbol Tut: T $\rightarrow$ V und den Prädikatensymbolen T = T und V = V besteht.

   1) Zeigen Sie: Die Logik-Struktur erfüllt die Gleichheitsaxiome. Konstruieren Sie aus der
      Logik-Struktur eine Gleichheitsstruktur.

   2) Erweitern Sie die Logik-Struktur um das Prädikat

      imgleichenTutorium(Teilnehmer, Teilnehmer).

      Sind die Gleichheitsaxiome noch immer erfüllt, wenn Sie T = T durch das neue Prädikat
      interpretieren? Wenn ja, wie sieht die Gleichheitsstruktur aus?

   3) Jetzt erweitern Sie die Logik-Struktur um das Prädikat

      auseinemSemester(Teilnehmer, Teilnehmer).

      Gelten in der neuen Struktur die Gleichheitsaxiome, wenn Sie wieder T = T durch das
      neue Prädikat interpretieren? Falls ja, geben Sie die Gleichheitsstruktur an.

b) Es sei $\mathcal{M}$ die Struktur mit den ganzen Zahlen als Grundbereich, der einstelligen Operation

$$a^{-} := \begin{cases} a\text{-}1 \; ; & a > 0 \quad \text{in } \mathbb{Z} \\ 0 \; ; & a = 0 \quad \text{in } \mathbb{Z} \\ a\text{+}1; & a < 0 \quad \text{in } \mathbb{Z} \end{cases}$$

und den beiden zweistelligen Prädikaten

$$a \lhd b \qquad : \Longleftrightarrow \quad |a| < |b| \quad \text{in } \mathbb{Z}$$
$$a \text{ ähnlich } b : \Longleftrightarrow \quad |a| = |b| \quad \text{in } \mathbb{Z} .$$

1) Stellen Sie $\mathcal{M}$ graphisch dar, wobei Sie zum Beispiel die Operation durch Pfeile und die Prädikate durch die Anordnung auf dem Papier wiedergeben.

2) Geben Sie eine Signatur zu $\mathcal{M}$ an; verwenden Sie die Konstante 0, und benutzen Sie = für 'ähnlich'.

3) Versuchen Sie, die Struktur zu axiomatisieren, indem Sie möglichst viele Formeln der Signatur aus 2) angeben, die in $\mathcal{M}$ gelten und nicht auseinander folgen.

4) Konstruieren Sie aus $\mathcal{M}$ die Struktur $\mathcal{M}^{=}$ nach dem Beweis des Satzes und zeigen Sie, daß sie mit den natürlichen Zahlen mit Null, Vorgänger, Ordnung und Gleichheit übereinstimmt.

c) Vergleichen Sie allgemein $\mathcal{M}$ und $\mathcal{M}^{=}$ auf ihre Größe hin. In welchem Sinn ist $\mathcal{M}^{=}$ nicht größer als $\mathcal{M}$?

Fragen

Wann ist = gleich gleich?

Wann ist = = = ?

Warum wird = nicht ebenso wie den Junktoren eine feste Semantik zugeordnet?

2C3.   Prädikatenlogik mit Gleichheit

Aus dem Ergebnis von Abschnitt 2C2 erhalten wir: Wenn eine Formelmenge X zusammen mit den Gleichheitsaxiomen erfüllbar ist, dann hat X ein Gleichheitsmodell. Die Umkehrung gilt natürlich auch; also können wir suggestiv so schreiben:

X$^{=}$ erfüllbar   gdw   X $^{=}$erfüllbar .

Dabei erhalten wir X$^{=}$ aus X , indem wir die Gleichheitsaxiome G1-5 hinzufügen, und '$^{=}$erfüllbar' heiße 'erfüllbar in Gleichheitsstrukturen'. Ein analoges Ergebnis für die Allgemeingültigkeit und sogar für die logische Folgerung folgt genauso.

Satz 2C3

Sei A eine Formel, X eine Formelmenge; X$^{=}$ sei X zusammen mit den Gleichheitsaxiomen. Dann folgt A aus X$^{=}$ genau dann wenn A in allen Gleichheitsmodellen von X gilt, also wenn A aus X bezgl. Gleichheitsstrukturen folgt:

X$^{=}$ ⊨ A   gdw   X $^{=}$⊨ A.

Das ist ein erfreuliches Ergebnis. Die Gleichheitsaxiome haben zwar nicht nur Gleichheitsstrukturen als Modelle; ein solches Axiomensystem kann es nach Satz 2C2 nicht geben. Aber wir
können uns beim logischen Schließen auf Gleichheitsstrukturen beschränken: wir können immer
annehmen, daß das Gleichheitszeichen die Gleichheit bedeutet.

Vereinbarung 2C3

Im folgenden seien alle Strukturen Gleichheitsstrukturen. Den Formalismus nennt man *(offene)*
Prädikatenlogik mit Gleichheit.

Welche (Gleichheits-!) Modelle haben die folgenden Formeln?

   N1 $x' \neq 0$

   N2 $x' = y' \rightarrow x = y$

   A1 $x+0 = x$

   A2 $x+y' = (x+y)'$.

Sie gelten in den natürlichen Zahlen für Null, Nachfolger und Addition und sollen als Axiome
dieses Modell charakterisieren. Sie haben aber ganz unerwartete Modelle, über die Sie in der
folgenden Aufgabe einiges herausfinden sollen. Sie beginnen damit eine Untersuchung, die wir in
Kap. 3C5ff. und 3D gemeinsam fortsetzen werden und die grundlegend für die Logik war und ist.
Dazu stellen Sie Modelle am besten graphisch dar, zum Beispiel durch Pfeile zwischen den
Elementen für die Nachfolgeoperation (Abschnitt 2A2), und verwenden beim Beschreiben andere
Symbole als in der Signatur.

Aufgabe 2C3

(A) 1) Zeigen Sie, daß jedes Modell von N1, N2 einen Teil enthält, der wie die natürlichen Zahlen
   aussieht. Wie sehen die natürlichen Zahlen graphisch aus? Gibt es Einmündungen, Verzwei-
   gungen? Einen Teil mit diesen Eigenschaften sollen sie in den Modellen wiederfinden, dürfen
   dabei aber nur N1, N2 und nicht Ihre Vorstellung von Null und Nachfolger benutzen. Wenn
   Sie Schwierigkeiten haben, bearbeiten Sie zwischendurch Teil 3) der Aufgabe.

2) Zeigen Sie, daß in jedem Modell von N1, N2, A1, A2 in dem Teil, der wie $\mathbb{N}$ aussieht ("Kopie
   von $\mathbb{N}$") , die Addition eindeutig bestimmt ist. Wieder müssen Sie Ihr Wissen über die Addition
   in $\mathbb{N}$ trennen von den Eigenschaften, die aus A1, A2 folgen, also in Ihren Modellen gelten.

3) Geben Sie mindestens drei verschiedene Modelle an, die außer der Kopie von $\mathbb{N}$ weitere
   Elemente enthalten. Definieren Sie insbesondere die Addition auf diesen Elementen, so daß A1,
   A2 gelten. Was heißt 'verschieden'? Lassen Sie Ihre Phantasie spielen. Keine billigen Lösun-
   gen! Die rationalen Zahlen, in denen Sie ja addieren können, sind eine unerschöpfliche Quelle.
   Oder konstruieren Sie ganz neue Strukturen, denen Sie noch nie begegnet sind. Beschreiben Sie
   sie anschaulich und genau.

4) Erweitern Sie Ihre Modelle um ein zweistelliges Prädikat $<$, definiert durch:

   $m < n$ gdw $n = m''^{\cdots}$, das heißt, wenn n ein echter Nachfolger von m ist.

   Welche Ihrer erweiterten Modelle erfüllen die folgenden *Ordnungsaxiome*?

   O1   *irreflexiv:* $x \not< x$

   O2   *transitiv:* $x < y \wedge y < z \rightarrow x < z$

   O3   *total (linear)* $x < y \vee x = y \vee y < x$

   O4   *verträglich mit ':* $x < y \rightarrow x' < y'$

O5   *verträglich mit +*: $x < y \rightarrow x+z < y+z \land z+x < z+y$

Ändern Sie, soweit nötig und möglich, Ihre Prädikate $<$ so ab, daß sie die Ordnungsaxiome
erfüllen; es soll weiterhin gelten: $m < n$ falls $n = m'''\cdots'$.

5) Zeigen Sie, daß

O4' $x < y \leftrightarrow x' < y'$

aus O1 - O4 und G4, G5 folgt.

2C4.   Axiome und Theorien

Verwenden wir in der Mathematik Zeichen wie $= , + , <$, so meinen wir damit immer die
Gleichheit, Addition, Ordnung auf dem gerade untersuchten Bereich. In der Logik müssen wir
das, was wir meinen, ausdrücklich hinschreiben. Es ist wie beim Programmieren: Nichts von dem,
was wir im Sinn haben, macht der Rechner, wenn wir es nicht ins Programm gesteckt haben. Das
Programmieren nennt man in der Logik Axiomatisieren: Formeln sammeln, aus denen die Eigenschaften der Gleichheit, Addition, Ordnung u.s.w. logisch folgen. Für die Gleichheit haben wir
das gerade getan. Wie gehen wir allgemein vor?

Vorgegeben ist eine Situation wie beim Affen und der Banane, bei der Ballwurflogelei, beim
Architektenbeispiel. Wir präzisieren unsere Vorstellung von der Situation, indem wir Eigenschaften beschreiben. Das Vorgehen ist rekursiv: Je mehr Eigenschaften wir sehen, desto genauer
lernen wir die Situation kennen, desto mehr Wissen sammeln wir an. 'Mehr' heißt nicht 'eine
größere Menge': Wissen ist kein Besitz von Fakten, sondern die Fähigkeit, mit Situationen
umzugehen. Oft müssen wir beim Lernen umdenken, Wissen aufgeben, neu anfangen. Jetzt
formalisieren wir: Wir schreiben die Eigenschaften als logische Formeln auf und beschreiben die
Situation als eine logische Struktur, in der die Formeln gelten. Wie beim nicht-formalen Lernen ist
beides verschränkt: durch das Formel-ieren lernen wir die Struktur genauer kennen, durch das
Struktur-ieren sehen wir die Eigenschaften schärfer, können die Formeln verbessern. Wieder geht
es auf und ab: wir können Modelle durch Axiome ausschließen, dann entdecken wir Gegenbeispiele, Monster mit unerwünschten Eigenschaften, und müssen unsere Formalisierung
revidieren. Ebenso sind formales und nicht-formales Arbeiten verzahnt: Nicht nur ergeben sich
Strukturen und Axiome aus unserer vagen Anfangsvorstellung, sondern das Formalisieren
verändert unsere Intuition über den Bereich, oft grundlegend. - Ist nicht eine Situation vorgegeben,
sondern verschiedene, wie bei der Gleichheit oder den möglichen Pfeiler- und Bogenbauten, gehen
wir genauso vor und erhalten eine Klasse von Strukturen und Axiome dafür.

Definition   2C4
Die *Theorie einer Struktur* oder *einer Klasse von Strukturen* derselben Signatur besteht aus der
Signatur und allen Formeln (der Signatur), die in der Struktur bzw. in den Strukturen gelten. Ein
Axiomensystem für die Struktur oder die Klasse von Strukturen (2B9) ist dann auch ein
Axiomensystem für die Theorie.

So besteht die *Theorie der natürlichen Zahlen* aus der Signatur und allen Formeln, die in der

Struktur $\mathbb{N}$ aus Beispiel 2A1b gelten. Die Struktur $\mathbb{N}$ ist dabei intuitiv gegeben, daher nur informal beschrieben; welche Formeln darin gelten, hängt also auch von unserer intuitiven Vorstellung ab. Das Problem werden wir in Kap. 3C ausführlich untersuchen. Auf die gleiche Weise ist die Theorie der ganzen, der rationalen, der reellen Zahlen oder der reellwertigen Matrizen definiert. Eine Struktur axiomatisieren heißt nach Def. 2B9 also, Formeln finden, aus denen alle Formeln der Theorie folgen. Genau das haben wir bei den bisherigen Beispielen gemacht. Ob wir dabei eher mit Strukturen (Beispiele, Gegenbeispiele) oder mit Formeln (erwünschte oder unerwünschte Eigenschaften) arbeiten, ist nicht wesentlich. Im Gegenteil, wie oben betont, ist es nützlich, zwischen beiden Sichtweisen zu wechseln.

Warum nehmen wir nicht einfach alle Formeln der Theorie als Axiomensystem? Axiome sollen leicht verständlich und gut handhabbar sein. Im ursprünglichen Sprachgebrauch sind Axiome unmittelbar einsichtige "erste Prinzipien", aus denen alle Sätze der Theorie folgen, die aber selbst nicht begründet zu werden brauchen bzw. nicht zu begründen sind. Heute stellt man meist keine inhaltlichen Forderungen mehr, sondern verlangt nur, daß ein Axiomensystem endlich oder "scheinendlich" (aus endlich vielen Formelschemata bestehend) oder zumindest entscheidbar (siehe unten) sein soll. (Ein Formelschema sieht aus wie eine Formel, man kann aber zum Beispiel durch Variieren von Parametern oder Einsetzen von Termen an festen Stellen unendlich viele Formeln erzeugen. Manche Formeln in Abschnitt 2B9 sind von der Art.) Alle Formeln der Theorie sind sicher nicht übersichtlich und gut zu handhaben; meist ist die Theorie nicht einmal entscheidbar.

Definition 2C4   (Fortsetzung)
Eine Menge von Formeln heißt *entscheidbar*, wenn es einen Algorithmus gibt, mit dem man nachprüfen kann, ob eine Formel dazugehört oder nicht. Eine *Theorie* heißt *entscheidbar*, wenn die zugehörige Formelmenge entscheidbar ist. Von nun ab verlangen wir von einem *Axiomensystem* (für eine Struktur oder Klasse von Strukturen oder für eine Theorie), daß es entscheidbar sein soll. Eine Theorie oder Struktur heißt *axiomatisierbar*, wenn es ein (entscheidbares!) Axiomensystem dafür gibt.

Oft verliert man beim Axiomatisieren die Struktur aus den Augen, von der man ausging. So sind im vorigen und zu Beginn dieses Jahrhunderts Gruppen-, Ring- und Körpertheorie teilweise dadurch entstanden, daß man ganz konkrete Strukturen untersuchte: Man hat bestimmte Eigenschaften, die immer wieder auftauchten, für sich betrachtet und die Modelle dieser "Axiome" Gruppen, Ringe, Körper genannt.[1] Dadurch hat 'Axiom' die Bedeutung 'beliebig gewähltes Postulat' bekommen. Die *Theorie der Axiome* ist dann die Menge der Formeln der gleichen Signatur, die aus den Axiomen folgen. So ist die *Theorie der Monoide* die Menge der Formeln, die aus den Axiomen

$$x \bullet (y \bullet z) = (x \bullet y) \bullet z, \qquad x \bullet e = x, \quad e \bullet x = x$$

folgen. (Die Signatur besteht aus einer Sorte M, einer Konstante $e \to M$ und einer Operation $M \bullet M \to M$.) Ein *Monoid* ist nur definiert als Modell der Axiome bzw. der Theorie (warum ist das gleichwertig?).

---

[1] Teilweise kannte man solche Modelle schon. Dazu sollte man bei Gauß oder Galois oder in historisch sorgfältigen Algebra-Büchern nachlesen.

Aufgaben 2C4

a) Zeigen Sie, daß ein Axiomensystem und seine Theorie dieselben Modelle haben.

b) Zeigen Sie, daß die Wörter über einem Alphabet mit dem leeren Wort und der Verkettung ein Monoid bilden. Geben Sie mindestens drei weitere Monoide an.

c) Sind die Formeln A1-A12 aus der Einführung zu dem Buch ein Axiomensystem für die Theorie des Affe-Banane-Beispiels? Wenn nicht, ergänzen Sie sie.

d) Ebenso für die Formeln B1-B13 aus Abschnitt 1A3 zur Ballwurflogelei, wobei Wa und Tä Prädikatensymbole sein sollen.

e) Ebenso für die Ballwurflogelei in der Fassung aus Aufgabe 2C1e mit den Axiomen D1-D8:

   1) Wiederholen Sie Aufgabe 2C1e mit dem, was Sie inzwischen gelernt haben. Welche (Gleichheits-!) Modelle haben die Axiome?

   2) Geben Sie ein Modell der Axiome an, in dem der Täter Fritz heißt.

   3) Geben Sie ein Modell der Axiome an, in dem der Täter Anne und nicht Fritz heißt.

   4) Geben Sie ein Modell der Axiome an, in dem der Täter mehrere Namen hat.

   5) Geben Sie ein Modell der Axiome an, in dem der Täter Dirk ist und nicht Fritz heißt. Wie heißt Dirk?

   6) Erweitern Sie das Axiomensystem so, daß die Ballwurflogelei genau beschrieben wird, das heißt, daß Sie aus den Axiomen folgern können, was Sie schon immer folgern wollten. Welche Modelle gibt es jetzt noch?

Fragen (zu Aufgabe e)

Was heißt 'heißt' ? Was ist 'ist' ?

Formalisieren besteht also aus drei eng zusammenhängenden Tätigkeiten: Wir *strukturieren* Situationen in Strukturen, wir *formalisieren* (eigentlich *formulieren*, aber der Terminus ist schon umgangsprachlich belegt) Eigenschaften in Formeln und wir *axiomatisieren* Strukturen bzw. ihre Theorien. In der Literatur wird das Vorgehen meist als eine Kette dargestellt: erst strukturieren, dann formalisieren, dann axiomatisieren - eine allzu sterile Beschreibung für einen höchst lebendigen Vorgang. Auch den Software-Entwurf hat man zunächst als einen solchen "Wasserfall" von Stufen verstanden: Pflichtenheft - funktionale Beschreibung - formale Spezifikation - Programmierung. Inzwischen weiß man, daß diese Ebenen vielfach vernetzt sind, und nicht nacheinander erklommen werden können.

Ich erinnere an Gregory Bateson, den ich schon in der Einleitung zu Teil 1 und in Abschnitt 1A6 in das Geschäft des Formalisierens hineingezogen habe. Er erklärt Lernen und jede Art von Entwicklung mit Hilfe des dualen Paars von *Form* und *Prozeß*. Alles was wir tun und erleben, erleben wir als Prozeß: wir schreiben Formeln und erklären sie, wir hören Einwände und ändern. Was wir dabei benutzen und zustandebringen, beschreiben wir als Form: die Struktur in ihrer jeweiligen "Form", die "Form"eln, das Axiomensystem, schließlich auf einer anderen Ebene den "Form"-alismus, den wir vorfinden und irgendwann ändern. Form und Prozeß sind zwei Seiten derselben Sache, zwischen denen wir ständig wechseln. Bleiben wir an einer Seite kleben, wird es unlebendig. Das ist besonders beim Formalisieren zu beachten. Da sind wir so extrem auf Formen aus, daß wir die Prozesse hätscheln müssen; sonst werden wir Formalisten. Also das Formalisieren nicht selbst in feste Formen pressen; die Verbindungen zwischen den verschiedenen Tätigkeiten beweglich halten; das Formalisieren in den Mittelpunkt stellen und nicht den Formalismus.

Die Theorie einer Struktur oder eines Axiomensystems ist abgeschlossen unter logischer Folgerung (warum?); das heißt: jede Formel, die aus der Theorie folgt, gehört selbst dazu. Gelegentlich definiert man daher in der Logik eine Theorie als eine beliebige Formelmenge, die abgeschlossen ist. Ein Beispiel fürs Kleben an der Form, Vernachlässigen der Prozesse. Für die Griechen waren Theorien "Sichtweisen" (Aufg. 1C3e), also Plattformen, von denen man die Welt betrachtet, und daher Rahmen, in denen man Erkenntnisse gewinnen, weitergeben, bewahren kann. Heute hat sich die Bedeutung von den Tätigkeiten, die der Rahmen ermöglicht, auf den Rahmen verlagert. Daher sind Theorien so theoretisch, im Gegensatz zur Praxis geraten. Theorie als eine Ansammlung von Wissen, eine Menge von Formeln, das ist die äußerste Zuspitzung dieser Tendenz zur Form. Peter Naur gibt in seiner Arbeit "Programming as Theory Building"[2] der Theorie ihren ursprünglichen Sinn zurück: Die Theorie eines Programms ist nicht die Menge seiner Eigenschaften, auch nicht die Dokumentation (ein Axiomensystem dieser Eigenschaften, im nicht-formalen Sinn). Die Theorie ist nicht aufgeschrieben und nicht aufschreib-bar, sie sitzt in den Köpfen, Fingern und Herzen derjenigen, die das Programm entwickelt haben, in ihren Fähigkeiten, ihren Neigungen, ihrer Intuition, die sie dabei gewonnen haben. Gehen sie, so nehmen sie ihre Theorie mit, und das Programm ist tot.

Mit logischen Theorien ist das genauso. Man muß sie selber aus Theorien entwickeln, die man vorfindet, nicht einfach übernehmen. Wie oft haben Sie versucht, einen komplizierten Beweis zu verstehen? Ideen finden und den Beweis neu schreiben, ist fruchtbarer und oft einfacher. - In diesem Sinn gibt es keine Theorie der Informatik. Die Theoretische Informatik ist eine Sammlung von mathematischen Theorien, die mit dem Rechner zu tun haben. Eine Theorie ist sie nicht. Über das Problem theoretisiere ich in "Wende zur Phantasie"[3].

2C5.   Das Architektenbeispiel axiomatisieren.

In diesem Licht sehen wir uns noch einmal das Architektenbeispiel aus der Einleitung zu Teil 2 an. Erste Axiome - C5-C15 für die spezielle Situation, C1-C4 für beliebige - hat Clarissa gleich in der Einleitung aufgeschrieben und uns damit (vorläufig) auf eine Signatur, also auf einen Forma- lismus festgelegt. Die zugehörigen Strukturen haben wir in Abschnitt 2A1 untersucht. Erste Folgerungen aus den Axiomen haben wir in Abschnitt 2B1 gezogen. In Abschnitt 2B9 haben wir gemerkt, daß wir das Bogenbauaxiom C1 nicht halten können: Es läßt einbeinige Bögen zu und ist daher falsch, wenn überhaupt Blöcke aufeinanderstehen. Wir haben es zunächst weggelassen und die Axiome C2-C4 für die Prädikate 'Pfeiler' und 'liegt auf' ausgebaut. In der neuen Fassung C1- C4 erlauben sie nur noch Pfeiler, die säuberlich aus Blöcken aufgestapelt sind; wenigstens für die Pfeiler, die durch Terme dargestellt sind, konnten wir das zeigen (Aufg. 2B9c). Das Blockprädikat und mit ihm die Axiome C5-C9 hatten wir als überflüssig schon vorher weggelassen.

Als erstes bringen wir das Bogenbauaxiom - altes C1 - in Ordnung. In der Einleitung zu diesem Kapitel haben wir es schon so ergänzt, daß wir nicht mehr aus jedem Pfeiler einen Bogen bauen

---

[2] Literatur L5. Vgl. Abschnitt 2A1.

[3] Literatur L7.

können. Nach dem, was wir in Abschnitt 2B9 über Pfeiler gelernt haben, wandeln wir das Konditional in ein Bikonditional um und erhalten:

C5 $|u| \wedge |v| \wedge u \neq v \wedge \dfrac{x}{u} \wedge \dfrac{x}{v} \leftrightarrow \overbrace{\begin{array}{c} x \\ \boxed{} \\ u \quad v \end{array}}$

genau die Gebilde aus einem Block auf zwei verschiedenen Pfeilern sind Bögen

als neues Axiom. Jetzt können wir die Aussagen aus 2B9 auf die volle Signatur (mit Bögen) verallgemeinern: Das Diagramm einer Struktur folgt aus dem Blockdiagramm. Allerdings brauchen wir dafür noch:

C6 $a \neq b$, $a \neq c$, $b \neq c$,...   verschiedene Blöcke sind ungleich.

Wollten wir unsere Modelle auf die Blöcke einschränken, deren Namen in der Signatur vorkommen, so könnten wir das jetzt auch tun, zum Beispiel für unseren Fall:

$x = a \vee ... \vee x = e$ a,...,e sind die einzigen Blöcke.

Damit würde das Axiomatisieren trivial: Das Blockdiagramm würde nicht nur das Diagramm und damit die Grundformeln, sondern die Struktur selber festlegen. Es gäbe keine namenlosen Blöcke, alle Modelle wären erzeugt (vgl. die Abschnitte 2B2 und 2B9). Wir könnten sogar die allgemeinen Architektenprinzipien C1-C5 weglassen und stattdessen alle möglichen Strukturen durch Disjunktionen beschreiben. Die Axiome wären fürchterlich, sicher nicht Axiome im Sinne des letzten Abschnitts.

Schon in Abschnitt 2B9 haben wir Monster entdeckt, die durch unsere Axiome nicht ausgeschlossen sind: Pfeiler und Bögen, in denen ein Block mehrfach vorkommt. Um solche Modelle zu verhindern, können wir zum Beispiel ein neues Prädikat

Block $\in$ Pfeiler - der Block kommt im Pfeiler vor

einführen und axiomatisieren. Was heißt dabei 'axiomatisieren'? Aus den Axiomen sollte $a \in p$ für eine Blockkonstante a und einen variablenfreien Pfeilerterm p genau dann folgen, wenn 'a' in 'p' vorkommt; ebenso für die Negation. Wer Abschnitt 2B9 durchgearbeitet hat, sollte das hinkriegen. In jedem Fall ist es gut, sich vor einer allgemeinen Induktion nach dem Aufbau von p ein paar kritische Beispiele anzusehen. Jetzt können wir die Axiome C1-C5 so ändern, daß wir $|p|$ nur noch folgern können, wenn der Pfeilerterm p kein Monster bezeichnet, also keine Blockkonstante zweimal enthält. Analog für das Prädikat 'auf'. Vielleicht können Sie auch folgern:

$$\frac{a}{p} \rightarrow a \notin p, \qquad \frac{x}{p} \rightarrow x \notin p, \qquad \frac{x}{u} \rightarrow x \notin u$$

für eine Blockvariable x und eine Pfeilervariable u ? Wenn Sie bei der letzten Formel Schwierigkeiten haben, sehen Sie sich die Abschnitte 2B2, 2B9 an: Unsere Strukturen müssen nicht erzeugt sein, die Axiome sind aber rekursiv, greifen also nur für Terme. Kommen Sie auf das Problem zurück, wenn Sie in Kap. 3C mit dem Induktionsaxiom gearbeitet haben. Was den Pfeilern recht ist, ist den Bögen billig: Welches Prädikat hilft gegen Bogen-Monster? Welche Monster gibt es da überhaupt? Was für Sätze können Sie formulieren? Welche beweisen? Vielleicht geht die ganze Arbeit besser, wenn Sie Monster nicht nur unter den vorhandenen, sondern unter den baubaren Pfeilern und Bögen (2A1) auszuschließen suchen. Also neue Prädikate dafür einführen und die Axiome C1-C5 nicht ändern, sondern für die neuen Prädikate neu schreiben. Dann sollten Sie auch die Umkehrung zu den obigen Sätzen schaffen: Ein Bogen oder Pfeiler ist baubar genau dann, wenn er kein Monster ist. Was ist mit Blöcken, die in zwei verschiedenen Pfeilern vorkommen?

Wenn Sie alle Monster hinausgeworfen haben, ist die Welt noch lange nicht in Ordnung. Was für Axiome haben Sie für die elementaren Operationen und Prädikate der Signatur? Kann ein Block gleichzeitig auf dem Boden und auf einem Block liegen? Auf zwei verschiedenen Blöcken? Sind Pfeiler aus verschiedenen Bestandteilen verschieden? Dürfen Sie Pfeiler im Kreis bauen oder in den Himmel oder beliebig tief in die Erde? In welchem Sinn sind Architektenstrukturen frei (Abschnitt 2B3, 2B9)? Vielleicht hilft es, wenn Sie "Keller"-Operationen einführen (und axiomatisieren), mit denen Sie aus einem Pfeiler den obersten Block und den Rest erhalten.

Aufgaben 2C5

a) (P) Arbeiten Sie immer wieder einmal an dem hier entworfenen Programm. Sie werden stets etwas Neues lernen. Suchen Sie nicht ein vollständiges Axiomensystem. Suchen Sie Axiomatisieren zu lernen, oder doch zu üben.

b) (A) Ist Ihnen aufgefallen, daß unsere Architektenstrukturen zeitlos sind? Wir sprechen vom 'Bauen' von Pfeilern, aber $\frac{b}{a}$ ist das Gebilde aus b auf a, nicht das Gebilde, das entstehen würde, wenn wir b auf a setzten. Unsere Strukturen sind Momentaufnahmen. Lehren Sie die Bilder laufen, indem Sie alle Operationen und Prädikate zeitabhängig machen, das heißt, ein neues Argument t der Sorte $\mathbb{N}$ (diskrete Zeit) einfügen, und die Axiome entsprechend ändern und ergänzen (Axiome für $\mathbb{N}$ in Kap. 3C). Das ist ein neues Programm. Vgl. Aufg. 3B4d.

Kapitel 2D.   Ableiten

In Kap. 1A und 1B haben wir aus den Aussagen von Anne, Emil, Fritz und Gustav und der des Passanten gefolgert, daß Fritz die Fensterscheibe eingeworfen hat. In Kap. 1D haben wir die Schlüsse, die wir bei dem Beweis und anderen benutzt hatten, gesammelt und einige von ihnen als Ableitungsregeln ausgezeichnet. Näher angesehen haben wir uns die Schnittregel für Gentzenformeln und Varianten davon. Wir haben Folgerungen zu Ableitungen formalisiert und haben vor allem gefragt, mit welchen Regeln man welche Arten von Beweisführungen formalisieren kann (Adäquatheit; Kap. 1D, Anhang). Dasselbe wollen wir in diesem Kapitel für die offene Prädikatenlogik tun. Erinnern wir uns an den Beginn von Kap. 2B. Dort haben wir die Formel

C16

das Gebilde aus d auf b und a einerseits und auf c andererseits ist ein Bogen

aus den Axiomen C1-15 des Architektenbeispiels gefolgert. Bei dem Beweis haben wir zwei Arten von Schlüssen benutzt: Wir haben immer wieder in die Axiome C1-4, die Variable enthalten, variablenfreie Terme eingesetzt und mit den entstehenden Formeln und den Axiomen C5-15, die alle keine Variablen enthalten, aussagenlogisch weitergeschlossen. Formaler: Wir haben die Substitution als Regel und anschließend die Schnittregel (angewendet auf variablenfreie Formeln) benutzt, um C16 zu beweisen. Dieses Vorgehen verallgemeinern wir jetzt und untersuchen es genauer.

In Abschnitt 2D1 wiederholen wir die Begriffe, die mit Ableiten zu tun haben, und führen das *Einsetzen als prädikatenlogische Ableitungsregel* ein. In den Abschnitten 2D2-2D4 zeigen wir, daß wir mehr nicht brauchen: Mit der neuen Regel *heben* wir all die aussagenlogischen *Vollständigkeitsergebnisse* aus Kap. 1D *in die offene Prädikatenlogik hoch.* In Abschnitt 2D5 gewinnen wir daraus *Theorembeweiser,* halbseitige Entscheidungsverfahren fürs logische Folgern. In Abschnitt 2D6 übertragen wir die Endlichkeitssätze aus 1B8 auf die Prädikatenlogik. Syntaktische Beweise erhalten wir direkt aus den Vollständigkeitssätzen; alternativ verallgemeinern wir die semantischen Beweise aus 1B8 und erhalten so semantische Theorembeweiser. Die syntaktischen Verfahren legen den Grund für mehr praktisch orientierte Formalismen, die wir in 2D7 und 2D8 kurz beschreiben: den *Resolutionskalkül* und den *logischen Programmierkalkül* PROLOG.

2D1.   Ableitungsregeln in der offenen Prädikatenlogik

Sehen wir uns die Definitionen zum Ableiten in Kap. 1D an, so stellen wir fest, daß sie nicht auf spezifische Kalküle eingeschränkt sind. Sie gelten daher für die offene Prädikatenlogik genauso: Eine *Ableitungsregel* ist eine Vorschrift, mit der wir aus gegebenen Formeln neue - allein aufgrund ihrer Gestalt - produzieren können. Das sukzessive Anwenden solcher Regeln ausgehend von gegebenen Formeln nennen wir *Ableiten aus Voraussetzungen*, die Protokolle - die wir als Bäume oder zusammengefaltete Bäume darstellen - *Ableitungen*, die produzierten Formeln *ableitbar* (vgl. Abschnitt 1D2). Ableitungsregeln sind syntaktisch formuliert, aber semantisch gerechtfertigt: Wir verlangen, daß sie *korrekt* sind, das heißt, daß die abgeleiteten Formeln aus den Voraussetzungen logisch folgen (1D3). Und wir wünschen uns, daß sie *vollständig* sind, das heißt, daß wir aus gegebenen Voraussetzungen alle Formeln, die logisch folgen, ableiten können (*vollständig fürs Ableiten*), oder zumindest die Formel F , falls die Voraussetzungen X widersprüchlich sind (*vollständig fürs Widerlegen*; 1D5). Regeln oder Regelmengen, die korrekt und vollständig sind, nennen wir *adäquat* (fürs Ableiten bzw. Widerlegen): Wenn genau das Folgerbare ableitbar ist, haben wir die Semantik (logische Folgerung) auf adäquate Weise syntaktisch (durch Ableitungen) formalisiert und können ans Mechanisieren denken. Jetzt führen wir eine neue Ableitungsregel ein, die uns das in der offenen Prädikatenlogik ermöglichen soll.

Definition 2D1
Mit der *Einsetzungs-* oder *Substitutionsregel* können wir in einer Formel für Variablen Terme (aber keine Datenterme!) einsetzen:

$$(E) \qquad \dfrac{A}{A \left[\begin{array}{c} x_1 \cdots x_n \\ t_1 \cdots t_n \end{array} \right]}$$

wobei A eine Formel, $x_1,...,x_n$ Variable und $t_1,...,t_n$ Terme passender Sorten sind.

Nach Satz 2B8 ist die Einsetzungsregel korrekt. - Andere nicht aussagenlogische Schlußweisen sind uns bisher nicht begegnet. Durch die Kombination mit der Einsetzungsregel werden aber auch aussagenlogische Regeln wirksamer. Mit der Schnittregel zum Beispiel konnten wir bisher zwei Formeln bzw. Klauseln nur schneiden, wenn sie dasselbe Atom *komplementär* enthalten, das heißt, vorne und hinten in Gentzenformeln bzw. negiert und unnegiert in Klauseln. Jetzt können wir verschiedene Atome erst durch Einsetzen *vereinheitlichen* (*unifizieren*) und dann die Formeln schneiden. So können wir im Affe-Banane-Beispiel aus den Axiomen

A1 Arme(x) ∧ Nah(x,y) → Reichen(x,y)   und   A5 Arme(Affe)   auf

A18 Nah(Affe, y) → Reichen(Affe, y)   oder sogar auf

A19 Nah(Affe, Banane) → Reichen(Affe, Banane)

schließen. Um dafür die Schnittregel anzuwenden, müssen wir erst in A1 für x Affe (und für y Banane) einsetzen. Manchmal müssen wir auch umbenennen (das geht mit der Einsetzungsregel), um unerwünschte Nebenwirkungen beim Schneiden zu vermeiden. Schneiden wir zum Beispiel P aus

W → R(x) ∨ P   und   P ∧ Q(x) → F ,

erhalten wir Q(x) → R(x) ; vielleicht wollten wir aber Q(x) → R(y) haben, was auch folgt und stärker ist. (Wieso? In welchem Sinn?)

Aufgaben 2D1

a) Bringen Sie die Schlüsse im Affe-Banane-Problem aus der Einführung des Buches in die Form
   einer Ableitung mit Schnitt- und Einsetzungsregel.
b) Ebenso mit dem Architektenbeispiel aus diesem Kapitel.
c) Ebenso mit den Ballspielaufgaben 2C4d und 2C4e.

2D2.   Schneiden und Einsetzen ist widerlegungsvollständig

Prädikatenlogische Formeln unterscheiden sich von aussagenlogischen nur in der Semantik der
Atome: in der Aussagenlogik sind Atome bloß wahr oder falsch, in der Prädikatenlogik können wir
in sie hineinsehen, sie bestehen aus Prädikatensymbolen mit Termen als Argumenten. Sind die
Terme variablenfrei, ist der Unterschied nicht tief; wieder werden die Atome wahr oder falsch,
durch Interpretation in Strukturen statt durch Belegungen. Enthalten die Terme aber Variablen, so
kann dasselbe Atom in derselben Struktur wahr oder falsch werden, je nachdem welche Daten wir
für die Variablen einsetzen. Das Umgehen mit Variablen liefert also den einzigen wirklichen Unterschied zwischen Aussagen- und offener Prädikatenlogik. Und Variable können wir in Formeln nur
mit Hilfe von Einsetzen verändern; kein Wunder, daß wir bisher keiner anderen neuen Schluß-
weise begegnet sind. Kein Wunder auch, daß sie als Ableitungsregel ausreicht: zusammen mit
vollständigen aussagenlogischen Regeln ist sie vollständig in der offenen Prädikatenlogik. Das
wollen wir jetzt beweisen.

Sehen wir uns das zunächst für die Schnittregel an. Es sei X eine beliebige widersprüchliche
Menge prädikatenlogischer Gentzenformeln, das heißt: aus X folgt F. Wir wollen zeigen: aus X
ist F mit Schneiden und Einsetzen ableitbar. Dann haben wir bewiesen, daß Schnitt- und Einsetzungsregel zusammen vollständig fürs Widerlegen sind. Ist X widersprüchlich, so nach Folgerung 2B3b auch Grund(X), die Menge der Grundbeispiele von X (die variablenfreien Formeln,
die wir aus X durch Einsetzen gewinnen). (Das liegt daran, daß wir ein Modell $\mathcal{M}$ von
Grund(X) auf ein erzeugtes Modell $\mathcal{M}'$ einschränken können; in $\mathcal{M}'$ gelten alle Formeln,
deren Grundbeispiele alle in $\mathcal{M}$ wahr sind, also sicher alle Formeln von X; also ist $\mathcal{M}'$ ein
Modell von X.) Ist Grund(X) prädikatenlogisch widersprüchlich (es gibt keine Struktur, die
Grund(X) wahr macht), so nach Satz 2B4 auch aussagenlogisch (es gibt keine Belegung, die das
tut). (Klar: da Grund(X) keine Variablen enthält, könnten wir aus einer solchen Belegung ein
Herbrandmodell von Grund(X) konstruieren.) Da in der Aussagenlogik die Schnittregel
vollständig fürs Widerlegen von Gentzenformeln ist (Satz1D8), können wir also mit ihr F aus
Grund(X) ableiten. Die verwendeten Formeln aus Grund(X) erhalten wir aus X durch Einsetzen;
setzen wir diese Einsetzungsschritte an die Blätter des Ableitungsbaums, erhalten wir eine
Ableitung von F aus X mit der Schnitt- und der Einsetzungsregel. Fertig.

Vollständigkeitssatzsatz 2D2 (fürs Widerlegen)
Schnitt- und Einsetzungsregel zusammen sind vollständig und damit adäquat fürs Widerlegen von
Gentzenformeln in der offenen Prädikatenlogik.

$$X \vDash F \qquad gdw \qquad X \vdash_{SE} F.$$

Folgerung   2D2

Jede Widerlegung von Gentzenformeln mit Schnitt- und Einsetzungsregel kann man in die Form "Weihnachtsbaum mit Kerzen" bringen:

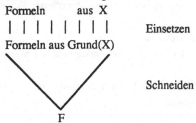

Formeln   aus X

| | | | | | | | Einsetzen

Formeln aus Grund(X)

                              Schneiden

                    F

Solche Ableitungen nach dem Prinzip "Erst einsetzen, dann schneiden" stellen also eine Normalform für SE-Widerlegungen dar.

Aufgaben   2D2

a) Gilt das Konsistenzlemma 1D8 für Atome mit Variablen? Für Gentzenformeln?

b) Beweisen Sie die Folgerung, erst über den Satz und dann alternativ syntaktisch: Sie können Einsetzungen in Ableitungen an Schnitten vorbei nach oben schicken, und Sie können aufeinanderfolgende Einsetzungen zu einer zusammenfassen. Beweise? Werden die Ableitungen durch diese "Normierung" einfacher oder komplizierter?

c) Im letzten Teil des Beweises für den Satz haben wir benutzt:

   wenn Grund(X) $\vdash_S$ F,   dann   X $\vdash_{SE}$ F.

   Beweisen Sie die Umkehrung. Bearbeiten Sie erst Aufgabe b), aber Sie brauchen noch eine weitere Idee.

d) (A) Beweisen Sie den Satz, indem Sie nicht das Vollständigkeitsergebnis aus Abschnitt 1D8 benutzen, sondern den Beweis dafür anpassen: alle Grundatome der Signatur aufzählen, die Menge Grund(X) sukzessive durch die konsistenten Grundatome erweitern, daraus ein Herbrandmodell von Grund(X) definieren, das damit auch ein Modell von X ist. Ist der Beweis einfacher oder schwieriger als der obige? Warum zählen Sie Grund- und nicht beliebige Atome auf? Warum zählen Sie überhaupt Atome und nicht beliebige Gentzenformeln auf? Warum beginnen Sie mit Grund(X) statt mit X ?

2D3.   Vollständigkeit fürs Widerlegen in die Prädikatenlogik hochheben

Die Schnittregel kam im Beweis von Satz 2D2 gar nicht explizit vor. Wir haben nur die Widersprüchlichkeit einer Formelmenge X über eine Modellkonstruktion in die Aussagenlogik heruntergeholt, haben dort die Vollständigkeit der Schnittregel benutzt und die so produzierte Widerlegung durch "Aufstecken" von Einsetzungen zu einer prädikatenlogischen gemacht. Im ersten und dritten Teil des Beweises benutzen wir keine Eigenschaften der Schnittregel, im zweiten nur ihre Vollständigkeit fürs Widerlegen. Wir können also auf diese Weise Vollständigkeitsergebnisse für beliebige Regeln in die Prädikatenlogik "hochheben", und so mit den Ergebnissen der Abschnitte 1D7, 1D8 den Vollständigkeitssatz 2D2 verschärfen.

Hebeprinzip für die Vollständigkeit fürs Widerlegen

Ist eine Regel oder Regelmenge vollständig fürs Widerlegen in der Aussagenlogik, so bleibt sie zusammen mit der Einsetzungsregel vollständig fürs Widerlegen in der offenen Prädikatenlogik.

Vollständigkeitssatz 2D3 (fürs Widerlegen)

Zusammen mit der Einsetzungsregel sind vollständig fürs Widerlegen in der offenen Prädikatenlogik:

a) sowohl die positive als auch die negative Schnittregel für Gentzenformeln,
b) die positive Einerschnittregel für Hornformeln.

Aufgaben 2D3

a) Formen Sie die Ableitungen aus den Aufgaben 2D1a-c in Widerlegungen um. Welche davon sind in der Normalform aus dem letzten Abschnitt?

b) Widerlegen Sie die Menge

$$P(a) \lor Q(b) , \qquad P(x) \rightarrow Q(y) , \qquad Q(x) \rightarrow P(y) , \qquad \neg(P(a) \land Q(b))$$

mit der Schnitt- und der Einsetzungsregel. Kommen Sie mit einem Spezialfall der Schnittregel aus?

c) (P) Gelten Hebeprinzip und Satz auch für die $\neg,\lor$-Regeln aus Beispiel 1D1b?

d) (A) Versuchen Sie, bevor Sie den nächsten Abschnitt lesen, die Ergebnisse dieses Abschnitts auf Vollständigkeit fürs Ableiten zu verallgemeinern.

2D4. Vollständigkeit fürs Ableiten

Um das Hebeprinzip auf Vollständigkeit fürs Ableiten auszudehnen, müssen wir uns mehr anstrengen. Es sei X eine Menge von Formeln, es sei A eine Formel, die aus X folgt. Nach Folgerung 2B3d (die im wesentlichen genauso bewiesen wird wie oben für Folgerung 2B3b skizziert) wissen wir, daß Grund(A) aus Grund(X) folgt. Ist eine Regel oder Regelmenge $\mathcal{R}$ vollständig fürs aussagenlogische Ableiten, können wir also Grund(A) - das heißt alle Grundbeispiele von A - aus Grund(X) mit $\mathcal{R}$ ableiten. Kriegen wir aus diesen Ableitungen eine Ableitung von A aus X ? Betrachten wir eine Ableitung eines Grundbeispiels A' von A aus Grund(X) . Auf diese Ableitung Einsetzungen draufzustecken wie bisher, reicht nicht; wir wollen ja A ableiten, nicht A'. Also machen wir in der ganzen Ableitung (von A' aus X oder aus Grund(X) , das ist egal) die Einsetzungen rückgängig, die von A zu A' geführt haben. Das sieht zunächst gut aus: Wir haben A mit $\mathcal{R}$ abgeleitet. Aber die Formeln in den Blättern dieser Ableitung passen nicht. Sie sind nicht aus Grund(X) , denn sie enthalten Variable aus A . Und wir können sie im allgemeinen nicht aus Formeln in X durch Einsetzen erhalten; denn die Variablen aus A können an Stellen vorkommen, an denen in den entsprechenden Formeln aus X die Grundterme stehen, die wir gerade aus der Ableitung hinausgeworfen haben. Ist zum Beispiel A := P(x), A' := P(a) und enthält X P(a) , so ist A' aus X mit jeder Regel ableitbar, aber A folgt nicht aus X , ist also sicher nicht ableitbar. Wir müssen sicherstellen, daß die Grundterme, die von A' zu A führen, in der Ableitung keine Rolle spielen, insbesondere nicht in X vorkommen. Das erreichen wir, indem wir als Grundterme Konstante wählen, die nirgends sonst vorkommen.

Sei also wieder X eine beliebige Menge von Gentzenformeln, sei A eine Formel, die aus X folgt. Es seien $x_1,...,x_n$ die Variablen in A ; wir können voraussetzen, daß sie in X nicht vorkommen, sonst benennen wir sie um (Abschnitt 2B8). Wir wählen Konstanten $c_1,...,c_n$ passender Sorten, die in X und A nicht vorkommen, und setzen sie in A für $x_1,...,x_n$ ein; die entstehende Formel sei A'. Da A aus X folgt, folgt wie oben Grund(A), insbesondere das Grundbeispiel A', aus Grund(X). (Warum? Achtung! Hier haben wir heimlich und leichtfertig mit Signaturen jongliert. Wir bilden Grundbeispiele zur erweiterten Signatur, die neuen Konstanten können also in Grund(A) und in Grund(X) vorkommen. Also bitte beweisen!) Ist die Regel oder Regelmenge $\mathcal{R}$ vollständig fürs Ableiten in der Aussagenlogik, können wir wieder wie oben A' aus Grund(X) ableiten. Auf diese Ableitung stecken wir wie in Abschnitt 2D2 Einsetzungen drauf und leiten so A' aus X ab. Da die Variablen x_i in X nicht vorkommen, können wir in den Einsetzungen und in der gesamten Ableitung c_i durch x_i für $i = 1,...,n$ ersetzen und erhalten eine Ableitung von A aus X. Fertig.

Für die Subvollständigkeit verläuft die Konstruktion genauso. Wir erhalten auf der aussagenlogischen Ebene nur eine Subformel von A', die durchs Rückeinsetzen der Variablen zu einer Subformel von A wird. Die Definition 1D10 ändert sich dabei nicht: eine Subformel entspricht einer Teilmenge der Atome; daß die Atome jetzt Variablen enthalten, stört nicht. Damit können wir formulieren:

Hebeprinzip für Vollständigkeiten
Ist eine Regel oder Regelmenge $\mathcal{R}$ (widerlegungs-, sub-) vollständig in der Aussagenlogik, so ist sie zusammen mit der Einsetzungsregel (widerlegungs-, sub-) vollständig in der offenen Prädikatenlogik.

Vollständigkeitssatz 2D4
Zusammen mit der Einsetzungsregel sind in der offenen Prädikatenlogik subvollständig:
a) die Schnittregel für Gentzenformeln,
b) die positive (negative) Schnittregel für positive (negative) Gentzenformeln.
Fügt man die Tautologie- und die Abschwächungsregeln hinzu, werden die Regelmengen vollständig fürs Ableiten solcher Formeln.

Aufgaben 2D4
a) Leiten Sie Vorbild(x) = Vorbild(y) aus den geänderten Ballwurfaxiomen (Aufgabe 2C1e) ab.
b) Ebenso mit ¬Tä (Vorbild(x)).
c) Leiten Sie die Formeln in Aufgabe 2B9b aus den geänderten Architektenaxiomen C1-C4 ab.
d) Beweisen Sie genau die Behauptung:
    wenn $X \models A$, dann Grund(X) $\models$ A',
wobei wie oben beschrieben in A' und Grund(X) neue Konstanten eingeführt sind. Suchen Sie Beispiele, in denen die obige Konstruktion der Ableitung von A aus X schiefgeht, weil die Konstanten c_i oder die Variablen x_i in X vorkommen.
e) Beweisen Sie, daß Einsetzungs- und positive Einerschnittregel (1D4) vollständig fürs Ableiten von Atomen, aber nicht von zusammengesetzten Formeln, aus konsistenten Mengen von Horn-

formeln sind. Warum brauchen Sie Tautologie- und Abschwächungsregel nicht? Wie steht es mit der Prologregel (1D7)?

f) (P) Beweisen Sie, daß die ¬,∨-Regelmenge aus Beispiel 1D1b zusammen mit der Einsetzungs-regel vollständig fürs Ableiten von ¬,∨-Formeln ist. Wie steht es hier um die Tautologie- und die Abschwächungsregeln?

g) (A) Können Sie in der offenen Prädikatenlogik die Vollständigkeit fürs Ableiten aus der Vollständigkeit fürs Widerlegen über die Negation gewinnen, wie wir es in der Aussagenlogik getan haben? Können Sie die (Sub-)Vollständigkeit für die Regelmengen aus dem Satz direkt durch eine Lindenbaum-Vervollständigung beweisen, indem Sie das Verfahren aus Abschnitt 1D8 verallgemeinern? Bearbeiten Sie zuerst die Aufgaben 1D11a und 2D2d.

2D5.   Theorembeweiser

Wir haben in Abschnitt 1D12 bewiesen, daß in der Aussagenlogik Erfüllbarkeit, Allgemeingültig-keit und Folgerung entscheidbar sind, das heißt, daß es Algorithmen gibt, die immer terminieren und die die Fragen "erfüllbar?", "allgemeingültig?", "folgt?" für die eingegebenen Formeln bzw. Formelmengen korrekt beantworten (Def. 1C1). Für diese Entscheidungsverfahren benutzen wir die Methode der Wahrheitstafeln (1C1) oder die konjunktive Normalform (1C4) oder die Adäquatheit der Schnittregel (1D8, 1D11). Für variablenfreie Formeln können wir die Verfahren mit Satz 2B4 auf die offene Prädikatenlogik übertragen. Für beliebige Formeln geht das nur bei der Allgemein-gültigkeit: nach Satz 2B5 können wir die Allgemeingültigkeit einer Formel der offenen Prädikaten-logik entscheiden, indem wir die Formel wie eine aussagenlogische Formel behandeln. Das Verfahren oder der Satz zeigen aber auch, daß aussagenlogisch allgemeingültige Formeln in der offenen Prädikatenlogik nicht interessant sind: die Variablen spielen dabei die Rolle von Konstanten.

Die Entscheidungsverfahren für Erfüllbarkeit und Folgerung können wir nach Satz 2B5 nicht auf die offene Prädikatenlogik übertragen. In Kap. 3D werden wir sehen, daß die beiden Eigen-schaften tatsächlich unentscheidbar sind. Es gilt aber etwas Schwächeres, nämlich: Unerfüllbarkeit und Folgerung sind "halb-entscheidbar", das heißt, es gibt Verfahren, die die Fragen korrekt beantworten, aber nur im positiven Fall terminieren müssen. Solche Verfahren nennt man "Semi-Entscheidungsverfahren" (lateinisch: semi - halb), im Fall der Folgerung auch Theorembeweiser.

Definition   2D5
Ein *Semi-Entscheidungsverfahren für Widersprüchlichkeit* (bzw. *für logische Folgerung*) ist ein Algorithmus, der bei Eingabe einer endlichen Formelmenge X (und einer Formel A), falls X widersprüchlich ist (bzw. falls X ⊨ A), mit "ja" und sonst mit "nein" oder gar nicht terminiert. Ein Semi-Entscheidungsverfahren für Folgerung heißt auch *Theorembeweiser*. Eine Eigenschaft heißt *semi-entscheidbar*, wenn es ein Semi-Entscheidungsverfahren dafür gibt.

In Abschnitt 1D12 haben wir bewiesen (Bemerkung 1D12a): Ist 𝓡 eine endliche Regelmenge, so kann man alle Formeln, die mit $\mathcal{R}$ aus einer endlichen Menge von Voraussetzungen ableitbar sind, effektiv aufzählen. Dazu zählt man alle Ableitungen systematisch, zum Beispiel der Länge nach, auf und gibt die abgeleiteten Formeln aus. (Die Länge einer Ableitung ist dabei die Zahl der Symbole, nicht etwa der Formeln oder der Schritte. Warum nicht?) Das Verfahren ist augenscheinlich nicht auf die Aussagenlogik beschränkt. Damit gewinnen wir aus den Regelmengen dieses Kapitels, die vollständig fürs Widerlegen bzw. fürs Ableiten sind, Semi-Entscheidungsverfahren für Widersprüchlichkeit bzw. für logische Folgerung, also Theorembeweiser: Wir bringen die eingegebenen Formeln in Gentzenform und leiten solange ab, bis wir F bzw. die gewünschte Folgerung erhalten.

Anders als in der Aussagenlogik terminieren die Verfahren im allgemeinen nicht. Außer in trivialen Fällen können wir durch Einsetzen immer längere und längere Formeln erzeugen, die durch die verkürzende Schnittregel immer noch zu einer Widerlegung führen können; ebenso kann man mit der Abschwächungsregel Formeln verlängern. Könnte man ausrechnen, wie lang die Formeln in einer Ableitung einer gegebenen Formel höchstens werden können, könnte man all diese Ableitungen durchsuchen. Leider kann man das nicht; das werden wir in Abschnitt 3D5 beweisen.

Die beiden anderen Entscheidungsverfahren für die Aussagenlogik - über Wahrheitstafeln und über Normalformen - lassen sich ebenfalls nicht übertragen. Für eine endliche Formelmenge gibt es in der Aussagenlogik viele, aber nur endlich viele Belegungen, die wir für die Wahrheitstafelmethode durchprüfen müssen. In der Prädikatenlogik müßten wir Strukturen durchsuchen - die sind im allgemeinen unendlich und immer unendlich viele. Die konjunktive und die disjunktive Normalform haben wir auch in der offenen Prädikatenlogik, aber der zu Satz 1C3 analoge Satz über die Normalform unerfüllbarer Formeln gilt nicht mehr. (Warum nicht?) Sowieso können wir die logische Folgerung nicht mehr auf die Widersprüchlichkeit zurückführen. (Warum nicht?) Als positives Ergebnis haben wir also:

Satz 2D5
Aus den Regelmengen dieses Kapitels, die vollständig fürs Widerlegen bzw. Ableiten sind, erhalten wir Semi-Entscheidungsverfahren für Widersprüchlichkeit bzw. logische Folgerung (also Theorembeweiser).

Aufgaben 2D5
a) Finden Sie eine unerfüllbare Formel in disjunktiver Normalform, die nicht die Formel F ist; vergleichen Sie dann Satz 1C3 und Aufgabe 1C3d.
b) Warum können Sie in der Aussagenlogik, nicht aber in der offenen Prädikatenlogik aus einem Regelsystem, das vollständig fürs Widerlegen ist, einen Theorembeweiser gewinnen?
c) (P) Konstruieren Sie Beispiele, in denen Sie beliebig lange Ableitungen zur Widerlegung einer Formelmenge brauchen. Was heißt 'beliebig'? Können Sie erreichen, daß die Ableitung doppelt so viele Formeln enthalten muß wie die Ausgangsmenge? Zehnmal so viel? Quadratisch? Exponentiell?

2D6.   Endlichkeitssätze

Die logische Folgerung läßt sich finitisieren: Folgt eine Formel aus unendlich vielen Voraussetzungen, so folgt sie tatsächlich schon aus endlich vielen davon (Endlichkeitssatz); ist insbesondere eine unendliche Formelmenge widersprüchlich (F folgt), so schon ein endlicher Teil davon
(Kompaktheitssatz). Für die Aussagenlogik haben wir das in Abschnitt 1B8 semantisch bewiesen
und in den Abschnitten 1D6, 1D8, 1D11 noch einmal syntaktisch (Ableitungen sind endlich, also
wegen der Vollständigkeit von Ableitungssystemen logische Folgerungen auch[1]). Beide Sätze
gelten auch in der Prädikatenlogik. Den Kompaktheitssatz erhalten wir sofort aus der aussagenlogischen Version mit Hilfe der Beziehung zwischen Aussagen- und Prädikatenlogik, die Herbrand
uns in Abschnitt 2B3 geliefert hat: Eine Formelmenge ist erfüllbar genau dann, wenn die Menge
ihrer Grundbeispiele erfüllbar ist (Folgerung 2B3b). Den Endlichkeitssatz bekommen wir auf diese
Weise nur fürs Folgern von Grundformeln, weil Herbrand uns sonst nur in einer Richtung hilft
(Folgerung 2B3d). Um ihn zu beweisen, müssen wir also den Vollständigkeitssatz aus 2D4
benutzen und wie in Abschnitt 1D11 argumentieren. (Mit den Ideen aus dem Beweis in 2D4 geht
es allerdings auch direkt semantisch; Aufgabe.)

Kompaktheitssatz   2D6
Ist von einer Formelmenge X jede endliche Teilmenge erfüllbar, so ist X selbst erfüllbar.

Endlichkeitssatz 2D6
Wenn A aus X folgt, folgt A aus einer endlichen Teilmenge von X.

Aus den syntaktischen Beweisen erhält man auch diese Sätze in semi-effektiver Form: Wenn die
widersprüchliche Formelmenge unendlich, aber effektiv aufzählbar ist (durch ein effektives
Verfahren produzierbar, Absch. 1D12), dann kann man die endliche widersprüchliche Teilmenge
effektiv bestimmen, indem man wie beim Theorembeweiser Ableitungen aufzählt; ebenso für die
logische Folgerung. Wie beim Theorembeweiser terminieren die Verfahren im negativen Fall nicht.
Die semantischen Beweise liefern keine effektiven Aufzählungen, weil man Folgerbarkeit und
Widersprüchlichkeit in der Prädikatenlogik nicht mehr entscheiden kann (Abschnitt 3D5). Man
kann aber den aussagen-logischen Kompaktheitssatz mit der Methode von Herbrand aus Abschnitt
2B3 kombinieren und erhält daraus einen Theorembeweiser, ohne Ableitungen zu benutzen: Nach
Folgerung 2B3b zusammen mit Satz 1B7 ist eine Formelmenge X widersprüchlich genau dann,
wenn Grund(X) , die Menge ihrer Grundbeispiele, widersprüchlich ist; nach dem Kompaktheitssatz 1B8 ist Grund(X) widersprüchlich genau dann, wenn eine ihrer endlichen Teilmengen
widersprüchlich ist. Man muß also, um X auf Widersprüchlichkeit zu testen, nur die endlichen
Teilmengen von Grund(X) systematisch aufzählen und ihre Widersprüchlichkeit entscheiden. Das
liefert ein Semi-Entscheidungsverfahren für Widersprüchlichkeit: Ist X widersprüchlich, findet
man es irgendwann heraus; andernfalls terminiert das Verfahren nicht (es sei denn, Grund(X) ist
endlich). Das folgende Ergebnis wird daher in der Theorembeweiserliteratur oft 'Satz von
Herbrand' genannt. Das ist nur für endliche Formelmengen X korrekt (und nur solche hat man in
dem Zusammen-hang meist im Sinn), weil Herbrand mit Formeln, nicht mit unendlichen
Formelmengen gearbeitet hat (vgl. Abschnitt 3B4). Den Kompaktheitssatz kannte er noch nicht.

---

[1] Siehe Aufgaben 1D8j und 1D11e, vgl. auch Aufgabe 1D8k.

Satz von Herbrand für Theorembeweiser 2D6
Eine Formelmenge ist widersprüchlich genau dann, wenn eine endliche Menge ihrer Grundbeispiele widersprüchlich ist.

Aufgaben 2D6
a) (A) Schreiben Sie alle angedeuteten Beweise für den Kompaktheits- und den Endlichkeitssatz sorgfältig auf. Achten Sie auf Klippen, zum Beispiel: Satz 1B7 (vgl. Satz 2B5) und Folgerung 2B3d gelten für Formeln mit Variablen nur in einer Richtung. Beim semantischen Beweis für den Endlichkeitssatz müssen Sie wie in Abschnitt 2D4, nur einfacher, mit Variablen und Konstanten jonglieren.
b) (A) Wieviele verschiedene Theorembeweiser erhalten Sie aus den Beweisen dieses und des letzten Abschnitts? Wieviele, wenn Sie nur Grundformeln beweisen wollen? Stellen Sie die Verfahren nebeneinander und heben Sie die Gemeinsamkeiten und Unterschiede hervor. Beschreiben Sie zwei der Verfahren, ein semantisches und ein syntaktisches, genauer und vergleichen sie, indem Sie sie auf das Affe-Banane-Beispiel aus der Einführung anwenden: Beweisen Sie zweimal das Theorem, daß der Affe die Banane erreichen kann. Welche Unterschiede fallen Ihnen auf? Welches Verfahren mögen Sie lieber?
c) (A) Wenden Sie wie in Aufgabe b) zwei Theorembeweiser auf die Ballwurflogelei in der Fassung aus Aufgabe 2C1e an. Welche Theoreme können Sie beweisen? Verbessern Sie Ihre Ergebnisse, indem Sie die Axiome aus Teil 6) der Aufgabe 1C4e benutzen.

2D7.   Der Resolutionskalkül

Fürs praktische Verwenden sind die im letzten Abschnitt skizzierten Theorembeweiser aus mehreren Gründen völlig ungeeignet. Die semantischen Verfahren sind hoffnungslos ineffizient (warum?). Bei den syntaktischen Verfahren müssen wir als erstes die eingegebenen Formeln in Gentzenform, also in konjunktive Normalform, bringen. Wir wissen aus Abschnitt 1C, daß das kaum effizient machbar ist. Nehmen wir also an, die eingegebenen Formeln seien schon in "Gentzenform". Dann können wir auch die Tautologieregel entbehren. Denn Tautologien sind als Gentzenformeln mühelos erkennbar, sie sind als Voraussetzungen überflüssig und als Folgerungen trivial (warum?), und um eine nicht-tautologische Formel aus nicht-tautologischen Voraussetzungen abzuleiten, braucht man sie auch nicht. (Das letztere ist nicht trivial; siehe Aufgabe b) unten.) Also behandeln wir nur nicht-tautologische Formeln. Auch dann ist nicht zu hoffen, eine Ableitung für eine vorgegebene Formel zu finden, auch wenn es eine gibt. In unserem Kalkül müßten wir ja beliebige Subformeln versuchen abzuleiten, um sie dann mit der Abschwächungsregel aufzubauen; das sind aber exponentiell viele. Also lassen wir auch die Abschwächungsregel weg und betrachten nur noch Widerlegungen. Das ist eine arge Einschränkung, da wir ja nur für variablenfreie Formeln logische Folgerung auf Widersprüchlichkeit zurückführen können; in Kap. 3B wird das besser werden.

Wir wollen also Mengen von nicht-tautologischen Gentzenformeln mit der Schnitt- und der Einsetzungsregel auf Widersprüchlichkeit testen. Mit der Schnittregel können wir nur gewisse

Formeln behandeln, die wir dabei vereinfachen; mit der Einsetzungsregel dagegen können wir beliebige Formeln, wenn sie nur Variable enthalten, beliebig aufblasen. Eigentlich müssen wir aber nur einsetzen, wenn wir Atome gleich machen wollen, und dann wissen wir, was wir einsetzen müssen. Deswegen hat J. A. Robinson 1965 die beiden Regeln zu einer verschmolzen und dabei nur solche Einsetzungen zugelassen, die für das Schneiden erforderlich sind, die nämlich zwei entgegengesetzte Literale gleich machen (*vereinheitlichen*, in der englisch orientierten Literatur *unifizieren*). Er nennt seine Regel *Resolutionsregel* und seinen Kalkül *maschinenorientierte Logik*, weil die Regel fürs Arbeiten mit Papier und Bleistift nicht geeignet ist. Robinson verwendet die in Abschnitt 1C5 erwähnte *Klausellogik*, jetzt in der offenen Prädikatenlogik: Disjunktionen von Literalen werden als Mengen dargestellt (*Klauseln*), und konjunktive Normalformen als Mengen von Klauseln, verschiedene Klauseln als Voraussetzungen enthalten verschiedene Variable. Mit der *Resolutionsregel* schneidet er aus zwei Klauseln Literale heraus, die bis auf eine Substitution und bis auf Negationszeichen übereinstimmen. Wir betrachten zunächst eine einfache Form.

Definition 2D6

Ein *Vereinheitlicher* (*unifier*) von zwei oder mehr Literalen ist eine Substitution, die die Literale gleichmacht (vgl. Abschnitt 2D1). Sind H, K Klauseln mit Literalen L bzw. ¬M und ist σ ein Vereinheitlicher von L und M, so darf man mit der (*vereinfachten*) *Resolutionsregel* aus Hσ die Literale Lσ (das können mehrere sein) und aus Kσ die Literale ¬Mσ (dito) herausschneiden und den Rest vereinigen:

$$(R) \qquad \frac{H \qquad K}{(H\sigma - L\sigma) \cup (K\sigma - \neg M\sigma)}$$

Im allgemeinen vereinheitlicht σ weitere Literale mit L und M , die dann mit wegfallen. Zum Beispiel kann man die beiden Klauseln {P(x) , P(g(h(y))) , Q(x,u)} und {¬P(g(z)) , R(z)} zur Klausel {Q(g(h(y)),u) , R(h(y))} resolvieren, wobei man für x und z die Terme g(h(y)) bzw. h(y) einsetzt. Für variablenfreie Formeln ist die Substitution σ leer, und die Resolutionsregel reduziert sich auf die Schnittregel für Klauseln aus Abschnitt 1C5.

Noch läßt die Resolutionsregel zuviel Möglichkeiten bei der Wahl des Vereinheitlichers. Zum Beispiel hätten wir oben für x und z g(h(a)) bzw. h(a) (und für u irgendeinen Term einsetzen können. Damit hätten wir uns aber die Möglichkeit verbaut, später für y (und u) etwas anderes einzusetzen, hätten also vielleicht einen Schnitt unmöglich gemacht. In dem Sinn ist der benutzte Vereinheitlicher so allgemein wie möglich: jeden anderen erhalten wir, indem wir eine weitere Substitution - in unserem Beispiel a für y - ausführen. Mit einem allgemeinsten Vereinheitlicher substituiert man nur so viel, wie man zum Vereinheitlichen braucht, eventuell später noch nötige Substitutionen macht man später. Das ist genau umgekehrt zum Vorgehen in Aufgabe 2D2c. Dort schieben wir Substitutionen nach oben, müssen sie daher mehrfach machen (warum?). - Um unerwünschtes Identifizieren auszuschließen (Abschnitt 2D1), müssen wir schließlich vor dem Schneiden Variable umbenennen können, so daß die Klauseln keine Variablen gemeinsam haben.

Definition 2D7

Eine Substitution σ heißt *allgemeinster Vereinheitlicher* (*most general unifier*) von zwei oder mehr Literalen, wenn er die Literale vereinheitlicht und man jeden Vereinheitlicher ϱ der Literale durch eine weitere Substitution erhält: $\varrho = \sigma\tau$. Bei der (echten) *Resolutionsregel* macht man die Klauseln zunächst variablendisjunkt und verwendet nur allgemeinste Vereinheitlicher.

Ob zwei Atome sich vereinheitlichen lassen, sieht man leicht: man liest beide parallel von links nach rechts (wenn sie linear geschrieben sind), bis man auf zwei verschiedene Zeichen stößt; ist eins davon eine Variable x und das andere Beginn eines Terms t, so setzt man überall t für x ein und merkt sich die Substitution; sind beides keine Variable, sind die Atome nicht zu vereinheitlichen. (Warum nicht?) Kommt man mit dem Verfahren erfolgreich zuende, hat man dabei einen allgemeinsten Vereinheitlicher aufgesammelt. (Warum?) So einfach geht es allerdings nicht: Zum Beispiel darf die Variable x nicht im Term t vorkommen (warum nicht?), aber auch an anderen Stellen kann sie stören (Beispiel?). Berücksichtigt man das, wird der Algorithmus sehr aufwendig (exponentiell); will man das vermeiden, wird er sehr viel komplizierter. Wollen Sie richtig etwas über Theorembeweiser lernen, die auf dem Resolutionskalkül beruhen, studieren Sie das Buch von Dieter Hofbauer und Ralf Kutsche *"Grundlagen des maschinellen Beweisens"* oder andere Lehrbücher.[2]

Sie beginnen zu ahnen, warum J. A. Robinson seinen Kalkül "maschinenorientierte Logik" nennt: Will man eine Klauselmenge X auf Widersprüchlichkeit testen, so durchsucht man die Klauseln von X paarweise auf Literale L und ¬M, die sich vereinheitlichen lassen; findet man so ein Paar, wendet man die Resolutionsregel an; und so weiter. Für das Verfahren ist der Rechner besser geeignet als Papier und Bleistift; man kann dann auch hoffen, größere Formelmengen zu bearbeiten. So direkt kann man das Verfahren allerdings noch nicht anwenden; die Formelmenge vergrößert sich explosionsartig. Man müßte den "Suchraum", in dem man nach resolvierbaren Klauseln sucht, einschränken. Mit dieser Frage beginnt das Buch von Hofbauer und Kutsche. Befriedigende Antworten kennt man bisher nicht.

Die Theorembeweiser aus Abschnitt 2D5, in denen wir mit Gentzenformeln statt mit Klauseln und mit Schnitt- und Einsetzungsregel statt mit der Resolutionsregel arbeiten, sind nicht maschinenorientiert. Wir können mit ihnen aber viel über ihre schnellen machinellen Vettern lernen: wir können ihre Prinzipien leichter verstehen und können an faßlichen Beispielen üben, mit ihnen umzugehen. Das hebt sie auch wohltuend von anderen Ableitungssystemen ab, die wie das ¬,∨ - System aus Aufgabe 2D4f nichts mit natürlichen Schlüssen zu tun haben.

Aufgaben 2D7

a) Warum steht in der Resolutionsregel Hσ - Lσ und nicht (H - L)σ ?

b) (A) Beweisen sie, daß die vereinfachte Resolutionsregel zusammen mit einer Regel zum Umbenennen von Variablen sowie die echte Resolutionsregel widerlegungsvollständig für Klauseln sind.

c) (A) Was sind Tautologien in der offenen Prädikatenlogik? Ist P(x) → P(y) eine Tautologie? Können Sie in der Prädikatenlogik wie in der Aussagenlogik (Aufgabe 1D9b) Tautologien aus Ableitungen eliminieren? Für welche Regelmengen?

d) (P) Was bekommen Sie übers Vertauschen von Schritten in Ableitungen der offenen Prädi-

---

[2] Literatur L3.

katenlogik heraus? Für welche Regeln? Vergleichen Sie die Aufgaben 1D9c und 2D2c.

e) (A) Führen Sie das in diesem Abschnitt skizzierte Verfahren zum Finden allgemeinster Vereinheitlicher genauer aus und beweisen Sie, daß es korrekt ist. Dazu müssen Sie (unter anderem) die gestellten Fragen beantworten und die angedeuteten Probleme überwinden. Was liefert Ihr Verfahren für die beiden Atome P(x) und P(g(x)) ? Für P(x,g(x)) und P(g(y),y) ? Wie aufwendig ist Ihr Verfahren? Wenn Sie steckenbleiben, ziehen Sie das Buch von Hofbauer und Kutsche oder ein anderes Lehrbuch zu Rate und machen dann weiter.

2D8.   Logisches Programmieren

Trotz den Effizienzproblemen hat sich der Resolutionskalkül in einer stark eingeschränkten und veränderten Form in der Praxis durchgesetzt: als die Programmiersprache PROLOG, die wir schon in den Abschnitten 1D6, 1D12 kurz erwähnt haben. Ihre wesentlichen Eigenschaften sind:

1) Man schreibt Klauseln als Gentzenformeln. Die sind besser zu verstehen; das erleichtert interaktives Arbeiten: wenn der Rechner nicht weiterkommt, selbst Entscheidungen treffen.

2) Man verwendet nur Hornformeln. Dadurch hat man keine Disjunktionen (vergleiche Aufgabe 1C5e), vermeidet also "die Qual der Wahl": das aufwendige Durchsuchen von Alternativen. Auf diese Weise reduziert man die aussagenlogische Komplexität der zu behandelnden Probleme erheblich; das ist günstig für den Aufwand (Aufgabe 1D12d), nachteilig für die Ausdrucksfähigkeit.

3) Nur eine der eingegebenen Formeln ist negativ (man nennt sie *Anfrage*); die übrigen Formeln (*Axiome* genannt) sind also von der Form W $\rightarrow$ P (*Fakten*) oder von der Form C $\rightarrow$ P. (*Regeln*) Sind die Axiome X zusammen mit der Anfrage $\neg$A widersprüchlich, so folgt A aus X - falls A keine Variablen enthält (vgl. Satz 1B7 und die Abschnitte 2B5, 2B6). Für diesen Fall liefert PROLOG also einen Theorembeweiser (Achtung: $\neg$A ist eine Horn-, aber A keine Gentzenformel; sondern?); was der Kalkül darstellt, wenn die Anfrage Variable enthält, sehen wir in Abschnitt 3B5.

4) Für variablenfreie Hornformeln ist die Resolutionsregel gerade die Prologregel. (Deswegen haben wir sie in Abschnitt 1D4 so genannt.) Ableitungen sind daher "linear": Man schneidet die Anfrage und alle daraus abgeleiteten Formeln nur mit Axiomen. Ableitungsbäume sehen daher ganz einfach aus: ein Stamm von negativen Formeln mit seitlich anhängenden Axiomen. (Warum?) Das heißt nicht, daß ein Axiom nur einmal verwendet wird; warum nicht?

5) Zusätzlich enthält PROLOG notwendigerweise allerlei "Unlogisches", damit einerseits das Auswerten deterministisch wird und man andererseits angenehmer und effizienter damit arbeiten kann: Die Axiome werden der Reihe nach, die Atome in der Formel im Stamm von links nach rechts abgearbeitet, diese Strategie ist nicht vollständig, weil sie in Endlosschleifen führen kann, bevor F abgeleitet ist. (Beispiel?) Es gibt ein Konstrukt *cut*, das wie ein spezielles Atom verwendet wird; dieser "Schnitt" hat nichts mit der Schnittregel zu tun, sondern dient dazu, unerwünschte Ableitungen "abzuschneiden". Auch dieses Konstrukt macht den Kalkül unvollständig. Schließlich gibt es Ersatz für die fehlenden Booleschen Operationen 'nicht' und 'oder'; ganz korrekt geht das nicht, kann daher zu Fehlern führen.

Tatsächlich ist PROLOG mehr ein Programmierkalkül als ein Theorembeweiser, und als solcher ist er auch in vielen Gebieten , vor allem in der Künstlichen Intelligenz, weit verbreitet und hoch angesehen. Enthält die Anfrage Variable, bekommt man als Antwort nicht "ja - widersprüchlich", sondern Beispiele dafür, warum widersprüchlich: nämlich die Komposition der Substitutionen, die von der Anfrage ausgehend zum Widerspruch geführt haben. Was es mit diesen "Antwortsubstitutionen" auf sich hat, sehen wir in den Abschnitten 3B4, 3B5. Im Literaturverzeichnis L3 sind Bücher über PROLOG angegeben. Am schönsten zu lesen für jemanden, der sich für den logischen Hintergrund interessiert, finde ich das Buch von Uwe Schöning. Mehr über die Programmiersprache erfährt man in dem Buch von John W. Lloyd, das mir aber formal überlastet und daher unnötig schwierig erscheint.

Teil 3

Prädikatenlogik

Schneiden sich Parallelen im Unendlichen? "Natürlich nicht," sagte der griechische Mathematiker Euklid. "Ich werde es Euch beweisen." Er brach einen gegabelten Aststumpf vom nächsten Feigenbaum, drückte die Gabel fest in den Sand und wanderte los, zwei parallele Linien hinter sich lassend. Nach endlosem Marsch rund um die Erde kam er wieder in seinem Heimatort an und drehte sich um, den geduldig Wartenden die Parallelen zu zeigen. Doch hinter ihm liefen die Linien zusammen: Der Sand hatte die Astgabel abgeraspelt.

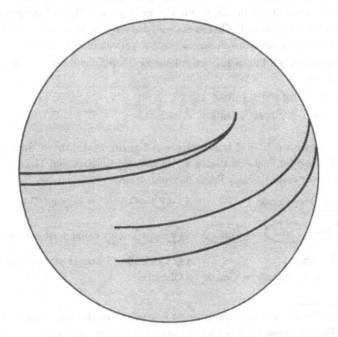

So wurde die axiomatische Methode geboren: Euklid machte sich daran, mit Symbolen im Sand zu beweisen, was ihm mit der Astgabel nicht gelungen war. Er beschrieb die "Euklidische Ebene", indem er Eigenschaften von Punkten, Geraden und Winkeln (Dreiecken) aufschrieb, aus denen alle Sätze folgen, die in dieser Struktur gelten. Dabei kam er zu der Überzeugung, daß er als Axiom - als unmittelbar einsichtigen, nicht weiter begründbaren Sachverhalt - wählen mußte, was er eigentlich hatte beweisen wollen: Zu jeder Geraden gibt es durch einen gegebenen Punkt genau eine Parallele. Den Satz konnte er nicht aus seinen anderen Axiomen beweisen. Hier sind einige davon, in denen es nur um Punkte und Geraden geht.[1]

(E1) Auf jeder Geraden liegt (mindestens) ein Punkt.
(E2) Jeder Punkt liegt auf einer Geraden.
(E3) Zu jeder Geraden und jedem Punkt darauf gibt es einen weiteren Punkt darauf.
(E4) Durch zwei verschiedene Punkte ist die Gerade, die sie enthält, eindeutig bestimmt.
(E5) Zwei verschiedene Geraden haben höchstens einen Schnittpunkt.
(E6) Liegt ein Punkt zwischen zwei anderen, so ist er verschieden von ihnen.
(E7) Zwischen zwei verschiedenen Punkten liegt ein dritter.
(E8) Liegen zwei Punkte auf einer Geraden und ein dritter dazwischen, so liegt er auch auf der Geraden.
(E9) Zwei Geraden sind genau dann parallel, wenn sie sich nicht schneiden.
(E10) Enthält eine Gerade einen Punkt nicht, so gibt es eine Parallele dazu durch den Punkt.
(E11) Die Parallele zu einer Geraden durch einen nicht auf ihr liegenden Punkt ist eindeutig bestimmt.

Zwei Geraden schneiden sich, wenn sie einen Punkt gemeinsam haben. Eine Gerade enthält (oder hat) einen Punkt, wenn er auf ihr liegt. Wir können also die obigen Aussagen alle auf die Eigenschaften "liegt auf", "parallel", "ist dazwischen" und die Gleichheit zurückführen. Um sie zu formalisieren, müssen wir außer den aussagenlogischen Verknüpfungen die Wendungen "es gibt" und "für alle" benutzen. Wir führen also den Allquantor $\forall$ und den Existenzquantor $\exists$ in unseren Formalismus ein:

$\forall x\ A$ für: auf alle x trifft A zu,

$\exists x\ A$ für: es gibt ein x, auf das A zutrifft.

Mit Quantoren können wir E1-E11 in der folgenden Signatur formalisieren: Sorten sind 'Punkt' und 'Gerade'; Variable für Punkte sind p, q, r , Variable für Geraden sind G, H, I ; Operationssymbole brauchen wir vorläufig nicht; Prädikatensymbole sind:

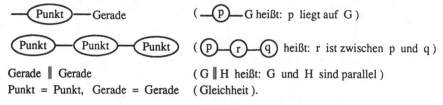

Gerade ‖ Gerade   (G ‖ H heißt: G und H sind parallel)
Punkt = Punkt, Gerade = Gerade   (Gleichheit).

[1] Eine etwas andere Darstellung, die sich strenger an die historischen Tatsachen hält, finden Sie in dem schönen Buch von David Hilbert "Grundlagen der Geometrie", Literatur L2. Bitte vergleichen Sie.

Damit werden aus E1-E11 die Formeln:

E1 $\forall G \; \exists p$ (—(p)— G)

E2 $\forall p \; \exists G$ (—(p)— G)

E3 $\forall G \; \forall p$ (—(p)— G → $\exists q$ (q ≠ p ∧ —(q)— G))

E4 $\forall p \; \forall q \; \forall G \; \forall H$ (p ≠ q ∧ —(p)— G ∧ —(q)— G ∧ —(p)— H ∧ —(q)— H → G = H)

E5 $\forall G \; \forall H \; \forall p \; \forall q$ (G ≠ H ∧ —(p)— G ∧ —(q)— G ∧ —(p)— H ∧ —(q)— H → p = q)

E6 $\forall p \; \forall q \; \forall r$ ((p)—(r)—(q) → r ≠ p ∧ r ≠ q)

E7 $\forall p \; \forall q$ (p ≠ q → $\exists r$ (p)—(r)—(q))

E8 $\forall p \; \forall q \; \forall r \; \forall G$ (—(p)— G ∧ —(q)— G ∧ (p)—(r)—(q) → —(r)— G)

E9 $\forall G \; \forall H$ (G ∥ H ↔ ¬$\exists q$ (—(q)— G ∧ —(q)— H))

E10 $\forall p \; \forall G$ (¬ —(p)— G → $\exists H$ (H ∥ G ∧ —(p)— H))

E11 $\forall p \; \forall G \; \forall H \; \forall I$ (¬ —(p)— G ∧ —(p)— H ∧ —(p)— I ∧ H ∥ G ∧ I ∥ G → H=I)

Der so erweiterte Formalismus heißt *Prädikatenlogik* (*erster Stufe*); gelegentlich sagen wir *volle* Prädikatenlogik oder *Quantorenlogik*, wenn wir die Erweiterung der offenen Prädikatenlogik durch Quantoren betonen wollen. Warum es 'erste Stufe' heißt, sehen wir in Abschnitt 3D10. In *Kap. 3A* untersuchen wir Syntax und Semantik der Prädikatenlogik. In *Kap. 3B* geht es ums Ableiten: Vollständigkeit, Theorembeweiser, Ableiten von Beispielaussagen (Satz von Herbrand), logisches Programmieren, Beschränkung auf abzählbare Modelle und auf endliche Formelmengen (Satz von Löwenheim und Skolem, Kompaktheitssatz). In *Kap. 3C* versuchen wir, die Euklidische Geometrie und die natürlichen Zahlen zu axiomatisieren; dabei lernen wir neue wichtige Begriffe kennen und geraten an die Grenzen dessen, was man mit dem Formalismus machen kann und wir mit ihm in dem Buch machen wollen. Die Grenzen thematisieren wir in dem abschließenden *Kap. 3D*: Der Formalismus ist so stark, daß wir in logischen Theorien Berechnungen formalisieren können; gerade dadurch ist er unhandlich, nämlich unentscheidbar. Und es folgt daraus, daß er zu schwach ist, um damit solche Theorien zu formalisieren. Auf diese Weise können wir die Stärken und Schwächen von Formalismen und von Formalisieren deutlich machen.

Kapitel 3A.   Quantorenformeln

Wir erweitern den offenen Prädikatenkalkül aus Teil 2 schrittweise zum (vollen) Prädikatenkalkül: *Formeln mit Quantoren* (3A1); fürs Auswerten brauchen wir die *Substitution* (3A3), dazu müssen wir zwischen *freien* und *gebundenen Variablen* unterscheiden (3A2); *Auswerten* von Formeln, *wahr* und *gültig* (3A4); *erfüllbar, allgemeingültig, folgt, äquivalent* (3A5); *Beziehungen zur Aussagenlogik* (3A6); und einige wichtige *Eigenschaften* (3A7, 3A8).

3A1.   Formeln mit Quantoren

Bisher haben wir Formeln aus Atomen mit aussagenlogischen Verknüpfungen zusammengesetzt. Jetzt wollen wir zusätzlich Quantoren benutzen, um Aussagen wie "Gips gibt's nicht" und "Alle Menschen sind sterblich" formalisieren zu können. Wir erweitern also die Formeldefinition 2A4 der offenen Prädikatenlogik, indem wir zwei zweistellige Verknüpfungszeichen hinzunehmen, um aus Formeln und Variablen neue Formeln zu bilden:

den Allquantor $\forall$ und den Existenzquantor $\exists$.

Definition   3A1

Sei Σ eine Signatur. Die Σ-*Terme* sind die alten (2A3). Die *Formeln zur Signatur* Σ oder Σ-*Formeln* (der Prädikatenlogik) definieren wir induktiv wie in 2A4:

Die Wahrheitswerte W, F und die Aussagensymbole in Σ sind Σ-Formeln.

Sind $t_1,...,t_n$ Σ-Terme der Sorten $s_1,...,s_n$ und ist P: $s_1...s_n$ ein Prädikatensymbol in Σ, so ist

$P(t_1,...,t_n)$ eine Σ-Formel.

Sind A, B Σ-Formeln und x eine Variable, so sind

$\neg A$, $(A \wedge B)$, $(A \vee B)$, $(A \rightarrow B)$, $(A \leftrightarrow B)$, $\forall x\, A$, $\exists x\, A$ Σ-Formeln.

Ist die Signatur klar, sagen wir einfach *Formel* (der Prädikatenlogik). - Wir haben also den Formelbegriff erweitert: alle bisherigen Formeln sind auch hier Formeln. Die Definition von *atomar*, *zusammengesetzt, Atom, Teilformel* und *variablenfrei (grund-)* ändert sich nicht (1A3, 2A4); bei den *Variablen*, die in einer Formel vorkommen, müssen wir zwischen *freien* und *gebundenen* unterscheiden (3A2). Wir bezeichnen auch $\forall x$, $\exists x$ als *Quantor*. In $\forall x\, A$ und $\exists x\, A$ heißt A der *Bereich des Quantors*.

Achtung

Die Variable x muß im Bereich von $\forall x$ oder $\exists x$ nicht vorkommen, in konkreten Beispielen kommt sie allerdings immer vor.

Wir dürfen $\forall x\, A$ und $\exists x\, A$ bilden, auch wenn ein solcher Quantor schon in A vorkommt. Wieder werden wir das in der Praxis nicht tun.

Die Klammerkonventionen aus der Aussagenlogik (1A2) gelten weiter, die Quantoren stellen wir auf eine Stufe mit der Negation. Quantoren und Negationszeichen binden also gleichstark und stärker als die übrigen aussagenlogischen Verknüpfungszeichen. In Qx A ∧ B ist daher A , und nicht A ∧ B , der Bereich von Qx ; das oberste Verknüpfungszeichen ist ∧ und nicht Qx . Wollen wir es anders, müssen wir Qx (A ∧ B) schreiben. Die Formeln E1-E11 in der Einleitung sind schon nach dieser Konvention geschrieben.

Aufgaben 3A1

a) Übersetzen Sie die folgenden umgangssprachlichen Sätze in prädikatenlogische Formeln. Die dazu notwendigen Prädikatensymbole müssen Sie sich selbst ausdenken.

> Alles ist vergänglich.
>
> Alles Schöne ist vergänglich.
>
> Niemand ist unfehlbar.
>
> Keine Regel ohne Ausnahme.
>
> Es ist nicht alles Gold, was glänzt.
>
> Selig sind die Sanftmütigen.

Jetzt wird es schwieriger. Ohne = zu verwenden, kommen Sie nicht weiter.

> Jeder ist sich selbst der nächste.
>
> Es gibt keinen Gott außer Gott.
>
> Aller guten Dinge sind drei. .
>
> Alle Menschen sind gleich. Das nähere regelt ein Bundesgesetz.
>
> Alle Staatsgewalt geht vom Volke aus.
>
> Der Staat, das bin ich.
>
> Wenn zwei sich streiten, freut sich der dritte.

Geben Sie zu jeder gefundenen Formel ein Modell an, sowie eine Struktur, in der die Formel nicht gilt. Ist die reale Welt ein Modell der Formeln?

b) Die folgende Aufgabe benutzen wir jedes Jahr; sie stammt von einer ehemaligen Mitarbeiterin. Machen Sie jetzt nur den Anfang. Für die ganze Aufgabe brauchen Sie die Begriffe der nächsten vier Abschnitte.

Formelsalat "Annegret":

Heute gibt es Formelsalat. Allerdings sind nicht nur Formeln in den Salat geraten. Sortieren Sie also vorsichtshalber alle Nichtformeln aus dem Salat heraus. Auch sind nicht alle Formeln geschlossen. Picken Sie alle Formeln, in denen freie Variable vorkommen, heraus. Übrig bleiben im Salat geschlossene Formeln. Davon sind einige allgemeingültig und insofern nicht so interessant. Sortieren Sie sie aus. Auch die unerfüllbaren sollten Sie besser entfernen. Unter den verbleibenden Formeln befinden sich solche, die bereits aus anderen Formeln folgen. Die verlängern nur den Salat; nehmen Sie sie einfach raus. Ist nichts mehr herauszunehmen, so haben wir konzentrierten Salat. Entsteht eigentlich immer der gleiche Salat, egal, wer ihn zubereitet?

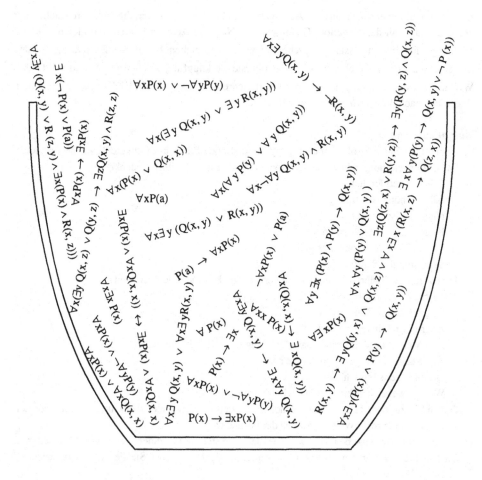

Frage

NICHTS ist besser als ein LANGES LEBEN.

Ein HAMBURGER ist besser als NICHTS.

Also ist ein HAMBURGER besser als ein LANGES LEBEN.

Das war die Antwort. Was ist die Frage?

3A2.   Freie und gebundene Variablen

Wie in der offenen Prädikatenlogik können wir Formeln erst auswerten, wenn wir für die Variablen Daten eingesetzt haben. Wir müssen jetzt aber unterscheiden zwischen Variablen, die im Bereich eines Quantors stehen und so *gebunden* sind, und anderen, die *frei* fürs Einsetzen sind.

Definition   3A2

Wir betrachten eine Variable x an einer bestimmten Stelle in einer Formel A : wenn sie dort im Bereich eines Quantors ∀x oder ∃x steht, ist sie *in A an der Stelle gebunden*; sonst ist sie *in A an der Stelle frei*. Die Variable x *kommt in A frei (gebunden) vor*, wenn sie in A an einer Stelle frei (gebunden) ist. Die *freien Variablen von A* sind die Variablen, die in A frei vorkommen. Eine Formel ohne freie Variable heißt *geschlossen*.

Warnung

Eine Variable ist an einer Stelle entweder frei oder gebunden. Sie kann aber in einer Formel sowohl frei als auch gebunden, oder gar nicht, vorkommen.

In der Literatur werden diese Eigenschaften meist rekursiv nach dem Formelaufbau definiert, das macht die Definition unnötig kompliziert. Natürlich steckt bei uns die Rekursion implizit in der Phrase 'im Bereich eines Quantors'; denn die Bereiche von Quantoren hängen von der Formelstruktur ab. Aber explizit machen müssen wir die Rekursion erst, wenn wir die Eigenschaften algorithmisch entscheiden, also zum Beispiel auf den Rechner bringen wollen. Und dann sind Formeln als Bäume oder sonstwie repräsentiert, und die Algorithmen hängen von der Repräsentation ab. Die Lage ist dieselbe wie bei der Definition der Wertfunktion (1A9) und der Substitution (2A6).

Beispiele

In den Formeln E1-E11 kommen Variablen nur gebunden vor. In

E11' $G \parallel H \leftrightarrow \neg\exists q\,(\,\boxed{q}{-}G \land \boxed{q}{-}H)$

kommen G und H frei vor, q gebunden (jeweils an zwei Stellen). In

$\boxed{p}{-}G \to \exists p\,(\,\boxed{p}{-}G\,)$

kommt p links frei, rechts gebunden vor, G nur frei.

Aufgaben   3A2

a) Rühren sie weiter in Annegrets Formelsalat (Aufgabe 3A1b).
b) Definieren Sie 'frei an der Stelle' oder 'gebunden an der Stelle' rekursiv nach dem Formelaufbau.

3A3.   Einsetzen, Substitution

Wie das freie Vorkommen von Variablen wird die Substitution in der Literatur meist rekursiv definiert. Wieder geben wir stattdessen eine direkte Definition und können die rekursive Formulierung beweisen. Das Einsetzen ist nämlich nicht viel anders als in der offenen Prädikatenlogik: wir ersetzen Variable durch Terme an allen Stellen, an denen die Variablen frei sind; an den gebundenen Stellen ändern wir nichts.

Definition 3A3

Es seien t ein Term und A eine Formel, es seien $x_1,...,x_n$ Variable der Sorten $s_1,...,s_n$ und $t_1,...,t_n$ Terme der Sorten $s_1,...,s_n$. Dann entsteht

$$t \begin{bmatrix} x_1 \cdots x_n \\ t_1 \cdots t_n \end{bmatrix} \quad \text{bzw.} \quad A \begin{bmatrix} x_1 \cdots x_n \\ t_1 \cdots t_n \end{bmatrix}$$

aus t bzw. A, indem wir gleichzeitig die Terme $t_1,...,t_n$ für die Variablen $x_1,...,x_n$, überall wo sie *frei* vorkommen, *einsetzen (substituieren)*. Der Vorgang und die zugehörige Abbildung

$$\sigma = \begin{bmatrix} x_1 \cdots x_n \\ t_1 \cdots t_n \end{bmatrix},$$

mit der wir Terme in Terme und Formeln in Formeln überführen, heißt *Einsetzung* oder *Substitution*, das Ergebnis $t\sigma$ bzw. $A\sigma$ *Beispiel* oder *Instanz* von t bzw. A.

Für die Substitution gilt die folgende Rekursion (wir beschränken uns auf den Fall einer Variable):

$$\text{Terme:} \quad x\begin{bmatrix} x \\ t \end{bmatrix} = t, \quad y\begin{bmatrix} x \\ t \end{bmatrix} = y, \quad f(t_1,...,t_n)\begin{bmatrix} x \\ t \end{bmatrix} = f(t_1\begin{bmatrix} x \\ t \end{bmatrix},..., t_n\begin{bmatrix} x \\ t \end{bmatrix}).$$

$$\text{Formeln:} \quad W\begin{bmatrix} x \\ t \end{bmatrix} = W, \quad F\begin{bmatrix} x \\ t \end{bmatrix} = F, \quad P(t_1,...,t_n)\begin{bmatrix} x \\ t \end{bmatrix} = P(t_1\begin{bmatrix} x \\ t \end{bmatrix},..., t_n\begin{bmatrix} x \\ t \end{bmatrix}),$$

$$(\neg B)\begin{bmatrix} x \\ t \end{bmatrix} = \neg(B\begin{bmatrix} x \\ t \end{bmatrix}), \quad (B*C)\begin{bmatrix} x \\ t \end{bmatrix} = B\begin{bmatrix} x \\ t \end{bmatrix} * C\begin{bmatrix} x \\ t \end{bmatrix},$$

wobei * eins der aussagenlogischen Verknüpfungszeichen ist.

$$(Qx\,B)\begin{bmatrix} x \\ t \end{bmatrix} = Qx\,B, \quad (Qy\,B)\begin{bmatrix} x \\ t \end{bmatrix} = Qy\,(B\begin{bmatrix} x \\ t \end{bmatrix}) \text{ für } x \neq y, \text{ wobei Q ein Quantor ist.}$$

Für freie Variablen hat die Substitution die gleichen Eigenschaften wie bisher (2A6). Zum Beispiel gilt für Formeln A, Variablen x und y und Terme p und q der passenden Sorte:

$$A\begin{bmatrix} x \\ p \end{bmatrix} = A, \text{ wenn x nicht frei in A vorkommt;}$$

$$(A\begin{bmatrix} x \\ p \end{bmatrix})\begin{bmatrix} y \\ q \end{bmatrix} = A\begin{bmatrix} x & y \\ p & q \end{bmatrix} = (A\begin{bmatrix} y \\ q \end{bmatrix})\begin{bmatrix} x \\ p \end{bmatrix}, \text{ wenn } x \neq y \text{ und wenn x nicht in q}$$

und y nicht in p vorkommt, insbesondere wenn p und q Grundterme sind.

Aufgabe 3A3

Machen Sie sich die Eigenschaften an Beispielen klar oder beweisen Sie sie.

3A4.   Auswerten

Jetzt können wir Formeln in Strukturen auswerten. Wir brauchen dabei schon die Substitution, weil wir für gebundene Variablen dem Quantor entsprechend Daten einsetzen müssen. Wir definieren den (Wahrheits-)Wert von geschlossenen Formeln in einer Struktur, indem wir die Auswertungsregeln in Def. 2A5 durch Regeln für den All- und den Existenzquantor ergänzen. Die Definition der Gültigkeit ändert sich nicht: Eine Formel ist gültig, falls sie für alle Daten, die wir für die freien Variablen einsetzen, wahr ist. Der Formalismus mit dieser Syntax (3A1-3A3) und Semantik (3A4) heißt *Prädikaten- oder Quantorenlogik*.

Definition 3 A 4

Es sei $\mathcal{M}$ eine Struktur. Wir werten Terme und Formeln mit Hilfe von *Auswertungsregeln* aus: Die Regeln für Terme, atomare Formeln und aussagenlogische Verknüpfungen sind dieselben wie in Def. 2A5. Mit den Quantorenregeln werten wir geschlossene Formeln der Form QxA aus:

$\forall$x A $\leadsto$ W, falls sich A $\begin{bmatrix} x \\ a \end{bmatrix}$ für alle Daten a zu W auswerten läßt; $\forall$xA $\leadsto$ F sonst.

$\exists$x A $\leadsto$ W, falls sich A $\begin{bmatrix} x \\ a \end{bmatrix}$ für irgendein Datum a zu W auswerten läßt; $\exists$xA $\leadsto$ F sonst.

Der Wahrheitswert, der sich aus einer geschlossenen Formel A bei der Auswertung in $\mathcal{M}$ ergibt, heißt der *Wert von A in* $\mathcal{M}$; wir schreiben $\text{Wert}_{\mathcal{M}}(A)$ und sagen: *A ist wahr* (bzw. *falsch) in* $\mathcal{M}$, wenn $\text{Wert}_{\mathcal{M}}(A)$ = W (bzw. = F) ist.

Eine beliebige *Formel A gilt in* $\mathcal{M}$ (oder: *ist gültig in* $\mathcal{M}$), wenn sie für alle Daten, die wir für ihre freien Variablen einsetzen, in $\mathcal{M}$ wahr wird. Eine *Formelmenge X gilt in* $\mathcal{M}$ (oder: *ist gültig in* $\mathcal{M}$), wenn alle Formeln aus X in $\mathcal{M}$ gelten. $\mathcal{M}$ ist dann ein *Modell* von A bzw. X.

Auswerten ist jetzt komplizierter als in der offenen Prädikatenlogik und im allgemeinen nicht mehr explizit ausführbar. In der offenen Prädikatenlogik haben Sie von innen nach außen (zuerst Terme, dann Atome, dann aussagenlogische Verknüpfungen) ausgewertet, jetzt geht es hin und her: Sie beginnen bei einem innersten Quantor (warum? was ist das?), lassen ihn weg, setzen Daten für die Variable ein und werten die Teilformel von innen nach außen aus; erst wenn Sie die Teilformel möglicherweise für alle Daten ausgewertet haben, erhalten Sie einen Wahrheitswert, verarbeiten den (wie?) und suchen sich einen neuen innersten Quantor.

Der Allquantor ist ein übergroßes 'und', der Existenzquantor ein übergroßes 'oder': Enthält die Formel A nur die freie Variable x , so ist $\forall$x A wahr in einer Struktur $\mathcal{M}$ mit den Daten a_1, a_2,... der Sorte von x , wenn A für a_1 und für a_2 und ... wahr ist. Sind es endlich viele Daten $a_1,...,a_n$, so ist

$$\forall xA \leftrightarrow \bigwedge_{i=1}^{n} A\begin{bmatrix} x \\ a_i \end{bmatrix}$$ wahr in $\mathcal{M}$. Für erzeugte Strukturen könnten wir schreiben:

$$\forall xA \leftrightarrow \bigwedge A\begin{bmatrix} x \\ t \end{bmatrix},$$ wobei die Konjunktion alle Grundterme t der Sorte von x durchläuft.

Das wäre, außer in trivialen Fällen, immer noch eine unendliche Formel; die dürfen wir nicht schreiben. Fürs Beweisen und Veranschaulichen ist die Vorstellung einer unendlichen Konjunktion und analog einer unendlichen Disjunktion trotzdem hilfreich.

Beispiele

a) Die Formel E1 gilt in der Euklidischen Ebene, weil es für jede Gerade einen Punkt gibt, der auf ihr liegt (sogar unendlich viele). Ebenso gelten E2-11 in der Euklidischen Ebene.

b) Das dritte Nachfolgeraxiom

N3 $x \neq 0 \rightarrow \exists y \, (y' = x)$

und das Induktionsschema (unendliche Menge von Axiomen, vgl. Abschnitt 3C7)

IS $A\begin{bmatrix} x \\ 0 \end{bmatrix} \wedge \forall x \, (A \rightarrow A\begin{bmatrix} x \\ x' \end{bmatrix}) \rightarrow \forall x \, A$

für beliebige Formeln A gelten in den natürlichen Zahlen (vgl. Beispiel 2A1b und Aufgabe 2C3). In welchen anderen Ihrer Modelle aus Aufgabe 2C3 gelten N3 und IS?

Aufgaben 3A4

a) Wir definieren eine Gleichheitsstruktur *nicht-Euklidische Geometrie* folgendermaßen: Es sei K eine beliebige Kreisscheibe in der Euklidischen Ebene. Die Punkte und Geradenabschnitte in K (ohne den Rand) seien die Punkte und Geraden unserer Struktur; die Prädikate "liegt auf" und "ist zwischen" seien die gewöhnlichen, zwei Geradenabschnitte heißen parallel, wenn sie sich in K nicht schneiden. Zeigen Sie, daß E1-E10 in der Struktur wahr sind, E11 dagegen falsch. Finden Sie noch mehr Formeln der Signatur, die in der Ebene gelten, aber in der Struktur nicht.

b) Wie in den Abschnitten 1A8 und 2A8 können wir aus den Auswertungsregeln eine rekursive Definition der Wertfunktion gewinnen, wenn wir wollen. Was sind die zusätzlichen Zeilen?

c) Zeigen Sie: Variablenfreie Terme einsetzen und das Ergebnis auswerten liefert dasselbe wie die Terme erst auswerten, die Werte einsetzen und dieses Ergebnis auswerten.
Genauer: Sei t ein Term, A eine Formel, seien $x_1,...,x_n$ die freien Variablen von t bzw. A und $q_1,...,q_n$ variablenfreie Terme der passenden Sorten, sei $\mathcal{M}$ eine Struktur passender Signatur. Dann gilt mit $d_i := \text{wert}_{\mathcal{M}}(q_i)$ für i=1,...,n :

$$\text{wert}_{\mathcal{M}}(t\begin{bmatrix} x_1...x_n \\ q_1...q_n \end{bmatrix}) = \text{wert}_{\mathcal{M}}(t\begin{bmatrix} x_1...x_n \\ d_1...d_n \end{bmatrix}),$$

$$\text{Wert}_{\mathcal{M}}(A\begin{bmatrix} x_1...x_n \\ q_1...q_n \end{bmatrix}) = \text{Wert}_{\mathcal{M}}(t\begin{bmatrix} x_1...x_n \\ d_1...d_n \end{bmatrix}).$$

Der Beweis ist trivial, wenn Sie beachten, daß Auswerten eindeutig ist, daß Sie also innen an beliebigen Stellen anfangen können.

3A5.   Erfüllbar, allgemeingültig, folgt logisch

Jetzt können wir den Hauptbegriff aus Teil 2 - Formeln *folgen* aus anderen - und damit zusammenhängende Begriffe übertragen und untersuchen. Die Definitionen und wesentlichen Ergebnisse ändern sich nicht; der Zusammenhang mit der Aussagenlogik ist etwas anders (3A6).

Definition 3A5
Eine Formelmenge X
- ist *erfüllbar*, wenn X mindestens ein Modell hat;
- ist *allgemeingültig*, wenn X in allen Strukturen gilt;
- *folgt aus* einer Formelmenge Y , wenn jedes Modell von Y Modell von X ist;
- ist *äquivalent mit* Y, wenn X und Y wechselseitig auseinander folgen (alles 2B1);
- ist *die Theorie* einer Klasse $\mathcal{K}$ von Strukturen, wenn X aus den Formeln besteht, die in allen Strukturen aus $\mathcal{K}$ gelten (2C4);
- ist *Axiomensystem* für eine Klasse $\mathcal{K}$ von Strukturen oder für die Theorie von $\mathcal{K}$, wenn genau die Formeln der Theorie aus X folgen (2B9).

Die Begriffe sind - wie schon 'gültig' und 'Modell' - genauso wie in der offenen Prädikatenlogik definiert; daher gelten trivialerweise alle Ergebnisse für quantorenfreie Formeln weiterhin. Auch sonst bleiben die Eigenschaften erhalten, die sich nur auf die Definition beziehen; insbesondere gelten alle Ergebnisse aus Abschnitt 2B6. Beim Einsetzen (3A3) müssen wir aufpassen; vgl. 3A8.

Als spezifisch für den neuen Formalismus sammeln wir eine Reihe von allgemeingültigen Quantorenformeln, die wir im folgenden brauchen. Für diese Sammlung gelten die Ratschläge aus der Einleitung zu Kap.1B und am Ende von Abschnitt 1B1: Exemplarisch beweisen, viel benutzen, dadurch verstehen, aber nicht auswendiglernen.

Satz 3A5

Für beliebige Formeln A, B und Variablen x, y sind allgemeingültig:

a) *Vertauschen von Quantoren:*

$$\forall x \, \forall y \, A \leftrightarrow \forall y \, \forall x \, A, \quad \exists x \, \exists y \, A \leftrightarrow \exists y \, \exists x \, A, \quad \exists x \, \forall y \, A \rightarrow \forall y \, \exists x \, A.$$

b) *Umbenennen gebundener Variablen:*

$$\forall x \, A \leftrightarrow \forall y \, A \begin{bmatrix} x \\ y \end{bmatrix}, \quad \exists x A \leftrightarrow \exists y A \begin{bmatrix} x \\ y \end{bmatrix}, \quad \text{falls } y \text{ in } A \text{ nicht vorkommt.}$$

c) *Vertauschen von Quantoren mit aussagenlogischen Verknüpfungen:*

$$\neg \forall x \, A \leftrightarrow \exists x \, \neg A, \quad \neg \exists x \, A \leftrightarrow \forall x \, \neg A;$$

$$\forall x \, (A \wedge B) \leftrightarrow (\forall x A \wedge \forall x B), \quad \exists x \, (A \vee B) \leftrightarrow (\exists x A \vee \exists x B);$$

$$(\forall x A \vee \forall x B) \rightarrow \forall x \, (A \vee B), \quad \exists x \, (A \wedge B) \rightarrow (\exists x A \wedge \exists x B);$$

$$\forall x \, (A \, {\textstyle{\vee \atop \wedge}} \, B) \leftrightarrow (\forall x A \, {\textstyle{\vee \atop \wedge}} \, B), \quad \exists x \, (A \, {\textstyle{\wedge \atop \vee}} \, B) \leftrightarrow (\exists x A \, {\textstyle{\wedge \atop \vee}} \, B), \quad \text{falls } x \text{ nicht frei in } B \text{ vorkommt.}$$

Beweis

Zum Beispiel 2. Zeile von c): Zunächst setzen wir voraus, daß $\forall x A$ und $\forall x B$ keine freien Variablen enthalten. Dann gilt für jede Struktur passender Signatur:

$\forall x \, (A \wedge B)$ ist wahr in $\mathcal{M}$ gdw (Def. 3A4)

$(A \wedge B) \begin{bmatrix} x \\ a \end{bmatrix}$ ist wahr in $\mathcal{M}$ für alle a   gdw (Bem. 3A3)

$A \begin{bmatrix} x \\ a \end{bmatrix} \wedge B \begin{bmatrix} x \\ a \end{bmatrix}$ ist wahr in $\mathcal{M}$ für alle a   gdw (Def. 3A4)

$A \begin{bmatrix} x \\ a \end{bmatrix}$ und $B \begin{bmatrix} x \\ a \end{bmatrix}$ sind wahr in $\mathcal{M}$ für alle a   gdw

$A \begin{bmatrix} x \\ a \end{bmatrix}$ ist wahr in $\mathcal{M}$ für alle a und $B \begin{bmatrix} x \\ a \end{bmatrix}$ ist wahr in $\mathcal{M}$ für alle a   gdw (Def. 3A4)

$\forall x A$ ist wahr in $\mathcal{M}$ und $\forall x B$ ist wahr in $\mathcal{M}$ gdw (Def. 3A4)

$\forall x A \wedge \forall x B$ ist wahr in $\mathcal{M}$.

Für beliebige Formeln A und B folgt daraus, daß

$$\forall x \, (A \wedge B) \leftrightarrow (\forall x A \wedge \forall x B)$$

in $\mathcal{M}$ gilt, indem wir für alle freien Variablen in dieser Formel beliebige Daten einsetzen (Def. 3A4). Also ist die Formel allgemeingültig (Def. 3A5).   Q.E.D.

Aufgaben 3A5

a) Jetzt haben Sie alle Geräte beisammen, um Annegrets Formelsalat (Aufgabe 3A1b) fertig zuzubereiten. Guten Appetit!

b) Machen Sie sich die Allgemeingültigkeiten in dem Satz klar, indem Sie sie umgangssprachlich formulieren, in der Art: "A $\wedge$ B trifft auf alle Dinge zu genau dann, wenn A auf alle Dinge zutrifft und B auf alle Dinge zutrifft". Beweisen Sie den Satz.

Warnung: Wenn sie den ersten Teil der Aufgabe überschlagen, werden Sie Schwierigkeiten mit dem zweiten haben; denn in den meisten Beweisen brauchen Sie, wie in dem ausgewählten Beweis oben, einen Satz umgangssprachlich, um ihn formal zu beweisen.

c) Geben Sie für die Formeln des Satzes, in denen $\rightarrow$ vorkommt, Beispiele an, daß die Formeln mit dem umgekehrten Pfeil nicht allgemeingültig sind.

d) Jetzt können Sie zeigen, daß das Parallelenaxiom E11 *unabhängig* ist, das heißt, nicht aus den anderen Axiomen, auf jeden Fall nicht aus E1-E10, folgt. (Vgl. Aufgabe 3A4a.)

e) Zeigen Sie, daß die Axiome E4 und E5 der Euklidischen Geometrie äquivalent sind, daß wir also eins weglassen können.

f) Zeigen Sie, daß die folgenden Formeln aus E1-E11 folgen:

$$\forall G\ \forall H\ (G \parallel H \leftrightarrow H \parallel G)$$
$$\forall G\ \forall H\ (G \parallel H \rightarrow G \neq H)$$
$$\exists G\ \forall p\ \fbox{p}\ \text{—}\ G \rightarrow \forall G\ \forall H\ G = H$$

Wir führen ein neues Axiom ein:

E12 $\forall p\ \forall q\ \exists G\ (\ \fbox{p}\text{—}G \wedge \fbox{q}\text{—}G\ )$.

Zeigen Sie, daß E12 nicht aus E1-E11 folgt, daß aber aus E1-E12 folgen:

$$\forall G\ \forall H\ (\neg\, G \parallel H \wedge G \neq H \rightarrow \exists I\ (I \neq G \wedge I \neq H \wedge \neg\, I \parallel G \wedge \neg\, I \parallel H)),$$
$$\forall G\ \forall H\ (G \parallel H \rightarrow \exists I\ (I \parallel G \wedge I \parallel H))$$

g) *Anzahlformeln*: Überlegen Sie sich, daß für Variable x, y der Sorte s die Formeln

$$\exists_s^{\geq 2} := \exists x\ \exists y\ x \neq y, \qquad \exists_s^{<2} := \forall x\ \forall y\ x = y$$

in einer Struktur genau dann wahr sind, wenn es mindestens 2 bzw. höchstens 1 (d.h. weniger als 2) Elemente der Sorte s gibt. Zeigen Sie, daß $\exists_s^{\geq 2} \leftrightarrow \neg\, \exists_s^{<2}$ allgemeingültig ist. Verallgemeinern Sie Definitionen und Beweis von 2 auf beliebige n . Was erhalten Sie für n = 1 ?

Finden Sie eine möglichst einfache Formel $\exists_s^{=n}$ mit der Bedeutung: Es gibt genau n Elemente der Sorte s. Definieren Sie analog Formeln

$$\exists^{\leq n} A, \qquad \exists^{<n} A, \qquad \exists^{=n} A$$

für eine Formel A mit genau einer freien Variablen, die die Bedeutung haben: Es gibt mindestens, weniger als, genau n Elemente, die A wahr machen. Was haben die Formeln

$$\exists x\ \exists y\ [P(x) \wedge \neg P(y)]\ \text{und}\ \exists_s^{\geq 2}, \text{ wobei s die Argumentsorte von P ist,}$$

miteinander zu tun? Können Sie solche "Mindestzahlformeln ohne Gleichheit" für beliebige Anzahlen schreiben? Warum kann das für Höchstzahlformeln nicht gehen? (Denken Sie an das Aufblasen von Strukturen in 2C2.) Folgern Sie daraus, daß es zu jeder Struktur ohne Gleichheit äquivalente mit mehr Elementen gibt. Warum geht das nicht mit Gleichheitsstrukturen? Warum können Sie im allgemeinen nicht "Luft rauslassen", um weniger Elemente zu kriegen?

3A6. Formeln aussagenlogisch interpretieren

In Teil 2 konnten wir viele Eigenschaften der in 3A5 definierten Begriffe aus Teil 1 übertragen: Wenn wir die Atome einer Formel der offenen Prädikatenlogik als Aussagensymbole auffassen, können wir aus den Wahrheitswerten, die variablenfreie atomare Formel in Strukturen haben, aussagenlogische Belegungen definieren und umgekehrt. Das sieht jetzt etwas anders aus: nicht nur die atomaren Teilformeln einer Formel sind aussagenlogisch nicht zerlegbar, sondern auch die Teilformeln der Art $\forall$xB oder $\exists$xB (auch wenn B aussagenlogisch zerlegbar ist).

Definition 3A6
Die *aussagenlogischen Bestandteile* einer Formel sind die kleinsten Teilformeln, die nicht im Bereich eines Quantors liegen.

Die aussagenlogischen Bestandteile von $\neg$P(x) $\vee$ ($\exists$xP(x) $\leftrightarrow$ Q(y)) sind P(x) , $\exists$xP(x) und Q(y) . Die aussagenlogischen Bestandteile einer quantorenfreien Formel sind die Atome. - Wie in Teil 2 können wir Formeln durch die aussagenlogische Brille ansehen, indem wir ihre aussagenlogischen Bestandteile wie Aussagensymbole behandeln. Wir sagen dann zur Unterscheidung 'aussagenlogisch erfüllbar' und 'prädikatenlogisch erfüllbar' usw. Das war in Teil 2 für variablenfreie Formeln sehr nützlich: Grundatome können wie Aussagensymbole nur wahr oder falsch sein; deswegen gilt für Grundformeln dasselbe, was für aussagenlogische Formeln gilt (Satz 2B4). Für Formeln mit Variablen ging das schief: die Atome P(x) und P(y) sind äquivalent, aber als Zeichenreihen, daher als Aussagensymbole, verschieden (2B5). Jetzt geht es auch für geschlossene Formeln schief: die Gegenbeispiele heißen $\forall$xP(x) und $\forall$yP(y) . Wir können daher wie in Satz 2B5 Eigenschaften nur in der einfachen Richtung von der Aussagenlogik in die Prädikatenlogik oder umgekehrt übertragen. Zum Beispiel wird eine aussagenlogisch allgemeingültige Formel für alle Belegungen der aussagenlogischen Bestandteile wahr, also gilt sie in allen Strukturen, weil die Bestandteile in Strukturen auch nach Einsetzen von Daten nur wahr oder falsch werden können; ist sie dagegen prädikatenlogisch allgemeingültig, so kann das an den aus-sagenlogischen Bestandteilen selbst liegen und nicht am aussagenlogischen Aufbau der Formel daraus.

Satz 3A6
Seien A, B Formeln:
a) Wenn A prädikatenlogisch erfüllbar ist, so ist A aussagenlogisch erfüllbar.
b) Wenn A aussagenlogisch allgemeingültig ist, so ist A prädikatenlogisch allgemeingültig.
c) Wenn B aussagenlogisch aus A folgt, so folgt B prädikatenlogisch aus A.
Die folgenden Beispiele zeigen, daß die Umkehrungen auch für geschlossene Formeln nicht gelten:
a') $\forall$xP(x) $\wedge$ $\neg\forall$yP(y) ist aussagenlogisch erfüllbar, aber nicht prädikatenlogisch.
b') $\forall$xP(x) $\vee$ $\neg\forall$yP(y) ist prädikatenlogisch allgemeingültig, aber nicht aussagenlogisch.
c') $\forall$yP(y) folgt prädikatenlogisch aus $\forall$xP(x) , aber nicht aussagenlogisch.

Beweis
Die Beweise sind die gleichen wie für Satz 2B5, die aussagenlogischen Bestandteile übernehmen jetzt die Rolle der atomaren Formeln dort. Die Gegenbeispiele für die Umkehrungen folgen aus Satz 3A5b.   Q.E.D.

Aufgaben 3A6

a) Warum ist in der Prädikatenlogik 'stark äquivalent' (2B6) nicht mehr äquivalent zu 'aussagenlogisch äquivalent'? Warum kann man quantorenfreie Formeln trotzdem in Normalformen bringen und warum gilt die Folgerung 2B6 aus dem Ersetzungssatz?

b) Beweisen Sie den Satz.

Frage

Wann sind zwei Äquivalenzen nicht äquivalent? Ist eine Äquivalenz äquivalent?

3A7.   Formeln abschließen oder öffnen

Ergebnisse, die wir in der offenen Prädikatenlogik nur für variablenfreie Formeln haben, können wir in der Quantorenlogik für beliebige Formeln nutzen. Wir können nämlich freie Variablen immer durch Allquantoren binden. Umgekehrt können wir Allquantoren am Anfang einer Formel ohne Schaden weglassen.

Bemerkung 3A7

Sei A eine Formel mit den freien Variablen $x_1,...,x_n$. Dann sind A und $\forall x_1...\forall x_n$ A äquivalent. Die zweite Formel heißt *Allabschluß von A*.

Beweis

Nach den Definitionen in 3A3, 3A4 gilt A in einer Struktur $\mathcal{M}$

genau dann, wenn A für alle passenden Daten $a_1,...,a_n$ in $\mathcal{M}$ wahr ist

genau dann, wenn $\forall x_1...\forall x_n$ A in $\mathcal{M}$ wahr ist.   Q.E.D.

Wir schränken uns also nicht ein, wenn wir Sätze, in denen es um die Gültigkeit von Formeln geht, für Formeln ohne freie Variable beweisen. Natürlich dürfen wir das Abschließen nicht vergessen, wenn wir solche Sätze ausnutzen. Zum Beispiel gilt Satz 1B7 über den Zusammenhang zwischen logischer Folgerung und Widersprüchlichkeit auch in der Prädikatenlogik, aber nur für geschlossene Formeln. Der Spezialfall aus der nun folgenden Aufgabe wird uns im nächsten Kapitel bei den Theorembeweisern sehr nützlich sein.

Aufgabe 3A7

Ist X eine Formelmenge und A eine Formel mit den freien Variablen $x_1,...,x_n$, so folgt $\exists x_1...\exists x_n$ A aus X genau dann, wenn X, ¬A widersprüchlich ist:

$$X \vDash \exists x_1...\exists x_n A \quad \text{gdw} \quad X, \neg A \vDash F .$$

3A8.   Weitere Eigenschaften von Quantorenformeln

Den Satz 2B8 - die Substituierte einer Formel folgt aus der Formel - können wir nicht ungeändert übertragen, weil er im allgemeinen falsch ist. Zum Beispiel gilt die Formel

$$\forall p \, \forall G \, \exists q \, (q \neq p \wedge \underline{}\!\!\boxed{q}\!\!\underline{}G)$$

in der Euklidischen Ebene, nach Bemerkung 3A7 also auch

$$\exists q \, (q \neq p \wedge \underline{}\!\!\boxed{q}\!\!\underline{}G).$$

Setzen wir in dieser Formel q für die freie Variable p ein, so erhalten wir

$$\exists q \, (q \neq q \wedge \underline{}\!\!\boxed{q}\!\!\underline{}G);$$

die Formel gilt sicher nicht in der Euklidischen Ebene, folgt also nicht aus der darüberstehenden. Das liegt daran, daß wir für die freie Variable p die Variable q eingesetzt haben, die durch den Quantor $\exists q$ gebunden ist.

Definition   3A8
Einen Term t in eine Formel A einzusetzen ist *zulässig*, wenn dabei keine Variable in t durch einen Quantor in A gebunden wird.

Eine Substitution $A\begin{bmatrix} x \\ t \end{bmatrix}$ ist also unzulässig genau dann, wenn x an einer Stelle in einer Teilformel $\forall yB$ oder $\exists yB$ in A frei ist und y in t vorkommt.

Bemerkung   3A8
Setzen wir auf zulässige Weise in eine Formel ein, so folgt das Resultat aus der Formel:
Ist A eine Formel und sind $x_1,...,x_n$ Variable und $t_1,...,t_n$ Terme der passenden Sorten, so gilt
$$A \vDash A\begin{bmatrix} x_1 \cdots x_n \\ t_1 \cdots t_n \end{bmatrix},$$
falls die Substitution zulässig ist.

Beweis
Sei A gültig in einer Struktur $\mathcal{M}$. Wir setzen in A die Terme $t_1,...,t_n$ für $x_1,...,x_n$ ein und in der so erhaltenen Formel für alle freien Variablen irgendwelche Daten. Dabei werden die Terme t_i variablenfrei, wir können sie also auswerten. Die so erhaltenen Daten machen zusammen mit den sonst noch eingesetzten die Formel A wahr, da sie gültig ist. Also ist die substituierte Formel gültig.   Q.E.D.

Zum Schluß des Kapitels sammeln wir Eigenschaften von Konditionalen mit Quantoren und Substitution.

Satz   3A8
Für beliebige Formeln A, B und Variablen x und Terme t gleicher Sorte gilt:
a) falls x nicht frei in A vorkommt, ist
$\qquad A \to B$ äquivalent zu $A \to \forall xB$ und $B \to A$ äquivalent zu $\exists xB \to A$;
b) aus $A \to B$ folgen $\forall xA \to B$ und $A \to \exists xB$;
c) $\forall xA \to A\begin{bmatrix} x \\ t \end{bmatrix}$ und $A\begin{bmatrix} x \\ t \end{bmatrix} \to \exists xA$ sind allgemeingültig, falls die Substitution zulässig ist.

Aufgaben   3A8

a) Beweisen Sie den Satz.

b) Ist A → B äquivalent zu ∀xA → B oder A → ∃xB ?

c) Geben Sie für die Formeln des Satzes, in denen → vorkommt, Beispiele an, daß die entsprechenden Formeln mit dem Pfeil in der umgekehrten Richtung nicht allgemeingültig sind. Zum Beispiel gilt P(x) → ∀xP(x) in keiner Struktur, in der P auf manche Daten zutrifft, aber auf andere nicht (warum nicht?).

d) Haben Sie noch Lust, weiter das Architektenspiel zu axiomatisieren? Vgl. Abschnitt 2C5. Sehen Sie sich die Formel

$$\neg \frac{x}{y} \leftrightarrow \underset{\diagup\!\diagup\!\diagup\!\diagup}{x} \vee \exists z\, (z \neq y \wedge \frac{x}{z})$$

an. Folgt sie aus Ihrem Axiomensystem? Können Sie sie auch ohne Quantoren ausdrücken?

Kapitel 3B.   Finitisieren und mechanisieren

Jetzt übertragen wir einige wichtige Ergebnisse des 2. Teils - Semi-Entscheidungsverfahren und Endlichkeitssätze, nicht dagegen Vollständigkeit - auf die Quantorenlogik und gewinnen so wichtige, aber auch überraschende Ergbenisse. Als erstes stellen wir die *Theorembeweiser*, von denen Clarissa in der Einleitung zu Teil 2 gesprochen hat, für die Prädikatenlogik auf. Dazu setzen wir alles zusammen, was wir bisher gelernt haben: Mit Hilfe der Ergebnisse aus 3A überführen wir Formeln in *pränexe Normalform* (3B1) und beseitigen dann die Quantoren durch *Skolemisieren* (3B2). Die entstehenden quantorenfreien Formeln können wir in die Theorembeweiser aus 2D5 oder 2D6 eingeben (3B3). Als Anwendung benutzen wir Theorembeweiser, um *Beispielterme für Existenzformeln* zu finden (3B4). Damit formulieren wir das alte Ergebnis von *Herbrand* um, das wir in Abschnitt 2D6 in einer Fassung fürs Theorembeweisen gebracht haben, und verallgemeinern es *fürs logische Programmieren*. In 3B5 spezialisieren wir das Verfahren für Hornformeln und erläutern so die Vorgehensweise, die PROLOG zugrundeliegt. In 3B6 zeigen wir, daß auch in der Prädikatenlogik jede erfüllbare Formelmenge ein Herbrandmodell hat und folgern daraus in 3B7, daß es zu jeder Struktur eine äquivalente (die selben Formeln erfüllende) höchstens abzählbare gibt (*Satz von Löwenheim und Skolem*). In 3B8 schließlich gewinnen wir aus dem Vollständigkeits- den *Kompaktheits*- und den *Endlichkeitssatz* wieder. Als erste Konsequenz daraus bedrohen uns *Monster* in Architektenstrukturen, die uns in Kap. 3C in den natürlichen Zahlen heilsame Lehren erteilen werden.

3B1.   Pränexe Normalform

Um Formeln quantorenfrei zu machen, ist es nicht nötig, aber günstig, sie zunächst in eine Form zu bringen, in der alle Quantoren vorn stehen.

Definition   3B1

Eine Formel ist *in pränexer Normalform,* wenn kein Quantor im Bereich einer aussagenlogischen Verknüpfung steht, d.h. wenn sie von der Form $Q_1x_1...Q_nx_nA$ ist, wobei $Q_1,...,Q_n$ All- oder Existenzquantoren sind, $n \geq 0$, und A quantorenfrei ist.

Beispiele

Von den Formeln in der Einleitung zu Teil 3 sind E1 und E2 in pränexer Normalform, E3 nicht. Wie steht es mit den übrigen? Alle Formeln in Teil 1 und 2 sind in pränexer Normalform.

Satz   3B1

Mit den folgenden Umformungsregeln, sukzessive auf Teilformeln angewendet, können wir jede Formel in eine stark äquivalente in pränexer Normalform überführen:

$\forall xA \rightsquigarrow \forall y\, A\begin{bmatrix} x \\ y \end{bmatrix}, \quad \exists xA \rightsquigarrow \exists y\, A\begin{bmatrix} x \\ y \end{bmatrix} \quad$ falls y nicht in A

(Quantoren umbenennen)   und x,y von derselben Sorte

$\forall xA \wedge \forall xB \rightsquigarrow \forall x(A \wedge B), \quad \exists xA \vee \exists xB \rightsquigarrow \exists x(A \vee B)$

(Quantoren zusammenfassen)

$QxA \wedge B \rightsquigarrow Qx(A \wedge B), \quad QxA \vee B \rightsquigarrow Qx(A \vee B) \qquad$ falls x nicht frei in B

$B \wedge QxA \rightsquigarrow Qx(B \wedge A), \quad B \vee QxA \rightsquigarrow Qx(B \vee A) \qquad$ und Q ein Quantor

(Konjunktionen und Disjunktionen nach innen bringen)

$\neg\forall xA \rightsquigarrow \exists x\neg A, \quad \neg\exists xA \rightsquigarrow \forall x\neg A$

(Negationen nach innen bringen)

Dazu kommen die Regeln, mit denen wir zunächst $\rightarrow$ und $\leftrightarrow$ eliminieren.

Aufgaben   3B1

a) Beweisen Sie den Satz, indem Sie zeigen:

   1) Jeder Umformungsschritt (durch Anwendung einer Regel) liefert eine stark äquivalente
      Formel (Ersetzungssatz benutzen, vgl. Abschnitt 3A7).

   2) Das Verfahren terminiert immer (d.h. nach endlich vielen Schritten sind keine Regeln
      mehr anwendbar), wenn Sie das Umbenennen von Quantoren geeignet einschränken. (Wozu
      müssen Sie überhaupt umbenennen?)

   3) Das Ergebnis ist eine Formel in pränexer Normalform.

b) Bringen Sie die Axiome E1-E11 der Euklidischen Geometrie in pränexe Normalform.

c) Das Verfahren 'Formeln pränex machen' ist leichter zu beschreiben, wenn wir $\rightarrow$ und $\leftrightarrow$
   erst eliminieren; aber Formeln sind leichter pränex zu machen, wenn wir es nicht tun. Ändern
   Sie das Verfahren.

d) Geben Sie zu folgenden Formeln möglichst kurze stark äquivalente pränexe Normalformen an:

   $\neg\exists x\, P(a,f(x)) \;\wedge\; (\forall x\, Q(g(f(x),b)) \;\vee\; \exists x\, \forall y\, Q(g(x,y)))$

   $\forall z\, (\neg P(z,a) \vee P(a,z)) \;\rightarrow\; \exists x\, (\neg P(a,x) \wedge P(x,a))$

   $\exists x\, \forall y\, (Q(x) \vee R(y)) \;\leftrightarrow\; \forall y\, \exists x\, (Q(x) \vee R(y))$

3B2.   Skolemisieren

Wir wollen Formeln quantorenfrei machen und dann für die quantorenfreien Formeln die Semi-
Entscheidungsverfahren aus Abschnitt 2D5 verwenden. Nicht jede Formel ist aber äquivalent zu
einer quantorenfreien. Zum Beispiel sind zwar $\forall x\, P(x)$ und $P(x)$ äquivalent, aber zu $\exists x P(x)$ ist
weder $P(x)$ noch $P(t)$ für irgendeinen Term t äquivalent. (Wie können wir das beweisen?
Könnte $\exists x\, P(x)$ zu einer anderen quantorenfreien Formel äquivalent sein?) Andererseits testen wir
mit einem Semi-Entscheidungsverfahren für Widersprüchlichkeit nur die Unerfüllbarkeit von
Formeln: es würde uns also genügen, wenn wir zu jeder Formel A eine quantorenfreie Formel B
finden könnten, die erfüllbar ist genau dann, wenn A erfüllbar ist.

Definition   3B2
Zwei Formeln oder Formelmengen heißen *erfüllbarkeitsgleich*, wenn beide erfüllbar oder beide unerfüllbar sind.

Zum Beispiel sind $\exists x\ P(x)$ und $P(d)$, wobei d eine Konstante ist, erfüllbarkeitsgleich; denn beide sind erfüllbar. Dasselbe gilt für $\exists x\ P(x)$ und $\neg P(d)$. Erfüllbarkeitsgleiche Formeln stehen also nur in einem sehr losen Zusammenhang: Jede erfüllbare Formel ist zu W erfüllbarkeitsgleich, jede unerfüllbare zu F. Darauf kommt es aber nicht an. Der Witz ist, daß wir zu einer Formel $\exists xA$ eine erfüllbarkeitsgleiche Formel B (ein Existenzquantor weniger) konstruieren müssen, ohne zu wissen, ob $\exists xA$ erfüllbar ist oder nicht. Erfüllbarkeit wollen wir ja gerade erst herauskriegen. Für $\exists x\ P(x)$ ist $P(d)$ ein guter Kandidat, $\neg P(d)$ ein schlechter. Denn nehmen wir an, $\exists x\ P(x)$ sei wahr in einer Struktur $\mathcal{M}$. Dann gibt es in $\mathcal{M}$ ein Datum von der Sorte von x, auf das P zutrifft. Wählen wir d als neuen Namen (Erweiterung der Signatur!) für dieses unbekannte Datum, so wird $P(d)$ wahr in $\mathcal{M}$. Ist umgekehrt $\exists x P(x)$ falsch in $\mathcal{M}$, so sicher auch $P(d)$, egal wie wir d interpretieren. Dasselbe geht bei einer beliebigen Existenzformel $\exists xA$, ohne daß wir wissen, ob sie erfüllbar ist. Wir setzen in A für x die neue Konstante d ein, erhalten die Formel B. Ist $\exists xA$ in einer Struktur wahr, können wir B darin wahr machen, indem wir d richtig wählen und sonst die Interpretation nicht ändern; ist $\exists xA$ falsch, so auch B.

Halt! Gegenbeispiel: $\exists x\ (x > y)$ gilt sicher in den natürlichen Zahlen; für jede Zahl y gibt's eine größere. Aber $d > y$ gilt nicht; wir können d nicht größer als jede Zahl wählen. Das zu wählende d hängt von y ab, ist eine Funktion von y. '$\exists x\ (x > y)$ gilt' heißt ja '$\forall y\ \exists x\ (x > y)$ ist wahr' und nicht '$\exists x\ \forall y\ (x > y)$ ist wahr'. Also schreiben wir $g(y)$ statt d; $g(y) > y$ gilt, wenn g geeignet gewählt, zum Beispiel $g(y) := y'$ oder $g(y) := 3y+19$. Das geht immer: Ist $\exists xA$ eine Formel mit einer freien Variablen y, so setzen wir in A für x den Term $g(y)$ ein und erhalten B; das Funktionssymbol g darf in A nicht vorkommen und muß die richtigen Sorten haben. Gilt $\exists xA$ in einer Struktur, so können wir g darin so definieren, daß B wahr wird; wir müssen nur für jedes $g(y)$ eins der existierenden x auswählen. Gilt $\exists xA$ nicht, so können wir für mindestens ein y kein x finden, das A wahr macht; also ist B falsch, egal wie wir g definieren. Also sind $\exists xA$ und B erfüllbarkeitsgleich. Enthält $\exists xA$ mehrere freie Variable, so kriegt g sie alle als Argumente. Diese Methode, Existenzquantoren aus Formeln zu eliminieren, nennt man *Skolemisieren* - nach dem norwegischen Logiker Thoralf Skolem, der sie 1921 eingeführt hat -, die neuen Funktionen *Skolemfunktionen*. Das formulieren wir jetzt genauer.

Lemma   3B2
Es sei $\exists xA$ eine Formel zur Signatur Σ mit den freien Variablen $y_1,...,y_n$, es seien $s, s_1,...,s_n$ die Sorten von $x, y_1,...,y_n$. Wir wählen ein Operationssymbol $g : s_1...s_n \to s$, das nicht in Σ vorkommt, und konstruieren die Formel B aus A, indem wir den Term $g(y_1,...,y_n)$ für x einsetzen. Dann gibt es zu jeder Struktur $\mathcal{M}$ eine Operation g vom Typ $s_1...s_n \to s$, so daß $\exists xA$ in $\mathcal{M}$ gilt genau dann, wenn B in der um g erweiterten Struktur gilt.

Satz 3B2

Mit dem folgenden Verfahren können wir jede Formel in eine erfüllbarkeitsgleiche quantorenfreie Formel überführen: Zuerst die Formel in pränexe Normalform bringen; dann der Reihe nach (von außen nach innen) die Allquantoren weglassen, die Existenzquantoren mit dem Hilfssatz beseitigen (dabei für jeden Existenzquantor ein neues Funktionssymbol einführen). Das Verfahren funktioniert auch für eine Menge von Formeln, da wir die Skolemfunktionen unabhängig voneinander wählen können und sonst die Struktur nicht ändern.

Beweis

Überführen in pränexe Normalform liefert nach Satz 3B1 eine äquivalente Formel, ebenso nach Folgerung 3A7 das Weglassen eines Allquantors. Das Beseitigen eines Existenzquantors liefert nach dem obigen Lemma eine erfüllbarkeitsgleiche Formel. Das ergibt den Satz mit Hilfe von Aufgabe a).   Q.E.D.

Beispiel

Das Axiom

E7 $\forall p \, \forall q \, (p \neq q \; \rightarrow \; \exists r$ (p)———(r)———(q))

der Euklidischen Geometrie wird mit dem Verfahren umgewandelt in:

E7' $p \neq q \; \rightarrow$ (p)——((p)—+—(q))——(q) .

Dabei haben wir eine neue Funktion

(Punkt)—+—(Punkt)——▶ Punkt

eingeführt, die zu je zwei verschiedenen Punkten einen dazwischen auswählt, zum Beispiel den mittendrin.

Aufgaben 3B2

a) Zeigen Sie, daß äquivalente Formeln erfüllbarkeitsgleich sind, erfüllbarkeitsgleiche Formeln aber nicht äquivalent sein müssen.

b) Machen Sie die restlichen Axiome aus der Einleitung zu Teil 3 quantorenfrei (E1'-E11') und definieren Sie analog die neu eingeführten Funktionen. Was können Sie zum Beispiel über die Funktion

   $\dfrac{\text{Gerade}}{\top} \; \rightarrow \; \text{Punkt}$

sagen, für die

E1'   ——(G┼)——   gilt?

c) Das Verfahren 'Formeln quantorenfrei machen' ist einfacher zu beschreiben, wenn wir Formeln erst pränex machen; aber Formeln sind leichter quantorenfrei zu machen, wenn wir es nicht tun. Ändern Sie das Verfahren.

d) Stellen Sie zu folgenden Formeln erfüllbarkeitsgleiche quantorenfreie Formeln her:

   $\forall x \, \exists y \; f(x) = y$ ("f ist linkstotal")

   $\forall y \, \exists x \; f(x) = y \; \lor \; \exists y \, \forall x \; f(x) \neq y$ ("f ist surjektiv oder nicht")

mon(f) ↔ ∀x ∀y (x < y → f(x) < f(y))   ("Definition: f ist streng monoton wachsend")
Vorsicht: Die Signatur ist verwirrend. Machen Sie sich die zunächst klar, indem Sie die dritte
Formel betrachten. Wenn Sie zu verwirrt sind, schauen Sie in Aufgabe 3B3c nach.

3B3.   Theorembeweiser

Damit können wir die Semi-Entscheidungsverfahren, die wir semantisch (aus Endlichkeitssätzen)
oder syntaktisch (aus adäquaten Regelmengen) erst in der Aussagenlogik (1D12), dann in der
offenen Prädikatenlogik (2D5, 2D6) gewonnen hatten, auf beliebige prädikatenlogische Formeln
ausdehnen.

Semi-Entscheidungsverfahren für Widersprüchlichkeit   3B3
Gegeben sei eine endliche Formelmenge X. Wir machen die Formeln aus X mit dem Verfahren
des letzten Abschnitts quantorenfrei und wenden auf die erhaltene Formelmenge Y eins der Semi-
Entscheidungsverfahren für Widersprüchlichkeit aus Abschnitt 2D5 oder 2D6 an. Da X nach Satz
3B2 und Bemerkung 3A5 genau dann widersprüchlich ist, wenn Y es ist, gilt das Ergebnis des
Verfahrens auch für X .

Theorembeweiser   3B3
Gegeben sei eine endliche Formelmenge Z und eine Formel A. Wir schließen A durch Allquantoren ab (3A7), erhalten B und geben Z, ¬B in eins der Semi-Entscheidungsverfahren für
Widersprüchlichkeit ein. Nach den Feststellungen in Abschnitt 3A7 liefert das Verfahren "ja"
genau dann, wenn A aus X folgt.

Warum gehen wir für Theorembeweiser den Umweg über die Widersprüchlichkeit, statt direkt die
Theorembeweiser aus Kap. 2D für die offene Prädikatenlogik zu benutzen? Ganz einfach: Das
Skolemisieren im letzten Abschnitt erhält Widersprüchlichkeit, aber nicht logische Folgerung.
Konstruieren wir Y und B aus X und A durch Eliminieren der Quantoren und folgt A aus
X, so muß B nicht aus Y folgen. Zum Beispiel folgt ∃x (x > y) aus sich selbst, aber die
skolemisierten Formeln g(y) > y und h(y) > y sind verschieden, folgen also weder auseinander
noch aus der ursprünglichen Formel. Das Beispiel ist dümmlich, aber zeigt, was fehlt: Axiome für
die Skolemfunktionen. Und die enthielten Quantoren. In Teil 1 und 2 haben wir Theorembeweiser
aus Ableitungssystemen oder Endlichkeitssätzen gewonnen, für die Quantorenlogik haben wir
beides nicht. Formeln pränex machen und Allquantoren weglassen, das könnten wir durch
korrekte Ableitungsregeln beschreiben; aber Skolemisieren nicht. In Abschnitt 3B8 werden wir die
Endlichkeitssätze auf die Quantorenlogik übertragen. Dabei erhalten wir aber keine Theorembeweiser, weil uns Herbrand außer in Spezialfällen (siehe Abschnitt 3B4) im Stich läßt. Vollständige Ableitungssysteme behandeln wir hier nicht. Daher können wir Theorembeweiser nur aus den
Semi-Entscheidungsverfahren für Widersprüchlichkeit konstruieren, wie oben in dem Satz beschrieben.

Ableitungssysteme, die vollständig fürs Folgern in der Quantorenlogik sind, findet man in den meisten Logikbüchern.[1] Die Ableitungssysteme enthalten Regeln zum Einführen und Eliminieren von Quantoren, die den Gesetzen aus Folgerung 3A7 und Satz 3A8 entsprechen, dazu aussagenlogische Regeln und unter Umständen die Einsetzungsregel. Wenn Sie sich durch die Vollständigkeitsbeweise in diesem Buch durchgekämpft haben, sollten sie keine Schwierig-keiten haben, die Beweise in anderen Büchern zu verstehen, auch wenn sie in anderen Gewändern daherkommen. Im Kern des Beweises steckt meist eine Lindenbaum-Vervollständigung, viel komplizierter als die in Abschnitt 1D8, weil beliebige Formeln und nicht nur Atome hinzugefügt und daher nicht nur die Negation, sondern auch die anderen aussagenlogischen Verknüpfungen und die Quantoren berücksichtigt werden. Zum Beispiel muß dann für X^* außer

$\neg A$ in X^* gdw   A nicht in X^* auch

$A \wedge B$ in X^* gdw   A in X^* und B in X^* und

$\exists x A$ in X^* gdw   es gibt einen Term t so daß $A \begin{bmatrix} x \\ t \end{bmatrix}$ in X^*

gelten. Diese folgerungsvollständigen Ableitungssysteme sind von grundsätzlicher Bedeutung, wie wir in Abschnitt 1D6 diskutiert haben (siehe auch Abschnitt 3B8). Für Theorembeweiser sind sie zu ineffizient und fürs Ableiten mit Bleistift und Papier - bis auf die *Systeme des natürlichen Schließens*[2] - zu weit vom natürlichen Schließen entfernt. Das muß man für die hier behandelten Theorembeweiser allerdings auch sagen: handhabbar sind sie auf dem Papier und dem Rechner nur, wenn die Formeln schon in Gentzenform sind. - Für Theorembeweiser, die nicht auf dem Resolutionskalkül basieren, sollte man in anderen Lehrbüchern nachschauen.[3]

Aufgaben 3B3

a) Entstehen Y und B aus X und A durch Eliminieren der Quantoren und folgt A aus X, so muß B nicht aus Y folgen, wie wir gesehen haben. Umgekehrt?

b) (A) Beschreiben Sie einen der Theorembeweiser dieses Abschnitts in eigenen Worten und be-gründen Sie ihn. Der Sinn dieser Aufgabe ist, die lange Kette von Aussagen, die zu dem Ergebnis führt, zu einem Verfahren zusammenzusetzen, das Sie selbst formulieren und dessen Korrektheit Sie (anschaulich, in großen Zügen, nicht noch einmal im Detail) beweisen. Sie können das Verfahren dann zu einem Algorithmus ausbauen, (das heißt, deterministisch machen, die Existenzaussagen durch Suchverfahren ersetzen und so weiter,) programmieren und auf den Rechner bringen; damit ergänzen Sie, aber ersetzen nicht die Aufgabe. Illustrieren und testen Sie Ihr Verfahren an dem folgenden Beispiel:
Zeigen Sie, daß es eine Fabrikantin gibt, die nicht knauserig ist, wenn Politiker niemanden mögen, der knauserig ist, jeder Politiker eine Fabrikantin mag, und es überhaupt Politiker gibt, also:

     $\exists x \, (\text{Fabr}(x) \wedge \neg \text{Knaus}(x))$ folgt aus $\exists x \, \text{Pol}(x)$,

     $\forall x \, (\text{Pol}(x) \rightarrow \forall y \, (\text{Knaus}(y) \rightarrow \neg \text{Mag}(x,y)))$,

     $\forall x \, (\text{Pol}(x) \rightarrow \exists y \, (\text{Fabr}(y) \wedge \text{Mag}(x,y)))$.

c) (A) Spielen Sie Theorembeweiser wie in Aufgabe b) und beweisen Sie: "Die Komposition von surjektiven Funktionen ist surjektiv." Benutzen Sie als Axiome:

     X1   f surjektiv $\leftrightarrow \forall y \, \exists x \, f(x) = y$

---

[1] Siehe zum Beispiel die Bücher von Ebbinghaus, Flum und Thomas oder Hermes, Literatur L1.

[2] Siehe zum Beispiel das Buch von Willard van Orman Quine "Grundzüge der Logik", Literatur L1.

[3] Literatur L3.

X2 $(g \bullet f)(x) = g(f(x))$

sowie die Gleichheitsaxiome zu der Signatur:

Sortensymbole: <u>argument</u> , <u>funktion</u> ;

Operationsymbole: <u>funktion</u>(<u>argument</u>) $\to$ <u>argument</u> , <u>funktion</u> $\bullet$ <u>funktion</u> $\to$ <u>funktion</u> ;

Prädikatensymbole: <u>argument</u> = <u>argument</u> , <u>funktion</u> surjektiv

f,g seien Variable zur Sorte <u>funktion</u> , x,y zur Sorte <u>argument</u> .

Zeigen Sie, daß die Formel

   f surjektiv $\wedge$ g surjektiv $\to$ $(g \bullet f)$ surjektiv

aus X1, X2 und den Gleichheitsaxiomen folgt.

d) (A) Spielen Sie Theorembeweiser wie in Aufgabe b) und beweisen Sie: "Wenn die Gerade g parallel zur Geraden h und senkrecht zur Geraden k liegt, dann gibt es eine Gerade l , die senkrecht zu h und parallel zu k liegt." Benutzen Sie die Axiome:

(1) $\forall G \; \exists H \; (G \parallel H)$

(2) $\forall G \; \exists H \; (G \perp H)$

(3) $(G \parallel H \to H \parallel G)$

(4) $(G \perp H \to H \perp G)$

(5) $(G \parallel H \wedge G \perp K \to H \perp K)$

(6) $(G \perp H \wedge G \perp K \to H \parallel K)$

Zu zeigen ist

(7) $(G \parallel H \wedge G \perp K \to \exists L \, (L \perp H \wedge L \parallel K))$

3B4.   Der Satz von Herbrand

In einem einfachen Fall können wir die Theorembeweiser des letzten Abschnitts benutzen, ohne die Formeln durch Skolemisieren zu verstümmeln; zusätzlich erhalten wir dabei bessere Antworten als bloßes "ja: folgt". Ist nämlich die Anfrage von der Form "X $\vDash$ $\exists$xA ?", wobei $\exists$x für ein Tupel von Existenzquantoren steht, A sonst keine Variablen (also auch keine Quantoren) enthält und X ebenfalls quantorenfrei ist (oder wir außen stehende Allquantoren schon weggelassen haben), so müssen wir kaum umformen: wir ersetzen die Negation $\neg\exists$x A durch das nach Satz 3A5 äquivalente $\forall$x $\neg$A , lassen die Allquantoren weg und testen X, $\neg$A auf Widersprüchlichkeit. Dann - wissen wir - folgt $\exists$xA aus X genau dann, wenn X, $\neg$A widersprüchlich ist. Sind X und $\neg$A zufälligerweise schon in Gentzenform, so können wir ohne jede Vorarbeit mit Schnitt- und Einsetzungsregel eine Widerlegung suchen. Finden wir eine, so wissen wir "ja: folgt".

Wir wissen aber mehr: Wird in der Widerlegung $\neg$A nicht benutzt, ist X selbst widersprüchlich; die Frage war dumm gestellt. Wird $\neg$A benutzt - sagen wir zunächst: einmal - , so können wir nach Folgerung 2D2 annehmen, daß im ersten Ableitungsabschnitt in $\neg$A ein Tupel t von Grundtermen für die Variablen x eingesetzt wird. Sei σ die Substitution von t für x; dann ist Aσ ein Grundbeispiel von A . Lassen wir in der Widerlegung den Einsetzungsschritt weg, so erhalten wir eine Widerlegung von X, $\neg$Aσ . Also ist X, $\neg$Aσ widersprüchlich, und da Aσ eine

Grundformel ist, folgt $A\sigma$ aus X. Wir wissen also nicht nur "ja: $\exists xA$ folgt aus X", sondern sogar "ja: zum Beispiel folgt $A\sigma$ aus X"; das heißt: in jedem Modell $\mathcal{M}$ von X sind die Werte der Grundterme t Daten, die A wahr machen - also Beispiele dafür, daß $\exists xA$ in $\mathcal{M}$ wahr ist.

Im allgemeinen wird die Voraussetzung $\neg A$ in der Widerlegung von X, $\neg A$ mehrfach benutzt. Also erhalten wir wie oben Grundbeispiele $A\sigma_1,...,A\sigma_n$ von A so, daß X, $\neg A\sigma_1,..., \neg A\sigma_n$ widersprüchlich ist, also $A\sigma_1 \vee...\vee A\sigma_n$ aus X folgt. (Wo kommt die Disjunktion her?) Daß X und $\neg A$ in Gentzenform sind, haben wir eigentlich nicht gebraucht: wir können, um die Widerlegung zu suchen, zu Gentzenformeln übergehen und hinterher wieder zurück. Damit haben wir ein berühmtes Ergebnis, das der französische Logiker Jaques Herbrand in anderer Form 1930 in seiner Dissertation bewiesen hat. Mit dem Zusatz beim Namen unterscheide ich den Satz von der Version "für Theorembeweiser" in Abschnitt 2D6. Der Name ist ungebräuchlich, aber erklärt sich aus Abschnitt 3B5.

Satz von Herbrand fürs logische Programmieren   3B4
Sei X eine Menge von quantorenfreien Formeln, A eine quantorenfreie Formel mit den Variablen x (Tupel). Dann folgt $\exists xA$ aus X genau dann, wenn es Grundbeispiele $A\sigma_1,...,A\sigma_n$ von A gibt, so daß $A\sigma_1 \vee...\vee A\sigma_n$ aus X folgt.

Der Satz gilt auch, wenn A außer x weitere Variablen enthält. Man muß wie in Abschnitt 2D4 die zusätzlichen Variablen durch neue Konstanten ersetzen, den Satz von Herbrand anwenden und die Konstanten wieder eliminieren. Die Beispieldisjunktion $A\sigma_1 \vee...\vee A\sigma_n$ ist dann natürlich keine Grundformel mehr.

Für erzeugte, insbesondere für Herbrandstrukturen ist der Existenzquantor ein übergroßes 'oder', wie wir in Abschnitt 3A4 gesagt haben, nämlich eine unendliche Disjunktion über Grundbeispiele. Der Satz von Herbrand besagt, daß wir sie endlich machen können: Gilt eine Existenzaussage $\exists xA$ in einer Theorie, so gilt schon eine endliche Disjunktion $A\begin{bmatrix} x \\ t_1 \end{bmatrix} \vee...\vee A\begin{bmatrix} x \\ t_n \end{bmatrix}$ von Grundbeispielen von A. Tatsächlich können wir die Grundterme $t_1,...,t_n$ effektiv finden (wenn es sie gibt). Lesen Sie den Beweis des Satzes noch einmal daraufhin durch.

Zusätze   3B4
a) Der Satz von Herbrand ist semi-konstruktiv: Ist X endlich und folgt $\exists x A$ aus X, so kann man eine Grundformel $A\sigma_1 \vee...\vee A\sigma_n$, die aus X folgt, effektiv bestimmen.
b) Im Satz von Herbrand darf A außer x weitere Variable enthalten.

Wollen wir den Resolutionskalkül (2D6) verwenden, um Beispieldisjunktionen zu finden, so können wir die Substitutionen nicht an den Blättern der Widerlegungen ablesen, da sie über die ganze Widerlegung verteilt sind. Stattdessen müssen wir für jedes Blatt die Komposition der allgemeinsten Vereinheitlicher bis zur Wurzel bestimmen. Warum müssen wir die Variablen in verschiedenen Blättern verschieden machen? Erhalten wir davon abgesehen dieselben Substitutionen?

Beispiele

a) Vergessen wir unsere Vorurteile gegen den armen Fritz, fragen wir grundsätzlich: Gibt es überhaupt einen Täter? Formal fragen wir: Folgt $\exists x T\ddot{a}(x)$ aus den Ballwurfaxiomen B1-B13 aus Abschnitt 1A3 (prädikatenlogisch gelesen)? Geben wir die Frage in denTheorembeweiser ein, suchen also eine Widerlegung von B1-B13 und $\neg T\ddot{a}(x)$, so führt Einsetzen von f für x zum Ziel. Auch auf unsere unvoreingenommene Frage hören wir also: " Ja. Zum Beispiel Fritz." Das ändert sich, wenn uns der Passant verdächtig wird. Er könnte es selbst gewesen sein und uns anlügen. "Wer lügt, wirft auch Fenster ein," wußten die Studenten von Professor Späth (siehe Anhang). Irgendwas stimmt da mit der Logik nicht, trotzdem ersetzen wir für j = 5,...,13 die Axiome Bj durch $Wa(p) \to Bj$ und ergänzen B16 $Wa(p) \leftrightarrow \neg T\ddot{a}(p)$ .Natürlich müssen wir die neuen Axiome in Gentzenform bringen. Fragen wir wieder, ob es einen Täter gibt, müssen wir beim Widerlegen mehrfach einsetzen (wie oft?): f und p . Also lautet die Antwort jetzt:."Ja. Fritz oder der Passant." Logisch. - Das Beispiel ist immer noch speziell: Wir kriegen alle genannt, die es gewesen sein können. Gibt es aber tatsächlich mehrere Täter (und nicht nur mehrere Verdächtige), so kriegen wir den einen oder den anderen gesagt, je nachdem wie der Theorembeweiser läuft. Nehmen Sie mal an, Anne und Emil hätten den Ball geworfen; wen würde Herbrand anklagen?

b) Die Frage, ob es in der Euklidischen Ebene zu drei Punkten a, b, c , wobei b zwischen a und c liegt, einen vierten Punkt d zwischen b und c gibt, beantworten wir, indem wir das Verfahren im Satz auf die Frage

$$ \text{E1'-E11'} , \; \boxed{a}\!-\!-\!-\!\boxed{b}\!-\!-\!-\!\boxed{c} \;\vDash\; \exists r \; \boxed{b}\!-\!-\!-\!\boxed{r}\!-\!-\!-\!\boxed{c} \; ? $$

anwenden und "ja: $\boxed{b}\!-\!\!+\!\!-\!\boxed{c}$ " erhalten (vgl. Aufgabe 3B2a). Die Frage dagegen, ob es einen vierten Punkt d außerhalb gibt, (so daß also c zwischen b und d liegt), können wir mit dem Verfahren nicht beantworten, da es keinen Term t gibt, so daß

$$ \text{E1'-E11'} , \; \boxed{a}\!-\!-\!-\!\boxed{b}\!-\!-\!-\!\boxed{c} \;\vDash\; \boxed{b}\!-\!-\!-\!\boxed{c}\!-\!-\!-\!\boxed{t} \; , $$

das Verfahren also nicht terminiert.

Aufgaben 3B4

a) Ergänzen Sie die fehlenden Beweise in Beispiel a), das heißt geben Sie die entsprechenden Widerlegungen an.

b) Ebenso für Beispiel b); zeigen Sie insbesondere, daß das Verfahren bei der letzten Frage nicht terminiert. Gibt es eine Antwort auf die Fragen

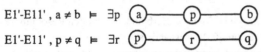

$$ \text{E1'-E11'} , \; a \neq b \;\vDash\; \exists p \; \boxed{a}\!-\!-\!-\!\boxed{p}\!-\!-\!-\!\boxed{b} $$

$$ \text{E1'-E11'} , \; p \neq q \;\vDash\; \exists r \; \boxed{p}\!-\!-\!-\!\boxed{r}\!-\!-\!-\!\boxed{q} $$

wobei a, b Konstanten und p, q Variablen der Sorte 'Punkt' sind.

c) Stellen Sie weitere Fragen zur Euklidischen Geometrie und versuchen Sie, sie mit dem Verfahren zu beantworten.

d) Machen Sie das Affe-Banane-Problem realistischer, nämlich zeitabhängig (vgl. auch Aufg. 2C5b). Erweitern Sie dazu die Struktur um die Sorte 'Zeit' ($\mathbb{N}$ mit Null und Nachfolger für Anfangs- und Folgezeitpunkt) und die zeitabhängigen Prädikate um eine Stelle dieser Sorte. Benutzen Sie n als Zeitvariable und ändern Sie die Axiome um in:

AZ1   Arme(x) ∧ Nah(x,y,n) → Reichen(x,y,n')

AZ2   Auf(x,y,n) ∧ Unter(y, Bananen, n) ∧ Hoch(y) → Nah(x, Bananen, n)

AZ3   In(x) ∧ In(y) ∧ In(z) ∧ Schieben(x,y,z,n) → Nah(z, Boden, n) ∨ Unter(y,z,n')

AZ4   Steigen(x,y,n) → Auf(x,y,n')

AZ5   Arme(Affe)   AZ6   Hoch(Stuhl)

AZ7   In(Affe)   AZ8   In(Bananen)   AZ9   In(Stuhl)

AZ10   Schieben(Affe, Stuhl, Bananen, n)

AZ11   ¬Nah(Bananen, Boden, n)

AZ12   Steigen(Affe, Stuhl, n)

Benutzen Sie den Satz von Herbrand, um die Frage

    AZ1-AZ12 ⊨ ∃n Reichen(Affe, Bananen, n) ?

zu beantworten. Wie lange braucht der Affe, bis er die Bananen erreichen kann? Was ist an dem Ergebnis unvernünftig? Ändern Sie die Axiomatisierung, bis das Ergebnis vernünftig ist; erweitern Sie die Struktur, wenn nötig.

e) Vom 'genau dann wenn' des Satzes von Herbrand haben wir nur eine Richtung bewiesen. Welche? Beweisen Sie die fehlende.

f) Beweisen Sie Zusatz a): Der Satz von Herbrand ist semi-konstruktiv. Wieso 'semi'? Was könnte 'konstruktiv' heißen?

g) Beweisen Sie die folgende scheinbare Verschärfung des Satzes von Herbrand: Zu X und A gibt es Grundbeispiel $A\sigma_1,...,A\sigma_n$, so daß

    $X \vDash \exists x A$ gdw $X \vDash A\sigma_1 \vee ... \vee A\sigma_n$.

Wieso Verschärfung? Wieso scheinbar? Ist die Version auch (semi-)konstruktiv?

h) (A) Beweisen Sie Zusatz b): Die Existenzformel im Satz von Herbrand kann freie Variable enthalten. Behandeln Sie damit das Beispiel

    $Y := \{\forall y \exists x\, R(x,y)\,,\, \forall x\, \forall y\, (R(x,y) \to Q(y,x))\}\,,\quad \exists x A := \exists x Q(y,x)\,.$

Dazu müssen Sie in Y erst die Quantoren eliminieren und den Satz von Herbrand aus Zusatz b) auf das Ergebnis X anwenden. Konstruieren sie den Beispielterm t und zeigen Sie, daß Q(y,t) aus X, aber nicht aus Y folgt.

i) (A) Beweisen Sie eine syntaktische Form des Satzes von Herbrand: Sind X, A Gentzenformeln, so folgt ∃xA aus X genau dann, wenn es Grundbeispiele $A\sigma_1,...,A\sigma_n$, gibt, so daß $A\sigma_1 \vee ... \vee A\sigma_n$ aus X mit Schnitt-, Einsetzungs-, Tautologie- und Abschwächungsregeln ableitbar ist. Sie können dazu die Methoden oder Ergebnisse von Kap. 2D verwenden oder direkt eine Lindenbaum-Vervollständigung nach dem Muster von Abschnitt 1D8 versuchen, (vgl. Aufgabe 2D4d).

j) (A) Formulieren und beweisen Sie einen Satz von Herbrand, der auf den Resolutionskalkül statt auf beliebige Widerlegungen zurückgreift. Was ist anders?

k) Den Satz, den Herbrand bewiesen hat, können wir so formulieren: Eine Formel A ist widersprüchlich genau dann, wenn eine endliche Menge von Grundbeispielen von A widersprüchlich ist. Zeigen Sie, daß diese Formulierung äquivalent zu der in Abschnitt 2D6 für endliches X und zu der in diesem Abschnitt für leeres X ist.

3B5.   Logisches Programmieren

In der speziellen Situation von PROLOG liefert der Satz von Herbrand besonders scharfe Antworten. Erinnern wir uns aus Abschnitt 2D7: Die *Axiome* X sind nichtnegative Hornformeln, insbesondere ist X quantorenfrei und konsistent. Die *Anfrage* ist eine negative Hornformel ¬A . Die Ableitungsregel ist Resolution, auf der Basis der negativen Schnittregel. Die Ableitungen sind daher linear, mit ¬A an der Spitze und Axiomen an den Seitentrieben. In 2D7 konnten wir das Verfahren nur für Grundanfragen erklären: Enthält A keine Variablen, so ist X, ¬A widersprüchlich genau dann, wenn A aus X folgt. Mit dem PROLOG-Programm testen wir also X, ¬A auf Inkonsistenz, lesen aber die Antwort "ja" als "ja: X ⊨ A". Wir benutzen PROLOG als Theorembeweiser.

Als Programmierkalkül verwenden wir PROLOG, wenn A Variable enthält. Wieder testen wir X, ¬A auf Inkonsistenz, fragen aber eigentlich: Folgt ∃xA aus X? (Dabei ist x das Tupel der Variablen von A .) Und was antwortet Herbrand? Die Anfrage ¬A wird in einer Widerlegung nur einmal verwendet, also lautet eine positive Antwort "ja: X ⊨ Aσ". DieSubstitution σ steht in unserem handgeschnitzten Formalismus direkt in der Spitze der Widerlegung. In dem PROLOG-Programm erhalten wir sie als Komposition der Substitutionen in der Widerlegung, die ja alle untereinander und unter der Anfrage liegen. Das kommt aufs selbe hinaus, nur daß die PROLOG-Substitutionen allgemeinste Vereinheitlicher sind, also auch die "Antwortsubstitution" eine allgemeinste ist: jede andere für dieselbe Wahl der Schnitte ist eine Spezialisierung davon. Gibt es verschiedenartige Widerlegungen, so gibt das PROLOG-Programm auf Wunsch alle entsprechenden Antworten aus.

Beispiel
Wir wollen mit PROLOG natürliche Zahlen addieren. Schreiben wir die Axiome für Null, Nachfolger und Addition wie gewohnt (vgl. Aufgabe 2C3):

| N1 | $x' \neq 0$ | A1 | $x + 0 = x$ |
| N2 | $x' = y' \to x = y$ | A2 | $x + y' = (x + y)'$ |

dazu die Gleichheitsaxiome für die Signatur (2C1), so klappt es nicht. Zwar folgt $\exists z \, m + n = z$ für alle natürlichen Zahlen m und n aus den Axiomen, aber wenn wir $m + n \neq z$ widerlegen wollen, erhalten wir

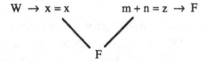

$$W \to x = x \qquad\qquad m + n = z \to F$$

$$F$$

mit der traurigen Antwort "ja: $m + n = m + n$".
Wählen wir in der Widerlegung A2 statt G1, kommen wir einen Schritt weiter, die Antwort für zum Beispiel $2 + 2$ lautet "ja: $0'' + 0'' = (0'' + 0')'$ ". Das ist noch nicht, was wir wollen.Wir müssen die Rekursion für die Addition in die Form einer PROLOG-Regel bringen, um das rekursive Rechnen in die Widerlegung hineinzukriegen. Dazu schreiben wir A2 als

$$x + y = z \; \to \; x + y' = z',$$

und berechnen jetzt $2 + 2$ folgendermaßen:

$$x+y = z \;\rightarrow\; x+y' = z' \qquad 0'' + 0'' = u \;\rightarrow\; F$$

$$\text{mit } \sigma_1 = \begin{bmatrix} u \\ v' \end{bmatrix}$$

$$x+y = z \;\rightarrow\; x+y' = z' \qquad 0'' + 0' = v \;\rightarrow\; F$$

$$\text{mit } \sigma_2 = \begin{bmatrix} u \\ w' \end{bmatrix}$$

$$x+0 = x \qquad 0'' + 0 = w \;\rightarrow\; F$$

$$\text{mit } \sigma_3 = \begin{bmatrix} w \\ 0'' \end{bmatrix}$$

$$W \;\rightarrow\; F$$

Die Antwortsubstitution ist also $\sigma = \sigma_1\sigma_2\sigma_3 = \begin{bmatrix} u \\ 0'''' \end{bmatrix}$; die Antwort lautet also "ja: 2+2 = 4". Hurra!

Die Gleichheits- und die Nachfolgeraxiome haben wir dabei nicht gebraucht, nur die Rekursion für die Addition. Tatsächlich definiert man in PROLOG Operationen nicht mit Operations-, sondern mit Prädikatsymbolen, und vermeidet so die Gleichheit. An Operationssymbolen hat man nur die der Ausgangssignatur. Peano-Axiome wie N1, N2 braucht man dafür nicht, da man mit Termen arbeitet. Unser Axiomensystem für die Addition würde sich daher reduzieren auf

$$\text{Add}(x, 0, x) \qquad \text{Add}(x, y, z) \;\rightarrow\; \text{Add}(x, y', z') \;;$$

die anderen Axiome fallen weg. Mehr über PROLOG erfährt man in Lehrbüchern.[4]

Aufgaben   3B5

a) Warum braucht man keine Peano-Axiome (3D5), wenn man mit Termen arbeitet? Gibt es weitere Widerlegungen von $m + n \neq z$ in den verschiedenen Axiomensystemen? Können Sie aus dem letzten $20 + 2$ berechnen, so wie wir $2 + 2$ berechnet haben? $x + 2$? $2 + 20$? $2 + x$? $x + y$? Was ist der Aufwand? Was ändert sich, wenn man das letzte Axiom durch $\text{Add}(x, y, z)$ $\rightarrow \text{Add}(x', y, z')$ ersetzt oder ergänzt?

b) Rechnen Sie mit einem PROLOG-Programm aus, wie lange Lothar brauchen würde, um einen Pfeiler (Bogen) aus 2 (20, n, Z) Blöcken zu bauen (Aufg. 2C5b, 3B4d). Dabei sei n eine beliebige natürliche Zahl, Z eine Zahlvariable.

c) Finden Sie mit einem PROLOG-Programm Namen für zwei verschiedene Punkte in der Euklidischen Ebene.

d) (A) In PROLOG bestätigt man Ihre Vermutungen durch Widerlegen von Gegenbeispielen: Auf Ihre Anfrage "$X \models \exists x A$?", die Sie in der Form "$X, \neg A$ widersprüchlich?" stellen, erhalten Sie, falls die Antwort "ja" ist, die Antwort "ja: σ" und eine Widerlegung von $X, \neg A$ mit Hilfe der Substitution σ für $\neg A$. Aus der Widerlegung können Sie, wenn Sie logisch geschult sind, schließen, daß $\neg A\sigma$ zusammen mit gewissen Beispielformeln aus X aussagenlogisch widerlegbar ist und daher $A\sigma$ aus X folgt. Machen sie sich diesen Sachverhalt durch Rechnen von Beispielen und Skizzieren von Beweisen noch einmal klar. Wiederholen Sie dazu die Abschnitte 1D9-1D11 und 2D3, 2D4. Dann konstruieren Sie daraus ein System GOLORP, in

---

[4] Siehe zum Beispiel die Bücher von Clocksin-Mellish oder Lloyd, Literatur L3.

dem man Ihre Vermutungen direkt durch Ableiten von Beispielen bestätigt: Auf Ihre Anfrage "X ⊨ ∃xA?" erhalten Sie, falls die Antwort "ja" ist, die Antwort "ja: σ " und eine Ableitung von Aσ aus X. Untermauern sie Ihre Konstruktion durch Beweise und Beispiele. Welche Ableitungsregeln brauchen Sie - insbesondere welche Form der Schnittregel? GOLORP sieht viel einfacher aus als PROLOG; warum implementieren Sie es nicht?

3B6.   Herbrandstrukturen

Quantoren beseitigen ist nicht nur fürs Programmieren gut. Mit Satz 3B2 können wir viele Ergebnisse aus Teil 2 in Teil 3 übertragen. Als nächstes verallgemeinern wir die Folgerung 2B3a über die Existenz von Herbrandstrukturen auf die volle Prädikatenlogik: auch Formeln mit Quantoren haben, wenn sie erfüllbar sind, ein Herbrandmodell. Wir müssen nur die Konstruktionen aus den Abschnitten 3B2 und 2B3 zusammensetzen. Allerdings sind die Daten des Herbrandmodells im allgemeinen nicht Grundterme der ursprünglichen Signatur, sondern können Skolemfunktionen erhalten, die vom Eliminieren der Quantoren herrühren. Zum Beispiel wird dadurch aus der Formel $\forall x \, \exists y \, y' = x$ zur Signatur Null und Nachfolger die Formel $(x^-)' = x$ mit dem zusätzlichen Symbol für die Vorgänger-Skolemfunktion. Das Herbrandmodell enthält also nicht nur die natürlichen Zahlen, sondern auch 0^- , 0^{--} , also die negativen ganzen Zahlen, dazu überflüssige Terme wie $0^{-'}$ und $0^{'-}$, die man durch weitere Axiome und Übergang zu Gleichheitsstrukturen (Satz 2C2) rauswerfen könnte.

Satz 3B6
Jede erfüllbare Formelmenge X hat ein Herbrandmodell H(X) der Signatur von X ; die Daten von H(X) sind die Grundterme zur erweiterten Signatur, die durch Skolemisieren entsteht.

Tatsächlich können wir das Ergebnis nicht nur von der offenen in die volle Prädikatenlogik hinüberretten, sondern sogar verbessern: Wir können zu jeder Struktur $\mathcal{M}$ eine äquivalente Herbrandstruktur H($\mathcal{M}$) konstruieren, in der also (Def. 2C2) dieselben Formeln gelten wie in $\mathcal{M}$. Nämlich in der Quantorenlogik ist jede Formel äquivalent zu einer geschlossenen, und für geschlossene Formeln A ist entweder A oder ¬A wahr in $\mathcal{M}$ und damit in H($\mathcal{M}$) . (Wir stecken alle Formeln, die in $\mathcal{M}$ gelten, in X hinein.) Damit bekommen wir die Umkehrung zu Satz 2B3f: Jede in H($\mathcal{M}$) gültige Formel gilt in $\mathcal{M}$.

Folgerung 3B6
Zu jeder Struktur $\mathcal{M}$ gibt es eine äquivalente Herbrandstruktur H($\mathcal{M}$) .

Aufgaben 3B6
a) Beweisen Sie den Satz wie oben angedeutet. Passen Sie mit den Signaturen auf.
b) Ergänzen Sie die Formel $\forall x \, \exists y \, y' = x$ durch Gleichungen, so daß das Herbrandmodell, zu einer Gleichheitsstruktur gemacht (Satz 2C2), $\mathbb{Z}$ wird. Wie steht es mit der Formel
$$\forall x \, (x \neq 0 \to \exists y \, y' = x) \, ?$$
c) Beweisen Sie die Folgerung. Achten Sie noch genauer auf die Signaturen.

3B7.   Der Satz von Löwenheim und Skolem

In Abschnitt 2B2 haben wir Strukturen $\mathcal{M}$ und die daraus gewonnenen Herbrandstrukturen H($\mathcal{M}$) auf ihre Größe hin verglichen. $\mathcal{M}$ ist im allgemeinen größer, denn in H($\mathcal{M}$) fallen alle nicht erzeugten Daten weg. Nein, H($\mathcal{M}$) ist größer; denn darin sind alle die vielen Terme verschieden, die in $\mathcal{M}$ dasselbe Datum bezeichnen. Stimmt beides: also sind $\mathcal{M}$ und H($\mathcal{M}$) unvergleichbar. Nicht ganz: die Daten in H($\mathcal{M}$) sind Grundterme, davon gibt es höchstens abzählbar viele, da unsere Signaturen endlich sind.[5] Also ist H($\mathcal{M}$) höchstens abzählbar, wie groß auch $\mathcal{M}$ sein mag, endlich oder überabzählbar. Gehen wir mit Satz 2C2 zur Gleichheitsstruktur H($\mathcal{M}$)$^=$ über, so wird H($\mathcal{M}$) im allgemeinen kleiner - Daten werden ja gleichgesetzt - , auf jeden Fall nicht größer, wie in Aufgabe 2C2c festzustellen war. Zusammengenommen: für jedes $\mathcal{M}$ ist H($\mathcal{M}$)$^=$ höchstens abzählbar. Dabei gelten alle Formeln, die in $\mathcal{M}$ gelten, auch in H($\mathcal{M}$)$^=$; insbesondere: ist $\mathcal{M}$ Modell einer Formelmenge X , so auch H($\mathcal{M}$)$^=$.

Definition   3B7
Eine Menge M ist *höchstens abzählbar*, wenn wir sie mit den natürlichen Zahlen abzählen können: M = {a_0, a_1, a_2, ...} - formal, wenn es eine Bijektion von M auf $\mathbb{N}$ oder ein Anfangsstück von $\mathbb{N}$ gibt. Bricht die Abzählung ab, ist M *endlich*, sonst (echt) *abzählbar*.

Satz von Löwenheim und Skolem   3B7
Jede erfüllbare Menge von Formeln hat ein höchstens abzählbares Modell.

Folgerung   3B7
Zu jeder Struktur gibt es eine äquivalente höchstens abzählbare Struktur.

Leopold Löwenheim hat solche abzählbaren Modelle für einzelne Formeln schon 1915 konstruiert, als er die Relationen- (=Prädikaten-) Logik untersuchte. "Über Möglichkeiten im Relativkalkül" heißt die Arbeit, seine Modelle sind in die natürlichen Zahlen codiert. Für Formelmengen hat das Thoralf Skolem 1920 wiederholt und auf die Mengenlehre angewandt: "Logisch-kombinatorische Untersuchungen über die Erfüllbarkeit oder Beweisbarkeit mathematischer Sätze". Die Ergebnisse lösten Verwirrung aus: Die reellen Zahlen sind überabzählbar; das hat Cantor bewiesen. Wie kann es eine abzählbare äquivalente Struktur geben? Abzählbare Modelle der Mengenlehre sind noch verwunderlicher. Der Schlüssel liegt im Wort 'äquivalent': Äquivalente Strukturen haben nicht dieselben Eigenschaften, nur dieselben Formeln gelten in ihnen. Der Satz zeigt, wie schwach die Logik erster Stufe ist: Wir können 'überabzählbar' in der Signatur der rellen Zahlen nicht ausdrücken.

Aufgabe   3B7
Führen Sie Aufgabe 2B9d für H($\mathbb{R}$)$^=$ statt E($\mathbb{R}$) durch (vgl. 2B2, 2B3, 2C2) . Unterschiede?

---
[5] Vgl. Aufgabe 2A3b.

3B8. Kompaktheits- und Endlichkeitssatz

Die Ergebnisse kennen wir schon aus der Aussagenlogik (1B8, 1D7, 1D11) und aus der offenen Prädikatenlogik (2D6): Formale Beweise sind, wie ihre nichtformalen Vettern, wesentlich endlich, das heißt, was aus unendlich vielen Formeln logisch folgt, folgt schon aus endlich vielen (Endlichkeitssatz); ist insbesondere eine unendliche Formelmenge widersprüchlich, so schon eine endliche Teilmenge (Kompaktheitssatz). Daß die Sätze auch in der vollen Prädikatenlogik gelten, ist nicht verwunderlich, da wir Formeln ja durch Skolemisieren quantorenfrei machen können, ohne daß es dabei mehr oder weniger werden; beweisen Sie sie trotzdem genau (Aufgabe). Die Sätze haben überraschende Konsequenzen, wie wir gleich, und ausgiebig in Kap. 3C, sehen werden.

Kompaktheitssatz 3B8
Jede widersprüchliche Formelmenge hat eine widersprüchliche endliche Teilmenge. Oder anders: Eine Formelmenge ist erfüllbar, wenn jede endliche Teilmenge erfüllbar ist.

Endlichkeitssatz 3B8
Folgt eine Formel aus Voraussetzungen, so folgt sie aus endlich vielen davon.

Aufgaben 3B8
a) Beweisen Sie den Kompaktheitssatz semantisch und syntaktisch. Ist das schwieriger oder leichter als in Abschnitt 2D6?
b) Beweisen Sie den Endlichkeitssatz. Wieviele Beweise finden Sie? Was ist mit den Klippen aus Abschnitt 2D6?
c) Formulieren und beweisen Sie eine Version des Satzes von Herbrand für Theorembeweiser (2D6) für Formeln mit Quantoren. Huddeln Sie nicht mit den Signaturen.
d) Machen Sie den Satz von Herbrand aus Aufgabe c) semi-effektiv (vgl. Abschnitt 2D6 und 3B4) und wenden Sie ihn auf die Theorembeweiseraufgaben 3B3b-d an. Geht es leichter oder nicht?

Beispiel
Erinnern Sie sich noch an die Pfeilermonster, die Clarissa in Lothars Architektenstrukturen in Abschnitt 2C5 erschienen? Jetzt kommt eins, vor dem selbst Säulenheilige erblassen: es ist unendlich groß. Fügen Sie - wie schon in 2C5 vorgeschlagen, um schiefe Bögen auszuschließen - in die Architektenstrukturen eine Operation höhe(Pfeiler) → $\mathbb{N}$ ein, die die Anzahl der Blöcke im Pfeiler angibt. Natürlich brauchen Sie auch einen Namen für das Monster: Hohesmonster. Wollen Sie, daß es erscheint? Dann beschwören Sie es mit den Formeln:

$$\text{höhe(Hohesmonster)} \neq n \quad \text{für} \quad n = 0, 1, 2, \dots .$$

Jeder endliche Teil dieser unendlich langen Beschwörung hat ein Architektenmodell: Sie bauen einen Pfeiler irgendeiner Höhe, die durch die endlich vielen Formeln nicht verboten ist, und reden ihn mit 'Hohesmonster' an. Nach dem Kompaktheitssatz hat die ganze Beschwörung ein Modell, und dann ist das Monster nicht mehr zahm, sondern unendlich hoch.

Das war noch billig: Das Monstermodell muß keine Architektenstruktur sein, zum Beispiel können Sie als Pfeiler und Höhen die ganzen Zahlen wählen und höhe(Z) = Z ; dann ist das hohe Monster negatief. Geben Sie nicht auf: Ergänzen Sie die Beschwörung um alle Architektenaxiome, die Sie

kennen (und mehr). Dann wandert das Monster durch eine Architektenstruktur, die allen An-
forderungen genügt, die Sie wollen. Huuh!

Zuerst sah der Kompaktheitssatz befremdlich, aber harmlos aus: abstrakt. Jetzt ist er gefährlich
geworden: Er zerstört alle Ihre Hoffnungen, das Architektenbeispiel zu axiomatisieren. Oder? Die
Geschichte geht weiter in Kapitel 3C, dort reduziert auf die natürlichen Zahlen.

Aufgaben 3B8 (Fortsetzung)

e) Es könnte sein, daß Ihnen die Aufgaben a-d jetzt weniger trocken vorkommen; bearbeiten Sie
   sie. Das ist gut gegen die Angst vor Monstern.

f) Finden Sie weitere Monster für den Architekten.

g) Gibt es ballspielende oder bananen(fr)esssende Monster?

h) Holen Sie ein etymologisches Wörterbuch: Haben Monster und monastery (Kloster) dieselbe
   Wurzel?

i)-m) Imre Lakatos erzählt[6] von der Kunst der Jagd nach Monstern; lesen Sie das jetzt, am besten
   verteilt.

---

[6] In "Beweise und Widerlegungen", Literatur L5.

Kapitel 3C.   Geometrie und Zahlen axiomatisieren

Die merkwürdige Struktur *nicht-Euklidische Geometrie* aus Aufgabe 3A4a ist berühmt, weil man mit ihrer Hilfe einen mehr als 2000 Jahre währenden Streit beendet hat. Unter den Axiomen Euklids für die Geometrie (siehe die Einleitung zu Teil 3) machte das *Parallelenaxiom* E11 (genauer: Euklids Version davon) von Anfang an Schwierigkeiten. Alle anderen sind einsichtig (eher zu selbstverständlich) und sofort auf dem Papier oder im Sand zu verifizieren. Für das Axiom E11 dagegen braucht man wirklich die unendliche Ebene: ob zwei Parallelen sich nicht schneiden, ist im Endlichen nicht festzustellen. (Genau das haben wir in dem Modell von Aufgabe 3A4a ausgenutzt.) Über die Jahrhunderte haben deswegen viele Mathematiker das Axiom E11 aus den übrigen Axiomen zu folgern versucht, um den Bezug auf das Unendliche zu beseitigen. Aber alle diese Beweise enthielten Fehler; meist war stillschweigend irgendein geometrischer Sachverhalt benutzt, der seinerseits nicht aus den übrigen Axiomen folgt. Oft dauerte es lange, bis die Fehler entdeckt wurden. In der ersten Hälfte des vorigen Jahrhunderts gaben zwei Mathematiker, der Ungar Bolyai und der Russe Lobatschefsky, unabhängig voneinander zwei Strukturen an, in denen alle Euklidischen Axiome gelten, bis auf das Parallelenaxiom E11. Damit war bewiesen, daß E11 "unabhängig" von den übrigen Axiomen ist, das heißt, daß es nicht daraus folgt. Das war ein wesentlicher Schritt auf dem Weg zur Formalisierung der Mathematik.

Ums Formalisieren - von Beschreibungen und von Beweisen - sollte es in diesem Buch hauptsächlich gehen. Wir haben jetzt einen mächtigen Formalismus, den Prädikatenkalkül 1. Stufe, aufgebaut, der allgemein als ausreichend angesehen wird, wesentliche Bereiche der klassischen Mathematik zu formalisieren. Wir haben dabei das Thema *Formalisieren* immer wieder aufgegriffen, zum Beispiel in den Abschnitten 2B9, 2C4, 2C5. In diesem Kapitel wollen wir zwei Beispiele genauer formalisieren, die wir schon kennen: die *Euklidische Geometrie* (3C1-3C4) und die *Zahlentheorie* (3C5-3C11). Dabei machen wir die Beziehungen zwischen einer Struktur und ihrer Theorie deutlicher: Wir lernen, was eine *kategorische* und eine *entscheidbare Theorie* und was ein *vollständiges Axiomensystem* ist. In Abschnitt 3D11 am Schluß des Buches werden wir aus dem Gelernten Schlüsse über die guten und schlechten Seiten des Formalisierens ziehen.

Tatsächlich steckte hinter dem oben skizzierten "Schritt", den Sie in der zweizeiligen Aufgabe 3A5d nachvollzogen haben, eine lange Entwicklung. Schon am Ende des 18. Jahrhunderts war verschiedenen Mathematikern, darunter dem Lehrer von Carl Friedrich Gauß, klar, daß das Parallelenaxiom von den übrigen Axiomen unabhängig ist. Gauß hat diese Gedanken ausgearbeitet und in Briefen verbreitet. Richtig veröffentlicht wurden die Beweise nicht, weil die Konsequenzen abstrus erschienen. Mathematiker dachten damals noch nicht so abstrakt. Sie wollten mit Hilfe der Mathematik reale Probleme lösen, die Wirklichkeit untersuchen und nicht mathematische Strukturen. Was sollte eine Geometrie, die "falsch" ist? Das Verdienst der beiden Russen bestand also darin, die Unabhängigkeitsbeweise unbekümmert um die Konsequenzen zu sehen, auszuarbeiten und zu veröffentlichen. War es ein Verdienst? Sicher haben sie dazu beigetragen, die Mathematik abstrakter zu machen und die Logik zu fördern. Kurt Gödel soll 1963 zu einem ähnlich berühmten Unabhängigkeitsbeweis in der Mengenlehre gesagt haben: "Das wird die Mathematik auf Jahre hinaus in eine verkehrte Richtung bringen." (Es geht sogar das Gerücht, er habe den Beweis selber längst gehabt, aber in eine Schublade gelegt, aus eben diesem Grund.) Für das logische Programmieren, überhaupt für das Programmieren in beliebigen Strukturen, ist die abstrakte Denkweise Voraussetzung. Ist das die richtige Richtung für Mathematik und Informatik? - Über solche Fragen und insbesondere über die Geschichte des Parallelenaxioms kann man sehr schön in den Büchern von Howard DeLong und Morris Kline[1] lesen.

Im ganzen Kapitel arbeiten wir in der Prädikatenlogik mit Gleichheit (vgl. die Kapitel 2C und 3A). Also enthalten alle Signaturen das Gleichheitszeichen, und alle Strukturen sind Gleichheitsstrukturen, ohne daß wir es ausdrücklich erwähnen.

3C1.   Mehr Axiome für die Euklidische Geometrie

Die Axiome E1-E11 für die Euklidische Geometrie aus der Einleitung zu Teil 3 sind nicht vollständig. Nach der Definition von Strukturen (Def. 2A1) gibt es in jeder Struktur zu der Signatur mindestens einen Punkt und mindestens eine Gerade; wir nehmen sie als voneinander verschieden an, weil sie verschiedener Sorte sind. Nach E1 liegt ein solcher Punkt auf einer solchen Geraden. Nach E3 gibt es auf der Geraden einen weiteren Punkt. Nach E7 gibt es zwischen den beiden Punkten einen dritten, der nach E6 verschieden von beiden ist und nach E8 auch auf der Geraden liegt. Wenden wir E6-E8 immer wieder an, so erhalten wir: die Gerade enthält unendlich viele Punkte, die "dicht" liegen, das heißt, daß zwischen je zweien immer noch ein weiterer liegt. Keins der Axiome verlangt, daß es eine weitere Gerade gibt oder daß "außerhalb" der beiden zuerst erhaltenen Punkte weitere liegen. Suchen wir Modelle der Axiome E1-E11 in der Euklidischen Ebene, so besteht daher das einfachste aus einer Strecke mit rationalen Endpunkten als einziger "Gerade" und allen Punkten mit rationalen Koordinaten darauf als "Punkten":

$$\quad p \qquad G \qquad q$$

Ist das wirklich das einfachste Modell? Überhaupt nicht. Wir haben nämlich

p———r———q als "r liegt zwischen p und q" gelesen und Eigenschaften von "zwischen" benutzt, die die Axiome gar nicht verlangen. Zum Beispiel: wenn r zwischen p und q liegt, so liegt p nicht zwischen r und q und q nicht zwischen r und p. Tatsächlich können wir, wenn wir mit E1, E3, E7 drei verschiedene Punkte p, q, r mit p———r———q erhalten haben, als "vierten" Punkt zwischen z.B. r und q wieder p wählen.

Aufgaben 3C1
a) Überzeugen Sie sich, daß E1-E11 in der Struktur

---

[1] Howard DeLong "A Profile of Mathematical Logic", Literatur L1.

Morris Kline "Mathematics - The Loss of Certainty", Literatur L5.

mit 3 Punkten p, q, r und dem Kreis als einziger "Geraden" wahr sind, wenn die Relationen "auf", "zwischen" und "parallel" ihre natürliche Bedeutung haben.

Als erstes ändern und erweitern wir also die Axiome für "zwischen". Wir ändern (E6) um in

(E6)   Liegt ein Punkt zwischen zwei anderen, so sind die drei verschieden:

$$\forall p\, \forall q\, \forall r\, (\,\text{(p)}\!-\!\!-\!\text{(r)}\!-\!\!-\!\text{(q)} \;\to\; r \neq p \wedge r \neq q \wedge p \neq q\,)$$

Wir fügen hinzu:

(E6a)   "Zwischen" ist symmetrisch:

$$\forall p\, \forall q\, \forall r\, (\,\text{(p)}\!-\!\!-\!\text{(r)}\!-\!\!-\!\text{(q)} \;\to\; \text{(q)}\!-\!\!-\!\text{(r)}\!-\!\!-\!\text{(p)}\,)$$

(E6b)   Liegt ein Punkt zwischen zwei anderen, so liegt keiner dieser zwischen den beiden übrigen:

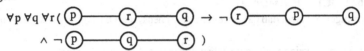

(E7a)   Liegen drei Punkte nicht auf einer Geraden und geht eine Gerade zwischen zweien von ihnen hindurch, so geht sie auch zwischen zwei anderen hindurch:

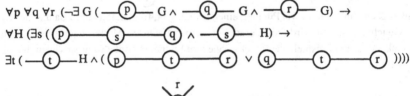

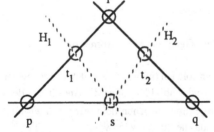

Aufgaben 3C1   (Fortsetzung)

b) (P) Folgern Sie aus den erweiterten Axiomen zusammen mit den weiter unten ergänzten:

     (E8a)   Von drei Punkten auf einer Geraden liegt einer zwischen den beiden anderen:

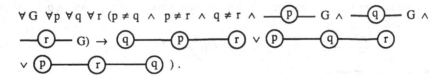

(E8b) Die Relation 'zwischen' ist transitiv:

$$\forall p\ \forall q\ \forall r\ \forall s\ (\ \textcircled{p}\!-\!-\!-\!\textcircled{r}\!-\!-\!-\!\textcircled{q}\ \wedge\ \textcircled{q}\!-\!-\!-\!\textcircled{r}\!-\!-\!-\!\textcircled{s}\ \rightarrow$$

$$\textcircled{p}\!-\!-\!-\!\textcircled{q}\!-\!-\!-\!\textcircled{s}\ \wedge\ \textcircled{p}\!-\!-\!-\!\textcircled{r}\!-\!-\!-\!\textcircled{s}\ )$$

(E8c) Zu n verschiedenen Punkten auf einer Geraden gibt es immer eine Reihenfolge

$p_1,...,p_n$, so daß für alle i, j, k, gilt:

$$\textcircled{p_i}\!-\!-\!-\!\textcircled{p_j}\!-\!-\!-\!\textcircled{p_k}\qquad \text{gdw}\quad i<j<k\ \text{oder}\ k<j<i.$$

Wenn Sie Hilfe brauchen, sehen Sie nach im Buch von David Hilbert.[2]

Durch die Erweiterung der Axiome sind also jetzt die Punkte auf einer "Geraden" wirklich geordnet und dicht. Wir kehren also zu unserem anfänglichen "einfachsten" Modell zurück, einer Strecke mit Endpunkten und abzählbar vielen dicht liegenden Punkten dazwischen:

```
├──────────────┤
p      G      q
```

Aufgaben 3C1 (Fortsetzung)

c) Überzeugen Sie sich, daß das erweiterte Axiomensystem E1-E11 in dieser Struktur wahr ist.

Da echte Geraden keine Endpunkte haben, fügen wir als nächstes Axiom hinzu

(E7b)   Neben je zwei Punkten liegt ein weiterer:

$$\forall p\ \forall q\ (p \neq q\ \rightarrow\ \exists r\ \textcircled{p}\!-\!-\!-\!\textcircled{q}\!-\!-\!-\!\textcircled{r}\ )\ .$$

Daß es auch "links" von zwei Punkten einen dritten gibt, folgt daraus mit E6a und der Symmetrie der Gleichheit. Damit wird die "Gerade" in dem einfachsten Modell nach beiden Seiten unbeschränkt, also zum Beispiel eine Strecke ohne ihre Endpunkte mit abzählbar vielen dicht liegenden Punkten.

3C2.   **Alle minimalen Geraden sind isomorph**

Der Unterschied zwischen einem solchen offenen Intervall und einer echten Geraden ist nicht groß: Wir können sie bijektiv aufeinander abbilden, ohne die Anordnung der Punkte zu ändern. Zum Beispiel ist $y = \text{tg}(x)$ eine Bijektion zwischen dem offenen Intervall $(-\pi/2, \pi/2)$ und der x-Achse, die die Ordnung erhält, das heißt: $x < y$ gdw $\text{tg}(x) < \text{tg}(y)$.

Definition 3C2

Eine bijektive Abbildung I zwischen zwei Strukturen $\mathcal{M}_1$, $\mathcal{M}_2$ gleicher Signatur heißt ein *Isomorphismus,* wenn sie Sorten, Prädikate und Operationen nicht ändert, also in unserem Fall Punkte in Punkte und Geraden in Geraden überführt, wobei für alle Punkte p, q, r und Geraden G, H gilt:

$$-\!\textcircled{p}\!-\ G\ \text{in}\ \mathcal{M}_1\qquad \text{gdw}\qquad -\!\textcircled{I(p)}\!-\ I(G)\ \text{in}\ \mathcal{M}_2,$$

$$\text{(p)}\!-\!\!-\!\text{(q)}\!-\!\!-\!\text{(r)} \quad \text{in } \mathcal{M}_1 \quad \text{gdw} \quad \text{(I(p))}\!-\!\text{(I(q))}\!-\!\text{(I(r))} \quad \text{in } \mathcal{M}_2.$$

$G \parallel H$ in $\mathcal{M}_1$ gdw $I(G) \parallel I(H)$ in $\mathcal{M}_2$.

Zwei Strukturen, zwischen denen es einen Isormophismus gibt, heißen *isomorph*.

Zum Beispiel sind, wie oben gezeigt, das offene Intervall $(-\pi/2, \pi/2)$ und die x-Achse als Ordnungen isomorph. Man kann zeigen, daß man je zwei abzählbare dicht geordnete Mengen so (bijektiv, die Ordnung erhaltend) aufeinander abbilden kann.

Folgerung 3C2

In jedem Modell der erweiterten Euklidischen Axiome sind alle Geraden, die nicht mehr Punkte haben als nötig, isomorph. Insbesondere ist das minimale Modell, das nur aus einer Geraden mit minimal vielen Punkten besteht, bis auf Isomorphie eindeutig bestimmt.

Mehr als "bis auf Isomorphie eindeutig" können wir nicht verlangen: Da in isomorphen Strukturen nach der Definition einander (gemäß I) entsprechende atomare Formeln den gleichen Wahrheitswert haben, gilt das auch für beliebige Formeln A :

$$A\begin{bmatrix} x_1 ... x_n \\ a_1 ... a_n \end{bmatrix} \text{ ist wahr in } \mathcal{M}_1 \quad \text{gdw} \quad A\begin{bmatrix} x_1 & x_n \\ I(a_1) ... I(a_n) \end{bmatrix} \text{ wahr ist in } \mathcal{M}_2.$$

Also gelten in isomorphen Strukturen die gleichen Formeln. Oder anders ausgedrückt: isomorphe Strukturen können wir mit Axiomen nicht auseinanderhalten. Unsere Axiome sind also, was die Geraden angeht, scharf genug. Aber wir wollen natürlich mehr als Geraden: wir wollen die Ebene, mit vielen Geraden darin.

Aufgabe 3C2

(A) Beweisen Sie, daß je zwei abzählbare dicht geordnete Mengen ohne erstes und letztes Element isomorph sind. Die Grundidee ist einfach: Zählen Sie die eine Menge, M, auf, in irgendeiner Reihenfolge (nicht der Größe nach; warum geht das nicht?): a_1, a_2, ... Wählen Sie $b_1 := I(a_1)$ in der anderen Menge, N, beliebig. Haben Sie $b_1 := I(a_1)$, ... ,$b_n := I(a_n)$ schon so gewählt, daß diese n Elemente unter I isomorph, also auf gleiche Weise angeordnet sind (Induktionsvoraussetzung), so definieren Sie $b_{n+1} := I(a_{n+1})$ so, daß es genau so zwischen $b_1,...,b_n$ angeordnet ist wie a_{n+1} zwischen $a_1,...,a_n$. Warum geht das? So machen Sie weiter (Induktion) und erhalten I als Grenzwert (unendliche Vereinigung). Das stimmt aber noch nicht: Es kann sein, daß Sie nicht alle Elemente von N kriegen. Wieso nicht? Beispiel? Sie müssen die Grundidee abändern und abwechselnd aus M und aus N wählen: Sie zählen auch N auf, c_1, c_2, ... , und beginnen mit $c_1 := I(a_1)$; wenn Sie I schon für n Elemente festgelegt haben, nehmen Sie das erste noch nicht benutzte Element aus M (falls n ungerade) bzw. N (falls n gerade) und definieren als Bild bzw. Urbild unter I das erste Element aus N bzw. M , das der Ordnung nach paßt - immer hin und her. Man nennt das die *Hin-und Her-Methode* oder nach ihren Erfindern *Ehrenfeucht-Fraisse-Methode*.[3]

---

[3] Heinz-Dieter Ebbinghaus, Jörg Flum, Wolfgang Thomas "Einführung in die Mathematische Logik", Kapitel IX; Literatur L1.

3C3.   Alle abzählbaren Modelle sind isomorph

Um mehrere Geraden zu erhalten, erweitern wir das Axiomensystem weiter:

(E1a)   Außerhalb jeder Geraden liegt ein Punkt:

$$\forall G \, \exists p \, \neg \; \overline{\!-\!\!\text{\textcircled{P}}\!-\!} \; G.$$

Damit und mit E10 gibt es neben der ersten eine zweite dazu "parallele" "Gerade"; auf beiden liegen wie oben die Punkte dicht. Nach E9, E11 müssen "Geraden" in der Ebene genau dann echt parallel sein, wenn sie echte Geraden, also gerade und keine Strecken oder Halbgeraden sind. Nach E7 liegen zwischen den beiden Geraden wieder Punkte, also nach E10 weitere parallele Geraden. Minimale Modelle des neuen Axiomensystems sind also dichte Scharen "paralleler" "Geraden", wobei es wegen E7a keine äußersten Geraden gibt.

Aufgaben 3C3

a) Überlegen Sie sich, daß man dasselbe mit dem Axiom

(E3a) Zu jeder Geraden gibt es eine weitere:

$$\forall G \, \exists H \; H \neq G$$

statt E1a erreichen kann.

Um beliebige nicht-parallele Geraden zu erhalten, fügen wir schließlich hinzu:

(E4a)   Durch zwei Punkte gibt es immer eine Gerade

$$\forall p \, \forall q \; (p \neq q \; \rightarrow \; \exists G \, (\, \overline{\!-\!\!\text{\textcircled{P}}\!-\!} \; G \wedge \; \overline{\!-\!\!\text{\textcircled{q}}\!-\!} G)).$$

Damit gibt es Geraden in beliebigen (abzählbar vielen) Winkeln zueinander; wegen E9, E11 sind es "echte Geraden".

Aufgabe 3C3   (Fortsetzung)

b) Überlegen Sie sich, daß es in jedem Modell des so erweiterten Axiomensystems zwischen zwei sich schneidenden Geraden eine weitere mit dem gleichen Schnittpunkt gibt:

Man kann zeigen, daß jedes abzählbar unendliche Modell des neuen Axiomensystems E1-E11 isomorph zur "abzählbaren Euklidischen Ebene" ist: Punkte sind die Punkte in der Euklidischen Ebene mit rationalen Koordinaten, Geraden sind die Geraden durch je zwei dieser Punkte. Also sind je zwei abzählbar unendliche Modelle isomorph. Wir nennen deswegen das neue E1-E11 *Euklidische Axiome* (für Punkte und Geraden in der Ebene). Wir werden im nächsten Abschnitt sehen, daß sie mit den ursprünglichen Axiomen Euklids (auf diese Struktur beschränkt) gleichwertig sind.

Zunächst sieht es nicht so aus: Eigentlich wollten wir durch die Axiome die Euklidische Ebene beschreiben; die ist überabzählbar. Können wir die abzählbaren Modelle ausschließen? Nein. Nach dem Satz von Löwenheim-Skolem 3B7 gibt es zu jeder Struktur, auch zur Euklidischen

Ebene, eine äquivalente abzählbare. Die können wir mit noch so viel Axiomen nicht wegkriegen. Also müssen wir uns zufrieden geben: Alle abzählbaren Modelle unseres Axiomensystems sind isomorph, überabzählbare können nicht zu abzählbaren isomorph sein, endliche gibt es nicht; mehr können wir nicht verlangen.

Definition 3C3

Eine Menge von Formeln, insbesondere ein Axiomensystem, ist *kategorisch*, wenn sie (es) bis auf Isomorphie nur ein höchstens abzählbares Modell hat. Erinnerung: Wir betrachten nur Gleichheitsstrukturen in der Signatur der jeweiligen Formeln.

Satz 3C3

Die Euklidischen Axiome E1-E11 (neu) sind kategorisch.

Aufgaben 3C3 (Fortsetzung)

c) Welche der folgenden Axiomensysteme sind kategorisch?

  1) $\forall x\, \forall y\, \forall z\, (\, x = y\, \vee\, x = z\, \vee\, y = z\,)$, $\exists x\, \exists y\, (\, x \neq y\,)$;

  2) wie 1), dazu $\exists x\, (P(x) \vee \neg P(x))$;   5) wie 1), dazu $a = a$;

  3) wie 2), dazu $\exists x\, P(x)$;   6) wie 5), dazu $b = b$;

  4) wie 3), dazu $\exists x\, \neg P(x)$;   7) wie 4), dazu $a = a \wedge b = b$.

  Wieviele nicht-isomorphe Modelle gibt es jeweils?

d) (P) Beweisen Sie den Satz. Sie können dazu mit der Hin- und Her-Methode (3C2) Geraden einander zuordnen; daß abzählbare Geraden isomorph sind, wissen Sie aus 3C2. Kombinieren Sie beides.

3C4.   Vollständige Axiome, entscheidbare Theorien

Nach Satz 3C3 sind alle abzählbaren Modelle der Euklidischen Axiome isomorph. Daraus folgt sofort, daß alle Modelle, wenn nicht isomorph, so doch äquivalent sind: In allen gelten dieselben Formeln (Def. 2C2), sie sind also durch Formeln nicht zu unterscheiden. Denn jedes beliebige Modell ist nach dem Satz von Löwenheim und Skolem 3B7 äquivalent zu einem abzählbaren. Damit bilden die Euklidischen Axiome ein Axiomensystem für die Euklidische Ebene im Sinne der Definitionen 2B9 und 2C4: Jede in der Ebene wahre Formel gilt in allen Modellen von E1-E11, folgt also aus den Axiomen. Deswegen brauchen wir nicht weiter nach Axiomen zu suchen, unsere Menge ist *vollständig*: Für jede Formel A folgt A oder ¬A daraus. (Vorsicht: Der Begriff der Vollständigkeit von Axiomensystemen hat nichts zu tun mit der Vollständigkeit von Regelsystemen, Def. 1D5.) Die Vollständigkeit folgt aus der Kategorizität; daß das Umgekehrte nicht gilt, sehen wir in 3C8. 'Kategorisch' ist also eine stärkere Aussage über ein Axiomensystem als 'vollständig'. - Axiomensysteme für eine ganze Klasse von Strukturen wie die Monoide (Aufgabe 2C4b) oder die Architektenstrukturen sind im allgemeinen nicht vollständig und erst recht nicht kategorisch.

Definition   3C4

Eine Menge von Formeln, insbesondere ein Axiomensystem, ist *vollständig*, wenn für jede geschlossene Formel A der Signatur A oder ¬A daraus folgt.

Durch vollständige Axiomensysteme wird nicht nur das Suchen nach Axiomen zufriedengestellt, sie sind auch praktisch verwendbar: ihre Theorien sind entscheidbar. Um nämlich für eine geschlossene Formel A zu entscheiden, ob sie aus den Axiomen folgt, gebe ich sie zusammen mit den Axiomen in meinen Theorembeweiser. Um nicht zu lange warten zu müssen, lasse ich meinen Feind dasselbe mit ¬A und seinem Theorembeweiser tun. Einer von uns muß die Antwort "ja" bekommen; dann weiß ich die korrekte Antwort. Für endliche Axiomensysteme geht das; unendliche Axiomensysteme sind nach Def. 2C4 wenigstens entscheidbar. Ich koppele also die Theorembeweiser mit einem Programm, das die Axiomensysteme effektiv erzeugt (wie geht das?), und lasse die Axiome, so wie sie kommen, in die Theorembeweiser eingeben. Nach dem Endlichkeitssatz 3B8 reicht das.

Eigenschaften   3C4

Jede kategorische Formelmenge ist ein Axiomensystem für jedes ihrer Modelle. Jede kategorische Formelmenge ist vollständig, aber nicht umgekehrt. Jedes Axiomensystem für eine einzelne Struktur ist vollständig; ein Axiomensystem für eine Klasse von Strukturen kann, aber muß nicht, vollständig sein. Alle Modelle einer vollständigen Formelmenge sind äquivalent. Die Theorie eines vollständigen Axiomensystems ist entscheidbar.

Satz   3C4

Die Euklidischen Axiome E1-E11 aus den Abschnitten 3C1-3C3 bilden ein vollständiges Axiomensystem für die Punkte und Geraden in der Euklidischen Ebene. Die zugehörigeTheorie ist daher entscheidbar.

Aufgaben   3C4

a) Geben Sie ein Axiomensystem und ein Entscheidungsverfahren für die Theorie der dichten Ordnung ohne Endpunkte an (vgl. Abschnitt 3C2).
b) Dasselbe für die dichte Ordnung mit einem kleinsten und einem größten Element.
c) (A) Beweisen Sie die Eigenschaften sorgfältig. Dadurch lernen Sie mit den neuen Begriffen umzugehen. Geben Sie insbesondere für ein entscheidbares Axiomensystem ein Verfahren an, mit dem sie alle Axiome produzieren (effektiv aufzählen, Abschnitt 1D12) können.
d) Beweisen Sie, daß die Formeln

$$\forall G\ \forall H\ (\neg G \parallel H \wedge G \neq H\ \rightarrow\ \exists I\ (I \neq G \wedge I \neq H \wedge \neg\ I \parallel G \wedge \neg\ I \parallel H))$$

$$\forall G\ \forall H\ (G \parallel H\ \rightarrow\ \exists I\ (I \parallel G \wedge I \parallel H))$$

aus den neuen Euklidischen Axiomen E1-E11 folgen.

3C5.   Kategorische Axiome für die natürlichen Zahlen

Jetzt versuchen wir auf dieselbe Weise, unsere Axiomensysteme für die natürlichen Zahlen zu vervollständigen: Wir drücken Eigenschaften von $\mathbb{N}$ in Formeln aus und machen sie zu Axiomen oder folgern sie aus schon vorhandenen; so schließen wir unerwünschte Modelle aus beziehungsweise erzwingen erwünschte Eigenschaften.

Beginnen wir mit der Signatur für Null und Nachfolger. (Die Gleichheit ist immer dabei, alle Strukturen sind Gleichheitsstrukturen; Abschnitt 2C2.) Die freie Struktur dazu ist $\mathbb{N}$ – was wir charakterisieren wollen. Aber beliebige Strukturen zu der Signatur können wild aussehen. Zeichnen wir Elemente als Punkte und die Nachfolgeroperation als Pfeile, so erhalten wir gerichtete Graphen mit nur zwei Einschränkungen: aus jedem Knoten kommt genau ein Pfeil, und genau ein Knoten trägt den Namen 0. Solche Graphen sind

$$\mathbb{N} \quad \bullet\longmapsto\bullet\longmapsto\bullet\longmapsto\bullet\ldots \quad \text{und} \quad \mathbb{Z} \quad \ldots\bullet\longmapsto\bullet\longmapsto\bullet\longmapsto\bullet\ldots$$

(mit eventuell irgendwo einer Null), aber auch Kreise und Einmündungen:

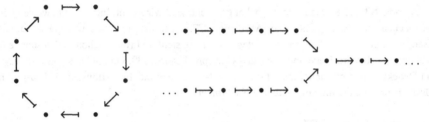

und beliebige Mischungen davon; nur Gabelungen gibt es nicht: der Nachfolger ist eine Funktion.

Jetzt fangen wir an zu axiomatisieren. In Aufgabe 2C3 haben wir zunächst nur die beiden Axiome für den Nachfolger betrachtet:

(N1)   Null hat keinen Vorgänger:

$x' \neq 0.$

(N2)   Jede Zahl hat höchstens einen Vorgänger:

$x' = y' \to x = y.$

Jedes Modell von N1, N2 enthält $\mathbb{N}$ (Teil 1 der Aufgabe 2C3). Es kann aber als weitere Komponenten noch mehr Kopien von $\mathbb{N}$ sowie Kopien von $\mathbb{Z}$ und Kreise enthalten; diese sind alle getrennt und enthalten die (Interpretation von) 0 nicht (weil die schon in $\mathbb{N}$ ist). Einmündungen gibt es wegen N2 nicht mehr. Fügen wir das Axiom

(N3)   Jede Zahl außer Null hat einen Vorgänger:

$x \neq 0 \to \exists y \; y' = x$

hinzu, so gibt es die Komponente $\mathbb{N}$ nur noch einmal; sonst ändert sich nichts. Als nächstes geht es den Kreisen an den Kragen. In einem Kreis mit n Elementen ist $d^{(n)} = d$ für alle Elemente d; dabei steht $d^{(n)}$ für d mit n Strichen. Also schließt das Axiom

(K_n) $x^{(n)} \neq x$

Kreise der Länge n aus.

Unser Axiomensystem umfaßt jetzt N1, N2, N3 und K_n für alle $n > 0$. Die einzigen Modelle davon sind $\mathbb{N}$, unser *Standardmodell*, und $\mathbb{N}$ plus $\mathbb{Z}$-Kopien.

Definition   3C5

Eine Struktur, die aus $\mathbb{N}$ und beliebig vielen Kopien von $\mathbb{Z}$ (aber mindestens einer) besteht, heißt *Nichtstandardmodell* (eines gedachten Axiomensystems für die natürlichen Zahlen); wir bezeichnen sie mit $\mathbb{N} + \mathbb{Z}$, $\mathbb{N} + \mathbb{Z} + \mathbb{Z}$, ... Die Struktur $\mathbb{N}$ selbst heißt auch *Standardmodell*.

Statt weiter Axiome zu sammeln, werden wir grundsätzlich. Wir sind gewohnt, Eigenschaften der natürlichen Zahlen mit Induktion zu beweisen: was für 0 gilt und mit einer Zahl auch für deren Nachfolger, gilt für alle Zahlen. Das geht, weil wir alle natürlichen Zahlen von 0 aus mit der Nachfolgeroperation erreichen können: $\mathbb{N}$ ist eine erzeugte Struktur (Def. 2B2); genau das besagt das Induktionsprinzip. Fügen wir es als Axiom hinzu, so gibt es keine Elemente außerhalb von $\mathbb{N}$ mehr, die lästigen $\mathbb{Z}$-Komponenten sind verschwunden.

Die Axiome N3 und K_n brauchen wir dabei gar nicht, weil wir sie mit Induktion beweisen können; das machen wir später genauer, in Abschnitt 3C7. Also lassen wir sie weg. Daß N1 und N2 zusammen mit dem Induktionsaxiom kategorisch sind, steht im Prinzip schon in den schönen alten Büchern von Richard Dedekind 1887 und Guiseppe Peano 1889. Obwohl das folgende Ergebnis von Dedekind stammt, nennt man die Axiome N1, N2 und das Induktionsaxiom *Peano-Axiome* (für die natürlichen Zahlen mit Null und Nachfolger).

Satz von Dedekind   3C5

Die Peano-Axiome für Null und Nachfolger sind kategorisch: $\mathbb{N}$ ist bis auf Isomorphie das einzige Modell.

Beweis

Jedes Modell $\mathcal{M}$ von N1, N2 enthält $\mathbb{N}$. Das Induktionsaxiom angewandt auf die Eigenschaft 'ist natürliche Zahl' (oder 'ist Element von $\mathbb{N}$') sichert, daß alle Elemente von $\mathcal{M}$ in $\mathbb{N}$ liegen; also $\mathcal{M} = \mathbb{N}$.   Q.E.D.

Aufgaben   3C5

a) Warum ist $\mathbb{N}$ zu keinem Nichtstandardmodell isomorph? Können verschiedene Nichtstandard-modelle zueinander isomorph sein? (Fangen Sie mit endlich vielen $\mathbb{Z}$-Komponenten an und lassen Sie sich dann von Abschnitt 3C2 inspirieren. Achtung: Die Komponenten sind in keiner Weise geordnet - noch nicht.)

b) Ist $Q^+ := \{x \in Q ; x \geq 0\}$ ein Modell von N1, N2 und dem Induktionsaxiom? (Q ist die Menge der rationalen Zahlen.) Wie steht es mit $Q^- := Q \setminus \{-1, -2, ...\}$?

3C6   Die natürlichen Zahlen sind nicht kategorisch axiomatisierbar

Jetzt beweisen wir das Gegenteil. Dann verkaufen Sie das Buch und studieren etwas anderes; eine Logik mit Widersprüchen ist sinnlos. (Warum eigentlich? Widersprüche regen doch an.)

Der Beweis ist verblüffend, aber mit den Mitteln, die wir angesammelt haben, ganz einfach: Wir beschwören wie in Abschnitt 3B8 ein unendlich großes Monster. Dazu erweitern wir die Signatur um eine neue Konstante ∞ und fügen zu den Peano-Axiomen die Axiome

$$\infty \neq 0 \, , \infty \neq 0' \, , \infty \neq 0'' \, , \ldots$$

hinzu; das erweiterte Axiomensystem nennen wir PM (*Peano-Monster*) . Jede endliche Teilmenge Y von PM hat $\mathbb{N}$ als Modell. Wir können nämlich irgendeine Zahl n , für die $\infty \neq 0^{(n)}$ nicht in Y vorkommt, mit ∞ bezeichnen; damit gelten alle Formeln aus Y in $\mathbb{N}$. Daher hat nach dem Kompaktheitssatz 3B8 auch PM selbst ein Modell. Darin kann das Monster ∞ der neuen Axiome wegen nicht in der Komponente $\mathbb{N}$ vorkommen; also muß es mindestens eine Komponente $\mathbb{Z}$ geben, in der ∞ liegt. Weitere Komponenten $\mathbb{Z}$ können wir erzwingen, indem wir weitere Konstanten und geeignete Axiome hinzufügen. Alle Modelle solcher Erweiterungen sind natürlich auch Modelle von N1, N2 und dem Induktionssystem. Die Peano-Axiome sind also nicht kategorisch: Sie haben außer dem Standardmodell $\mathbb{N}$ lauter Nichtstandardmodelle, die nach Aufgabe 3C5a nicht zu $\mathbb{N}$ isomorph sind. Schlimmer noch: Wir haben im Beweis von den Peano-Axiomen nur benutzt, daß sie $\mathbb{N}$ als Modell haben und daher die Erweiterungen widerspruchsfrei sind. Es ist also nicht Peano zu schwächlich; nein, es kann überhaupt kein kategorisches Axiomensystem geben. Das hat Thoralf Skolem schon in den zwanziger Jahren bewiesen. Sein Beweis läuft etwas anders; er hatte ja den Gödelschen Vollständigkeitssatz (1930) noch nicht, mußte sich also Kompaktheit direkt verschaffen.

Satz von Skolem 3C6
Keine Menge von in $\mathbb{N}$ gültigen Formeln ist kategorisch: außer dem Modell $\mathbb{N}$ hat sie Nichtstandardmodelle. Die Struktur $\mathbb{N}$ ist daher nicht kategorisch axiomatisierbar.

Folgerung 3C6
Es gibt Nichtstandardstrukturen, die mit $\mathbb{N}$ und daher, falls es mehrere sind, miteinander äquivalent sind.

Aufgaben 3C6
a) Beweisen Sie die Folgerung.
b) Erweitern Sie N1, N2 und das Induktionsaxiom um Axiome für die beiden Konstanten ∞_1 und ∞_2 , so daß in allen Modellen ∞_1 und ∞_2 in verschiedenen $\mathbb{Z}$-Komponenten liegen.
b) Der Beweis des Satzes und Aufgabe b) legen nahe, daß jede Menge von in $\mathbb{N}$ gültigen Formeln Nichtstandardmodelle mit jeder vorgegebenen Anzahl von $\mathbb{Z}$-Komponenten habe: So viele Konstanten hinzufügen und erzwingen, daß sie in verschiedenen Komponenten liegen. Die Behauptung stimmt zwar (siehe 3C8), aber der Beweis nicht. Es könnte sein, daß Ihnen zwischen die gewollten $\mathbb{Z}$-Komponenten ungewollte rutschen. (Genau das passiert uns in Abschnitt 3C9, wenn wir die Addition dazunehmen.) Warum hilft Ihnen Übergehen zu Herbrandstrukturen (3B6) nicht? Denken Sie ans Skolemisieren.
c) (P) Beweisen Sie, daß die Axiome N1, N2, N3 und K_n für n > 0 beliebig vorgegebene Nichtstandardmodelle haben. Dazu müssen Sie die Axiome quantorenfrei machen (3B2) und dann Herbrandstrukturen bilden (3B6).

3C7.   Das Induktionsschema

Bevor Sie das Buch verkaufen, kontrollieren Sie die Beweise! Die Beweistechnik für Satz 3C6 ist verwirrend und das Ergebnis unglaubwürdig; finden Sie wirklich keinen Fehler? Satz 3C5 ist altehrwürdig, wie dort beschrieben. Aber paßt er? Trau keinem über 100. Verdächtig ist auf jeden Fall, daß wir das Induktionsaxiom nicht formel-iert haben. Holen wir das nach. Oft wird es als Mengenaxiom geschrieben: Eine Menge M, die 0 und mit jeder natürlichen Zahl auch ihren Nachfolger enthält, enthält alle natürlichen Zahlen:

$$0 \in M \wedge \forall x \, (x \in M \to x' \in M) \; \to \; \forall x \; x \in M \,.$$

Aber $\in$ gehört nicht zu unserer Signatur, und Mengenvariablen haben wir auch nicht. Mengen beschreiben wir durch Prädikate, also können wir das Induktionsaxiom als Axiom für Prädikate schreiben: Ein Prädikat P, das auf 0 und mit jeder natürlichen Zahl auf deren Nachfolger zutrifft, trifft auf alle natürlichen Zahlen zu:

$$P(0) \wedge \forall x(P(x) \to P(x')) \; \to \; \forall x \, P(x) \,.$$

Aber P gehört nicht zur Signatur, und Prädikatenvariablen haben wir ebensowenig wie Mengenvariablen.

Die Axiome N3 und K_n können wir mit Induktion beweisen, haben wir in Abschnitt 3C5 behauptet. Tun wir das. Fangen wir an mit (K_n) $x^{(n)} \neq x$ für ein $n > 0$. Die Formel wird zu $0^{(n)} \neq 0$, wenn wir 0 für x einsetzen; das ist ein Grundbeispiel von N1, da $0^{(n)}$ dasselbe ist wie $(0^{(n-1)})'$. Weiter ist $x^{(n)} \neq x \to (x^{(n)})' \neq x'$ äquivalent zu einem Beispiel von N2 (mit welcher Substitution?). Also folgen

$$K_n \begin{bmatrix} x \\ 0 \end{bmatrix} \text{ (Induktionsbeginn)} \quad \text{und} \quad K_n \to K_n \begin{bmatrix} x \\ x' \end{bmatrix} \text{ (Induktionsschluß)}$$

aus N1, N2, und damit K_n per Induktion. Wir brauchen das Induktionsaxiom also nicht für Mengen oder Prädikate, sondern für Formeln, und so können wir es aufschreiben:

(IS) $A \begin{bmatrix} x \\ 0 \end{bmatrix} \wedge \forall x (A \to A \begin{bmatrix} x \\ x' \end{bmatrix}) \to \forall x \, A$ für alle Formeln A.

Eine solche Formelmenge, die aus einer Formel fester Gestalt durch Variieren eines Parameters hervorgeht (hier des Parameters A, der alle Formeln durchläuft), nennt man ein *Formelschema*. (Auch K_n ist so ein Schema: n durchläuft alle positiven natürlichen Zahlen.) Deswegen IS: *Induktionsschema*. Üben Sie, damit umzugehen, indem Sie auch N3 durch *"Induktion nach x"* aus N1, N2 folgern.

Jetzt löst sich der Widerspruch auf: Die Induktion im Beweis zu Satz 3C5 haben wir für die Eigenschaft 'ist eine natürliche Zahl' geführt. Können wir diese Eigenschaft durch eine Formel unserer Signatur ausdrücken? Nein, nach Satz 3C6. Die beiden Sätze widersprechen sich nicht; in Satz 3C6 geht es um Formeln, in Satz 3C5 um ein nicht-formalisiertes Induktionsprinzip.

Folgerung 3C7

Der Satz 3C5 von Dedkind ist falsch, wenn wir das Induktionsprinzip durch das Induktionsschema IS oder andere Formeln ausdrücken. Die natürlichen Zahlen sind also nicht axiomatisierbar, und es gibt keine Formel der Signatur mit einer freien Variablen, die genau auf die natürlichen Zahlen zutrifft.

Definition 3C7

Von jetzt an bezeichnen wir genauer die Nachfolgeraxiome N1, N2 zusammen mit dem Induktionsschema IS als *Peano-Axiome* (für Null und Nachfolger auf den natürlichen Zahlen).

Aufgabe 3C7

Folgern Sie N3 aus den Peano-Axiomen.

3C8.   Die Peano-Axiome sind vollständig

Die Peano-Axiome sind nicht kategorisch, aber trotzdem ein Axiomensystem für $\mathbb{N}$: alle Formeln, die in $\mathbb{N}$ gelten, folgen daraus (Def. 2B10). Nach Abschnitt 3C4 sind sie also vollständig. Der Beweis ist nicht schwierig, aber langwierig. Ich deute ihn an.

Die Zahlentheorie mit Null und Nachfolger läßt *effektive Quantorenelimination* zu, das heißt, zu jeder Formel kann man eine (in $\mathbb{N}$, siehe unten) stark äquivalente quantorenfreie konstruieren. Zum Beispiel sind stark äquivalent in $\mathbb{N}$:

$\exists y\,(x = y')$ mit $x \neq 0$, $\exists y\,(y \neq y)$ mit $0 \neq 0$,

$\exists y\,(x = y)$ und $\exists y\,(x \neq y)$ mit $x = x$,

$\exists y\,(x = y' \wedge y \neq 0)$ mit $x \neq 0 \wedge x \neq 0'$,

$\exists y\,(x = y \wedge A)$ mit $A\!\left[\begin{array}{c} y \\ x \end{array}\right]$.

Sie müssen diese Liste systematisch verlängern, bis Sie Konjunktionen von Literalen mit einem Existenzquantor davor quantorenfrei machen können. Dann können sie es auch für beliebige Existenzformeln: Ist in $\exists yA$ der Kern A schon quantorenfrei, so bringen Sie ihn mit 1C3 in disjunktive Normalform, verteilen den Quantor $\exists y$ mit 3A5 auf die Disjunktionsglieder und eliminieren ihn dort. Schließlich beliebige Formeln: Mit 3B1 pränex machen, Quantoren $\forall y$ durch $\neg\exists y\neg$ ersetzen und schrittweise von innen nach außen alle Quantoren eliminieren. Das Verfahren hat also nichts mit der Quantorenelimination in 3B2 zu tun: Wir ändern weder Signatur noch Struktur und erhalten nicht erfüllbarkeitsgleiche, sondern Formeln, die in $\mathbb{N}$ stark äquivalent sind.

Genauer heißt das: Zu jeder Formel A kann man eine quantorenfreie Formel B konstruieren, so daß $A \leftrightarrow B$ in $\mathbb{N}$ gilt. Sieht man sich das Verfahren noch genauer an, stellt man fest: Diese Umformungen folgen aus den Peano-Axiomen - wie die aus der angefangenen Liste - oder sind sogar allgemeingültig - wie die weiteren. - Das ergibt den

Satz 3C8

Die Peano-Axiome für Null und Nachfolger lassen effektive Quantorenelimination zu: Zu jeder Formel A der Signatur kann man eine quantorenfreie Formel B konstruieren, so daß $A \leftrightarrow B$ aus den Peano-Axiomen folgt.

Insbesondere folgt für jede geschlossene Formel A entweder $A \leftrightarrow 0 = 0$ oder $A \leftrightarrow 0 \neq 0$, also

A oder $\neg$A , aus den Peano-Axiomen; daher folgt jede Formel, die in $\mathbb{N}$ gilt.

Folgerung   3C8

a) Die Peano-Axiome, obwohl nicht kategorisch, bilden ein vollständiges Axiomensystem für die Zahlentheorie mit Null und Nachfolger, die daher entscheidbar ist.

b) Jede Menge von in $\mathbb{N}$ gültigen Formeln hat Nichtstandardmodelle mit jeder vorgegebenen Anzahl von $\mathbb{Z}$-Komponenten.

Aufgaben   3C8

a) Folgern Sie die starken Äquivalenzen der obigen Liste aus den Peano-Axiomen.

b) (P) Beweisen Sie den Satz zuende. Das ist mühsam. Vielleicht brauchen Sie Hilfe aus einem Buch. Beweisen Sie zwischendurch Folgerung a).

c) Beweisen Sie Folgerung b); vergleichen Sie dazu Aufgabe 3C6c.

d) (P) Beweisen Sie, daß die Gleichheitstheorie (in der Signatur nur das Gleichheitszeichen) effektive Quantorenelimination zuläßt. Achtung: (1) Die Gleichheitstheorie hat viele nichtäquivalente Modelle; welche? (2) Sie müssen die Signatur erweitern und die Mindest-zahlformeln $\exists^{\geq n}$ aus Aufgabe 3A5g als Aussagensymbole mit der Bedeutung "Es gibt mindestens n Elemente" hinzufügen. Folgern sie aus dem Ergebnis: (1) Für jede Formel kann man ausrechnen, in welchen Modellen sie gilt. (2) Jede erfüllbare Formel hat ein endliches Modell. (3) Die Theorie ist entscheidbar.

3C9.   Peano-Axiome mit Ordnung

Wenn wir Nichtstandard-Modelle nicht durch mehr Axiome beseitigen können, dann vielleicht durch mehr sprachliche Ausdruckskraft? Wir erweitern also die Signatur, zunächst um das Prädikatensymbol $<$ für die Ordnung und die Axiome (vgl. Aufgabe 2C3):

(O1-O3) Ordnung ist irreflexiv, transitiv und linear (total):

$$x \not< x , \qquad x < y \wedge y < z \ \rightarrow \ x < z , \qquad x < y \vee x = y \vee y < x ;$$

(O4)   Ordnung ist verträglich mit dem Nachfolger:

$$x < y \ \rightarrow \ x' < y' ;$$

(O5)   Null ist das kleinste Element:

$$x \neq 0 \ \rightarrow \ 0 < x .$$

Daraus beweist man $x < x'$ durch "Induktion nach x" (vgl. 3C7) und dann das Schema

(O6)   Jede Zahl ist kleiner als alle ihre Nachfolger:

$$x < x^{(n)} \quad \text{für alle } n > 0 .$$

Also sind $\mathbb{N}$ und $\mathbb{Z}$-Komponenten in der üblichen Weise geordnet. Außerdem beweist man durch Induktion nach x, daß es zwischen 0 und 0' keine Elemente gibt: $0 < x \ \rightarrow \ 0' = x \vee 0' < x$, und daraus durch Induktion nach n das Schema:

(O7)   Es gibt keine Elemente zwischen den Standardzahlen 0, 0',...:

$$0^{(n)} < x \ \rightarrow \ 0^{(n+1)} = x \vee 0^{(n+1)} < x \quad \text{für alle } n .$$

Ähnlich beweist man die Verallgemeinerung

(O8)   Es gibt keine Elemente zwischen einer Zahl und ihrem Nachfolger:

$$y < x \;\rightarrow\; y' = x \;\vee\; y' < x$$

oder äquivalent: $\neg\exists x \, (y < x \wedge x < y')$. Also überlappen sich die verschiedenen Komponenten nicht, sondern liegen getrennt. Wegen O3 sind die Komponenten untereinander linear geordnet, wegen O ist $\mathbb{N}$ immer die kleinste. Damit haben die Nichtstandard-Modelle die Form

$$0 \bullet \longmapsto \bullet \longmapsto \bullet \longmapsto \bullet \ldots < \ldots \bullet \longmapsto \bullet \longmapsto \bullet \longmapsto \bullet \ldots, \text{ oder } \mathbb{N} < \ldots < \mathbb{Z} < \ldots,$$

wobei die $\mathbb{Z}$-Komponente beliebig oft vorkommen kann.

Das letztere beweisen wir wie in 3C6 mit dem Kompaktheitssatz. Auch die um O1-O5 erweiterten Axiome - wir nennen sie die *Peano-Axiome mit Ordnung* - sind also nicht kategorisch. Vollständig sind sie dagegen; das beweisen wir wie in 3C8 mit Quantorenelimination.

Aufgaben   3C9

a) Sind Q^+ und Q^- (Aufgabe 3C5b) mit der natürlichen Ordnung Modelle der Peano-Axiome mit Ordnung?

b) Erweitern Sie die Peano-Axiome mit Ordnung um Axiome für zwei neue Konstanten ∞_1, ∞_2, bis Sie ein vollständiges Axiomensystem erhalten, in dessen Modellen ∞_1 und ∞_2 immer in verschiedenen $\mathbb{Z}$-Komponenten liegen. Was können Sie über das Größenverhältnis von ∞_1 und ∞_2 sagen?

c) (P) Beweisen Sie, daß die Peano-Axiome mit Ordnung effektive Quantorenelimination zulassen, die Theorie daher entscheidbar ist.

d) (A) Welche abzählbaren Nichtstandardmodelle der Peano-Axiome mit Ordnung sind zueinander isomorph? Lassen Sie sich durch Aufgabe 3C2 inspirieren.

3C10.   Peano-Axiome für Ordnung und Addition

Als nächstes fügen wir das Operationssymbol $\mathbb{N} + \mathbb{N} \rightarrow \mathbb{N}$ für die Addition und die Axiome
(A1) $x + 0 = x$
(A2) $x + y' = (x+y)'$
hinzu und erhalten die *Peano-Axiome mit Ordnung und Addition*. Die neuen Axiome stellen eine Rekursion für die Addition dar, legen sie daher auf dem Standardmodell eindeutig fest, auf den Nichtstandard-Komponenten dagegen nicht (vgl. Aufgabe 2C3). Das erweiterte Axiomensystem ist wieder vollständig, aber nicht kategorisch; das beweist man ähnlich wie bisher.

Durch die Erweiterung haben wir jedoch die Nichtstandard-Modelle eingeschränkt. Zum Beispiel gibt es keine größte $\mathbb{Z}$-Komponente. Liegt nämlich das Element a in einer $\mathbb{Z}$-Komponente, so liegt $a^{(n)}$ für jedes n in derselben $\mathbb{Z}$-Komponente; das Element $a + a$ aber ist größer als alle diese, liegt also in einer anderen, größeren $\mathbb{Z}$-Komponente. Dieses intuitiv einleuchtende Argument läßt sich präzisieren: Durch Induktion nach z beweist man
(A3)   Die Addition ist verträglich mit der Ordnung:

$$x < y \;\rightarrow\; x + z < y + z, \qquad x < y \;\rightarrow\; z + x < z + y \;.$$

Da das gewählte Element a nicht in $\mathbb{N}$ liegt, gilt $0^{(n)} < a$ für alle n nach 3C9. Daraus folgt $a^{(n)} < a + a$ für alle n, mit (A3); dazu braucht man noch ein paar Hilfsformeln, wie zum Beispiel $x^{(n)} = 0^{(n)} + x = x + 0^{(n)}$.

Ähnlich zeigt man, daß es keine kleinste $\mathbb{Z}$-Komponente gibt. Dazu beweist man
(A4)   Jede Zahl ist entweder gerade oder ungerade:
$$\forall x \, \exists y \, (y+y = x \lor (y+y)' = x) \, .$$
Wählt man eine gerade Nichtstandard-Zahl a, so liegt die "Hälfte davon", das heißt die Zahl b mit $b + b = a$, in einer kleineren $\mathbb{Z}$-Komponente. Schließlich beweist man, ebenfalls mit A4, daß zwischen je zwei $\mathbb{Z}$-Komponenten eine weitere liegt. Die $\mathbb{Z}$-Komponenten liegen also dicht, es gibt keine erste oder letzte, aber sonst kann es beliebig viele von ihnen geben.

Das ist eine starke Einschränkung: Nach Abschnitt 3C2 gibt es bis auf Isomorphie nur eine abzählbare dichte Ordnung ohne erstes und letztes Element. Also sind in einem abzählbaren Nichtstandardmodell die $\mathbb{Z}$-Komponenten jetzt eindeutig bestimmt; zum Beispiel gibt es kein Nichtstandardmodell mit nur endlich vielen $\mathbb{Z}$-Komponenten. Sind damit alle abzählbaren Nichtstandardmodelle isomorph?

Aufgaben 3C10
a) (P) Beweisen Sie, daß die Peano-Axiome mit Ordnung und Addition effektive Quantoren-elimination zulassen. Holen Sie sich Hilfe in Lehrbüchern.[4] Folgern Sie daraus, daß die Axiome vollständig sind und die Theorie entscheidbar ist. Für die Quantorenelimination müssen Sie wie in Aufgabe 3C8c die Signatur erweitern, hier für jedes n durch das Prädikat
$$x \equiv y \mod n \quad (x \text{ und } y \text{ sind kongruent modulo } n) \, ,$$
das in $\mathbb{N}$ durch die Formel $\exists z \, (x + n \cdot z = y \lor y + n \cdot z = x)$ definiert werden kann. Dabei steht $n \cdot z$ für die n-fache Addition $z + z + ... + z$.

b) (A) Beweisen Sie, daß in jedem Nichtstandardmodell der Peano-Axiome für Ordnung und Addition die $\mathbb{Z}$-Komponenten dicht, ohne erste und letzte, liegen.

c) Zeigen Sie, daß aus den Peano-Axiomen für Ordnung und Addition weder
    K0 $\exists y \; y + y = \infty$ (∞ ist eine gerade Zahl, d.h. $\infty \equiv 0 \mod 2$) noch
    K1 $\exists y \, (y + y)' = \infty$ (∞ ist eine ungerade Zahl, d.h. $\infty \equiv 1 \mod 2$)
folgen, wohl aber $K1 \leftrightarrow \neg \, K0$, also auch $K0 \lor K1$ und $\neg \, (K0 \land K1)$. Folgern Sie daraus, daß es in der erweiterten Signatur mindestens zwei verschiedene vollständige Erweiterungen der Peano-Axiome für Ordnung und Addition gibt. ("Verschieden" heißt dabei, daß für eine Formel A aus der einen Erweiterung A folgt, aus der anderen $\neg$ A.) Wie verträgt sich das mit dem Vollständigkeitsergebnis aus Aufg. a)? Schon wieder ein Widerspruch? Die Nuß müssen Sie knacken, auch wenn Sie Aufg. a) nicht bearbeitet haben.

d) Zeigen Sie, daß man die Ordnung durch die Addition definieren kann; das heißt, daß die Formel
    O6 $x < y \leftrightarrow \exists z \, (z \neq 0 \land x+z = y)$
aus den Peano-Axiomen für Ordnung und Addition folgt. Umgekehrt können Sie O1-O5 durch O6 ersetzen; O1-O5 folgen aus dem neuen Axiomensystem.

---

[4] Zum Beispiel in dem Modelltheoriebuch von Georg Kreisel und Jean-Louis Krivine oder dem von Abraham Robinson, Literatur L2.

3C11.   **Addition und Multiplikation**

Die Situation ändert sich schlagartig, wenn wir das Operationssymbol $\mathbb{N} \cdot \mathbb{N} \to \mathbb{N}$ für die Multiplikation und die Axiome

M0 $x \cdot 0 = 0$

M1 $x \cdot y' = x \cdot y + x$

hinzufügen. Diese *Peano-Axiome für Addition und Multiplikation* sind nicht vollständig, also erst recht nicht kategorisch. Gödel hat 1931 sogar gezeigt, daß man die Peano-Axiome nicht vervollständigen kann, das heißt, daß es keine entscheidbare vollständige Erweiterung gibt, deren Formeln alle in $\mathbb{N}$ gelten. Natürlich ist die Menge aller in $\mathbb{N}$ gültigen Formeln vollständig; nach dem Satz von Gödel ist sie aber nicht entscheidbar, man kann also nicht konkret damit arbeiten. Das beweisen wir am Ende des Buches, in Abschnitt 3D8.

Kapitel 3D.   Stärken und Schwächen

In Abschnitt 3B3 haben wir Semi-Entscheidungsverfahren für Widersprüchlichkeit und logische Folgerung konstruiert: Algorithmen, die im positiven Fall immer, aber im negativen Fall nicht notwendig terminieren; wenn sie terminieren, erhält man die korrekte Antwort. Der amerikanische Logiker Alonzo Church und unabhängig der englische Mathematiker Alan Turing haben 1936 gezeigt, daß man die Semi-Entscheidungsverfahren nicht wie in der Aussagenlogik zu Entscheidungsverfahren verbessern kann. Die Eigenschaften sind unentscheidbar - auch schon in der offenen Prädikatenlogik. Den Beweis skizzieren wir in den ersten fünf Abschnitten dieses Kapitels. Dazu präsentieren wir in 3D1 ein *unentscheidbares Problem über das Terminieren von Programmen*, *formalisieren* in 3D2 das Umgehen mit Programmen (*Rechnen*) in Wörtern und schließen daraus in 3D3, daß die *Theorie der Wörter unentscheidbar* und daher *nicht axiomatisierbar* ist. In 3D4 *axiomatisieren* wir das Rechnen in der Theorie der Wörter und folgern in 3D5, daß die *Prädikatenlogik* selbst *unentscheidbar* ist. In den weiteren Abschnitten bauen wir darauf auf und ernten die Früchte der ganzen Arbeit bis hierher: In 3D6 konkretisieren wir die *Nichtaxiomatisierbarkeit der Wörtertheorie*, indem wir zu jedem angeblichen Axiomensystem eine wahre Formel konstruieren, die nicht daraus folgt. Die Nichtaxiomatisierbarkeitsergebnisse aus 3D3 und 3D6 hat Gödel 1931 für die Zahlentheorie bewiesen, indem er Berechnungen in Zahlen codierte. Codierungen in Wörter erwiesen sich später als einfacher. Wir übersetzen umgekehrt in 3D8 und 3D9 die Ergebnisse in die Zahlentheorie und gewinnen so die berühmten *Gödelschen Nichtableitbarkeitssätze*. Davor skizzieren wir in 3D7 einen ähnlichen *Beweis von Tarski*, daß man den Begriff 'wahr in einem System' in dem System selbst nicht formalisieren kann. In 3D10 erweitern wir die Logik ein Stück weit in die Mengenlehre hinein (*Logik 2. Stufe*); die Schwierigkeiten werden dadurch nur größer. Zum Schluß (3D11) nehme ich auf, was ich im ganzen Buch immer wieder übers *Formalisieren im Großen und im Kleinen* gesagt habe.

3D1.   Termination von Programmen ist nicht entscheidbar

Ob ein Programm auf einer gegebenen Eingabe terminiert, also ob der Rechner, mit dem Programm und der Eingabe gestartet, seine Rechnung jemals abbricht und etwas ausgibt, - das kann man semi-entscheiden: man läßt das Programm mit der Eingabe starten; wenn es terminiert, gibt man "ja" aus. Aber kann man es entscheiden? Wenn das Programm auf der Eingabe nicht terminiert, müßte man "nein" ausgeben, obwohl das Programm noch läuft; man müßte also andere Kriterien haben als das Verhalten des Programms. Wir wollen zeigen, daß es solche berechenbaren Kriterien nicht gibt.

Nehmen wir an, das *Terminationsproblem*, "Terminiert das Programm P auf der Eingabe e ?", sei entscheidbar. Dann gäbe es also ein Programm - nennen wir es TRM -, das bei Eingabe von (P, e) mit "ja" terminiert, wenn P auf e terminiert, und mit "nein" sonst:

$$\text{Wert}_{TRM}(P, e) = \begin{cases} \text{ja;} & \text{falls P auf e terminiert} \\ \text{nein; sonst} \end{cases}$$

Wie TRM aussieht, können wir nicht wissen; wir nehmen ja nur an, es gebe ein solches Programm, und wollen die Annahme zum Widerspruch führen. Aus TRM basteln wir ein neues Programm, MRT, das bei Eingabe von P das Programm TRM mit der Eingabe (P, P) aufruft und mit "19" terminiert, falls TRM "nein" ausgibt, und sonst in eine Endlosschleife geht, also zum Beispiel sich selbst mit derselben Eingabe aufruft:

$$MRT(P) \quad := \begin{cases} 19; & \text{falls } TRM(P, P) \text{ "nein" liefert} \\ MRT(P); & \text{sonst} \end{cases}$$

Statt "19" könnt MRT irgendetwas ausgeben - wichtig ist, daß es im oberen und nur im oberen Fall terminiert. Das ergibt nämlich nach der Eigenschaft von TRM:

> MRT terminiert bei Eingabe P genau dann, wenn P bei Eingabe P nicht terminiert (nämlich wenn TRM(P, P) "nein" liefert).

Geben wir MRT sich selbst als Eingabe, kriegen wir:

> MRT terminiert bei Eingabe MRT genau dann, wenn MRT bei Eingabe MRT nicht terminiert.

Widerspruch!

Auch wer von Programmieren keine Ahnung hat, wird die Definition von MRT als Programm akzeptieren; man kann es halt ausführen, falls man TRM ausführen kann. Und TRM haben wir laut Annahme; auf eine Programmiersprache hatten wir uns nicht festgelegt. Anstößig ist vielleicht, daß wir TRM mit (P, P) aufrufen, obwohl P ein Programm und keine Eingabe ist. Aber warum soll ein Programm nicht Eingabe sein? Jeder Compiler oder Interpreter bekommt Programme als Eingabe, im Extremfall sich selbst. Also können wir MRT sich selbst als Eingabe geben. Wirklich, die ganze Konstruktion ist in Ordnung. Der Widerspruch widerlegt daher die Annahme; ein Programm MRT kann es nicht geben. Wenn Sie der Beweis begeistert oder beunruhigt hat, holen Sie sich ein Buch zur Algorithmentheorie, Rekursionstheorie, Theorie der Berechenbarkeit.[1] Wenn Sie ein gutes erwischt haben, wird es Sie noch mehr begeistern und beunruhigen.

Satz 3D1
Das Terminationsproblem, "Terminiert das Programm P auf der Eingabe e ?", ist unentscheidbar.

Aufgaben 3D1
a) Beweisen Sie, daß das Selbstanwendbarkeitsproblem, "Terminiert das Programm P mit sich selbst als Eingabe?", unentscheidbar ist.
b) Beweisen Sie, daß das Terminationsproblem semi-entscheidbar ist, das heißt, daß es ein Programm STRM gibt, das bei Eingabe von (P, e) mit "ja" terminiert, falls das Programm P auf der Eingabe e terminiert, und sonst nicht terminiert. Was passiert, wenn Sie STRM auf sich selbst anwenden? Schreiben Sie das Programm MRTS analog zum Programm MRT oben und versuchen Sie so, den Satz zu beweisen. Wo geht was schief?

3D2.   Berechnungen formalisieren

Um das Ergebnis des letzten Abschnitts aus der Informatik in die Logik zu übertragen, müssen wir Berechnungen formalisieren. Digitalrechner arbeiten schrittweise, ändern dabei jeweils ihren inne-

---

[1] Sie können mit dem Buch von Hopcroft und Ullman (Literatur L2) anfangen; dort finden Sie andere zitiert.

ren Zustand und ihren Speicherinhalt; beides zusammen nennen wir *Konfiguration* des Rechners. Die *Anfangskonfiguration* ist durch die Eingabe bestimmt; jede andere ergibt sich durch das Programm als *Folgekonfiguration* der Konfiguration davor; in einer *Endkonfiguration* kann der Rechner nicht mehr weiter, meist kann man daraus eine Ausgabe ablesen. Wir fassen im folgenden Rechner und Programm zusammen und sprechen nur noch von Programmen und ihren Konfigurationen. Wir können eine *Berechnung* eines Programms P auf der Eingabe e also beschreiben als eine Folge von P-Konfigurationen, die mit der Anfangskonfiguration zu e beginnt, in der jede weitere die Folgekonfiguration der vorhergehenden ist und die entweder gar nicht oder mit einer Endkonfiguration endet. Das Programm P *terminiert* auf e , wenn es eine endliche Berechnung von P auf e gibt:

> P terminiert auf e   genau dann wenn
> es gibt eine Folge $K_0, K_1, ... , K_n$ mit:
> (1) K_0 ist Anfangskonfiguration von P zu e ,
> (2)   für i = 1,...,n ist K_i Folgekonfiguration von P zu K_{i-1} ,
> (3) K_n ist Endkonfiguration von P .

Für die Theorie des Rechnens und Terminierens von Programmen, die wir suchen, müssen wir also gar nicht Rechner, sondern Konfigurationen formalisieren, darauf gewisse Eigenschaften (Anfangs-, Folge-, End-) definieren und Folgen behandeln.

Es ist noch nicht lange her, daß man mit Rechnern nur schriftlich Nachrichten austauschen konnte und dabei in Zeilen schreiben mußte. Die graphische Datenverarbeitung macht schnelle Fortschritte,und auch in diesem Buch ist allerhand zweidimensional: Operations- und Prädikatensymbole, Ableitungen; aber das ginge alles eindimensional. Seien wir also altmodisch und begnügen uns hier mit der linearen Schreibweise.

Fassen wir, wie man das in Textsystemen tut, jedes Symbol - einschließlich Leer-, Zeilen- und Seitenwechsel- und Interpunktionszeichen - als Buchstaben aus einem großen fest vorgegebenen Alphabet L auf, so wird jeder Text zu einem Wort über L. Programme, Ein- und Ausgaben, Speicherinhalte, Rechnerzustände, Konfigurationen - alles sind Wörter; sogar Berechnungen werden Wörter, wenn wir Konfigurationen hintereinanderweg schreiben, zum Beispiel durch senkrechte Striche getrennt, die sonst nicht vorkommen. Also können wir schreiben:

> P terminiert auf e   genau dann wenn
> es gibt ein Wort $W = |K_0|K_1|...|K_n|$ über L mit (1), (2), (3)   genau dann wenn
> es gibt ein Wort W über L mit
> (1)   W beginnt mit $|U|$, wobei U Anfangskonfiguration von P zu e ist,
> (2)   für alle Teilwörter $|U|V|$ von W , die sonst keine senkrechten Striche enthalten, ist V Folgekonfiguration von P zu U ,
> (3)   W endet mit $|V|$, wobei V Endkonfiguration von P ist.

Teile der Bedingungen können wir jetzt leicht als Bedingungen über Wörter schreiben, wobei wir u, v, w als Wörtervariable nehmen; zum Beispiel:

> W beginnt mit $|U|$ wird zu $\exists v \, (W = |U|v)$,

und damit (1) zu:

> (1) $\exists u \, \exists v \, (W = |u|v \land u$ Anfangskonfiguration von P zu e) .

Bedingung (3) sieht entsprechend aus, und (2) ist ebenfalls leicht zu formel-ieren. Aber welche Wörter sind Konfigurationen?

Beispiel 3D2

Wir betrachten einen Algorithmus P , mit dem wir entscheiden, ob eine Eingabe aus Ziffern und anderen Symbolen eine gerade Zahl von Ziffern enthält, indem wir die Eingabe, zum Beispiel von links nach rechts, lesen und dabei die Ziffern modulo 2 mitzählen: gerade, ungerade, gerade, ... und die gelesenen Symbole löschen. Der einfachste "Rechner", auf dem wir P ausführen können, hat drei Zustände, G für 'gerade', H für 'ungerade' und F für 'fertig'. Der Rechner liest die Eingabe beginnend im Zustand G und wechselt bei jeder Ziffer von G nach H bzw. von H nach G ; bei anderen Symbolen bleibt er im Zustand. Ist er fertig, geht er nach F mit der Ausgabe 'ja' oder 'nein', je nachdem in welchem Zustand er war. Eine P-Konfiguration besteht also aus einem Paar (Z, W) , wobei Z einer der Zustände und W das noch zu lesende Wort ist. Die Anfangskonfiguration von P zur Eingabe e ist (G, e), die Folgekonfiguration zu (G, 17) ist (H, 7) , die zu (G, siebzehn) ist (G, iebzehn) usw. Damit wird die ganze Bedingung (1) eine Formel:

(1) $\exists v \, (W = \,| \, (G, e) \, | \, v \,)$.

Ähnlich bearbeiten wir Bedingung (2) und (3).

Für reale Rechner und große Programme ist das natürlich nicht mehr hinschreibbar. Aber das Beispiel reicht bestimmt als Anleitung, wie (und so als Beweis, daß) man für jeden Berechnungs-formalismus die Aussage 'P terminiert auf e' als eine Bedingung über Wörter hinschreiben könnte. Also legen wir uns auf eine Struktur *Wörter* und ihre Signatur (2A1, 2A2) fest.

Definition 3D2

Es sei L eine nichtleere endliche Menge (*Alphabet*). Die Struktur *Wörter über* L hat die Bereiche *Buchstaben* (aus L) und *Wörter* (über L); zur Abkürzung nehmen wir L und L^* als Sortensymbole. Dabei betrachten wir der Einfachheit halber L als Teilmenge von L^* : Buchstaben sind auch Wörter, jeder Buchstabenterm ist auch ein Wörterterm (nicht umgekehrt). Konstanten sind die Buchstaben aus L und das *leere Wort* λ ; andere Operationen sind

$\quad \leftarrow L^* \rightarrow L \qquad$ mit $\leftarrow (aU) := a, \quad \leftarrow \lambda := $ unstabe $\quad$ (*Anfang von* W),

$\quad \bar{}\, L^* \rightarrow L^* \qquad$ mit $\bar{}\, (aU) := U, \quad \bar{}\, \lambda := $ unwort $\qquad$ (W *ohne Anfang*),

$\quad L^* \cap L^* \rightarrow L^* \qquad$ mit $U \cap V := UV \qquad\qquad$ (*Verkettung von* U *und* V),

dazu die beiden Operationen für das Abbauen von Wörtern am Ende (rechts). Einzige Prädikate sind die *Gleichheit* auf Buchstaben und auf Wörtern. Als Namen für die Struktur benutzen wir ebenfalls L^*.

Wer die Bedingungen in (2), (3) in dem Beispiel oben in Bedingungen über das Wort W gebracht hat, wird sofort sehen, daß man die Bedingungen (1) - (3) in Formeln der Signatur dieser Wörter-Struktur bringen kann. Lassen wir das Verkettungssymbol beim Schreiben von Wörtern weg, so ist (1) in dem Beispiel schon eine Formel. Die Bedingung in (2), daß senkrechte Striche in einem Wort w vorkommen, schreiben wir als

$\quad \exists u \, \exists v \; w = u \, | \, v$, abgekürzt als $\quad | \in w$.

Wie drückt man aus, daß u ein Teilwort von v ist? Sie sollten unbedingt die Bedingungen (2) und (3) für das Beispiel des ziffernzählenden Programms vollständig als Formeln aufschreiben. Dann (und nur dann) werden Sie wirklich glauben, daß man Rechnen in der Theorie der Wörter (vgl. 2C4) ausdrücken kann:

Satz 3D2

Jeden Berechnungsformalismus kann man durch die Theorie der Wörter über einem geeigneten endlichen Alphabet L beschreiben - in dem Sinn, daß man für jedes Programm P und jede Eingabe e eine Formel $Trm_{P,e}$ konstruieren kann, durch die die Aussage 'P terminiert auf e' formalisiert wird, das heißt:

P terminiert auf e   genau dann wenn $Trm_{P,e}$ in L^* wahr ist.

Aufgaben 3D2

a) Schreiben Sie für das Beispiel des Ziffernzählprogramms P die Aussage 'P terminiert auf der Eingabe e' als Formel in der Signatur der Wörter über L für ein geeignetes L . Wie sieht Ihr Alphabet L aus? Enthält Ihre Formel freie Variablen?

b) Simulieren Sie das Ziffernzählprogramm P für die Eingaben 17 und siebzehn , das heißt, schreiben Sie die Folge der Konfigurationen auf. Sind die Formeln $Trm_{P,siebzehn}$ und $Trm_{P,17}$ wahr oder falsch? Gibt es überhaupt Eingaben e, für die $Trm_{P,e}$ fasch ist? Wenn nein, haben Sie einen Fehler gemacht; wenn ja, ist der Satz falsch. Oder?

c) (A) Programme, die wie das Ziffernzählprogramm die Eingabe in einem Durchgang lesen und dann fertig sind und nichts als endlich viele Zustände "zum Merken" haben (also insbesondere nicht schreiben können), nennt man *endliche Automaten*. Konstruieren Sie einen endlichen Automaten, der zwei 0,1-Zahlen (gleicher Länge) addiert, indem er beide parallel liest und dabei Ziffer für Ziffer (also nicht am Ende der Rechnung) das Resultat ausgibt. ('Ausgeben' ist nicht 'Schreiben', da der Automat das Ausgegebene nicht lesen kann.) Schreiben Sie für Ihren Automaten P die Formel $Trm_{P,e}$ auf.

d) (P) Programme, die wie endliche Automaten aussehen, aber auf der Eingabe und beliebig weit rechts und links davon hin- und herwandern und Buchstaben lesen, ändern, schreiben dürfen, nennt man *Turingmaschinen*. Der englische Logiker Alan Turing hat sie 1936 eingeführt und behauptet, daß man damit beliebige Rechnungen ausführen könne. Hat er recht? Wählen Sie eine Programmiersprache oder einen Berechnungsformalismus, und lesen Sie noch einmal den Anfang des Abschnitts. Wie könnte eine Turingmaschine aussehen, die nicht terminiert? Die nicht immer terminiert? Die nicht immer terminiert und von der Sie nicht glauben, daß man sie zu einer immer terminierenden machen könnte, ohne die terminierenden Berechnungen zu ändern? Die nicht immer terminiert und von der Sie nicht glauben, daß man entscheiden könnte, wann sie terminiert? Die nicht immer terminiert und von der man nicht entscheiden kann, wann sie terminiert? Das sind extrem schwierige Fragen; holen Sie sich Hilfe in Lehrbüchern zur Algorithmen- und Berechenbarkeitstheorie.

e) (P) Wie könnte die Formel $Trm_{P,e}$ für einen beliebigen endlichen Automaten aussehen? Für eine beliebige Turingmaschine? Das ist eine extrem langwierige Aufgabe. Hören Sie auf, wenn es langweilig wird; suchen Sie Hilfe, wenn Sie stecken bleiben.

3D3.   Die Wörtertheorie ist nicht entscheidbar

Wir sind ausgezogen, um zu beweisen, daß die Prädikatenlogik unentscheidbar ist. daß es also kein Entscheidungsverfahren für die logische Folgerung gibt. Wir wären am Ziel, wenn wir ein Axiomensystem $AX(L^*)$ für die Theorie der Wörter über L hätten. Denn wäre (Beweis durch Widerspruch) die logische Folgerung entscheidbar, so mit Hilfe von $AX(L^*)$ auch das Terminationsproblem: P terminiert auf e genau dann, wenn die Wörterformel $Trm_{P,e}$ aus $AX(L^*)$ folgt. Das Axiomensystem müßte nicht einmal endlich sein, nur effektiv erzeugbar (Def. 2C4; jetzt können wir sagen: durch eine Turingmaschine produzierbar, vgl. Aufgabe 3D2d). Denn das Erzeugungsverfahren könnten wir wie in Abschnitt 3C4 mit dem Entscheidungsverfahren für die logische Folgerung koppeln, um die Formeln aus $AX(L^*)$ nach und nach einzugeben und $Trm_{P,e}$ und $\neg Trm_{P,e}$ parallel zu folgern zu suchen. ($AX(L^*)$ ist ja vollständig.)

Im letzten Abschnitt haben wir aber das Terminationsproblem in die Theorie der Wörter hineincodiert. Mit dem Terminationsproblem ist daher die Wörtertheorie unentscheidbar: Hätten wir ein Entscheidungsverfahren für die Theorie, so könnten wir insbesondere entscheiden, welche Formeln $Trm_{P,e}$ wahr sind und welche falsch, wir hätten also ein Entscheidungsverfahren für das Terminationsproblem, im Widerspruch zu Satz 3D1. Auf das benutzte L kommt es dabei nicht an; denn man kann Alphabete durch andere codieren. (Daß man beliebige Wörter durch 0,1-Wörter ausdrücken kann, ist einem Informatiker geläufig.) Eine unentscheidbare Theorie *einer* Struktur ist nach Abschnitt 3C4 nicht axiomatisierbar. Aus!

Satz 3D3
Die Theorie der Wörter über einem Alphabet L ist unentscheidbar.

Folgerung 3D3
Die Theorie der Wörter über einem Alphabet L ist nicht axiomatisierbar.

Aufgaben 3D3
a) Wie kann man ein beliebiges Alphabet in 0,1-Wörter codieren?
b) Beweisen Sie die Folgerung mit Hilfe von Abschnitt 3C4.

3D4.   Berechnungen axiomatisieren

Das ist ein schwerer Schlag: Die Wörtertheorie ist nicht axiomatisierbar; auf diese Weise können wir also nicht beweisen, daß der Prädikatenkalkül unentscheidbar ist. Aber so schnell geben wir nicht auf. Wir brauchen gar nicht Axiome für alle gültigen Wörterformeln, sondern nur für die wahren Terminationsformeln. Gibt es ein Axiomensystem AX für Termination? Das heißt für alle Programme P und Eingaben e :

$$AX \vDash Trm_{P,e} \qquad \text{genau dann wenn} \qquad Trm_{P,e} \text{ wahr ist,}$$
$$\text{also genau dann wenn} \qquad P \text{ auf e terminiert.}$$

Da wir als Axiome nur in L^* wahre Formeln nehmen, brauchen wir nur die Richtung von rechts nach links zu beweisen; denn aus wahren Formeln können keine falschen folgen. Allerdings muß AX endlich sein, da es nicht vollständig ist: auf AX $\vDash \neg\text{Trm}_{P,e}$, falls P auf e nicht terminiert, können wir nicht hoffen. (Warum nicht?) Finden wir ein solches endliches AX, so ist die logische Folgerung unentscheidbar; denn wäre sie entscheidbar, so könnten wir insbesondere die Fragen "AX $\vDash \text{Trm}_{P,e}$?" entscheiden und damit das Terminationsproblem

Wir suchen also eine endliche Formelmenge RechL von in L* gültigen Formeln, so daß für alle Programme P und Eingaben e über dem Alphabet L gilt:

(∗)   RechL $\vDash \text{Trm}_{P,e}$,   falls P auf e terminiert;

RechL steht für *Rechenaxiome über L* . Mit solchen Axiomen haben wir schon Erfahrung in den Kapiteln 2C und 3C gesammelt: Pfeiler (im Architektenbeispiel) kann man durch Wörter über dem Blockalphabet und natürliche Zahlen durch Unärwörter darstellen. Verallgemeinern wir also zuerst die Peano-Axiome auf das Schreiben von Wörtern auf hebräisch (von rechts nach links). Dabei benutzen wir wie im Architektenbeispiel und in 3D2 x, y, z als Buchstaben- und u, v, w als Wörtervariablen, a, b, ... als Buchstabenkonstanten und U, V, W für Grundterme für Wörter. Das Verkettungssymbol lassen wir weg.

(W1)   Das leere Wort kann man nicht aus Buchstaben erzeugen:

        xw $\neq \lambda$

(W2)   Die Verkettung mit Buchstaben ist eineindeutig:

        xu = yv $\rightarrow$ x = y $\wedge$ u = v

Wie im Spezialfall der Zahlen kann man zeigen, daß die Formeln W1, W2 zusammen mit dem Induktionsschema

(ISL) $A\begin{bmatrix} w \\ \lambda \end{bmatrix} \wedge \forall w\, (A \rightarrow \forall x\, A\begin{bmatrix} w \\ xw \end{bmatrix}) \rightarrow \forall w\, A$

vollständig sind. Das sind aber zu viele Axiome (unendlich viele) und zu wenig (nur für einen Teil der Signatur).

Deswegen verallgemeinern wir W1 und W2 zu:

(W1)   Das leere Wort kann man nicht aus nichtleeren erzeugen:

        uv = λ $\leftrightarrow$ u = λ $\wedge$ v = λ

(W2)   Die Verkettung ist eineindeutig:

        uw = vw $\rightarrow$ u = v,   wu = wv $\rightarrow$ u = v

Weiter brauchen wir:

(W3)   Das leere Wort verlängert nicht:

        λw = wλ = w

(W4)   Die Verkettung ist assoziativ:

        u(vw) = (uv)w

(W5)   'Anfang' und 'Rest' kehren zusammen die Verkettung um:

        $\leftarrow$(xw) = x, $\neg$(xw) = w,   w $\neq \lambda$ $\rightarrow$ ($\leftarrow$w)($\neg$w) = w

(W6)   Alle Buchstaben sind verschieden:

        a $\neq$ b für alle verschiedenen Buchstaben a, b $\in$ L

(W7)   Nichtleere Wörter bestehen aus Buchstaben:

$$w \neq \lambda \; \rightarrow \; \bigvee_{a \, \varepsilon \, L} \; \leftarrow w = a$$

Das N3 entsprechende Axiom

$$w \neq \lambda \; \rightarrow \; \exists x \, \exists u \, (xu = w)$$

brauchen wir nicht: es folgt direkt aus W5; die Operationen 'Anfang' und 'Rest' sind die Skolemfunktionen für die beiden Existenzquantoren. Dafür brauchen wir noch Axiome für die von rechts abbauenden Operationen sowie "Fehlermeldungen" wie 'unstabe' und 'unwort' für alle abbauenden Operationen und Axiome dafür. Die ganze Sammlung nennen wir *RechL*.

Genügt RechL unserer Bedingung (*) oben? Sei P ein Programm über L, das auf der Eingabe e über L terminiert. Dann können wir die terminierende Berechnung als Wort W über L aufschreiben. W erfüllt die Bedingungen (1) - (3) aus 3D2; folgt das aus RechL? Ja, leicht - wenn auch langwierig. Wir haben ja das Wort W konkret gegeben. Wir müssen nur aus RechL folgern, daß W aus Konfigurationen besteht, die (1) - (3) erfüllen; das machen wir mit Induktion nach der Länge der Berechnung. Dazu brauchen wir, daß sich die Hilfsprädikate, die wir in 2D2 benutzt haben, unter RechL richtig verhalten; das geht mit Induktion nach der Länge von Wörtern - wie im Architektenbeispiel nach der Höhe von Pfeilern. Achtung: Das ist nicht das Induktionsschema (das wir nicht haben), sondern Induktion über die Länge von vorgegebenen Wörtern; in der Sprechweise von 3C7: Induktion nach n , nicht nach x .

Behauptung 3D4

a) Kommt der Buchstabe b im Wort W vor, so folgt

$$b \, \varepsilon \, W \; := \; \exists u \, \exists v \, (W = ubv) \qquad \text{aus RechL.}$$

b) Ist U ein Anfangswort von W, so folgt

$$U \prec W \; := \; \exists v (W = Uv) \qquad \text{aus RechL.}$$

c) Ist $W = |K_0|K_1|...|K_n|$ eine Berechnung von P zur Eingabe e, so folgen aus RechL die Bedingungen (1), (2) für W und

(3') W endet mit $|K_n|$.

d) Ist W eine terminierende Berechnung von P zur Eingabe e, so folgen die Bedingungen (1) - (3) für W aus RechL.

Satz 3D4

Die endliche Formelmenge RechL ist ein Axiomensystem für terminierende Berechnungen: Für Programme P und Eingaben e über L gilt:

$$\text{P terminiert auf e} \qquad \text{gdw} \qquad \text{RechL} \models Trm_{P, e} \, .$$

Aufgaben 3D4

a) Beweisen Sie die Behauptungen a) und b).

b) Beweisen Sie die Behauptungen c) und d) für den modulo 2 zählenden endlichen Automaten aus Beispiel 3D2.

c) Beweisen Sie den Satz für den Additionsautomaten aus Aufgabe 3D2c.

d) (A) Beweisen Sie den Satz für Ihre Turingmaschinen aus Aufgabe 3D2d.

e) Zeigen Sie, daß aus RechL die rekursive Definition der Verkettung folgt:

   (V) $w = uv \leftrightarrow (u = \lambda \wedge w = v) \vee (u \neq \lambda \wedge w = {}^{\leftarrow}u\,({}^{\neg}uv))$

   Welche Formeln aus RechL folgen aus V und W1, W2 in der ursprünglichen Version?
   Welche Formeln aus RechL brauchen Sie außer V, W1, W2 (alt), um den Satz zu beweisen?

f) (P) Beweisen Sie, daß W1, W2 (alt) zusammen mit ISL vollständig für die auf die magere
   Signatur eingeschränkte Theorie sind. Was brauchen Sie zusätzlich, wenn Sie die rechts-
   abbauenden Operationen einbeziehen wollen?

3D5.   Die Prädikatenlogik ist unentscheidbar

Wir sind mit dem Beweis fertig: Wäre die logische Folgerung entscheidbar, so könnten wir die
Frage "RechL $\models$ $Trm_{P,e}$?" - "Folgt die formalisierte Terminationsaussage aus den Rechen-
axiomen?" - entscheiden, und damit das Terminationsproblem.

Satz 3D5
Logische Folgerung, Erfüllbarkeit und Allgemeingültigkeit sind in der Prädikatenlogik unentscheidbar; es gibt also keinen Theorembeweiser, der immer terminiert.

Zusatz 3D5
Logische Folgerung und Erfüllbarkeit sind schon in der offenen Prädikatenlogik unentscheidbar,
Allgemeingültigkeit dagegen ist dort entscheidbar.

Aufgaben 3D5
a) Beweisen Sie den Satz für Erfüllbarkeit und Allgemeingültigkeit sowie den Zusatz. An welchen
   Stellen brauchen Sie, daß RechL endlich ist?

b) (A) Haben sie einmal in Bücher über Theorembeweiser geschaut? Dann werden sie festgestellt
   haben, daß das Hauptproblem die fehlende Effizienz ist. Die Verfahren laufen schon für kurze
   Formeln zu lange. Kann man das vermeiden? Konsultieren Sie die Abschnitte 1C1 und 1C3.
   Wenn man wenigstens die Laufzeit abschätzen könnte, so daß man das Verfahren in hoffnungs-
   losen Fällen gar nicht erst in Gang setzen würde? Beweisen Sie, daß das nicht geht! Zeigen Sie
   dafür: Es gibt keine totale berechenbare Funktion $f(L^*) \rightarrow \mathbb{N}$ mit der Eigenschaft:
       falls die Formel A in der Signatur der 0,1-Wörter aus Rech{0,1} folgt,
       gibt es eine Ableitung, die kürzer als f(A) ist.
   Warum "zeigen" Sie damit, was Sie "beweisen" wollen? Wie messen Sie die Länge von
   Ableitungen? Warum heißt die Eigenschaft nicht:
       falls die Formel A in der Struktur der 0,1-Wörter gilt,
       gibt es eine Ableitung, die kürzer als f(A) ist?
   Kennen Sie eine Theorie, für die Sie die Länge von Ableitungen abschätzen können?

3D6.   Nicht beweisbare wahre Sätze

Sind Sie jetzt neugierig? RechL ist kein Axiomensystem für die Theorie der Wörter über L. Also gibt es Formeln, die in $L*$ wahr sind, aber nicht aus RechL folgen. Wie sehen die aus? Eine zu finden, wird nicht leicht sein; im letzten Abschnitt haben wir gesehen, daß RechL die Wortoperationen zumindest auf Grundtermen korrekt festlegt. Eine Klasse von Kandidaten können wir sofort angeben: Wäre RechL auch ein Axiomensystem für Nicht-Termination, das heißt, folgt $\neg Trm_{P,e}$ aus RechL, falls das Programm P auf der Eingabe e nicht terminiert, so könnten wir das Terminationsproblem entscheiden: für gegebenes P und e parallel $Trm_{P,e}$ und $\neg Trm_{P,e}$ aus RechL zu folgern versuchen. Also machen wir die magere

Feststellung

Es gibt Programme P und Eingaben e, so daß $\neg Trm_{P,e}$ nicht aus RechL folgt, obwohl P auf e nicht terminiert, also $\neg Trm_{P,e}$ wahr ist.

Was für Programme sind das? Kurt Gödel hat 1931 - ein Jahr nach dem Vollständigkeitsbeweis - die Nichtaxiomatisierbarkeit der Zahlentheorie mit Addition und Multiplikation (vgl. Abschnitt 3C11) in einer starken Form bewiesen: Zu jedem angeblichen Axiomensystem (effektiv produzierbare Menge von gültigen Formeln) konstruiert er eine wahre geschlossene Formel, die nicht daraus folgt. Die Zahlentheorie ist also nicht axiomatisierbar. Unser Beweis in 3D1-3D3, daß die Wörtertheorie nicht axiomatisierbar ist, stellt eine Übersetzung von Gödels Beweisen dar, die auf den amerikanischen Logiker Willard van Orman Quine zurückgeht. Gödels Beweis liest sich komplizierter, weil er alles in die natürlichen Zahlen codiert. Das sehen wir uns im übernächsten Abschnitt an. Jetzt übersetzen wir erst Gödels Konstruktion in unseren Rahmen, um eine wahre, nicht folgerbare Formel zu erhalten.

Gödel formalisiert in seiner Konstruktion die Antinomie des lügenden Kreters. "Ich lüge jetzt", sagte der Schlaue und brachte die Logiker zum Rotieren: Wenn das wahr ist, lügt er, ist es also falsch; und wenn es falsch ist, lügt er nicht, ist es also wahr. Das ist wie im Kino: "Zu leise," rufen die Zuschauer, und der Ton wird lauter gestellt. "Zu laut", schreien sie, und es wird leiser. Könnte der Kreter schreiben, schriebe er: Dieser Satz ist falsch. Das ist ein Satz, der von sich selber sagt, daß er falsch ist. Gödel machte daraus eine geschlossene Formel, die von sich selber sagt, daß sie nicht ableitbar ist. Wäre die Formel falsch, wäre sie ableitbar; das darf nicht sein, denn die Axiome sind gültig und die Ableitungsregeln korrekt. Also ist sie wahr und daher nicht ableitbar. Aus der Antinomie, in der man hin- und hergeworfen wird, macht Gödel eine schiefe Ebene, an deren unterem Ende man hängen bleibt. Das ist wie im modernen Kino: "Zu leise," grölen die Zuschauer, und der Ton wird zu laut gestellt. "Zu laut", kreischen sie, aber sie sind nicht mehr zu hören. Es bleibt zu laut.

Eine Formel, die von sich selber sagt, daß sie nicht ableitbar ist. Genauer: eine Formel E (E für 'schiefe Ebene'), die in der Wörtertheorie wahr ist genau dann, wenn sie aus dem vorgeblichen Axiomensystem X nicht ableitbar ist. Dazu brauchen wir erst eine Formel Abl, die genau auf alle ableitbaren Formeln zutrifft (Formeln sind Wörter über einem geeigneten Alphabet):

$$Abl \begin{bmatrix} u \\ A \end{bmatrix} \text{ ist wahr } \quad gdw \quad X \vdash A .$$

Dabei ist u eine Wörtervariable, die wir im folgenden festhalten; Abl hängt natürlich von X und von dem Ableitungssystem ab. Die Formel konstruieren wir wie die Terminationsformel in Abschnitt 3D2, statt Berechnungen formalisieren wir Ableitungen - wieder in Wörtern - , etwa indem wir Ableitungsbäume flachklopfen. Das gibt:

$$X \vdash A \quad \text{gdw} \quad \text{es gibt ein Wort W, das eine Ableitung von A aus X codiert.}$$

Aus der rechten Seite gewinnen wir die Formel Abl ; statt A steht darin die freie Variable u . Jetzt wenden wir ¬Abl auf sich selbst an:

$$\neg \text{Abl} \begin{bmatrix} u \\ \neg \text{Abl}[..?..] \end{bmatrix}$$

Das geht nicht. Wir müssen das Einsetzen selbst formalisieren. Die Relation

$$\text{Eins}(A, B, C) \quad \text{gdw} \quad A = B \begin{bmatrix} u \\ C \end{bmatrix} \quad (\text{A entsteht aus B durch Einsetzen von C für u})$$

ist sicherlich in der Wörtertheorie durch eine Formel Eins mit den freien Variablen $\overline{w}$, w, v definierbar. Das heißt,

$$\text{Eins} \begin{bmatrix} \overline{w} & w & v \\ A & B & C \end{bmatrix} \quad \text{ist wahr in der Struktur L*} \quad \text{gdw} \quad A = B \begin{bmatrix} u \\ C \end{bmatrix}, \text{ insbesondere:}$$

$$\text{Eins} \begin{bmatrix} \overline{w} & w & v \\ A & B & B \end{bmatrix} \quad \text{ist wahr in der Struktur L*} \quad \text{gdw} \quad A = B \begin{bmatrix} u \\ B \end{bmatrix};$$

dabei sind A, B, C beliebige Wörter über dem Alphabet, mit dem wir Ableitungen in der Wörtertheorie beschreiben. Die ausgezeichnete Variable. u kommt darin und in Eins selber nicht frei vor, nur in codierter Form beim Beschreiben des Einsetzens! Jetzt betrachten wir die Formeln:

$$D := \forall v \, (\text{Eins} \begin{bmatrix} \overline{w} & w & v \\ v & u & u \end{bmatrix} \rightarrow \neg \text{Abl} \begin{bmatrix} u \\ v \end{bmatrix}) \quad \text{und} \quad E := D \begin{bmatrix} u \\ D \end{bmatrix} .$$

In $\neg \text{Abl} \begin{bmatrix} u \\ v \end{bmatrix}$ kommt u nicht mehr vor, wenn $v \neq u$. Daher hat D nur die freie Variable v aus den Vordergied; E hat überhaupt keine freie Variablen. Also besagt $D \begin{bmatrix} u \\ B \end{bmatrix}$, daß $B \begin{bmatrix} u \\ B \end{bmatrix}$ nicht ableitbar ist, und daher besagt E, daß E nicht ableitbar ist. Noch einmal:

$$E \text{ ist wahr} \quad \text{gdw} \quad \forall v \, (\text{Eins} \begin{bmatrix} \overline{w} & w & v \\ v & D & D \end{bmatrix} \rightarrow \neg \text{Abl} \begin{bmatrix} u \\ v \end{bmatrix}) \text{ wahr ist}$$

$$\text{gdw} \quad \neg \text{Abl} \begin{bmatrix} u \\ D \begin{bmatrix} u \\ D \end{bmatrix} \end{bmatrix} \text{ wahr ist}$$

$$\text{gdw} \quad \neg \text{Abl} \begin{bmatrix} u \\ E \end{bmatrix} \text{ wahr ist}$$

$$\text{gdw} \quad X \nvdash E .$$

Wäre E falsch, wäre E also ableitbar. Da falsche Formeln nicht ableitbar sind (warum nicht?), ist E wahr und nicht ableitbar. Wir haben also bewiesen:

Satz 3D6

Zu jedem angeblichen Axiomensystem X für die Theorie der Wörter kann man eine Formel E konstruieren, die in der Theorie wahr ist, aber aus X nicht folgt. Könnte die Formel sprechen, würde sie sagen: "Ich bin nicht ableitbar. Ätsch!"

Jetzt, da wir Gödels Konstruktion kennen, ist es leicht, eine wahre, nicht ableitbare Formel von der Form $\neg \text{Trm}_{P,e}$ aufzuschreiben. Die Formel $\text{Trm}_{P,e}$ hängt in ihrer ganzen Struktur von P ab, von e dagegen nur an einer Stelle: e bestimmt als Teilwort die Anfangskonfiguration. Wir ersetzen e durch die Variable u und erhalten die Formel Trm_P mit

$$\text{Trm}_P \begin{bmatrix} u \\ e \end{bmatrix} = \text{Trm}_{P,e} \; .$$

Jetzt wählen wir für P einen Theorembeweiser, der mit dem vorgeblichen Axiomensystem X als fester Eingabe arbeitet. P verlangt also nur eine Formel A als Eingabe und testet, ob A aus X ableitbar ist. Also terminiert P auf A gdw A aus X ableitbar ist (eventuelle Antworten "nein" lassen wir in Endlosschleifen versanden):

$$\text{Trm}_P \begin{bmatrix} u \\ A \end{bmatrix} \text{ ist wahr } \quad \text{gdw} \quad X \vdash A \; .$$

Ersetzen wir in Gödels Beweis Abl durch Trm_P, erhalten wir als E die Formel

$$\forall v \, (\, \text{Eins} \begin{bmatrix} \overline{w} & w & v \\ v & D & D \end{bmatrix} \rightarrow \neg \text{Trm}_P \begin{bmatrix} u \\ v \end{bmatrix}) \; , \text{ äquivalent zu } \neg \text{Trm}_P \begin{bmatrix} u \\ E \end{bmatrix} , \text{ also zu } \neg \text{Trm}_{P,E} \; .$$

Zusatz 3D6

In dem Satz kann man die Formel E so wählen, daß sie äquivalent zu $\neg \text{Trm}_{P,E}$ ist. Könnte die Formel sprechen, würde sie sagen: "Mit mir als Eingabe terminiert der Theorembeweiser nicht!"

Aufgaben 3D6

a) (A) Konstruieren Sie die Formel Abl für das Ableitungssystem (1) der Schnittregel, (2) der Schnitt- und der Einsetzungsregel - wenigstens "im Prinzip". Warum genügt das für den Satz nicht?

b) Fangen Sie mit einem Grundalphabet L an und bauen Sie darauf sorgfältig die weiteren Alphabete auf, die Sie in dem Abschnitt brauchen. Zu welchem Alphabet gehört die ausgezeichnete Variable u ?

c) Definieren Sie das Einsetzen durch eine Formel Eins wie im Text. Warum kommt darin und in den Formeln D und E die Variable u nicht frei vor?

3D7.   Wahrheit ist nicht formalisierbar

Etwa zur gleichen Zeit hat der polnische Logiker Alfred Tarski[2] die Antinomie des Lügners in eine andere schiefe Ebene verwandelt: Er hat gezeigt, daß man den Begriff 'wahr' nicht formalisieren kann. Na klar, sagen Sie vielleicht. Aber vor fast 60 Jahren war die Logik erst im Entstehen. Viele Grundbegriffe waren noch unklar, wurden abgeklopft oder erst freigelegt, die uns heute selbstverständlich erscheinen; anderes, das uns heute fragwürdig ist, war noch unbezweifelt.

Tarskis Beweis ist mit Gödels fast identisch. Er nimmt an (Beweis durch Widerspruch), es gebe in einer logischen Theorie, zum Beispiel in der Theorie der Wörter, eine Formel Wahr, so daß für jede geschlossene Formel A gilt:

$$\text{Wahr} \begin{bmatrix} u \\ A \end{bmatrix} \text{ ist wahr } \quad \text{gdw} \quad A \text{ wahr ist.}$$

---

[2] "Der Wahrheitsbegriff in den formalisierten Sprachen", Literatur L4.

Dann konstruiert er die Formel E wie im letzten Abschnitt mit 'Wahr' statt 'Abl' und schließt:

$$E \text{ ist wahr} \quad \text{gdw} \quad \neg\text{Wahr}\begin{bmatrix} u \\ E \end{bmatrix} \text{ wahr ist}$$

$$\text{gdw} \quad \text{Wahr}\begin{bmatrix} u \\ E \end{bmatrix} \text{ falsch ist}$$

$$\text{gdw} \quad E \text{ falsch ist ;} \qquad \text{Widerspruch!}$$

Unterschiedlich ist die Beweisstruktur: Gödel konstruiert zu einer beliebigen Formelmenge X eine Formel Abl, mit der er die Ableitbarkeit aus X definiert, und konstruiert aus Abl durch Selbstanwendung eine Formel E, die aus X nicht ableitbar ist. Tarski nimmt an, daß Wahrheit in einer Theorie durch eine Formel $Wahr$ definierbar sei, und konstruiert aus $Wahr$ durch Selbstanwendung eine Formel E mit widersprüchlichen Eigenschaften.

Satz von Tarski 3D7
Es gibt keine logische Theorie, in der die Eigenschaft 'wahr in der Theorie' durch eine Formel ausdrückbar ist.

Haben Sie den Beweis verstanden? Ich muß ihn - wie den Gödelschen Beweis in 3D6 - immer neu verstehen, wenn ich ihn wieder lese. Aber haben Sie den Satz verstanden? Das ist viel schwieriger; der Beweis hilft dabei nicht. Warum kann man Wahrheit nicht formalisieren?

Normalerweise sprechen wir *lokal*: über die vorliegende Situation, innerhalb des Systems. Manchmal sprechen wir *global*: über die Welt, ganz allgemein. Insbesondere sprechen wir in der Wissenschaft global, in Philosophie, Kunst und Religion, und wenn wir betrunken sind; wir wollen Aussagen machen, die überall, für jeden gelten. Nur globale Begriffe kann man formalisieren. Wenn wir das vergessen, produzieren wir keinen Formalismus, nur Formalin.

In Abschnitt 1D6, als es um die Bedeutung des Vollständigkeitssatzes ging, habe ich 'logisch folgerbar' (global) und 'ableitbar' (lokal) so gegeneinandergestellt. Ähnlich ist 'wahr' ein lokaler Begriff, 'wahr in einer Situation' ein globaler. Klingt verkehrt? Ist aber so. Es gibt keine allgemeinen Regeln, um festzustellen, ob wahr ist, was die Leute sagen. Wir glauben es, wenn wir Vertrauen haben. Erst wenn das fehlt, suchen wir nach Beweisen. "Wahr ist, was der Fall ist," sagt der Logiker Ludwig Wittgenstein in seinem frühen "Tractatus logico-philosophicus". Wir sehen aus dem Fenster: Regnet es wirklich? Aber mit diesem Prinzip können wir nur lokal arbeiten, in einer gegebenen Situation. Fehlt uns das Fenster, um die Wirklichkeit direkt anzusehen, müssen wir nach Beweisen fragen, also wieder lokal vorgehen.

Wie steht es mit Beweisen? Sind sie global oder lokal? Beweise wurden erfunden, von den Griechen vornehmlich, um zu globalisieren. Gegen die Weisheit der Sophisten - der "Weisheitlinge" - setzte Sokrates die Überzeugung durchs Argument. So stellt es der Informatiker Robert Pirsig in seinem Buch "Zen und die Kunst ein Motorrad zu warten" dar. (Strenggenommen, schreibt Pirsig selbst, ist es kein Buch über Zen oder über Motorräder. Es ist überhaupt kein Buch "über" etwas, sondern eine Geschichte zum Warten: wie erreiche und erhalte ich Qualität, insbesondere in der Wissenschaft.) "Beweise sind Geschichten, die sich selber erzählen," so ungefähr drückt es der Wissenschaftstheoretiker Paul Feyerabend in seinem Büchlein "Wissenschaft als Kunst" aus: Eine richtige Geschichte muß ich gut erzählen, sonst überzeuge ich niemanden;

Geschichten erzählen ist eine Kunst. Beim Beweisen verstecke ich mich hinter meinen Argumenten, auf mich selbst kommt es nicht an.

Aber stimmt das? Jeder Beweis beruht auf Voraussetzungen. Kann ich sie nicht einfach voraussetzen oder ihrerseits beweisen, muß ich sie "klar" machen, auf einer persönlichen Ebene, lokal. Beweise sind nicht rein rational, schließt der italienische Philosoph Ernesto Grassi daraus, sondern in die Rhetorik eingebettet. Er bezieht sich in seinem Buch "Rhetoric as Philosophy" auf die alte Unterscheidung zwischen rationaler und rhetorischer Rede. Recht hat er; aber jeder arbeitende und dabei nachdenkliche Mathematiker weiß, daß er sich beim Beweisen noch viel tiefer ins Rhetorische verstrickt. Die einzelnen Beweisschritte sind nicht logische Schlüsse, genausowenig wie die Zeilen in einem Programm Maschinenbefehle sind; ein streng logischer Beweis wäre viel zu elementar, zu kompliziert, unüberschaubar. Mit den Beweisschritten muß er überzeugen, sich verständlich machen; damit hängt er vom Zuhörer ab, geht lokal vor.

Wenn ich meine Aussagen globalisiere, verfalle ich in eine Sprache, in der ich universellen Regeln folgen muß, um die gewünschte universelle Bedeutung zu erzielen. Solche Sprachen kommen in vielerlei Gewändern. Da gibt es die rituellen Sprachen von Religion und Sport, die esoterischen Sprachen der Philosophie und der Wissenschaften, die "künstlichen" Sprachen der Kunst und die formalen Kalküle von Mathematik und Informatik. Sie alle unterliegen demselben Widerspruch: Global sollen sie sein, dafür muß ich sie einschränken. Im Gebrauch muß ich ihren festen Regeln folgen und kann so nur die Eingeweihten erreichen, nur lokal sprechen.

Was ich lokal, in einem kleinen System, gelernt habe, sollte ich überall verwenden können, wo ich ein anderes kleines System aufbaue. Wie können wir also globale Begriffe in kleine Systeme übertragen? Wie ist Formalisieren verträglich mit der Kleinen-Systeme-Sicht? Wir haben zu lernen, daß 'global' und 'lokal', wie 'klein' und 'groß', nicht Eigenschaften von Begriffen, sondern Umgangsformen sind. Mehr übers Formalisieren und darüber, wie man sich beim Formalisieren verständigt, habe ich in meinen Kleine-Systeme-Arbeiten geschrieben, zum Beispiel in "How to communicate proofs or programs" und "Beziehungskiste Mensch - Maschine".[3]

Aufgabe 3D7
In Abschnitt 1D6 habe ich 'logisch folgerbar' als globalen Begriff bezeichnet, 'ableitbar' als lokalen. Das verträgt sich nicht mit dem, was ich hier sage. Ableitungen bestehen zwar aus winzigen Schritten; die sind aber gerade deswegen allgemeingültig, vom Kontext unabhängig, im höchsten Grade global. Können Sie die Verwirrung klären? Gibt es überhaupt lokales Beweisen? Versuchen Sie sich auch an anderen Begriffen, zum Beispiel dem der Negation.

Frage
Sind 'klein' und 'groß' globale oder lokale Begriffe?

---

[3] Feyerabend und Grassi sind in Literatur L5 zitiert, Pirsig in L6, meine Arbeiten in L7.

3D8.   Die natürlichen Zahlen sind nicht axiomatisierbar

Kurt Gödel hat seine Unvollständigkeitsergebnisse 1931 für die Zahlentheorie bewiesen. Dazu codiert er Berechnungen, Ableitungen usw. in die natürlichen Zahlen. Zahlen sind die einfachsten und grundlegenden mathematischen Objekte. Mit ihnen - neben abstrakten Dingen wie Mengen und Funktionen - beschäftigten sich die Logiker hauptsächlich. Programme und Berechnungen als Gegenstand der Untersuchung wurden erst wichtig - gerade durch die Arbeit von Gödel. Heute ist uns selbstverständlich, daß Programme Texte sind; Berechnungen in Wörter zu codieren, liegt daher nahe. Deswegen haben wir die Beweise über Unentscheidbarkeit und Nichtaxiomatisierbarkeit für die Wörtertheorie geführt und übersetzen sie jetzt in die Zahlentheorie. Historisch ist es umgekehrt gegangen. Zwar ließ Turing seine Maschinen (vgl. Aufgabe 3D2d) schon 1936 Wörter verarbeiten; aber die Wörter repräsentierten Zahlen. Und erst 1946 hat der amerikanische Logiker Willard van Orman Quine die Gödelschen Beweise in die Wörtertheorie übersetzt. Wir gehen den Weg zurück, codieren also Wörter in Zahlen.[4]

Zahlen stellen wir immer durch Wörter dar: unär über dem einelementigen Alphabet, binär über $\{0, 1\}$, dezimal. Diese Darstellung ist aber nicht eindeutig, da wir führende Nullen ignorieren: 11 und 011 sind zwei verschiedene Binärwörter, die dieselbe Zahl, 2, darstellen. Wollten wir auf diese Weise Wörter in Zahlen überführen, wäre die Darstellung nicht eineindeutig. Also setzen wir vor ein Wort W erst eine 1 und interpretieren das Ergebnis 1W als Binärzahl; dadurch kriegen wir alle positiven Zahlen eineindeutig. Umgekehrt lassen wir von einer positiven Binärzahl die führende 1 weg und erhalten so alle Wörter, eineindeutig. Wir haben also zwei Bijektionen, die Umkehrungen voneinander sind.

$\quad$ Z: $\{0, 1\}^* \rightarrow \mathbb{N}^{>0}$ mit $\ $ Z(W) := die Zahl mit Binärdarstellung 1W ,

$\quad$ B: $\mathbb{N}^{>0} \rightarrow \{0, 1\}^*$ mit $\ $ B(u) := die Binärdarstellung von u ohne führende 1 .

Damit können wir die Verkettung von Wörtern durch Addition und Multiplikation der zugehörigen Zahlen darstellen. Es gilt nämlich:

$\quad$ W = UV $\ $ in $\{0, 1\}^*$ $\qquad$ genau dann wenn

$\quad$ $Z(W) = Z(U) \cdot 2^{\lg(V)} + (Z(V) - 2^{\lg(V)})$ $\ $ in $\mathbb{N}$.

Wer's nicht glaubt, schreibe U und V als Wörter (in allgemeiner Form oder in Beispielen) und rechne die rechte Seite aus. Dabei ist $\lg(V)$ die Länge von V , also ist $2^{\lg(V)}$ die Zahl 10...0 mit soviel Nullen wie V lang ist. Das ist aber die größte Zweierpotenz $\leq Z(V)$:

$\quad$ $2^{\lg(V)} \leq Z(V) < 2^{\lg(V)+1} = 2 \cdot 2^{\lg(V)}$.

Also gilt in $\mathbb{N}$:

$\quad$ $y = 2^{\lg(V)}$ $\ \leftrightarrow\ $ PotZ(y) $\wedge$ y $\leq$ Z(V) $\wedge$ Z(V) < y + y .

Die Prädikate auf der rechten Seite können wir aber in der Arithmetik definieren:

$\quad$ Ordnung: $\qquad$ $x \leq y := \exists z\, (x + z = y)$, $\ \ x < y := \neg(y \leq x)$,

$\quad$ Teiler: $\qquad\quad$ $y\,/\,x := \exists z\, (z \neq 0 \wedge y \cdot z = x)$,

$\quad$ Potenz von Zwei: $\ $ PotZ(x) := $\forall y\, (y\,/\,x \wedge y \neq 1 \rightarrow 2\,/\,y)$.

Setzen wir alles zusammen, erhalten wir eine Formel in Null, Nachfolger, Addition und Multiplikation:

---

[4] Gödel "Collected Works", Quine "Concatenation as a Basis for Arithmetic"; Literatur L4

$$W = UV \quad \text{in } \{0, 1\}^* \qquad \text{gdw}$$

$$\exists y \ ("y = 2^{\lg(V)}" \ \wedge \ Z(W) = Z(U) \cdot y + Z(V) - y) \quad \text{in } \mathbb{N}.$$

(Dabei steht der Teil in Anführungsstrichen als Abkürzung für eine weitere arithmetische Formel.)

Wir wollen beliebige Formeln der Wörtertheorie in Formeln der Zahlentheorie übersetzen, ohne daß der Wahrheitswert sich ändert. Bisher können wir das für die speziellen atomaren Formeln $W = UV$, wobei U, V, W 0,1-Wörter sind. Andere atomare Formeln können wir darauf zurückführen. Es gilt nämlich in der Theorie der 0,1-Wörter:

$$w = \lambda \ \leftrightarrow \ w = ww \,,$$

$$\text{Buchstabe}(w) \ \leftrightarrow \ w = 0 \ \vee \ w = 1 \,,$$

$$w = \neg u \ \leftrightarrow \ \exists v \ (\text{Buchstabe}(v) \ \wedge \ u = vw) \,,$$

$$w = {}^{\leftarrow}u \ \leftrightarrow \ \text{Buchstabe}(w) \ \wedge \ \exists v \ (u = wv) \,.$$

Zusammengesetzte Terme und Gleichungen dazwischen kriegen wir (in beliebigen Theorien) weg mit:

$$p = q \ \leftrightarrow \ \exists v \ (v = p \ \wedge \ v = q) \,,$$

$$w = f(g(t)) \ \leftrightarrow \ \exists v \ (v = g(t) \ \wedge \ w = f(v)) \,.$$

Also können wir Formeln der Wörtertheorie stark äquivalent umformen, so daß sie nur noch atomare Formeln $W = UV$ und $U = V$ enthalten, wobei U, V, W 0,1-Wörter oder Variable sind. Ersetzen wir in einer solchen Formel die Verkettung wie oben und 0,1-Wörter U durch $Z(u)$ und lassen Gleichungen und Variable(!) stehen, erhalten wir eine äquivalente Formel der Zahlentheorie.

Ergebnis
Mit dem beschriebenen Verfahren kann man jede geschlossene Formel der Theorie der 0,1-Wörter in eine geschlossene Formel der Zahlentheorie überführen, die denselben Wahrheitswert hat. Damit können wir die Ergebnisse der letzten Abschnitte in ihre ursprüngliche Form zurückübersetzen.

1. Unvollständigkeitssatz von Gödel   3D8
Die Theorie der natürlichen Zahlen mit Addition und Multiplikation ist nicht entscheidbar und damit nicht axiomatisierbar. Insbesondere lassen sich die Peano-Axiome für Addition und Multiplikation nicht vervollständigen; auch ihre Theorie ist unentscheidbar.

Zusatz von Tarski, Mostowski, Robinson   3D8
Mit den folgenden endlich vielen Axiomen (Peano-Axiome plus N3, aber ohne Induktionsschema)

(N1) $x' \neq 0$

(N2) $x' = y' \ \rightarrow \ x = y$

(N3) $x \neq 0 \ \rightarrow \ \exists y \ y' = x$

(A1) $x + 0 = x$

(A2) $x + y' = (x + y)'$

(M1) $x \cdot 0 = 0$

(M2) $x \cdot y' = x + x \cdot y$

kann man Berechnungen im Sinne der Abschnitte 3D1-3D4 beschreiben.[5] Ihre Theorie ist daher unentscheidbar.

---

[5] Alfred Tarski, Andrzej Mostowski, Abraham Robinson "Undecidable Theories", Literatur L2.

Aufgaben 3D8

a) (P) Übersetzen Sie die Rech{0,1}-Axiome aus Abschnitt 3D4 mit dem beschriebenen Verfahren in zahlentheoretische Formeln. Gelten die Formeln in $\mathbb{N}$? Welche davon können Sie aus den sieben Axiomen von Tarski, Mostowski und Robinson folgern? Umgekehrt? (Wenn Sie eine Formel nicht folgern können, klappt es wenigstens für alle Grundsubstitionen davon? Dazu brauchten Sie Induktion. Welche?) Beweisen Sie auf diese Weise den Zusatz oder erarbeiten sich Ihr eigenes endliches Möchtegern-Axiomensystem, mit dem Sie Berechnungen in $\mathbb{N}$ beschreiben können, das daher eine unentscheidbare Theorie hat und unvollständig ist.

b) (A) Beweisen Sie den 1. Unvollständigkeitssatz genauer, insbesondere die mannigfachen Formeln, die Sie für die Übersetzung der Wörtertheorie in die Zahlentheorie brauchen. Folgern Sie die Umformungen von Wörterformeln aus den Rech{0,1}-Axiome aus 3D4.

c) (P) Beweisen Sie, daß für beliebige 0,1-Wörter U, V, W

$$1W = 1UV \leftrightarrow \exists y \, ("y = 2^{\lg(V)}" \wedge Z(W) = Z(U) \cdot y + Z(V) - y)$$

in $\mathbb{N}$ gilt. Können Sie das Schema aus endlich vielen Axiomen folgern? Gelingt Ihnen das, haben Sie einen neuen Beweis für den Zusatz oder eine ähnliche Aussage. Warum können Sie in dem Schema die Wörter U, V, W nicht durch Variablen u, v, w ersetzen?

3D9. Die natürlichen Zahlen als Grundlage der Mathematik

Der 1. Unvollständigkeitssatz von Gödel ist der Vorfahr des entsprechenden Satzes für die Wörtertheorie in Abschnitt 3D3. Ebenso folgt Satz 3D6 - Konstruktion nichtableitbarer wahrer Formeln der Wörtertheorie - dem 2. Unvollständigkeitssatz von Gödel. Die Formeln, die Gödel konstruiert, entsprechen denen von Tarski mit 'ableitbar' statt 'wahr'. Nämlich Gödel zeigt, daß nicht nur "Ich bin nicht ableitbar", sondern auch "F ist nicht ableitbar" (für die immer falsche Formel F) wahr und nicht ableitbar ist:

$$E := \neg \text{Abl} \begin{bmatrix} u \\ F \end{bmatrix} \quad (\text{statt } E := \neg \text{Abl} \begin{bmatrix} u \\ E \end{bmatrix}) \quad \text{ist wahr und nicht ableitbar.}$$

F ist nicht ableitbar, $X \nvdash F$, heißt (Abschnitt 1D7): X ist konsistent. Was passiert, wenn X nicht konsistent ist? Dann ist jede Formel aus X ableitbar, also auch E. Wir haben bisher vorausgesetzt, daß X in L^* oder jetzt in $\mathbb{N}$ gültig ist, also ein Modell hat, also widerspruchsfrei und damit konsistent ist, da die Ableitungsregeln korrekt sind. Also ist X konsistent! Wenn wir an die Existenz von $\mathbb{N}$ glauben. $\mathbb{N}$ st die einfachste unendliche Struktur, und natürlich wissen wir, wie sie aussieht: 0, 0', 0'', ... ; addieren und multiplizieren können wir auch. Aber wir können $\mathbb{N}$ nicht durch Axiome charakterisieren, wie wir in den Abschnitten 3C5-11 erfahren haben; und gerade haben wir gelernt, daß wir nicht einmal Addition und Multiplikation axiomatisieren können. Selbst wenn wir $\mathbb{N}$ mathematisch charakterisieren könnten, wir brauchten dafür $\mathbb{N}$ oder etwas Gleichwertiges. Schon in der offenen Prädikatenlogik haben wir Herbrandstrukturen verwendet, zum Beispiel für den Vollständigkeitsbeweis - $\mathbb{N}$ ist die einfachste davon. Wir haben unser Wissen über die natürlichen Zahlen mitgebracht, um die Logik aufzubauen. Wollten wir einem Zweifler die Existenz von $\mathbb{N}$ beweisen, wo sollten wir anfangen? Der Mathematiker Kronecker soll gesagt haben: "Die natürlichen Zahlen hat uns der liebe Gott gegeben. Alles andere ist Menschenwerk." Das heißt wohl zweierlei: Die ganze Mathematik gründet auf dem, was wir über

Zahlen wissen; die Zahlen selbst können wir nicht mathematisch begründen, wir müssen sie intuitiv kennen.

Als Gödel seine Ergebnisse publizierte, war diese Diskussion über die Grundlagen der Logik und der Mathematik in vollem Gang. Es war das Programm Hilberts und seiner Schule, die Konsistenz von Theorien mit finiten Mitteln zu beweisen - das heißt, ohne die Existenz unendlicher Objekte vorauszusetzen -. Deswegen formulierte Gödel die Konsistenz als Voraussetzung - als Annahme - und kam so zu einem Satz, der dem Hilbertschen Programm den schwersten Stoß versetzte.

2. Unvollständigkeitssatz von Gödel   3D9
Für eine konsistente formalisierte Theorie, die ausdrucksstark genug ist, um die Ableitbarkeit zu formalisieren, kann man die Konsistenz nicht in der Theorie selbst beweisen:

$$\text{Wenn}\quad X \nvdash F, \quad \text{dann} \quad X \nvdash \neg \text{Abl}\begin{bmatrix} u \\ F \end{bmatrix}.$$

Dabei ist Abl eine Formel der Theorie, für die gilt:

$$X \vdash \text{Abl}\begin{bmatrix} u \\ A \end{bmatrix} \quad \text{gdw} \quad X \vdash A.$$

Das Hilbertsche Programm sollte einen Ausweg aus der Grundlagenkrise bieten, in die die Mathematik zu Anfang dieses Jahrhunderts geraten war. In der Mengenlehre, die Cantor als Fundament der Mathematik vorgeschlagen hatte, hatte Russell Widersprüche entdeckt: Die Menge $E := \{M; M \notin M\}$ aller Mengen, die sich nicht selbst erhalten, ist keine Menge; wie beim Lügner führt die Frage "M ∈ M?" zum Widerspruch. Also baute man die Mengenlehre axiomatisch auf. Das haben wir für die Geometrie und die natürlichen Zahlen und andere Bereiche gemacht, aber dabei haben wir die Semantik - Gültigkeit, logische Folgerung - in der Mengenlehre definiert; Strukturen sind ja Mengen mit Operationen und Relationen. Wie soll man die Semantik eines Mengenkalküls definieren, ohne zu benutzen, was man erst aufbauen will. Ähnliche Schwierigkeiten hätten wir bei der Zahlentheorie haben müssen: Wie soll man Terme und Formeln definieren, wenn man Zahlen - also die einfachsten Terme, 0, 0', 0", ... - damit erst beschreiben will. Hilberts Programm war, die Logik mit finiten Mitteln (wobei dieser Begriff intuitiv bleibt) aufzubauen. Die Mathematik des Unendlichen sollte begründet werden, ohne das Unendliche zu benutzen. Es lohnt sich, die Darstellung dieses Versuchs in den beiden Bänden "Grundlagen der Mathematik" von David Hilbert und seinem Schüler Paul Bernays zu lesen. Die Bücher sind von Bernays geschrieben, der erste Band erschien 1934, der zweite 1939. Gödel hatte die Nichtaxiomatisierbarkeit und damit Unentscheidbarkeit der Zahlentheorie schon 1931 bewiesen, Church und Turing die Unentscheidbarkeit der Prädikatenlogik 1936.[6] Erst durch das zweite Ergebnis scheint die Tragweite des ersten voll bewußt geworden zu sein; denn erst im Vorwort zum zweiten Band formulieren Hilbert und Bernays Zweifel an dem Programm.

In den Reaktionen auf die Grundlagenkrise der Mathematik unterscheidet man drei logische Schulen: *Formalismus, Logizismus, Konstruktivismus.* Die *Formalisten* halten mathematisches Vorgehen für ein Spiel mit Symbolen nach Regeln. Das Spiel erhält Bedeutung nur von außen, durch die mathematischen Anwendungen; sonst sind die Regeln beliebig. Die Haltung ist nicht verträglich mit dem Selbstverständnis der meisten Mathematiker, die Mathematik nicht betreiben

---

[6] Siehe dazu den Sammelband von Martin Davis "The Undecidable", Literatur L4; Hilbert u. Bernays Literatur L2.

würden, wenn sie nicht überzeugt wären, daß sie richtig und wichtig ist - Anwendungen spielen bei dieser Überzeugung keine große Rolle. Die *Logizisten* möchten die Mathematik auf die Logik zurückführen: Mathematisches Arbeiten läßt sich formalisieren, also übersetzen in Arbeiten mit logischen Theorien und ihren Modellen. Wieviel Mathematik man schon braucht, um die Logik aufzubauen, und wie beschränkt die Logik trotzdem bleibt, haben wir in diesen beiden Kapiteln gesehen. Die *Konstruktivisten* verbieten den leichtfertigen Umgang mit dem Unendlichen, ganz unterschiedlich in Ausmaß und Richtung. Die natürlichen Zahlen 0, 0', 0'', ... können wir sicher konstruieren und benutzen, die Gesamtheit $\mathbb{N}$ dagegen nicht; ebenso steht es mit den rationalen Zahlen. Deswegen dürfen wir reelle Zahlen nicht als Grenzwerte konvergenter Folgen rationaler Zahlen oder als Dedekindsche Schnitte definieren, weil wir dabei beliebige Teilmengen rationaler Zahlen benutzen; in Ordnung sind Grenzwerte berechenbarer Folgen oder endliche Approximationen. Etwas anders gehen die *Intuitionisten* vor, obwohl sie meistens zu den Konstruktivisten gezählt werden. Sie schränken den Umgang mit dem Unendlichen über die zugelassenen Beweismethoden ein; zum Beispiel darf man eine Existenzaussage über einem unendlichen Bereich nicht durch Widerspruch (wie in Satz 3D1) beweisen, sondern nur durch Konstruktion eines Beispiels. Der Satz von Herbrand (3B6) und die zugehörigen Theorembeweiser sind also in Ordnung, auch wenn wir die Adäquatheit nicht intuitionistisch bewiesen haben. Unendliche Folgen sind, in der Terminologie des holländischen Logikers Brouwer, "Wahlfolgen": wir beschreiben sie mit beweisbaren Eigenschaften; wo diese Spielraum lassen, sind wir frei zu wählen - so wie wir neue Beweise nur nach unserer Intuition finden.

Die meisten Forscher, die sich mit solchen Fragen beschäftigen, sind Mathematiker. Sie philosophieren nicht nur über die Mathematik, sondern sie setzen ihre philosophischen Erkenntnisse in oft gewaltige Formalismen um, mit denen sie mathematisch arbeiten, entsprechend ihrer Philosophie. Die Bezeichnung *Metamathematik* ist doppeldeutig: man geht in den Versuchen, die Mathematik zu begründen, über die Mathematik hinaus (griechisch meta - jenseits, über hinaus), aber man arbeitet dabei mathematisch, immer der Gefahr des Widerspruchs durch Selbstbezug ausgesetzt.

Das Hilbertsche Programm ist formalistisch, aber es ist in der Beschränkung auf logische Formalismen logizistisch gefärbt und beruft sich für die Gültigkeit finiter Methoden auf die Intuition. Überhaupt sind die Übergänge zwischen den drei Richtungen fließend. Gemeinsam ist ihnen, daß sie der Mathematik fremd bleiben. In jedem der betrachteten Formalismen lassen sich große Teile der Mathematik rekonstruieren; kreativ mathematisch arbeiten aber kann man damit nicht - dazu sind sie zu eng, viel zu kompliziert, zu rigide. Die "arbeitenden Mathematiker", schreibt Penelope Maddy in ihrem kürzlich erschienenen Artikel, hängen einem zumeist unreflektierten *Platonismus* an: Begriffe, auch mathematische, haben ihre eigene Wirklichkeit, die man nur kennenlernt, wenn man sie liebt. Die meisten Mathematiker werden das bestätigen: Sie spazieren zwischen ihren Begriffen herum wie zwischen Bäumen.

Ich erinnere an die Unterscheidung zwischen Sinn und Bedeutung in Abschnitt 1A7. Durchs Übersetzen in einen logischen Formalismus kann man die Bedeutung mathematischen Arbeitens festlegen oder ändern. Sinn entsteht aber nicht durch Übergang zu einem anderen Bereich, global. Sinnvoll oder sinnlos ist unser Arbeiten lokal: was können oder wollen wir, was nicht? Sinn ergibt, was uns kreativ macht, uns mit Anderen verbindet. Vorgedachte Philosophie tut das nicht.

Philosophie - Streben nach Weisheit - entfaltet sich, wenn man über das nachdenkt, was man tut.

Howard DeLongs vergriffenes Buch "A Profile of Mathematical Logic" ist ein schönes Beispiel lebendigen Philosophierens. Er beginnt mit der Geschichte (Entwicklung seit dem Altertum, Übergänge im vorigen Jahrhundert), stellt die Prädikatenlogik (auch höhere Stufe und etwas Mengenlehre) knapp und die zugehörige Metatheorie (unsere Kapitel 3C und 3D und viel mehr) ausführlich dar und diskutiert dann die philosophischen Schlußfolgerungen. Er erwähnt Logizismus, Formalismus und Intuitionismus als Positionen, die *vor* den großen Metatheoremen der 30er Jahre entstanden sind; *danach* muß man sich mit den Konsequenzen dieser negativen Ergebnisse herumschlagen, frisch anfangen.[7]

3D10.   Die Logik erweitern

Wenn der Prädikatenkalkül zu schwach ist, um darin die Zahlentheorie zu axiomatisieren, die doch die Grundlage aller Mathmatik sein sollte, dann verstärken wir ihn. Wir sind ja in Kap. 3C daran gescheitert, daß wir das Induktionsaxiom nicht ausdrücken können: Das Axiom

(I) $\forall P\ (P(0) \land \forall t\ (P(t) \to P(t')) \to \forall t\ P(t))$

sichert uns, daß es außer den natürlichen Zahlen - Null und alle Nachfolger davon - keine Daten gibt. Wir können es aber in der Prädikatenlogik nicht aufschreiben, weil wir keine Variablen für Prädikate und erst recht keine Quantoren dafür haben; das haben wir in Abschnitt 3C7 diskutiert. Also erweitern wir die Logik: wir fügen das Fehlende hinzu. Dadurch kommen wir eine Stufe höher (*2. Stufe*); wir schränken uns aber zunächst auf einstellige (*monadische*) Prädikatenvariablen ein.

Definition   3D10
Der *monadische Prädikatenkalkül 2. Stufe* entsteht aus dem bisher behandelten Prädikatenkalkül 1. Stufe, indem wir beim Schreiben von Formeln für jede Sorte neben den Datenvariablen Variable für einstellige Prädikate und Quantoren dafür zulassen. Die Definition der (Daten)Strukturen ändert sich nicht. Beim Auswerten interpretieren wir Prädikate als Teilmengen: Für ein einstelliges Prädikat D und ein Datum a derselben Sorte ist D(a) wahr gdw $a \in D$ in der Struktur.

Beispiele
In den natürlichen Zahlen sind die Formeln

$\exists P\ (P(0) \land \forall t\ (P(t) \leftrightarrow P(t'')) \land \neg P(1))$

$\exists P\ \forall x\ (P(x) \leftrightarrow \forall y\ (y/x \to y = 1 \lor y = x))$

wahr. In der ersten müssen wir, um das zu sehen, P durch die Menge der geraden Zahlen interpretieren. In der zweiten steht y/x für "y teilt x" (vgl. Abschnitt 3D8); was wird aus P? - Ebenso ist das Induktionsaxiom (I) wahr in $\mathbb{N}$; denn für alle Teilmengen $M \neq \mathbb{N}$ wird die Prämisse irgendwo falsch, z. B. bei der ersten Zahl $\notin M$.

---

[7] Penelope Maddy "The Roots of Contemporary Platonism", Literatur L5; Howard DeLong, Literatur L1. Bei beiden Hinweise auf weitere Literatur.

Satz von Dedekind (2. Versuch, 2. Stufe) **3D10**
Die Peano-Axiome 2. Stufe für den Nachfolger

(N1) $x' \neq 0$

(N2) $x' = y' \rightarrow x = y$

(I) $\forall P (P(0) \wedge \forall t (P(t) \rightarrow P(t')) \rightarrow \forall t P(t))$

sind kategorisch: alle Modelle sind isomorph zu $\mathbb{N}$.

Der Beweis ist derselbe wie in Abschnitt 3C5: Jedes Modell enthält $\mathbb{N}$ wegen N1, N2; wegen I kann es nicht mehr enthalten. Fertig! - Allerdings geht der Gegen-Satz aus 3C6 genauso durch: Mit dem Kompaktheitssatz erzwingen wir Nichtstandard-Zahlen.

Satz von Skolem (2. Versuch, 2. Stufe) **3D10**
Die natürlichen Zahlen sind nicht kategorisch axiomatisierbar.

Wo liegt der Fehler dieses Mal? Die Induktion ist jetzt sauber formalisiert, der Beweis des Satzes von Dedekind daher in Ordnung. Und was soll sich beim Satz von Skolem geändert haben? Geben Sie sich mindestens einen Tag Zeit fürs Nachdenken, bevor Sie weiterlesen.

Natürlich ist der Fehler naheliegend: Im Beweis des Satzes von Skolem benutzen wir den Kompaktheitssatz; und um den zu beweisen, brauchen wir ein adäquates (korrektes und vollständiges) Ableitungssystem. Das haben wir für die Logik 2. Stufe nicht. Also ist dieses Mal der Satz von Dedekind richtig und der Satz von Skolem falsch.

Aber so einfach ist es nicht. Wir können Prädikate einer Sorte s als Daten einer neuen Sorte Pot(s) auffassen. Damit wird aus dem monadischen Prädikatenkalkül 2. Stufe zu einer gegebenen Signatur ein Prädikatenkalkül 1. Stufe mit doppelt so vielen Sorten; prädikatsortige Variablen und Konstanten werden als Teilmengen interpretiert. Damit gelten die Ergebnisse der 1. Stufe auch für die monadische 2. Stufe, insbesondere Vollständigkeits- und Kompaktheitssatz. Skolem ist gerettet.

"Nein", sagt Thoralf Skolem - er hat Deutsch gesprochen, auch auf Deutsch veröffentlicht[8] - , "mit Fehlern lasse ich mich nicht retten. Auch wenn Euer Fehler naheliegend ist. In Eurer entschärften 2. Stufe ist die Interpretation der Prädikate immer noch durch die der Daten festgelegt, nämlich als Teilmengen. Aber in der 1. Stufe gibt es solche Abhängigkeiten zwischen Sorten nicht. Zum Beispiel habt Ihr dort beim Beweis des Vollständigkeitssatzes für konsistente Formelmengen Herbrandmodelle konstruiert, und Herbrandstrukturen sind abzählbar; aber die Potenzmenge einer unendlichen Menge ist nicht abzählbar. Für die *Standardinterpretation* - in der die Sorte Pot(s) aus beliebigen Teilmengen der Sorte s besteht - geht meine Konstruktion also nicht; das ist Euer Fehler."

Der Widerspruch zwischen dem Satz von Dedekind und dem Satz von Skolem, jeweils für die 2. Stufe, läßt sich also auf zwei Wegen auflösen: Entweder wir beharren auf der Standard-

---

[8] "Selected Works in Logic", Literatur L4.

interpretation der Prädikatvariablen. Dann ist der Satz von Dedekind richtig, der Satz von Skolem daher falsch. In Konsequenz gilt der Kompaktheitssatz nicht, und es gibt kein adäquates Ableitungssystem. Die Strukturen, in denen wir diese Logik interpretieren wollen, enthalten ein gutes Stück Mengenlehre - der Ausdruck D(a) steht ja für $a \in D$ - . Die Mengeneigenschaften müßten wir formalisieren; das geht aber über die Logik hinaus.

Oder wir geben die Standardinterpretation der Prädikatenvariablen auf. Dann bekommen wir Vollständigkeit, Kompaktheit und den Satz von Skolem; der Satz von Dedekind ist also falsch. Wie sehen dann die Nichtstandardmodelle der Axiome N1, N2, I aus? Der Datenbereich sieht aus wie in Kap. 3C für die 1. Stufe bewiesen: $\mathbb{N}$ und dazu $\mathbb{Z}$-Kopien (die dahinterliegen, falls wir die Ordnung hinzufügen; siehe Abschnitt 3C9.) Die Prädikate kann man als Mengen von Daten auffassen, wenn man noch ein paar einfache Mengenaxiome hinzufügt (siehe unten). Aber es sind nicht alle Teilmengen als Prädikate zugelassen; zum Beispiel $\mathbb{N}$ nicht, denn dann wäre I falsch. Wegen I enthält keine echte Teilmenge von Daten $\mathbb{N}$ ganz. Auch die geraden Zahlen hören nicht mit $\mathbb{N}$ auf: haben wir in einem Modell von N1, N2, I eine Menge G, die die Formel

$\quad$ G(0) $\wedge$ $\forall$t (G(t) $\leftrightarrow$ G(t'')) $\wedge$ $\neg$G(1)

wahr macht (siehe das Beispiel oben), so enthält G nicht nur die Zahlen 0, 2, 4, ... , sondern auch jede zweite Nichtstandardzahl. Warum? Ob eine vorgegebene Nichtstandardzahl allerdings gerade oder ungerade ist, steht uns frei; siehe Aufgabe 3C10c und Aufgabe b) unten.

In Abschnitt 3C8 haben wir einen Beweis dafür skizziert, daß die Peano-Axiome für Null und Nachfolger in der Logik 1. Stufe, wenn schon nicht kategorisch, so doch vollständig sind und ihre Theorie entscheidbar ist. Wie steht das in der 2. Stufe? Der Schweizer Logiker J. Richard Büchi hat dieses alte Problem von Alfred Tarski 1961 positiv gelöst: Die monadische Theorie 2. Stufe der natürlichen Zahlen mit Null und Nachfolger ist entscheidbar. Der Beweis ist umfangreich und sehr schwierig und benutzt Hilfsmittel aus der Kombinatorik und der Automatentheorie. Die Beteiligung endlicher Automaten, die auf unendlichen Eingaben arbeiten, ist nach den vorausgegangenen Abschnitten eigentlich leicht zu verstehen: Büchi zeigt, daß man Berechnungen endlicher Automaten in der Theorie formalisieren kann und daß sich jede Formel der Theorie in eine solche "Automatenformel" bringen läßt, Automatenformeln also eine Normalform darstellen.

Ich habe das Entscheidungsverfahren in meiner Dissertation[9] analysiert und gefolgert, daß die drei Peano-Axiome vollständig werden, wenn man (außer den Gleichheitsaxiomen für beide Sorten) noch zwei Mengenaxiome hinzufügt:

(E)   Extensionalität: $\forall$P $\forall$Q ($\forall$z (P(z) $\leftrightarrow$ Q(z))) $\rightarrow$ P = Q)
$\qquad\qquad\qquad\qquad$ Zwei Mengen sind gleich, wenn sie die gleichen Elemente enthalten.

(K)   Komprehension: $\exists$P $\forall$z (P(z) $\leftrightarrow$ A)   für jede Formel A mit z als einziger freier Variable
$\qquad\qquad\qquad\qquad$ Es gibt alle Mengen, die durch Formeln definierbar sind.

Das Extensionalitätsaxiom erlaubt, Prädikate als Mengen von Daten aufzufassen, da ja Mengen durch ihre Elemente eindeutig bestimmt sind. Das Komprehensionsaxiom sichert die Existenz aller

[9] "Büchi's Monadic Second Order Successor Arithmetic"; Literatur L2. Dort ist auch das Entscheidungsverfahren von Büchi ausführlich dargestellt.

Mengen, die man durch Formeln definieren kann (im Sinne von Aufgabe 2A8d); zum Beispiel gibt es die Menge der geraden Zahlen in jedem Modell.

Tatsächlich kann man in der monadischen Theorie 2. Stufe sehr viel mehr Mengen definieren als in der 1. Stufe, nämlich die schließlich (das heißt, bis auf ein endliches Anfangsstück) periodischen, während man in der 1. Stufe nur die endlichen Mengen definieren kann. Fügt man ein wenig Undefinierbares hinzu, zum Beispiel die Addition oder nur die Multiplikation mit 2 oder das Prädikat "ist eine Quadratzahl", so kann man in der monadischen Theorie (Addition und) Multiplikation definieren, die Theorie wird unentscheidbar und nicht axiomatisierbar. Auch das zeigt, wieviel stärker die 2. Stufe ist. - Fassen wir zusammen:

Satz 3D10
Die monadische Prädikatenlogik 2. Stufe unter der Standardinterpretation (als Prädikate gibt es alle Teilmengen von Daten) hat keine vollständigen Regelsysteme fürs Ableiten, der Kompaktheitssatz gilt nicht, die Peano-Axiome für Null und Nachfolger

(N1) $x' \neq 0$

(N2) $x' = y' \rightarrow x = y$

(I) $\forall P\ (P(0) \wedge \forall t\ (P(t) \rightarrow P(t')) \rightarrow \forall t\ P(t))$

sind kategorisch, ihre Theorie entscheidbar. Unter der allgemeinen Interpretation (nur die definierbaren Teilmengen müssen als Prädikate vorkommen) sind die Peano-Axiome nicht kategorisch, aber zusammen mit den Mengenaxiomen

(E)   Extensionalität: $\forall P\ \forall Q\ (\forall z(P(z) \leftrightarrow Q(z)) \rightarrow P = Q)$

(K)   Komprehension: $\exists P\ \forall z\ (P(z) \leftrightarrow A)$
          für jede Formel A mit z als einziger freier Variable

vollständig. Erweitert man die Theorie durch zum Beispiel Multiplikation mit 2, wird sie unentscheidbar und unaxiomatisierbar.

Aufgaben 3D10
a) Zeigen Sie, daß die zweistellige Relation, die durch die Formel
   $$\exists P\ (\neg P(x) \wedge \forall t\ (P(t) \rightarrow P(t')) \wedge P(y))$$
   auf den natürlichen Zahlen definiert ist, gerade die Ordnung ist, also den Axiomen O1-O4 aus Aufgabe 2C3 genügt. Definieren Sie ähnlich die Relation ≤ . Können Sie so auch die Gleichheit von Zahlen definieren? (Dazu müssen Sie mit dem Extensionalitätsaxiom spielen.)
b) Zeigen Sie, daß in einem Nichtstandard-Modell der Peano-Axiome eine Menge G , die die Formel
   $$G(0) \wedge \forall t\ (G(t) \leftrightarrow G(t'')) \wedge \neg G(1)$$
   wahr macht, auch jede zweite Nichtstandard-Zahl enthält. Wieviele solche Mengen gibt es in dem Modell $\mathbb{N} + \mathbb{Z} + \mathbb{Z}$?
c) Eine Menge M natürlicher Zahlen heißt *periodisch* (mit *Periode* p), wenn die Menge sich nach jeweils p Zahlen wiederholt, wenn also für alle Zahlen n gilt:
   $$n \in M \quad \text{gdw} \quad n + p \in M .$$
   M heißt *schließlich periodisch* (mit *Periode* p und *Phase* q), wenn das für alle $n \geq q$ gilt. Zeigen Sie, daß jedes Modell der Peano-Axiome, des Extensionalitäts- und des Komprehensionsaxioms, in dem Prädikate Teilmengen sind, alle schließlich periodischen Mengen enthält.

d) (P) In Abschnitt 3D2 haben wir einen endlichen Automaten betrachtet, der ein 0,1-Wort genau dann als Eingabe akzeptiert, wenn es eine gerade Zahl von Einsen enthält. 1 und 0 können wir durch W und F darstellen, 0,1-Wörter der Länge n also durch Prädikate über dem Bereich $\{0,...,n-1\}$. Ebenso können wir die Zustände G und H des Automaten durch Wahrheitswerte und Zustandsfolgen durch endliche Prädikate darstellen. Zeigen Sie, daß der Automat das Wort $U = a_0 a_1 ... a_{n-1}$ genau dann akzeptiert, wenn die Formel

$$\exists P\, (P(0) \wedge \forall t\, (P(t') \leftrightarrow (P(t) \leftrightarrow \neg Q(t))) \wedge Q(n))$$

in $\mathbb{N}$ wahr ist, wobei $Q(0)Q(1)...Q(n-1)$ das Wort U codiert und Q sonst beliebig ist. Codieren Sie allgemeiner endliche Mengen (von Zuständen oder Buchstaben) durch Tupel von Wahrheitswerten, endliche Folgen daraus also durch Tupel von Prädikaten in einem endlichen Abschnitt. Konstruieren Sie einen endlichen Automaten mit dieser Codierung, der genau die nichtleeren 0,1-Wörter von der Form 1010... akzeptiert. Schreiben Sie seine Akzeptierungs-bedingung als monadische Formel. Zeigen Sie, daß man die Akzeptierungsbedingung eines beliebigen nichtdeterministischen endlichen Automaten (Aufgabe 3D2e) als

$$\exists P(A[P(0)] \wedge \forall t\, B[Q(t), P(t), P(t')] \wedge C[P(n)])$$

schreiben kann, wobei P und Q Tupel von Prädikatenvariablen und A, B, C Formeln sind, die aus den in den eckigen Klammern angegebenen Atomen (z. B. $P_1(0),...,P_n(0)$) aussagen-logisch (!) aufgebaut sind.[10] Wie sieht die Akzeptierungsbedingung eines beliebigen determi-nistischen endlichen Automaten aus?

e) Einen *Graphen* (gerichtet, ohne Mehrfachkanten), kann man als eine Relation $K \to K$ darstellen , wobei $a \to b$ bedeutet, daß eine Kante vom Knoten a zum Knoten b führt. Ein Knoten b heißt *erreichbar* von einem Knoten a aus, $a \to^* b$, wenn es einen Weg von a nach b durch den Graphen gibt, das heißt, eine Folge $a = a_1 \to ... \to a_n = b$. (Für $n = 1$ ist $a = b$.) Die Menge der Paare a, b mit $a \to^* b$ heißt (reflexive und transitive) *Hülle* des Graphen. Definieren Sie die Hülle und damit die Relation "erreichbar" durch eine Formel der monadi-schen Logik 2. Stufe. (In der 1. Stufe geht es nicht; Sie können es versuchen.) Folgt daraus, daß die Relation "ableitbar" eines beliebigen Ableitungssystems in der 2. Stufe definierbar ist?

f) (P) Schreiben Sie die Akzeptierungsbedingung einer Turing-Maschine (Aufgaben 3D2d,e), die nur ein vorgegebenes endliches Arbeitsband hat, als eine monadische Formel. Schreiben Sie ebenso die Bedingung, daß eine Konfiguration bestimmter Art unendlich oft vorkommt. Die monadische Logik 2. Stufe spielt derzeit eine große Rolle bei der Beschreibung des Verhaltens von Programmen mit endlichen Ressourcen.

g) (A) Warum ist in der monadischen Logik 2. Stufe ein kategorisches Axiomensystem nicht notwendig vollständig? Konstruieren Sie Modelle der Peano-Axiome 2. Stufe, in denen das Extensionalitäts- oder das Komprehensionsaxiom oder beide nicht gelten. Was folgt daraus für die logische Folgerung in der monadischen Logik 2. Stufe?

h) (P) Definieren Sie die (*volle*) *Prädikatenlogik 2. Stufe*, indem Sie Prädikatenvariablen belie-biger Stelligkeit hinzufügen. Wie sehen Standard- und Nichtstandardinterpretationen aus? Fin-den Sie Beispiele von Formeln, die unter allen Standard-Interpretationen gelten, aber nicht all-gemeingültig sind. - Machen Sie dasselbe mit Funktionsvariablen. Formalisieren Sie in dieser Logik die Aussage "Die Peano-Axiome N1, N2, I sind erfüllbar". Was hat das mit dem 2. Gödelschen Unvollständigkeitssatz (3D9) zu tun? Warum steht es nicht im Widerspruch dazu?

---

[10] Siehe meine Arbeit "Büchi's Monadic Second Order Successor Arithmetic"; Literatur L2.

i) (P) Beschreiben Sie das Auswerten von Formeln in der (vollen) Prädikatenlogik 2. Stufe genauer und definieren Sie die Wertfunktion. Versuchen Sie die Wertfunktion und damit Aussagen wie "Die Formel A gilt in der Struktur $\mathcal{M}$" und "Die Formel A ist allgemeingültig" in der Prädikatenlogik 2. Stufe zu formalisieren. Wieweit kommen Sie, ohne mit dem Satz von Tarski (3D7) in Konflikt zu kommen?

3D11.   Formalisieren

Wir haben an den beiden Beispielen der Ebenen Geometrie und der Zahlentheorie das Formalisieren kräftig geübt und dabei die überraschenden Möglichkeiten und Grenzen gesehen. Wollen wir eine einzelne Situation formalisieren, so strukturieren wir sie solange, bis wir alle uns interessierenden Objekte, Vorgänge und Eigenschaften in Bereiche, Operationen und Prädikate gefaßt, also die Situation in eine Struktur gepreßt haben. Dann untersuchen wir die Theorie der Struktur, das heißt, alle Sätze der Sprache, die in der Struktur gelten. Ist die Theorie kategorisch, so ist die Formalisierung scharf: es gibt bis auf Namensänderungen keine weiteren Modelle. Als nächstes suchen wir nach einem vollständigen Axiomensystem für die Theorie, das heißt, nach einer Menge gültiger Formeln, aus der alle gültigen Formeln folgen. Finden wir ein endliches Axiomensystem, so haben wir die Theorie damit übersichtlich beschrieben; überdies können wir es benutzen, um aus einem Theorembeweiser einen Theorementscheider für die Theorie zu machen. Gibt es kein endliches, so vielleicht eins, das wir effektiv aufzählen können; das können wir immer noch zum Entscheiden der Gültigkeit von Formeln benutzen. Wollen wir nicht eine einzelne Situation, sondern eine ganze Klasse von Situationen formalisieren, gehen wir entsprechend vor. Wenn die höchstens abzählbaren Strukturen der Situationen nicht alle isomorph sind, ist die Theorie nicht mehr kategorisch, aber wir können fragen, ob es weitere Modelle gibt, die nicht zu den Ausgangsstrukturen isomorph sind. Ein Axiomensystem für eine solche Theorie braucht nicht mehr vollständig zu sein; es liefert also kein Entscheidungsverfahren, und nicht-isomorphe Modelle brauchen nicht (elementar) äquivalent zu sein.

Die Theorie der Euklidischen Geometrie ist kategorisch, es gibt ein einfaches endliches vollständiges Axiomensystem. Die Zahlentheorie ist nicht kategorisch, es gibt keine vollständigen Axiomensysteme, sobald wir die Struktur nicht zu mager wählen, nämlich multiplizieren dürfen. Dann können wir in der Theorie über sie selber, über Formeln und Ableitungen und allgemeiner über Symbolmanipulation und Berechnungen sprechen. Dadurch wird die Theorie hoffnungslos kompliziert. Das gilt nicht nur für die natürlichen Zahlen, sondern ebenso für alle Strukturen, die sie enthalten: für die ganzen, rationalen, reellen Zahlen; für die Architektensituation, sobald wir mit der Höhe von Blöcken rechnen wollen; für stacks und queues und lists, sobald wir mit der Anzahl der entries rechnen; und für den Affen, sobald er beliebig viele Hocker aufeinandertürmen und mit ihrer Höhe zu rechnen lernt. (Tatsächlich ist die Theorie der Addition und Multiplikation auf den reellen Zahlen entscheidbar, solange wir kein Prädikat für die natürlichen Zahlen haben, also nicht mit diskreten Objekten rechnen können.) Auch die Theorie der Euklidischen Geometrie ist nicht mehr kategorisch, wenn wir Aussagen über die Länge von Strecken hinzufügen; und sie wird unentscheidbar, wenn wir anfangen, mit Einheitsstrecken zu hantieren. Sobald wir in einer Theorie über sie selber sprechen können, gleitet sie uns aus der Hand und wir können die betreffende

Situation nur bruchstückhaft formalisieren. Die Antinomie aus der Einführung ("Ich lüge jetzt" oder "Dieser Satz ist falsch") zeigt noch mehr: In keiner Theorie können wir ihre eigene Gültigkeit formalisieren; dann wäre sie widersprüchlich. Untersuchen wir schließlich den Aufwand von Entscheidungsverfahren oder Semi-Entscheidungsverfahren, so sehen wir, daß wir sie kaum praktisch verwenden können.

Damit haben wir drei grundsätzliche Grenzen für das Formalisieren gefunden:
(1)   Jeder Formalismus bekommt seine Bedeutung aus einem Kontext, der selbst nicht formal ist oder seinerseits der Bedingung (1) unterliegt.
(2)   Wir können nur verhältnismäßig einfache Situationen formalisieren.
(3)   Nur für wirklich einfache Situationen können wir die Formalisierung praktisch nutzen.

Die Euklidische Geometrie und die Zahlentheorie zeigen aber auch, wir wichtig und einflußreich formale Überlegungen sind. Die Unabhängigkeit des Parallelenaxioms ist nicht deswegen so spät bewiesen worden, weil der Beweis so schwierig wäre, sondern weil die Begriffe und die Denkweise fehlten. Erst der Beweis führte dazu, eine Sprache und ihre Bedeutung zu trennen; er führte zur Mathematischen Logik. Und der Unvollständigkeitsbeweis von Gödel führte zu einer Theorie der Berechenbarkeit und dadurch 30 Jahre später zur Theoretischen Informatik.

Die Möglichkeiten und Grenzen logischer Kalküle spiegeln solche der Sprache überhaupt wider. Jeder Text bekommt seine Bedeutung erst aus dem Kontext; aber in der nicht-formalen Umgangssprache ist der Kontext weitgehend nicht-sprachlich: bildhaft, körperhaft, geschichtlich, und damit weitgehend unbewußt. Nur die Füße können weit gehen; von ihnen lernt der Kopf und nicht vom Lexikon, was 'weit-gehend' heißt. Versuchen wir, das Nichtsprachliche auf Sprachliches zurückzuführen, so geraten wir in einen endlosen Regreß, in einen Zirkel oder in Bedeutungslosigkeit.

Ich habe in Abschnitt 1A7 die Unterscheidung, die der Logiker Gottlob Frege zwischen Sinn und Bedeutung macht, aufgegriffen: der Sinn und nicht die Bedeutung dessen, was wir sagen und tun, treibt uns an, Wissenschaft zu treiben. In der deutschen Umgangssprache ist das Wort 'Sinn' in 'sinnlich', ins Körperliche, degeneriert; Sinneslust ist Fleischeslust. Das ist eine extreme Reaktion auf die rein geistige Bedeutung, zu der 'Sinn' in der offiziellen Sprache verkümmert ist. Die Körper derer, die Sinn und Bedeutung auf Sprache reduzieren, rächen sich insgeheim für diese Abstraktion - auch eine Form von Selbstbezug.

Umso wichtiger ist es, daß wir uns genau über die Sprache klar werden. Einen Satz können wir negieren, nach Belieben Wahres falsch machen und umgekehrt. Aber im Nichtsprachlichen gibt es keine Negation. Wenn wir lügen, sagen wir nicht einfach nicht die Wahrheit, sondern setzen uns in Widerspruch zu unserem nichtsprachlichen Untergrund und zerstören uns damit. Lügen ist unlogisch. Deswegen gibt es ein Verb dafür, aber nicht für 'die Wahrheit sagen'. Gregory Bateson meint, daß die Entwicklung der Sprache die nichtsprachliche Verständigung nicht verdrängt, sondern bereichert hat, weil die bildhafte und körperhafte Verständigung kaum manipulierbar und damit überlebensnotwendig für die Menschheit ist.[11] Je formaler wir sprechen, desto spurloser können wir das Gesagte verdrehen. Formal sprechen wir, wenn das Gesagte seine Bedeutung

---

[11] Bateson "Geist und Natur", Literatur L6. Siefkes "Ungelogene unlogische Geschichten", Literatur L7.

nicht aus dem unmittelbaren Kontext 'Sprecher-Hörer-Umgebung' bezieht, sondern aus einem übergeordneten Raum, z.B. aus einer übernommenen Ideologie oder Religion oder Wissenschaft oder sonstwie explizit festgelegten Semantik. In der Kryptographie, einem derzeit schnell wachsenden Zweig der Mathematik und Informatik, sucht man sich vor der Verfälschung codierter Botschaften zu schützen, indem man das Entziffern für Außenstehende zu aufwendig macht. Je formaler wir sprechen, desto schwieriger und teurer wird es, die Richtigkeit von Aussagen zu sichern.

Wir können die Geschichte noch weniger negieren als die Körpersprache. Deswegen können wir die Wissenschaft nicht aufgeben. Aber wir können die Wissenschaft, die wir treiben wollen, über die Sprache, die wir sprechen können, mit dem Ich, das wir sind, in Beziehung halten. Mit diesem Buch mache ich einen Versuch dazu.

Anhang

Unvollständiger Dialog über Vollständigkeit

Hier erzähle ich die wahre Geschichte vom Beispiel Ballspiel. Wer ist der Täter? Wer lügt? Vielleicht hilft es Ihnen, das Vexierbild zu enträtseln.

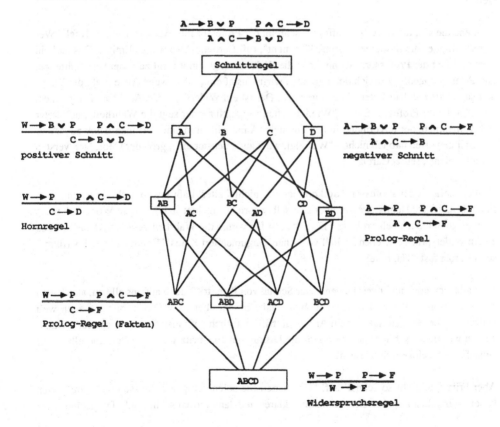

1.   Wer hat den Ball geworfen?

In der Logikvorlesung an einem Sommermorgen. Die Stimme des Professors klingt munter durch den Hörsaal. "Vollständigkeitsbeweise für das logische Programmieren", steht an der Tafel. Die Studenten sind unvollständig konzentriert. Mit halbem Ohr und verträumten Augen lauschen sie auf die Stimmen draußen: "Wirf mal, Anne!" "Nicht so hoch, Emil!" "Das waren doch Fritz und Gustaf", denkt Professor Späth. "Ballspielen statt in die Vorlesung zu gehen." Er schließt das Fenster.

Das hätte er nicht tun sollen. Kaum ist er wieder an der Tafel, klirrt es, und der Ball hüpft über das Podium. "Wer war das?" Professor Späth öffnet ein anderes Fenster. Draußen stehen die vier und schreien durcheinander. "Ruhe", ruft der Professor. "Der Reihe nach! Anne?" Anne zeigt auf Emil: "Der war's." "Nein! Gustaf!" gibt der zurück. "Ich war's nicht!" quietscht Fritz dazwischen, und Gustaf sagt ruhig: "Emil lügt." "Ihr lügt alle", sagt der Professor entrüstet. "Nein, nicht alle", mischt sich eine neue Stimme ein. Peter kommt aus dem Schatten eines Baumes mit einem Logikbuch in der Hand. "Einer sagt die Wahrheit." "Einer oder eine", korrigiert Anne. "Wie ich sagte. Und nur einer, oder eine, hat den Ball geworfen." "Logisch", sagt Professor Späth; Peter ist Tutor in der Logik. "Kommt nach oben." Aber Peter ist schon außer Hörweite, er liest beim Gehen.

Während die vier die Scherben auffegen, schreibt der Professor ihre Aussagen an die Tafel. "Wer war's?" fragt er die Studenten. "Anne lügt nicht", ruft Carola. "Also war es Emil." "Das ist kein Beweis", sagt der Professor. "Wenn Anne die Wahrheit sagt", gibt Emil zu bedenken, "hätte ich, laut Peter, gelogen." "Hab ich doch gesagt", wirft Gustaf ein. "Aber wenn Anne nicht die Wahrheit sagt, hast Du, laut Peter, ebenso gelogen. Das ist ein Widerspruch." "Also hast Du gelogen, Anne", schließt Professor Späth. "Wie ich schon sagte: Nur einer sagt die Wahrheit", läßt Peter sich vernehmen, der unvermutet in der Tür steht. Anne wirft ihm einen giftigen Blick zu: "Aber den Ball geworfen hab ich nicht!" "Wer lügt, wirft auch Fenster ein", grölt der Chor. "Ich versteh das alles nicht", seufzt Carola.

"Ruhe!" befiehlt der Professor. "So kommen wir nicht weiter. Laßt uns logisch vorgehen." "Ich finde, Fritz ist verdächtig, weil er über sich selber spricht", meldet sich Klaus zu Wort. "Ich war's aber wirklich nicht", beharrt Fritz. "Dann hättest Du vorhin die Wahrheit gesagt, und das führt zu einem Widerspruch wie eben im Fall von Anne", argumentiert Klaus. "Damit ist Fritz überführt", stellt Carola fest. "Na, bitte!"

Fritz gibt sich noch nicht geschlagen: "Der Schluß von Peter trifft doch auf uns alle zu, also hätten wir alle gelogen. Ich will ja Peter nicht zu nahe treten, aber ...." "Davon bist Du auch weit entfernt", gibt Peter zurück. "Mein Argument trifft natürlich auf Gustaf selber nicht zu." "Damit wissen wir alles", schließt der Professor die Diskussion ab. "Fritz war der Täter, und alle außer Gustaf haben gelogen. Setzt Euch!"

Aber Fritz gibt nicht so schnell auf. "Uns hätten Sie solche eiligen Schlüsse nicht durchgehen lassen. Wir sollen immer unsere Annahmen klären und dann formal schließen." "Das ist hier ganz einfach", wehrt der Professor ab. "Das macht Ihr im Tutorium." Peter blickt bedenklich: "Ich weiß nicht, ob das hier so einfach ist. Sie beweisen doch später, daß man den Wahrheitsbegriff nicht formalisieren kann. Hier argumentieren wir aber mit Wahrheit und Falschheit." Fritz horcht auf: "Wenn man den Beweis nicht formalisieren kann, ist er wohl nicht ganz sauber." Der Professor zögert einen Augenblick. "Wir können ja den Ansatz gemeinsam suchen", willigt er dann ein. "Wir müssen in diesem Fall ja nicht über 'wahr' oder 'falsch' beliebiger Sätze reden, sondern nur der vier gemachten Aussagen. Und da jeder von Euch nur einen Satz gesagt hat, können wir über 'wahrhaftig' oder 'gelogen' von Personen reden, brauchen also das Wahrheitsprädikat garnicht." "Sondern nur ein Prädikat 'sagt die Wahrheit' ", sinniert Peter, "das wir auf die vier anwenden..." "Oder auf die Anwesenden", wirft Fritz ein. "...auf die vier anwenden und klären, auf wen es zutrifft. Klingt ja doch nach Selbstbezug."

Aber Professor Späth läßt sich nicht stören. "Betrachten wir Deinen Fall", wendet er sich an Gustaf. "Da Fritz anzweifelt, daß Du die Wahrheit gesagt hast, müssen wir Deine Aussage relativieren: 'Wenn Gustaf die Wahrheit sagt, lügt Emil.' ". "Und umgekehrt: Wenn ich lüge, sagt Emil die Wahrheit." "Genau!" Der Professor wirft ihm die Kreide zu, und Gustaf schreibt, hinter seine Aussage:

(B4) $\quad$ $Wa(g) \leftrightarrow \neg Wa(e)$

"Gut formalisiert! 'Wa' steht für 'sagt die Wahrheit'. Und eine Nummer hast Du dem Axiom auch schon gegeben, so daß wir in Beweisen darauf verweisen können. Aber warum B?" "B für 'Ballwurf' und 'Behauptung'." "B für 'Beweis' ", stichelt Peter. "B für 'Banause' ", sagt Fritz böse. Da kriegt er die Kreide, und Klaus diktiert ihm:

(B3) $\quad$ $Wa(f) \leftrightarrow \neg Tä(f)$

"So sieht das ja schlimm aus", jammert Fritz. "Als hätte ich nicht nur behauptet, ich hätte den Ball nicht geworfen, sondern auch, das, was ich behaupte, sei wahr." "Mach Dir nichts draus. Ich weiß von einem, der behauptet hat, das was er behaupte, sei falsch", knurrt Peter wohlgelaunt. "Haben Sie den nicht auch gekannt, Herr Späth?" fragt Carola. "Letzten Sommer in Kreta? Der hatte Probleme." "Er nicht! Die anderen!" fährt Anne dazwischen. "Wer ihn einen Lügner nannte, verwickelte sich selbst in Widersprüche. Das ist doch schön." "Und wer das Gegenteil behauptete, auch," fügt Emil hinzu. "Ihr schweift ab", schaltet sich der Professor ein. "Kommt beide an die Tafel." Und sie schreiben:

(B2) $\quad$ $Wa(e) \leftrightarrow Tä(g)$

(B1) $\quad$ $Wa(a) \leftrightarrow Tä(e)$

Klaus freut sich: "Jetzt legen wir mit dem formalen Beweis los." "Noch nicht." Peter erhebt Einspruch: "Ihr habt mich vergessen." "Jetzt gibst Du es selber zu." "Nicht doch, Fritz. Ich meine meinen Hinweis, daß einer - oder eine - die Wahrheit sagt, aber nicht mehrere." "Schreib es doch dazu", fordert ihn Anne gelassen auf. Peter nimmt die Kreide." " 'Wenn Anne die Wahrheit sagt, lügen die anderen.' Und so weiter reihum."

(B5) $\quad$ $Wa(a) \rightarrow \neg Wa(e) \wedge \neg Wa(f) \wedge \neg Wa(g)$

(B6) $\quad$ $Wa(e) \rightarrow \neg Wa(a) \wedge \neg Wa(f) \wedge \neg Wa(g)$

(B7) $\quad$ $Wa(f) \rightarrow \neg Wa(a) \wedge \neg Wa(e) \wedge \neg Wa(g)$

(B8) $\quad$ $Wa(g) \rightarrow \neg Wa(a) \wedge \neg Wa(e) \wedge \neg Wa(f)$

"Soviel Formeln für ein bißchen Wahrheit." "Ich bin noch nicht fertig. 'Einer sagt die Wahrheit', fehlt noch."

(B9)   Wa(a) ∨ Wa(e) ∨ Wa(f) ∨ Wa(g)

Anne läßt die Formulierung hingehen. "Aber daß wir es waren, hast Du auch gepetzt." Wortlos quetscht Peter unten auf die Tafel:

(B10-13)   Dito für 'Tä' .

"Du hast Dich verzählt", moniert Emil. "Nein. Das ist eine Übungsaufgabe. Man kommt auch mit vier Formeln aus." Professor Späth fängt an, die 13 Axiome vorzulesen, gibt aber schnell auf: "Warum gibt es im Deutschen das Verb 'lügen', aber keins für 'die Wahrheit sagen'?" "Im Englischen auch nicht", sekundiert Anne. "Dasselbe ist das auf Französisch, Italienisch und Persisch", wundert sich Zadeh. "Aber auf Persisch ist es symmetrisch: das Wahre sagen, das Falsche sagen." "Nur ausgerechnet die alten Griechen, die die Logik erfunden haben, sagen 'αληθευειν' - 'alätheuein' für 'die Wahrheit sagen'." Professor Späth ist sichtlich beunruhigt.

Aber jetzt ist Klaus nicht mehr zu halten. Er schiebt die Tafel nach oben und schreibt Formeln auf die untere, während er den Beweis fomuliert. "Wir nehmen an, Fritz sei nicht der Täter: ¬Tä(f). Nach B3, von rechts nach links, sagt dann Fritz die Wahrheit: Wa(f). Wegen B7 lügen also Emil und Gustaf: ¬Wa(e), ¬Wa(g). Das ist aber nicht verträglich mit B4, ebenfalls von rechts nach links, wonach nicht beide lügen. Das ist ein Widerspruch. Also haben wir Fritz mit einem schlüssigen Beweis überführt."

"Wieso?" Fritz ist nicht kleinzukriegen. "Müssen wir dazu nicht die einzelnen Schlüsse explizit formulieren und beweisen, daß sie korrekt sind?" Aber jetzt hat Professor Späth genug: "Die Scheibe ist hin. Jetzt sprenge mir nicht auch noch die Vorlesung." Das bringt Klaus endgültig in Feuer: "Wir könnten aus dem Beweis eine Ableitung nach der Schnittregel machen. Die haben Sie doch heute morgen gebracht, weil sie beim logischen Programmieren eine Rolle spielt. Sie haben sogar schon bewiesen, daß sie korrekt ist." "Das ist eine ausgezeichnete Idee", lobt Professor Späth. "Wir nehmen Euch vier als Beispiel." "Sagten Sie 'Beispiel' ?" fragt Peter. "Ich weiß nicht was die Schnittregel ist; aber körperlich züchtigen lasse ich mich nicht", protestiert Fritz. "In der Logik wird nur der Geist gefoltert", tönt es aus den Bankreihen. "Du meinst 'gefordert' ", gibt Klaus zurück. "Auch das ist nicht wahr", schaltet sich der Professor ein. "Ob wir etwas be-weisen oder wider-legen, etwas ab-lehnen oder an-nehmen oder auch nur be-hand-eln, immer ver-wenden wir Wörter aus dem körperlichen Bereich. Wir ver-stehen nichts, das wir uns nicht über Tätigkeiten an-schau-lich machen." "Deswegen sind Bei-Spiele so wichtig?" fragt Klaus und nimmt den Ball auf. Professor Späth öffnet vorsichtig ein weiteres Fenster. "Man muß nicht dauernd sich betätigen. In einer Vorlesung muß meist die Erinnerung genügen." "Spielen wir nicht eine Tätigkeit nach, wenn wir uns erinnern?" Das ist Eberhard, der Assistent. Er nimmt Klaus den Ball aus der Hand und läßt ihn auf der Fingerspitze tanzen.

Klaus ergreift die Kreide. "Laßt uns aus dem Beweis eine Ableitung machen." "Das geht nicht", protestiert Zadeh. "Die Axiome sind keine Gentzenformeln." "Dann formen wir sie halt um. Emil, fang Du an." Er will ihm die Kreide geben. Doch Emil legt die Hände auf den Rücken. "Ich weiß nicht, was Gänse-Formeln sind." "Das steht hier noch", sagt der Professor und schiebt die dritte Tafel nach oben. Zum Vorschein kommt:

Definition

Eine *Gentzenformel* ist von der Form

$$P_1 \wedge ... \wedge P_n \;\to\; Q_1 \vee ... \vee Q_m$$

mit n, m $\geq$ 0 ; die P_i sind voneinander verschiedene Atome, ebenso die Q_i . Wir nennen $P_1 \wedge ... \wedge P_n$ das *Vorderglied*, $Q_1 \vee ... \vee Q_m$ das *Hinterglied* der Formel. Eine leere Konjunktion schreiben wir als W , eine leere Disjunktion als F (warum?), also:

$W \to Q_1 \vee ... \vee Q_m$	oder kürzer	$Q_1 \vee ... \vee Q_m$	(n = 0),
$P_1 \wedge ... \wedge P_n \to F$	oder kürzer	$\neg(P_1 \wedge ... \wedge P_n)$	(m = 0),
$W \to F$	oder kürzer	F	(n = m = 0).

Eine Gentzenformel mit leerem Hinterglied nennen wir *negativ*, mit leerem Vorderglied *positiv*. Kommt im Vorder- und Hinterglied dasselbe Atom vor, nennen wir die Formel eine *Tautologie* (warum?).

"Und warum heißen die Formeln so komisch?" will Emil wissen. "Gentzen war ein Logiker, der um 1930 herum einen *Sequenzenkalkül* entwickelt hat", erzählt der Professor. "Sequenzen sehen so ähnlich aus, nämlich

$$P_1 ;...; P_n \;\to\; Q_1 ;...; Q_m \,.$$

Allerdings bedeuten sie etwas anderes, nämlich etwa:

aus $P_1 \wedge ... \wedge P_n$ ist $Q_1 \vee ... \vee Q_m$ herleitbar.

Auch sind die P_i und die Q_j beliebige Formeln. Gentzen zu Ehren haben wir unsere Formeln so genannt." Emil starrt die Axiome auf der obersten Tafel an: "B9 ist eine Gentzenformel oder zumindest eine Abkürzung für

$$W \to Wa(a) \vee Wa(e) \vee Wa(f) \vee Wa(g) \,.$$

Aber wie sollen wir die anderen vergentzen?" "Du bringst sie in konjunktive Nomalform, läßt die Konjunktionszeichen weg und formst die Disjunktionen in Implikationen um:

$$\neg P_1 \vee ... \vee \neg P_n \vee Q_1 \vee ... \vee Q_m \quad \text{wird zu} \quad P_1 \wedge ... \wedge P_n \to Q_1 \vee ... \vee Q_m \,;$$

das ist äquivalent." "Du hast ja eine Menge gelernt, Klaus, während wir Ball gespielt haben", staunt Emil.

Anne ist weniger beeindruckt: "Warum bleiben wir dann nicht bei konjunktiven oder disjunktiven Normalformen? Die kennen wir doch." Da kommt Leben in Eberhard; er wirft den Ball mit gezieltem Schwung in den Papierkorb. "Gentzenformeln können wir besser lesen. Deine Aussage B1 hieße in konjunktiver Normalform

$$(\neg Wa(a) \vee T\ddot{a}(e)) \;\wedge\; (Wa(a) \vee \neg T\ddot{a}(e)) \,.$$

Erkennst Du sie wieder?" Anne rechnet eine Weile. "Richtig umgeformt hast Du sie. Nur verstehen kann ich sie so nicht. Aber in Theorembeweisern arbeiten die Leute doch damit." "Richtig. Sie ersetzen die Konjunktionszeichen durch Kommas wie wir und schreiben Disjunktionen als Mengen, die sie *Klauseln* nennen. Deine Aussage in Klauselform wäre also

$$\{ \, \{\neg Wa(a), T\ddot{a}(e) \}, \{ Wa(a), \neg T\ddot{a}(e) \} \, \} \,,$$

eine Menge von Mengen, oder genauer eine Liste von Listen". Anne schüttelt sich: "Ich wüßte nie, welches Komma ein *und* und welches ein *oder* ist." "Eine typische rechnergerechte Darstellung", stimmt Eberhard zu. "Im Rechner würde ich auch Gentzenformeln durch Listen darstellen, vielleicht sogar in Klauselform. Aber auf dem Papier oder an der Tafel schreiben und lesen sich

Gentzenformeln viel leichter." "Zumal wir Vorder- und Hinterglied als Mengen von Atomen denken können", schiebt der Professor ein. "Konjunktion und Disjunktion sind assoziativ und kommunikativ, und Wiederholungen sind nicht erlaubt. Wir schreiben also Formeln, behandeln sie aber wie Mengen:

$$P \wedge Q \rightarrow R \vee S \quad \text{und} \quad Q \wedge P \rightarrow S \vee R$$

sind für uns dieselbe Formel."

Emil wird immer unruhiger. "Das ist ja alles schön und gut. Aber", und er wendet sich an den Professor, "vor einer Woche haben Sie uns vor konjunktiven Normalformeln gewarnt, weil die Formeln beim Umformen exponentiell länger werden können. Wenn wir Gentzenformeln über die konjunktive Normalform gewinnen, sind sie doch praktisch ebensowenig verwendbar." "Müssen wir meistens auch nicht", entgegnet Professor Späth. "Mit einer Gentzenformel drücken wir doch aus: Wenn die und die Bedingungen erfüllt sind, dann haben wir die oder die Situation. Häufig sind Axiome schon in dieser Form..." "Eins von dreizehn", fährt Emil dazwischen. "...oder fast in dieser Form. Du mußt nur ge..." "genau hinsehen", ergänzt Peter. "...geschickt umformen, wollte ich sagen." "Was nach genügend Üben auf dasselbe hinausläuft", schiebt Eberhard ein. "Da hast Du recht." Der Professor sieht befriedigt aus und wendet sich wieder an Emil: "Dann siehst Du nämlich sofort, daß zum Beispiel Annes Äquivalenz B1 aus zwei Implikationen 'besteht':

(B1.1+2) $Wa(a) \rightarrow T\ddot{a}(e), \quad T\ddot{a}(e) \rightarrow Wa(a).$

Bei Emil ist es ebenso." "Dann sind wir ja fertig, Emil!" Anne geht auf den Papierkorb zu. "Halt! Ihr könnt mich doch nicht im Stich lassen", jammert Fritz. "Bei mir bleiben Negationen übrig. Wie soll ich denn die wegkriegen?" "Trivial", schnappt Gustaf. "Negierte Atome bringst Du auf die andere Seite des Pfeils und läßt dabei das Negationszeichen verschwinden. Zum Beispiel ist

$$Wa(g) \rightarrow \neg Wa(e) \quad \text{äquivalent zu} \quad Wa(g) \wedge Wa(e) \rightarrow F, \quad \text{und}$$

$$\neg Wa(e) \rightarrow Wa(g) \quad \text{äquivalent zu} \quad W \rightarrow Wa(e) \vee Wa(g).$$

Und er schreibt an die Tafel hinter B4:

(B4.1+2) $\neg(Wa(g) \wedge Wa(e)), \quad Wa(e) \vee Wa(g).$

Beruhigt setzt Fritz darüber:

(B3.1+2) $\neg(Wa(f) \wedge T\ddot{a}(f)), \quad T\ddot{a}(f) \vee Wa(f).$

Peter schlendert hinzu: "Ich muß nur wissen, daß ich eine Implikation mit Konjunktionen im Hinterglied auseinandernehmen kann:

$$P \rightarrow Q \wedge R \wedge S \quad \text{ist äquivalent zu} \quad P \rightarrow Q, \quad P \rightarrow R, \quad P \rightarrow S."$$

Und er schreibt an die Tafel hinter B7:

(B7.1-3) $\neg(Wa(f) \wedge Wa(a)), \quad \neg(Wa(f) \wedge Wa(e)), \quad \neg(Wa(f) \wedge Wa(g)).$

"Dasselbe geht auch bei Implikationen mit Disjunktionen im Vorderglied:

$$P \vee Q \vee R \rightarrow S \quad \text{ist äquivalent zu} \quad P \rightarrow S, \quad Q \rightarrow S, \quad R \rightarrow S."$$

"Dann kann man ja alle Gentzenformeln auf die Form $P \rightarrow Q$ bringen", begeistert sich Emil. "Nein. Da sind die Konjunktionen vorn und die Disjunktionen hinten; da geht es nicht. Genauer hinsehen!" Emils Begeisterung schwindet. Der Professor sieht Peter mahnend an. "Das übt Ihr genügend in den Tutorien. Jetzt wollen wir die Ableitung zusammenbekommen. Wer erklärt den vier Spielern die Schnittregel?" "Die ist einfach", meldet sich Zadeh und geht zur Tafel. "Stellt Euch vor, Ihr seht zwei Gentzenformeln, die dasselbe Atom einmal vorn und einmal hinten enthalten. Dann schneidet Ihr aus beiden das Atom heraus und sortiert den Rest zu einer neuen

Gentzenformel zusammen, Vorderglieder nach vorn, Hinterglieder nach hinten. Klar?" Die vier
nicken: "Klingt logisch." "Klingt bio-logisch", witzelt Peter. "Vermehrung durch Zellver-
schmelzung." "Nur daß die Gentzenformeln - anders als die Zellen - dabei erhalten bleiben",
fügt Eberhard hinzu. "Aus zwei mach drei." Zadeh schreibt derweil:

Definition
Die *Schnittregel* (für Gentzenformeln)

$$\frac{A \to B \vee P \qquad P \wedge C \to D}{A \wedge C \to B \vee D}$$

erlaubt, aus zwei Gentzenformeln eine dritte herzustellen. Dabei sind A und C Konjunktionen
von Atomen, B und D Disjunktionen und P ein Atom.

Bemerkung
Die Schnittregel ist *korrekt:* Die untere Formel folgt aus den beiden oberen.

"Das beweist Ihr leicht aus der Definition der logischen Folgerung mit Kontraposition und Fall-
unterscheidungen", schließt Zadeh ab.

Die vier schauen angestrengt an die Tafel. "Die Regel ist ja einfach, aber unsinnig", erklärt Emil
schließlich. "Wende ich sie auf Annes zwei Axiome B2.1+2 an, kommt Wa(a) → Wa(a) heraus.
Was soll das?" "Vielleicht hast Du sie falsch angewendet? Welches Atom hast Du denn
herausgeschnitten?" "Tä(e) natürlich! Wa(a) habe ich für A und für D gewählt, und B und C
leer gelassen." "Richtig angewendet hast Du sie", stimmt Peter zu. "Aber sinnlos. Dein Ergebnis
ist eine Tautologie, bringt Dir also keine neue Erkenntnis." "Hilft Dir auch nicht weiter", fügt Anne
hinzu. "Wenn Du Wa(a) → Wa(a) mit irgendeiner Formel schneidest, ändert sich darin gar
nichts." "Bei diesen einfachen Gentzenformeln", erläutert Eberhard, "ist die Schnittregel bloß die

> *Kettenregel:* aus P → Q und Q → R mach P → R .

Wenn Du P = R wählst, kommst Du mit der Kette nicht weiter, sondern zurück. Kombiniert doch
Eure Aussagen untereinander, wie bei dem nicht-formalen Beweis." "Nicht-formal?" fragt Klaus.
"Geht überhaupt nicht", ruft Fritz begeistert. "Das einzige Atom, das in unseren Axiomen mehrfach vorkommt, ist Wa(e) . Aber in B4 steht es beide Male innen, direkt am Pfeil. Also kann ich
es nicht herausschneiden. Ich habe doch gewußt, daß der Beweis formal nicht in Ordnung ist. Das
ist wie bei den Parallelenaxiomen: Du hast Hintergedanken gehabt, Klaus, die nicht in den
Axiomen stehen. Du bist voreingenommen gegen mich." "Voreingenommen? Hintergedanken? Du
bist voreingenommen, Fritz. Natürlich kannst Du B4 und B2 gegeneinander schneiden. Auf die
Reihenfolge der Atome kommt es doch nicht an. A → B ∨ P in der Definition der Schnittregel
heißt nur, daß P im Hinterglied vorkommt." "Dann können wir also

(B4.2)   W → Wa(e) ∨ Wa(g)   und   (B2.1) Wa(e) → Tä(g)
gegeneinander schneiden und erhalten
(B14)   W → Wa(g) ∨ Tä(g) ."
Emil kritzelt auf die Seitentafel. "Ebenso bekommen wir aus
(B2.2)   Tä(g) → Wa(e)   und   (B4.1) Wa(g) ∧ Wa(e) → F
(B15)   Tä(g) ∧ Wa(g) → F .

Zusammen ergibt das die Nicht-Gentzenformel Wa(g) ↔ ¬Tä(g) . Die hätten wir aus B2 und B4
mit einer Reihe aussagenlogischer Schlüsse auch ohne Umformung erhalten."

"Das zeigt, wie stark die Schnittregel ist, wenn man mit Gentzenformeln arbeitet." Klaus holt mit
Schwung die Tafel mit den Beweisen herunter. "Jetzt überführen wir Dich formal, Fritz. Im ersten
Schritt des Beweises haben wir aus Deinem Axiom B3, Richtung von rechts nach links, und aus
der Annahme, Du seist, wie Du behauptest, nicht der Täter, gefolgert, daß Du die Wahrheit sagst.
Dasselbe liefert die Schnittregel:

(B3.2)   W → Tä(f) ∨ Wa(f)   Tä(f) → F

W → Wa(f)

Zusammen mit B7 ergibt sich, daß Emil und Gustaf lügen; mit der Schnittregel:

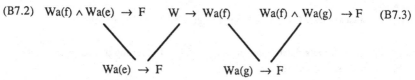

(B7.2)   Wa(f) ∧ Wa(e) → F   W → Wa(f)   Wa(f) ∧ Wa(g) → F   (B7.3)

Wa(e) → F   Wa(g) → F

Also können wir aus B4.2 die beiden Atome herausschneiden und erhalten:

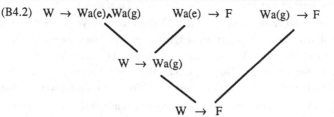

(B4.2)   W → Wa(e)∧Wa(g)   Wa(e) → F   Wa(g) → F

W → Wa(g)

W → F

Die Ableitung!" Wohlgefällig betrachtet er sein Werk. "Fast ein Baum; nur wächst er an einer Stelle
wieder zusammen. An der Wurzel steht F, an den Blättern Axiome und unsere Annahme, an den
Astgabeln Zwischenformeln. Warum heißt es eigentlich 'Ableitung'?" "Sieht aus wie ein Ent-
wässerungssystem, mit Röhren, die all die falschen Behauptungen in die große Kloake der offen-
sichtlichen Lüge W → F ableiten." "Ab Lei Tung, chinesisch für 'Beweis durch Widerspruch'."
"Sieht wirklich chinesisch aus." "Ist aber lateinisch", kontert der Professor. "Das Verb 'deducere'
heißt 'ableiten', 'herausführen'. Die Scholastiker sahen in einem Beweis die Wahrheit aus den
Prämissen herausgeholt und nannten ihn deshalb 'deductio'."

Emil hat mal wieder ein Problem. "Was haben Ableitungen mit logischer Programmierung zu tun?"
will er von dem Professor wissen. "Schön: Wir haben weder Wahrheitstafeln noch konjunktive
Normalformen gebraucht, um Fritz zu überführen. Aber wir haben erst einen sogenannten nicht-
formalen Beweis gesucht und den in eine Ableitung übersetzt. Das kann kein Programm. Und die
Ableitung mechanisch finden - Formeln blind systematisch mit der Schnittregel zu kombinieren
suchen - , das ist sicher fürchterlich aufwendig." "Da wäre ich mir nicht so sicher", gibt der
Professor zurück. "Es könnte doch viele Ableitungen für eine Formel geben, dann finde ich leicht
eine." Und er schreibt an die Tafel:

Aufgabe

Findet eine weitere Ableitung von F aus den Axiomen und der Annahme $\neg T\ddot{a}(f)$. Für die (erste!) kürzeste setze ich einen Preis aus.

Plötzlich machen sich viele Studenten eifrig Notizen. "Ich gebe Euch einen Hinweis", sagt Professor Späth ernsthaft. "Atome verschwinden mit der Schnittregel nicht nur durch Ausschneiden, sondern auch durch Verschmelzen. So verschwinden bei dem Schnitt

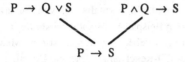

vier von den sechs Atomen in den Prämissen."

"Aber zurück zu Deiner Frage, Emil. Du hast völlig recht. Gentzenformeln sind auf dem Rechner nicht besser als Klauseln. Aber in einem Spezialfall - das Hinterglied enthält höchstens ein Atom - haben sie sich in der Praxis durchgesetzt. Aus *Hornformeln* - so nennt man sie - bestehen die Programme der Sprache PROLOG." Zum Mißvergnügen der Studenten wischt und ergänzt er an der Tafel in der Definition von 'Gentzenformeln' herum, bis da steht:

Definition

Eine *Hornformel* ist eine Gentzenformel, deren Hinterglied höchstens ein Atom enthält. Sie ist also von der Form

$$P_1 \wedge ... \wedge P_n \rightarrow Q$$

mit $n \geq 0$. Die P_i sind voneinander verschiedene Atome (falls n=0 , schreiben wir wieder W); Q ist ein Atom oder F .

"In PROLOG schreibt man Hornformeln ein bißchen anders", schaltet sich Peter ein. "Wichtiger ist: Die Axiome sind immer nichtnegativ, also von der Form $A \rightarrow Q$ mit einem Atom Q. Dazu hat man eine negative Formel, also von der Form $A \rightarrow F$, die man mit den Axiomen zum Widerspruch zu bringen sucht. Dabei schneidet man nie zwei Axiome gegeneinander, sondern immer ein Axiom gegen eine negative Formel, die man schon abgeleitet hat. Man benutzt also nicht die volle Schnittregel, sondern den Spezialfall

$$\frac{A \rightarrow P \quad P \wedge C \rightarrow F}{A \wedge C \rightarrow F} \quad \text{statt} \quad \frac{A \rightarrow B \wedge P \quad P \wedge C \rightarrow D}{A \wedge C \rightarrow B \vee D}$$

Unter uns nennen wir sie *Prolog-Regel* oder *BD-Regel*, weil die Disjunktionen B und D leer sein müssen. Ihr seht, daß Ihr mit ihr immer wieder negative Formeln bekommt."

"Das gibt ja fürchterliche Ableitungen." Anne geht an die Tafel und malt. "Das ist kein Baum, das ist eine Bohnenstange mit Blättern." "Noch nie 'ne Pappel gesehen?" "Sieht wirklich aus wie die Abwasserröhren eines Hochhauses." "Grauslich!"

"Quatsch. Aber so simple Ableitungen gibt es sicher nicht immer, und wenn es sie gibt, sind sie so lang wie langweilig." "Länger sind sie vielleicht", gibt Peter zu. "Aber leichter zu finden als beliebige Ableitungen. Du hast einfach viel weniger Möglichkeiten für Schnitte. Du gehst nur in der zuletzt abgeleiteten negativen Formel die Atome der Reihe nach durch, und für jedes Atom die Axiome der Reihe nach - das ist die deterministische Strategie, mit der man in PROLOG Ableitungen sucht."

"Halt, Peter!" unterbricht ihn der Professor. "Dies ist kein Kurs über Logisches Programmieren." "Wir wollen aber doch die Logik verstehen, die man beim logischen Programmieren braucht." "Richtig. Aber nur nebenbei. Unser eigentliches Thema heißt 'Formalisieren von Aussagen und Beweisen'. Wichtiger als Suchstrategien sind dabei zum Beispiel Vollständigkeitsbeweise. Du hast bezweifelt, Anne, daß es immer so simple Ableitungen gebe. Es gibt sie: Ist eine Menge von Hornformeln widersprüchlich, so kann man F mit der BD-Regel daraus ableiten. Die BD-Regel ist *vollständig* fürs Widerlegen von Hornformeln. Das war ein Thema für heute." Er blickt strafend an die Tafel. Eilig zieht Emil sie herunter und wischt, bis nur die Überschrift 'Vollständig-keitsbeweise für das logische Programmieren' bleibt. "Ich brauche keine freie Tafel", lacht der Professor. "Ich brauche eine freie Stunde. Nächsten Freitag. Bis dahin versucht Euch an unserem Ballspielbeispiel. Ich eröffne eine Sparte für BD-Ableitungen in unserer Preisaufgabe."

"Nicht doch, Herr Späth. Das sind doch keine Hornformeln", ruft Eberhard. "Ach ja. Ich vergaß. Also benutzt statt der BD- die *D-Regel* oder *negative Schnittregel*

$$\frac{A \to B \vee P \qquad P \wedge C \to F}{A \wedge C \to B}$$

in der Ihr eine negative gegen eine beliebige Gentzenformel schneidet. Zusatzaufgabe. Alles klar?"

"Nicht ganz. Können wir unsere Axiome nicht in Hornformeln überführen?" fragt Emil vorsichtig. "Versuch's doch!" fordert Peter ihn wohlgelaunt auf und knallt einen Stapel Übungsblätter auf den Tisch. "Fang mit der Disjunktion Wa(g) ∨ Wa(e) aus Gustafs Axiomen an." Gustaf nimmt ein Blatt und liest laut:

Aufgabe

Beweisen Sie, daß die Gentzenformel P ∨ Q nicht äquivalent zu einer Menge von Hornformeln ist.

"Das verstehe ich nicht", begehrt Emil auf. "Vorhin haben wir gelernt, wie wir Axiome über den Pfeil hin- und herschieben können. Danach ist $W \to P \vee Q$ äquivalent zu $\neg P \to Q$, ebenso zu $\neg Q \to P$ oder zu $\neg P \wedge \neg Q \to F$; fertig ist die Hornformel, sogar drei zur Auswahl, Herr Tutor. Oder sind das etwa wieder keine." "Die enthalten doch Negationszeichen." "Mist. Immerhin kann ich mit meiner Methode zeigen, daß die drei Disjunktionen $\neg P \vee Q$, $P \vee \neg Q$ und $\neg P \vee \neg Q$ äquivalent zu Hornformeln sind, nämlich zu $P \to Q$, $Q \to P$ und $P \wedge Q \to F$. Also liegt es nicht an der Disjunktion, Herr Tutor." Peter zögert nur einen Moment. "Doch. Deine Disjunktionen sind keine Gentzenformeln. In Gentzenformeln sind Disjunktionen möglich, in Hornformeln nicht; das ist gerade der Unterschied. Deine Methode kannst Du vergessen."

"Trotzdem ist Emils Idee nicht schlecht", verteidigt Klaus ihn. "In PROLOG macht man es gerade so: Man kann Atome in Hornformeln negieren und behandelt so auch Disjunktionen." "Aber die

Negation in PROLOG ist nicht astrein. Sie hat nicht alle Eigenschaften der logischen Negation."
"Wer mehr über PROLOG wissen will", schaltet sich der Professor ein, "sollte in die Bibliothek
gehen. Da stehen zum Beispiel die Bücher von Schöning, Lloyd oder Clocksin-Mellish. Wir
müssen zum Ende kommen."

Da platzt Fritz heraus: "Wie sollen wir denn mit dieser Übungsaufgabe fertig werden? Es gibt
unendlich viele Formeln und noch viel mehr Formelmengen. Die können wir doch nicht alle
durchtesten." "Brauchst Du auch nicht." Eberhard zeigt sich hilfreich. "Du kannst Dir erst
klarmachen, daß Du nur Hornformeln berücksichtigen mußt, in denen keine Atome außer P und
Q vorkommen. Davon gibt es nicht viele." "Du meinst einen Widerspruchsbeweis?" fällt Carola
ein. "Wir nehmen an, wir hätten eine Menge X von Hornformeln, die zu P ∨ Q äquivalent wäre,
und zeigen, daß sie Hornformeln, die nicht nur aus P oder Q aufgebaut sind, nicht zu enthalten
braucht." "Nicht schlecht." "Dann können wir auch so weitermachen", begeistert sich Gustaf.
"Jede Belegung, die P ∨ Q wahr macht, müßte *alle* Formeln in X wahr machen...." "Das
genügt, Gustaf!" unterbricht ihn der Professor. "Sonst noch Fragen?"

"Nicht zu der Übung, aber zu der Preisaufgabe", meldet sich Zadeh zu Wort. "Wir sollen
zusätzlich Ableitungen suchen, in denen wir nur diese eingeschränkte Schnittregel - die D-Regel -
benutzen. Warum gerade die? Warum nicht die AD- oder die ABCD-Regel? Wir können doch
beliebig einschränken; das verwirrt mich." "Mit der ABCD-Regel wirst Du nicht weit kommen",
antwortet Eberhard. "Die sieht doch so aus:

$$\frac{W \to P \quad P \to F}{W \to F}$$

Also kannst Du sie in unserem Beispiel überhaupt nicht anwenden." "Die ist zu einfach, das sehe
ich auch. Ich hatte an solche Schnitte gedacht:

$$\frac{W \to P \quad P \wedge C \to F}{C \to D} \qquad\qquad \frac{A \to B \vee P \quad P \to F}{A \to B}$$

Da kannst Du vorn oder hinten ein Atom ausschneiden, ohne die Formel zu verlängern. Das muß
doch kurze Ableitungen geben." "Geschickt! Das wären die AB- und die CD-Regel. In Büchern
heißen sie *positive* und *negative Einerschnittregel*, weil jeweils eine Prämisse nur aus einem
Atom bzw. negierten Atom bestehen darf. Unter uns nennen wir die erste *Hornregel*, weil sie für
Hornformeln, nicht aber für Gentzenformeln allgemein, widerlegungsvollständig ist. Beide zusam-
men könnten natürlich für Gentzenformeln ausreichen." "Du hast doch so eine schöne Folie,
Eberhard", unterbricht Professor Späth die beiden. "Ein Bild sagt mehr als tausend Worte."
Eberhard fängt an zu kramen, Peter schleppt den Projektor herbei, Eberhard legt eine Folie auf, der
Professor knipst an, Emil schiebt die Tafeln beiseite und an der Wand erscheint das Diagramm, mit
dem die Geschichte begann.

"Irre!" "Ein Vexierbild." "Ein Suchbild: Wo ist der Hase?" "Wo ist der Widerspruch?" Eberhard
läßt sich nicht stören: "In dem Graphen geben wir eine Übersicht über die Einschränkungen der
Schnittregel. Wir benennen eine Regel mit den Buchstaben der Teilformeln, die leer sein müssen.
Ganz oben steht die volle Schnittregel. Fügen wir bei einer Regel einen weiteren Buchstaben
hinzu, schränken sie also weiter ein, so setzen wir sie darunter und ziehen eine Kante. Ganz unten
ist daher Zadehs fragwürdige ABCD-Regel. Ist eine Regel oder eine Kombination von Regeln

vollständig, so sind alle, die darüber stehen, es natürlich auch, weil sie allgemeiner sind." "Welche dieser Regelsysteme sind vollständig? Das wollen wir beim nächsten Mal klären", schließt der Professor. "Warum ist bloß die ABCDEFG-Regel nicht vollständig?" seufzt Fritz. Eberhard wirft ihm den Ball zu.

2. Wo ist der Widerspruch ?

Am nächsten Freitag regnet es. "Herrliches Arbeitswetter", strahlt Professor Späth und blickt aus dem Fenster. "Schlafwetter", tönt es aus den Reihen. "Unsinn!" Professor Späth öffnet vorsichtig den reparierten Fensterflügel. "Heute wird es spannend. Wir wollen Vollständigkeitssätze beweisen. Das ist das Herzstück der elementaren Logik. Wer sich überhaupt für Logik interessiert, kann dabei nicht schlafen." Er legt eine Folie auf.

Definition 1
Eine Regel oder Regelmenge $\mathcal{R}$ heißt *vollständig fürs Widerlegen* (im Rahmen eines logischen Formalismus), wenn man aus jeder widersprüchlichen Formelmenge X mit $\mathcal{R}$ die Formel F (falsch) ableiten kann:

$$\text{wenn} \quad X \vDash F, \quad \text{dann} \quad X \vdash_{\mathcal{R}} F.$$

Satz 1
Im Rahmen von Gentzenformeln ist die Schnittregel vollständig fürs Widerlegen.

"Haben wir das nicht beim letzten Mal schon gezeigt?" fragt Anne. "Wenn X widersprüchlich ist, produzieren wir systematisch Ableitungen, bis eine auftaucht, die mit F endet." Woher weißt Du, daß es so eine gibt? Das wollen wir doch gerade beweisen", hält ihr Carola entgegen. "Erst wenn wir den Satz bewiesen haben, kannst Du den Algorithmus schreiben." "Schreiben kann ich ihn immer", murmelt Anne. "Aber er wäre vielleicht nicht korrekt." "Denk an meine ABCD-Regel", sekundiert Zadeh. "Für die könntest Du den Algorithmus genauso schreiben, aber auf unsere Ballspielformeln kannst Du die Regel gar nicht anwenden; der Algorithmus würde also nichts liefern, obwohl die Formeln einen Widerspruch enthalten. Noch einfacher siehst Du es an der Formelmenge

$$W \rightarrow P \vee Q, \qquad P \rightarrow F, \qquad Q \rightarrow F,$$

die auch widersprüchlich ist." "Das ist ein tolles Beispiel", begeistert sich Klaus. "Daran sieht man auch, daß die AB-Regel nicht vollständig ist; denn sie ist nicht anwendbar." "Warum AB? Warum nicht B? Wenn Du $W \rightarrow P \vee Q$ benutzen willst in einem Schnitt, ist B nie leer. Nicht einmal die B-Regel ist vollständig." Zadeh ist ebenso begeistert.

Jetzt hilft Eberhard nach. Wortlos legt er seine Folie mit dem Diagramm der Regeln auf den Projektor. "Wir rollen Deinen Graphen von unten auf", kichert Anne. "Wir sind schon fast oben." "Aber nur an einer Stelle", gibt Eberhard zurück. "Nein, an zwei!" tönt Klaus. "Wir drehen Zadehs Beispiel nur um. An

$$W \rightarrow P, \qquad W \rightarrow Q, \qquad P \wedge Q \rightarrow F$$

beißt Du Dir mit der C-Regel die Zähne aus." "Und was ist aus Zadehs System aus AB und CD ?" fragt Eberhard. "Damit knacke ich beide Beispiele", sagt Zadeh. "Damit habe ich auch die Ballspielformeln überlistet." "Für die beiden Beispiele reicht sogar ABD und ACD ", läßt sich Klaus vernehmen. "Zadehs einfaches System sieht wirklich verdächtig vollständig aus. Irgendein Atom oder negiertes Atom brauchst Du sowieso zum Anfangen; Du mußt nur sehen, daß Du immer neue produzierst." In der entstandenen Stille geht Professor Späth an die Tafel und schreibt:

Aufgabe
Ist das Regelsystem aus AB und CD vollständig? (Beweis oder Gegenbeispiel)

$$(AB)\quad \frac{W \to P \quad P \wedge C \to D}{C \to D} \qquad (CD)\quad \frac{A \to B \vee P \quad P \to F}{A \to B}$$

"Ihr habt über die Unvollständigkeit eine erste Vorstellung von Vollständigkeit gewonnen. Jetzt wollen wir Vollständigkeit direkt kennenlernen. Meist beschreibt man den Vollständigkeitssatz als eine Aussage über Ableitungssysteme: es gibt Regelsysteme, die stark genug, um alle logischen Folgerungen abzuleiten zu gestatten. Also kann man mit Hilfe des Vollständigkeitssatzes die logische Folgerung mechanisieren." "Dazu wollen wir ihn doch auch benutzen", wirft Anne ein. "Mein Algorithmus!" "Richtig. Aber eigentlich ist die Geschichte umgekehrt: Zu Beginn des Semesters haben wir logische Schlüsse analysiert und daraus den Folgerungsbegriff abstrahiert. Der Vollständigkeitssatz besagt also - zusammen mit dem Korrektheitssatz - : die Abstraktion ist richtig; der Folgerungsbegriff gibt genau das wieder, was wir mit logischen Schlüssen machen können. (Die Konsequenz bleibt dieselbe, Anne: wir können die logische Folgerung mechanisieren.) Auch historisch war das so: Mit logischen Schlüssen haben sich schon die alten Griechen beschäftigt; aber den Folgerungsbegriff hat erst Alfred Tarski 1929 abstrakt formuliert und bald darauf, 1930, hat Kurt Gödel seine Dissertation vorgelegt, in der er den Vollständigkeitssatz formulierte und bewies."

"In der Dissertation." Klaus ist beeindruckt. "Geschichte ist einfach spannender als Logik." Eberhard räuspert sich. "Hier paßt sie nicht ganz. Sie haben 'vollständig fürs Ableiten' noch nicht eingeführt, Herr Späth." "Auweia, da habe ich mich vergaloppiert." "Und ich wundere mich vergebens, warum der immer übers Ableiten von Folgerungen redet", zischelt Carola, "wo es doch im Satz nur übers Ableiten von Widersprüchen geht." "Hättste was gesagt!" ranzt Anne sie an. "Dann wäre Dein Wundern nicht vergebens gewesen." "Ja, die Geschichten", schmunzelt Professor Späth und legt eine neue Folie auf:

Definition 2
Eine Regel oder ein Regelsystem $\mathcal{R}$, heißt *vollständig fürs Ableiten* (im Rahmen eines logischen Formalismus), wenn man aus jeder Formelmenge X jede Formel A , die daraus folgt, ableiten kann:

$$\text{wenn} \quad X \vDash A, \quad \text{dann} \quad X \vdash_{\mathcal{R}} A .$$

"Satz 2: Die Schnittregel ist vollständig fürs Ableiten." Emil reckt sich. "Wir beweisen Satz 1 in der Vorlesung, weil er einfacher ist. Satz 2 ergibt sich durch Verallgemeinern. Übungsaufgabe." "Reingefallen", jubelt Peter. "Wir beweisen Satz 1, weil er richtiger ist. Du beweist Deinen Satz 2

allein. Der ist nämlich falsch." "Wieso bitte schön?" "Denk an die widersprüchlichen Formelmengen vorhin. Daraus folgt jede Formel, wie Du weißt; aber sicher ist nicht jede ableitbar." "Ich
meinte: im Rahmen von Hornformeln", rettet sich Emil. "Nix Horn. Jede Tautologie folgt aus der
leeren Menge; zum Beispiel $P \rightarrow P$, eine schöne Hornformel. Aus der leeren Menge ist aber
nichts ableitbar." "Tautologien bringen keine Erkenntnis", hilft ihm Anne. "Dem Lernwilligen
schon. Aber nimm $P \rightarrow Q$: Folgt aus $\neg Q$, folgt aus P ; ist aber nicht daraus ableitbar. Mit der
Schnittregel kannst Du Formeln nur vereinfachen, weil Du Atome herausschneidest. Folgerungen
können aber beliebig dick sein." Das leuchtet Emil ein.

"Trotzdem hattest Du nicht Unrecht, Emil", tröstet ihn der Professor. "Wir werden später die
Schnittregel durch andere Regeln ergänzen, so daß das System vollständig fürs Ableiten ist. Um
einen solchen Satz 2 zu beweisen, brauchen wir Satz 1; aber für eine Übungsaufgabe ist das zu
schwierig. Trotzdem ist er noch viel leichter als die Vollständigkeitssätze fürs Ableiten, die Ihr in
Büchern findet - aus Gründen, die wir dann besprechen können.

Aber Didaktik ist nur ein Grund, mit Satz 1 anzufangen. Der andere Grund ist der Bezug zum
logischen Programmieren. In vielen Systemen - zum Beispiel wenn man Klauseln oder speziell
Hornformeln zugrundelegt - sucht man Widersprüche abzuleiten, nicht Folgerungen. Die wider-
legungsvollständigen Systeme sind nämlich so viel einfacher als die ableitungsvollständigen, daß
man eher effiziente Strategien zum Suchen von Ableitungen findet. Und Ihr wißt ja, daß man jeden
Satz mit Widerspruch beweisen kann - in logischer Formulierung

$\qquad$ $X \vDash A$ $\quad$ ist äquivalent zu $\quad$ $X, \neg A \vDash F$,

wenn A variablenfrei ist. Widerlegungssysteme sind also ausreichend."

Der Professor wendet sich den Projektor zu. "Aus denselben Gründen - Didaktik und Praxisbe-
zug - wollen wir vor Satz 1 einen noch viel leichteren beweisen, nämlich den entsprechenden für
Hornformeln." Er schiebt die Folie nach oben:

Satz 0
Im Rahmen von Hornformeln ist die Schnittregel vollständig fürs Widerlegen.

"Der Satz ist nämlich wirklich einfach zu beweisen, aber die Beweisideen sind hilfreich für Satz 1.
Und zur Begründung von PROLOG reicht er aus; denn dort hat man ja nur Hornformeln. Wir
wollen also beweisen..."

"Darf ich noch etwas fragen, Herr Späth?" unterbricht ihn Klaus. "Ich kenne ein bißchen
PROLOG. Die Ableitungsregel dort sieht aber anders aus. Einerseits ist sie spezieller - eher wie
unsere BD-Regel, die Peter ja auch Prolog-Regel nannte. Andererseits substituiert man beim
Schneiden - das geht mit der Schnittregel nicht."

"O je", jammert der Professor. "Habe ich das nicht deutlich genug zu Anfang gesagt? Wir sind in
der Aussagenlogik - unsere Formeln enthalten keine Variablen, wir können daher nicht substituieren." Er reißt die Tafel nach unten und schreibt mit großen Buchstaben AUSSAGENLOGIK
obenan. "Deinen zweiten Einwand halte ein bißchen zurück. Wir wollen Satz 0 ruhig für die volle

Schnittregel beweisen und dann sehen, für welche Einschränkungen er auch gilt. Einverstanden?"

"Wir wollen also beweisen", nimmt er seinen Faden wieder auf, "daß für Hornformelmengen X gilt:

$$\text{wenn} \quad X \models F, \quad \text{dann} \quad X \vdash F.$$

Dabei steht ⊢ für 'ableitbar mit der Schnittregel'. Die Tatsache, daß X widersprüchlich ist, gibt uns aber nichts an die Hand, um eine Ableitung von F zu konstruieren. Deinen Algorithmus, Anne, haben wir ja noch nicht. Also drehen wir das Ganze um und beweisen mit Kontraposition:

$$\text{wenn} \quad X \not\vdash F, \quad \text{dann} \quad X \not\models F.$$

Wenn F aus X nicht ableitbar ist, dann ist X widerspruchsfrei. Da wir dieses $X \not\vdash F$ jetzt dauernd benutzen werden, führen wir einen Ausdruck dafür ein - ähnlich wie 'widerspruchsfrei' für $X \not\models F$." Er schreibt weiter an der Folie:

Definition
Eine Formelmenge X heißt *konsistent* (bezüglich des Regelsystems $\mathcal{R}$), wenn F aus X (mit $\mathcal{R}$) nicht ableitbar ist.

"Was ist denn nun der Unterschied zwischen 'konsistent' und 'widerspruchsfrei'?" will Fritz wissen. "Wenn wir Satz 1 bewiesen haben, keiner mehr", antwortet Peter. Damit ist aber Eberhard nicht einverstanden. "So krass würde ich das nicht sagen; 'konsistent' bezieht sich immer noch auf 'ableitbar', 'widerspruchsfrei' auf 'folgerbar'. Die Begriffe werden nur äquivalent."

Der Professor läßt sich nicht stören. "Wir setzen also voraus, daß X konsistent ist, und müssen ein Modell für X finden. 'Widerspruchsfrei' und 'erfüllbar' (oder 'hat ein Modell') sind ja dasselbe - ich meine, sind ja äquivalent. Da wir außer X nichts gegeben haben, liegt es nahe, ein Herbrandmodell[1] zur Signatur von X zu konstruieren, also als Grundbereiche die (variablen-freien) Terme und als Operationen die termaufbauenden zu nehmen. Definieren müssen wir die Prädikate - also angeben, auf welche Terme sie zutreffen, oder anders gesagt, welche Atome in der Struktur wahr und welche falsch sind."

"Warum bemühen Sie Herbrand?" will Zadeh wissen. "Warum konstruieren wir nicht einfach eine Belegung, die alle Formeln in X wahr macht? Wir sind doch in der Aussagenlogik." "Das kommt aufs selbe hinaus," wehrt der Professor ab. "Nicht ganz", läßt sich Eberhard vernehmen. "Bei einer Belegung müssen wir nur die Atome aus X bedenken; bei einer Herbrandstruktur müssen wir für alle Atome der Signatur 'wahr' oder 'falsch' sagen." "Na schön", gibt Professor Späth zu. "Aber was wir für die Atome sagen, die nicht in X vorkommen, ist ganz egal. Ich denke lieber an Herbrandstrukturen, weil wir die später in dem Beweis für die Prädikatenlogik sowieso brauchen.

Nun aber weiter. Die Atome, die Formeln in X sind, müssen sicher in der Struktur wahr sein. Das reicht aber nicht, wie das Beispiel {P , P → Q} zeigt. Darin steht das Atom Q nicht als Formel, ist aber ableitbar, muß also in jedem Modell wahr sein. Also machen wir alle Atome wahr, die aus X ableitbar sind - wohl gemerkt, 'ableitbar' nicht 'folgerbar'. Alle anderen sollen in der Struktur falsch sein. Speziell werden die imaginären Atome, Eberhard, die in X gar nicht vor-

---

[1] Siehe Abschnitt 2B3. Wir können stattdessen eine Belegung konstruieren; siehe unten.

kommen, alle falsch gesetzt, denn sie sind sicher aus X nicht ableitbar." Eberhard nickt. "Und damit sind wir schon fertig", begeistert sich der Professor. "Die Atome, die aus X ableitbar sind, definieren ein Herbrandmodell für X. Das müssen wir nur nachrechnen. Schreiben wir mal alles sauber auf." Und er schreibt an die Tafel:

Beweis von Satz 0

Sei X eine konsistente Menge von Hornformeln. Sei $\mathcal{M}$ die Herbrandstruktur zu X, in der genau die Atome wahr sind, die aus X ableitbar sind. Sei H eine Hornformel aus X, also von der Form

$$P_1 \wedge \ldots \wedge P_n \to Q \,.$$

Annahme: H ist falsch in $\mathcal{M}$. Dann sind die P_i alle wahr in $\mathcal{M}$, und Q ist falsch. Nach Definition von $\mathcal{M}$ sind die P_i, weil wahr in $\mathcal{M}$, alle ableitbar aus X. Mit n Schnitten können wir aber die P_i aus H ausschneiden, also ist der Rest, $W \to Q$, ableitbar aus X. Damit ist Q wahr in $\mathcal{M}$. Widerspruch!! Also ist H wahr in $\mathcal{M}$. Das gilt für jede Formel aus X. Daher ist $\mathcal{M}$ ein Herbrandmodell von X.   Q.E.D.

Professor Späth strahlt. "So einfach ist der Beweis. Hat jemand noch Fragen?" Keiner rührt sich, alle sehen etwas belämmert aus. "Einfach ist der Beweis schon", meldet sich schließlich Klaus zu Wort. "Aber ganz verstanden habe ich ihn noch nicht. Wo zum Beispiel haben Sie benutzt, daß X konsistent ist?" "Stimmt!" Jetzt ist es an Professor Späth, verwirrt auszusehen. "Habe ich den Beweis zu einfach gemacht?" "Jetzt haben wir also bewiesen, daß jede Menge von Hornformeln erfüllbar ist, auch die inkonsistenten", bemerkt Carola. "Man soll nie 'quod erat demonstrandum' unter einen Beweis schreiben", brummelt Emil. "Vielleicht hat man nicht das bewiesen, 'was zu beweisen war'." "Vielleicht hat man gar nichts bewiesen." "Ruhe!" Professor Späth tritt von der Tafel zurück. "Laßt uns nachdenken." "Oder beten!" Die Zuhörer sind lebhaft bei der Sache.

"Ich verstehe noch etwas anderes nicht", läßt sich Anne vernehmen. "Du sollst nachdenken", fährt Carola dazwischen. "Tu ich ja. Dabei ist mir aufgefallen, daß Sie die negativen Hornformeln vergessen haben, Herr Späth." "Wie bitte?" Der Professor schreckt aus seiner Betrachtung der Tafel hoch. "Die Hornformel H könnte doch rechts F statt ein Atom Q enthalten. Dann geht Ihr Beweis nicht." "Natürlich geht er", weist Peter sie zurecht. "F ist sicher falsch in $\mathcal{M}$. Also schneidest Du wie im allgemeinen Fall die P_i aus H heraus und erhältst, daß der Rest, $W \to F$, aus X ableitbar ist. Widerspruch wie bisher." "Wieso? F ist doch kein Atom, das jetzt in $\mathcal{M}$ wahr wäre." "Aber X ist konsistent. Das ist der Widerspruch!" Professor Späth lächelt erleichtert. "Du hast vollkommen recht, Anne. Die negativen Formeln in X hätte ich extra behandeln müssen. Nur dabei brauche ich, daß X konsistent ist. Denn nichtnegative Formeln sind immer erfüllbar; ich kann alle Atome wahr setzen. Du hattest also auch recht, Carola." "Aber fehlt nicht noch die spezielle Formel $W \to F$?" fragt die. "Nein. Die kann in X nicht vorkommen", antwortet sie selbst. "Sonst wäre X nicht konsistent." "Jetzt ist der Beweis aber vollständig." Professor Späth ist zufrieden. "Ein unvollständiger Vollständigkeitsbeweis - das wäre auch unlogisch", hört man Emils Stimme. "Nicht unlogisch, aber paradox", grinst Eberhard. "Unlogisches blockiert das Denken, Paradoxes bringt es in Fahrt." "Jeden Morgen einen Löffel Paradoxin, das ist Dein Geheimnis?"

"Laßt uns Satz 1 beweisen, solange wir so schön in Fahrt sind", bringt der Professor die beiden auseinander. "Was ist mit der Prolog-Regel?" protestiert Klaus. "Wir wollten doch erst untersuchen, welche Einschränkungen der Schnittregel vollständig sind." "Das hatte ich versprochen", gibt der Professor zögernd zu. Klaus läßt sich nicht abhalten. "Ich habe schon ein bißchen angefangen. Mit der Prolog-Regel bin ich nicht weitergekommen. Dagegen ist mir aufgefallen, daß Sie in Ihrem Beweis die Schnittregel nur an einer Stelle benutzen, nämlich um die Atome P_i herauszuschneiden. Das ist aber die eingeschränkte Form, in der A und B leer sind." "Ausgezeichnet. Was hast Du also bewiesen?" Klaus geht an die Tafel und schreibt.

Satz 0 (AB)
Im Rahmen von Hornformeln ist die Hornregel vollständig fürs Widerlegen.

"Aber was machen wir mit der Prolog-Regel? Die können wir nicht anwenden, außer wenn H negativ ist." Klaus zeigt auf die Stelle im Beweis von Satz 0. "Also geht der Beweis dafür nicht." "Dann ist sie eben nicht vollständig", ruft Emil. "Unsinn", entrüstet sich Peter. "Ein Satz wird doch durch einen falschen Beweis nicht falsch." "Klingt paradox", gibt Emil mit einem Blick auf Eberhard zurück. Der hört nicht zu, sondern kritzelt auf einem Zettel.

"Wir müßten irgendwoher das Literal $Q \rightarrow F$ haben", sinniert Klaus. "Dann könnten wir Q mit der Prolog-Regel aus H herausschneiden, übrig bliebe $P_1 \wedge ... \wedge P_n \rightarrow F$, das ist negativ, also machen wir weiter wie oben. Aber $\neg Q$ braucht wohl aus X nicht ableitbar zu sein, auch wenn Q nicht ableitbar ist. Oder?" "Sicher nicht." Emil ist hoch in Form. "Wenn X nur aus $P \rightarrow Q$ besteht, ist gar nichts daraus ableitbar." "Außer $P \rightarrow Q$ selber." "Red' keinen Unsinn!" Emil ist nicht mehr zu bremsen. "Wenn Q nicht ableitbar ist, tun wir einfach $\neg Q$ zu X hinzu. In dem Modell setzen wir Q sowieso falsch, also merkt das keiner. Und du hast Deine BD-Ableitung, Klaus." Klaus starrt ihn verblüfft an. "Du kannst doch zu X nicht einfach etwas hinzutun. Wir wollen ein Modell für X , nicht für irgendeine andere Formelmenge." "Macht doch nichts. Wir erweitern X ja nur. Jedes Modell davon ist auch ein Modell von X . Übungsaufgabe von vor drei Wochen." "Gut! Aber wenn X beim Erweitern inkonsistent wird?" "Kann es gar nicht. Ich tu ja $\neg Q$ nur dazu, wenn Q nicht ableitbar ist. Ich brauche doch Q und $\neg Q$, um F abzuleiten." Emil ist sich seiner Sache sicher. Klaus ist nicht überzeugt. "Der Widerspruch muß ja nicht in einem Schritt ableitbar sein."

Eberhard hat sein Kritzeln aufgegeben und erhebt sich gutgelaunt. "Ein genialer Einfall, Emil! Und ohne Paradoxin! Jetzt fehlt nur die Ausführung." Emil schreibt groß an die Tafel:

Aufgabe
(A) Weiterschreiben!

Die Lehrveranstaltung Logik für Informatiker

Wie im Vorwort erwähnt führen wir die *Logik für Informatiker* projektorientiert durch. Was das heißt, erläutere ich am besten durch das Informationsblatt, das wir beim letzten Mal ausgegeben haben:

Logik für Informatiker: Was wir im Sommersemester machen wollen

Beim Lernen verändert man sich, Verändern kann man nur durch Tun; also kann man nur durch Tun lernen. Logisch? Deswegen stellen wir Projektaufgaben in den Mittelpunkt der LV, nicht die Vorlesung und nicht die Tutorien und nicht die Übungen. Es gibt vier solche Aufgaben, übers Semester verteilt. Wenn Ihr die vier Aufgaben bearbeitet, kennt Ihr den Stoff, den wir sonst in der Vorlesung behandelt haben. Ihr habt vielleicht Lücken, und Euch fehlt die Übersicht, aber Ihr könnt in dem Gebiet selbständig arbeiten. Die Aufgaben löst Ihr im Prototyping-Stil: Ihr erarbeitet in Euren Kleingruppen einen Lösungsansatz, schreibt den auf, zeigt ihn Eurem Tutor und erzählt dabei. Die Tutoren machen Euch auf Fehler aufmerksam, insbesondere auf Diskrepanzen zwischen dem, was Ihr erzählt und was Ihr geschrieben habt, beantworten Fragen, geben vielleicht Hinweise. Damit geht Ihr in die zweite Runde. Das Spiel wiederholt sich, bis alle Beteiligten zufrieden sind. Dann geht's an die nächste Aufgabe.

Um diesen Prozeß zu unterstützen, bieten wir Euch Tutorien, ein Logik-Zentrum, ein Skript und eine begleitende Vorlesung an. Im Tutorium trefft Ihr Euch einmal wöchentlich; wie Ihr dort arbeitet, macht Ihr mit Eurem Tutor aus. Auch im Logik-Zentrum habt Ihr einen festen Termin pro Woche mit Eurem Tutor. Den müßt Ihr einhalten, um die Aufgaben zu besprechen; Ihr könnt dort aber jederzeit, auch wenn andere Tutoren Dienst haben, an der Logik arbeiten, die Anderen oder den Tutor um Rat fragen. Das Skript ist zum Selbststudium gedacht, es enthält viele Beispiele, Aufgaben und Beweise, an denen Ihr im Tutorium und zu Hause arbeiten könnt. Ihr gewinnt so Eure Fähigkeiten und Unfähigkeiten in eigener Verantwortung, mit unserer Hilfe. Die Vorlesung ist nur begleitend, wir vermitteln keinen Stoff. (Stoff? Vermitteln? Die Uni ist kein Drogenumschlagplatz.) Wir geben jeweils eine Übersicht über die Fragen und Antworten der vergangenen und kommenden Woche, ordnen ein, ergänzen Historisches und Philosophisches.

Die Projektform soll Euch und uns nicht mehr Zeit nehmen oder geben als die herkömmliche Lehrveranstaltung. Deswegen - und weil man länger nicht zuhören kann - dauert die Vorlesung nur 60 Minuten; ein Tutoriumstermin ist 90 Minuten lang - ein Zentrumstermin 120, wird aber als betreute Übungszeit nur 30 Minuten gerechnet. Die Tutoren haben mehr Zeit für Euch, da sie kaum zu Hause korrigieren müssen.

Alles klar?

Die Studenten erhalten zu Beginn einen Arbeitsplan für das ganze Semester, auf dem auch die Projektaufgaben stehen - Aufgaben vom Typ (A) aus dem Buch. Man muß sich dabei nicht an die Reihenfolge im Buch halten; gelegentlich fangen wir zum Beispiel mit der offenen Prädikatenlogik an und schieben die Aussagenlogik ein. Beim letzten Mal haben wir zuerst Beschreibungen, dann Beweise formalisiert und sind dabei so vorgegangen:

PLAN   Logik für Informatiker

I. Strukturen durch Formeln beschreiben (Themen 1-4)
   Aufgaben: Kleine Ballwurflogelei (1A7), Natürliche Zahlen axiomatisieren (2C3)
II. Beweise und Strukturen normieren (Themen 5-8)
   Aufgabe: Herbrandstrukturen (2B3a)
III. Beweise automatisieren (Themen 9-11, 14)
   Aufgabe: Theorembeweiser (3B3b)
IV. Vollständigkeit (Themen 12, 13)
   Aufgabe: Positive und negative Schnittregel vollständig (1D8f, 2D2d)
V. Höher hinaus (eins der Themen 15-18 zur Wahl, vielleicht weitere)
   Aufgaben: Selbst suchen

THEMEN   Logik für Informatiker

1) Strukturen aussagenlogisch beschreiben (1A, 2A1, 2A4, 2A5)
   Aufgaben: Ballwurflogeleien
   Mittel: Strukturen (ohne Operationen), aussagenlogische Formeln, Belegungen, auswerten, wahr
2) Strukturen prädikatenlogisch beschreiben (2A1-2A8, 2B9)
   Aufgaben: Affe und Banane, Architektenstruktur
   Mittel: Strukturen mit Operationen, Terme, Formeln, auswerten usw., Substitution, gültig, Modelle, Axiome
3) Die Gleichheit formalisieren (2C)
   Aufgaben: Ballwurf mit Gleichheit, Architektenaxiome, Modelle der Arithmetik
   Mittel: Gleichheitsformeln, -axiome, -strukturen, -logik
4) Strukturen quantorenlogisch beschreiben (3A1-3A4, 3C1-3C4)
   Aufgaben: Ebene Geometrie axiomatisieren
   Mittel: Quantoren, freie und gebundene Variablen, Substitutionen, auswerten, Axiome, isomorphe Strukturen
5) Aussagenlogische Folgerung (1B)
   Aufgaben: Ballwurflogeleien
   Mittel: Allgemeingültige Formeln, logische Folgerung, aussagenlogische Beweise, Widersprüchlichkeit
6) Logische Folgerung (2B1, 3A5, 3A7, 3A8)
   Aufgaben: Affe und Banane, Architektenaussagen
   Mittel: Allgemeingültigkeit und Folgern in der Prädikatenlogik, Umgang mit Quantoren, prädikatenlogische Beweise, Widersprüchlichkeit
7) Strukturen konstruieren (2B2, 2B3)
   Aufgaben: Architektenstrukturen, Ballwurf, Tutorienbeispiel

Mittel: Erzeugte und Herbrandstrukturen

8) Aussagenlogik in der Prädikatenlogik (2A9, 2B4-2B6, 3A6)

   Aufgaben: Übertragungssätze beweisen

   Mittel: Atome und aussagenlogische Bestandteile, Belegungen und Modelle

9) Aussagenlogische Formeln normieren, Beweise automatisieren (1C)

   Aufgaben: Disjunktion keine Hornformel

   Mittel: Kon- und disjunktive Normalform, Entscheidungsverfahren mit Wahrheitstafel oder Normalformen, Gentzen- und Hornformeln

10) Prädikatenlogische Formeln normieren (2B7, 2B8, 3B1, 3B2)

    Aufgaben: Quantoren eliminieren

    Mittel: Skolemisieren

11) Beweise normieren (1D1-1D4, 2D1)

    Aufgaben: Ballwurf, Affe und Banane, Geometrie

    Mittel: Schnitt- und Substitutionsregel

12) Vollständigkeit in der Aussagenlogik (1D5-1D8)

    Aufgaben: Positive und negative Schnittregel vollständig in der Aussagenlogik

    Mittel: Vollständig, erfüllende Belegungen für konsistente Formeln, Lindenbaum-Vervoll ständigung

13) Vollständigkeit in der Prädikatenlogik (2D2, 2D3, 3B6-3B8)

    Aufgaben: Nichtstandardmodelle der Zahlentheorie

    Mittel: Vollständigkeit von der Aussagenlogik in die offene Prädikatenlogik hochheben, Her brandstrukturen in der Prädikatenlogik, Satz von Löwenheim-Skolem, Kompaktheitssatz

14) Theorembeweiser (1D12, 2D5-2D8, 3B3-3B5)

    Aufgaben: Fabrikantenbeispiel

    Mittel: Ableitungen mechanisieren, Beispielsubstitutionen und -aussagen, Entscheiden durch Ableiten in der Aussagenlogik

15) Monsterstrukturen (3C)

    Aufgaben: Euklidische Geometrie, Nichtstandardmodelle der Zahlentheorie

    Mittel: Isomorphe Strukturen, kategorische und vollständige Axiome, entscheidbare Theorien

16) Folgerung automatisieren (1D9-1D11, 2D4)

    Aufgaben: Ballwurf, Affe und Banane, Architekten

    Mittel: Widerlegungen in Ableitungen umformen

17) Prädikatenlogik ist unentscheidbar (3D1-3D5)

    Aufgaben: Berechnungen formalisieren

    Mittel: Berechnungen formalisieren und axiomatisieren, Wörtertheorie und Prädikatenlogik unentscheidbar

18) Zahlentheorie ist nicht axiomatisierbar (3D6-3D11)

    Aufgaben: Wörter in Zahlen

    Mittel: Die Unableitbarkeitssätze von Gödel, Logik 2. Stufe

Beim nächsten Mal machen wir es wieder anders.

Literaturverzeichnis

Um das Suchen und Aussuchen zu erleichtern, habe ich die Literatur in sieben Gruppen eingeteilt und die meisten Bücher oder Arbeiten mit kurzen persönlichen Kommentaren versehen.

L1. Einführende Lehrbücher

Bergmann, Eberhard; Noll, Helga: Mathematische Logik mit Informatik-Anwendungen.
Springer; Berlin Heidelberg New York 1977
Klassische Prädikatenlogik mit einigen Anwendungen auf die Informatik; daneben, ziemlich unverbunden, Klausellogik und Theorembeweiser. Sehr formal geschrieben.

Delong, Howard: A Profile of Mathematical Logic.
Addison-Wesley; Reading Mass. 1970
Prädikatenlogik, auch höhere Stufen, ganz knapp dargestellt; davor ausführlich die historische Entwicklung, danach die Metatheorie und ihre philosophischen Konsequenzen. Die beste Einführung, die ich kenne.

Ebbinghaus, Heinz-Dieter; Flum, Jörg; Thomas, Wolfgang: Einführung in die mathematische Logik.
Wiss. Buchgesellschaft; Darmstadt 1978
Gewissermaßen eine moderne Überarbeitung des Buches von Hermes, sehr viel mehr Inhalt, knapper geschrieben.

Hermes, Hans: Einführung in die mathematische Logik.
Teubner; Stuttgart 1963
Die klassische Einführung für Mathematiker. Sehr genau und sorgfältig.

Lyndon, Roger C.: Notes on Logic.
Van Nostrand; New York 1966
Eine ganz knappe gut lesbare Einführung.

Mendelson, Eric: Introduction to Mathematical Logic.
Van Nostrand; New York 1964
Sehr gutes reichhaltiges Werk, im mathematischen Stil.

Quine, Willard van Orman: Methods of Logic.
Holt, Rinehart & Winston; New York etc. 1959.
Deutsch: Grundzüge der Logik. Suhrkamp; Frankfurt/Main 1969
Prädikatenlogik mit einem Kalkül des natürlichen Schließens, von einem philosophischen Logiker dargestellt, der die Beziehungen zur Umgangssprache und philosophische Probleme ausführlich diskutiert.

Richter, Michael: Logikkalküle.
Teubner; Stuttgart 1978
Algebraische Begründung der Logik, insbesondere Vollständigkeit, Gentzensysteme, Theorembeweiser.

Schöning, Uwe: Logik für Informatiker.
  Bibliographisches Institut; Mannheim [2]1989
  Einführung in die Grundlagen logischen Programmierens, knapp, lebendig, anschaulich geschrieben, ergänzt sich ausgezeichnet mit diesem Buch.
Shoenfield, Joseph : Mathematical Logic.
  Addison-Wesley; Reading Mass. 1967
  Umfangreiches Standardwerk, sorgfältig, ziemlich formal.
Tarski, Alfred: Einführung in die mathematische Logik.
  Vandenhoek & Ruprecht; Göttingen 1966
  Ganz elementare Einführung ohne Kalküle, altertümlich breit geschrieben, sehr schön zu lesen.

L2.   Weiterführende Bücher

Bochenski, Inocenty M.: Formale Logik.
  Karl Alber; Freiburg 1956.
  Englisch: A History of Formal Logic. University of Notre Dame Press; Notre Dame Ind. 1961
Davis, Martin; Weyuker, Elaine: Computability, Complexity and Languages.
  Academic Press; New York 1983
Heyting, Arend: Intuitionism - an Introduction.
  North-Holland; Amsterdam 1956
Hilbert, David : Grundlagen der Geometrie. Teubner; Leipzig 1901, [13]Stuttgart 1987
  Axiomatischer Aufbau der Euklidischen Geometrie.
Hilbert, David; Bernays, Paul: Grundlagen der Mathematik I, II.
  Springer; Berlin Heidelberg New York 1934, 1939; [2]1968, [2]1970
  Der umfassende Versuch, die Mathematik aus der Logik heraus zu begründen; ausführlich und anschaulich geschrieben.
Hopcroft, John E.; Ullman, Jeffrey D.: Introduction to Automata Theory, Languages and Computation.
  Addison-Wesley; Reading Mass. 1979.
  Deutsch: Einführung in die Automatentheorie, Formale Sprachen und Komplexitätstheorie.
  Addison-Wesley; Bonn Reading Mass. 1988
Kleene, Stephen C.: Introduction to Metamathematics.
  North-Holland; Amsterdam 1952
  Formalisierung der Metatheorie, Berechenbarkeit
Kreisel, Georg; Krivine, Jean-Louis: Modelltheorie.
  Springer-Verlag; Heidelberg 1972
  Theorie und Modelle, Quantorenelimination
Kreiser, Lothar; Gottwald, Siegfried; Stelzner, Werner (Hrsg.): Nichtklassische Logik.
  Akademie-Verlag; Berlin 1988
  Mehrwertige, Modal-, intuitionistische, epistemische und deontische, Kausal-, algorithmische, Entscheidungs-Logik; Präsuppositionen.

Rescher, Nicholas: Many-valued Logic.
  McGraw Hill; New York 1969
Rescher, Nicholas: Topics in Philosophical Logic.
  D. Reidel; Dordrecht 1968
Robinson, Abraham: Introduction to Model Theory and to the Metamathematics of Algebra.
  North-Holland; Amsterdam 1963
  Theorie der Modelle von Theorien.
Robinson, Abraham: Non-standard Analysis.
  North-Holland; Amsterdam 1966
Smullyan, Raymond M.: First-Order Logic.
  Springer; Berlin Heidelberg New York 1971
  Formaler Aufbau der Logik, mit vielen Anwendungen.
Siefkes, Dirk: Büchi's Monadic Second Order Successor Arithmetic.
  Lecture Notes in Mathematics, vol 120. Springer; Berlin Heidelberg New York 1970
  Axiomatisierung eines entscheidbaren Fragments der Zahlentheorie 2. Stufe
Tarski, Alfred; Mostowski, Andrzej; Robinson, Abraham: Undecidable Theories.
  North-Holland; Amsterdam 1968
  Unentscheidbarkeit und Unvollständigkeit von Theorien, insbesondere der Zahlentheorie.

L3.   Automatisches Beweisen und Logisches Programmieren

Bibel, Wolfgang: Automated Theorem Proving.
  Vieweg; Wiesbaden 1986
Bläsius, K. H.; Bürckert, H.-J.: Deduktionssysteme.
  Oldenbourg; München 1987
Chang, Chin-Liang; Lee, Richard Char-Tung: Symbolic Logic and Mechanical Theorem Proving.
  Academic Press; New York 1973
Clocksin, William F.; Mellish, Christopher S.: Programming in Prolog.
  Springer; Berlin Heidelberg New York 1982
  Das erste und lange Zeit einzig gute Prolog-Buch.
Hofbauer, Dieter; Kutsche, Ralf-Detlef: Grundlagen des maschinellen Beweisens.
  Vieweg; Wiesbaden 1989.
  Von Theorembeweisern über das Rechnen mit Gleichungen zu Termersetzungssystemen; eine ausgezeichnete Fortsetzung zu diesem Buch.
Kowalski, Robert: Logic for Problem Solving.
  North-Holland; Amsterdam 1979
Lloyd, John W.: Foundations of Logic Programming.
  Springer; Berlin Heidelberg New York 1984
  Die erste Einführung in die Grundlagen von Prolog, sehr formal.
Loveland, D.: Automated Theorem Proving - A Logical Basis.
  North-Holland; Amsterdam 1978
Nilsson, N. J.: Principles of Artificial Intelligence.
  Springer; Berlin Heidelberg New York 1982

Padawitz, Peter: Computing in Horn Clause Theories.
  Springer; Berlin Heidelberg New York 1988
  Die formale Theorie des Umgangs mit bedingten Gleichungsspezifikationen.
Robinson, John A.: Logic, Form and Function.- The Mechanization of Deductive Reasoning.
  University Press; Edinburgh 1979

L4.   Originalliteratur

Berka, Karel; Kreiser, Lothar (Hrsg.): Logik-Texte.
  Akademie-Verlag; Berlin [3]1983
  Kommentierte Auswahl zur Geschichte der modernen Logik.
Davis, Martin (ed.): The Undecidable.
  Raven Press; New York 1965
  *Texte zu Berechenbarkeit, Unentscheidbarkeit, Unvollständigkeit, zum Beispiel die Unvoll-
  ständigkeitssätze von Gödel.*
Dedekind, Richard: Was sind und was sollen die Zahlen?
  Vieweg; Braunschweig 1888, [6]1930
Frege, Gottlob: Begriffsschrift, eine der arithmetischen nachgebildete Formelsprache des reinen
  Denkens.
  Nebert; Halle 1879. Nachdruck Hildesheim 1977
Frege, Gottlob: Sinn und Bedeutung.
  Zeitschrift für Philosophie und philosopische Kritik, Neue Folge Bd. 100 (1892), S. 25-50.
  In "Funktion, Begriff, Bedeutung", hrsg. von Günter Patzig. Vandenhoek & Ruprecht; Göttin-
  gen 1962
Gödel, Kurt: Collected Works I, II.
  Edited by S. Feferman et al. Oxford University Press; New York Oxford 1986, 1990
Heijenoort, Jan van: From Frege to Gödel - a Source Book in Mathematical Logic, 1879-1931.
  Harvard University Press; Cambridge 1968
Herbrand, Jaques: Logical Writings.
  Edited by Warren D. Goldfarb. D. Reidel; Dordrecht 1971
Peano, Guiseppe: Arithmetices Principia, Nova Methodo Exposita.
  Bocca; Turin 1889. Engl. Übersetzung in: Jan van Heijenoort (s.o.), S. 83-97
Peirce, Charles Sanders: Collected Papers.
  Edited by C. H. Hartshorne, P. Weiss, and A. W. Burks. Harvard University Press; Cam-
  bridge Mass. 1931 - 1958
Peirce, Charles Sanders: Philosophical Writings.
  Selected and edited with an introduction by Justus Buchler. Dover; New York 1955
Quine, Willard von Orman: Concatenation as a Basis for Arithmetic.
  Journal of Symbolic Logic vol. 11 (1946), pp. 105-114
Skolem, Thoralf: Selected Works in Logic.
  Edited by Jens Erik Fenstad. Universitetsforlaget; Oslo Bergen Tromsö 1970
Tarski, Alfred: Der Wahrheitsbegriff in den fomalisierten Sprachen.
  Studia Philosophica Bd. 1 (1936), S. 261-405

Wittgenstein, Ludwig: Tractatus Logico-Philosophicus.
    New York London 1922
Wittgenstein, Ludwig: Philosophische Untersuchungen.
    Suhrkamp st 14, stw 203; Frankfurt/Main 1975, 1977

L5.   Entwicklung, Grenzen, andere Sichtweisen

Adams, Douglas: The Hitch Hiker's Guide to the Galaxy.
    Pan Books; London Sydney 1979.
    Deutsch: Per Anhalter durch die Galaxis. Ullstein Science Fiction; Frankfurt/Main 1984
    Eine hypermoderne Alice im Wunderland.
Budde, Reinhard; Floyd, Christiane; Keil-Slawik, Reinhard; Züllighofen, Heinz (eds.): Software
    Development and Reality Construction, Conference Eringerfeld 1988. Springer; Berlin Heidel-
    berg New York 1991. Im Erscheinen
    Ein Bericht von einer wundervollen Konferenz. Was geschieht, wenn wir große und kleine
    Systeme entwerfen?
Carrol, Lewis: Alice's Adventures in Wonderland, and Through the Looking Glass.
    The Nonesuch Press; London 1963
    Ein Logiker erklärt einem kleinen Mädchen die Welt, indem er die Logik auf den Kopf stellt.
    Das Buch gibt es auch auf Deutsch.
Coy, Wolfgang; Nake, Frieder; Pflüger, Jörg; Rolf, Arno; Seetzen, Jürgen; Siefkes, Dirk; Strans-
    feld, Reinhard (Hrsg.): Sichtweisen der Informatik. Vieweg; Braunschweig 1991. Im Erschei-
    nen
    Wie könnte eine umfassende Theorie der Informatik aussehen? Eine Sammlung von Arbeiten
    eines Arbeitskreises der Gesellschaft für Informatik.
Dreyfus, Hubert L.: What Computer Can't Do - The Limits of Artificial Intelligence.
    Harper Colophon Books; New York 1979.
    Deutsch: Die Grenzen künstlicher Intelligenz. Was Computer nicht können. Athenäum 1985
    Computer haben keinen Körper, daher keine Gefühle und keine Werte. Wenn wir mit ihnen
    arbeiten, müssen wir alles auf die rationale Ebene reduzieren und können nicht mehr ganz-
    heitlich denken.
Feyerabend, Paul: Against Method.
    New Left Books; 1975.
    Deutsch: Wider den Methodenzwang. Suhrkamp; Frankfurt/Main 1976, [2]1983
    Wie sich Wissenschaft in den Augen eines wissenschaftlichen Aufrührers entwickelt: nach
    menschlicher Lust und Macht, nicht nach wissenschaftlichen Gesetzen. Belegt durch ausführ-
    liche historische Untersuchungen, mitreißend geschrieben.
Feyerabend, Paul: Erkenntnis für freie Menschen.
    Suhrkamp; Frankfurt/Main 1981
    Programm für einen demokratisch bestimmten Wissenschaftsbetrieb, eine herausfordernde
    Utopie.
Feyerabend, Paul: Wissenschaft als Kunst.
    Suhrkamp; Frankfurt/Main 1984

Wissenschaft wie Kunst entwickeln sich nicht logisch, sondern in einer Folge von Stilen, die nicht aus sich zu erklären sind.

Fisch, Max H.: Peirce, Semiotic, and Pragmatism.
Indiana University Press; Bloomington 1986
Ausführliche Darstellung des Werkes von Charles Sanders Peirce, eines wenig bekannten Begründers der modernen Logik.

Grassi, Ernesto: Rhetoric as Philosophy.
The Pennsylvania State University Press; University Park 1980
Beweisen ist keine rein rationale Tätigkeit; um zu überzeugen, setzen wir, Wissenschaftler wie Künstler, alle unsere Fähigkeiten ein.

Hofstadter, Douglas R.: Gödel, Escher, Bach - an Eternal Golden Braid.
Basic Books; New York 1979.
Deutsch: Gödel, Escher, Bach - ein endloses geflochtenes Band. Klett-Kotta; 1984
Kunst und formale Sprachen kunstvoll endlos verflechtend führt der Autor, Physiker und Informatiker, ein in Sinn und Hintersinn der Künstlichen Intelligenz und Mathematischen Logik, des Formalen Denkens überhaupt. Eine wundervolle Einführung in die Logik und eine raffinierte Werbeschrift für die Künstliche Intelligenz.

Hofstadter, Douglas R.; Dennet, David C.: The Mind's I - Fantasies and Reflections on Self and Soul.
Bantam Books; 1981
Eine Sammlung von Aufsätzen zu Problemen der Logik und der künstlichen Intelligenz, mit kritischen Kommentaren der Autoren.

Kline, Morris: Mathematics - The Loss of Certainty.
Oxford University Press; 1980
Wie die Mathematiker sich von naiven Rechnern zu formalen Spielern entwickelten und sich dabei ihrer Ergebnisse nicht sicherer, aber deren Bedeutung immer unsicherer wurden.

Lakatos, Imre: Proofs and Refutations - The Logic of Mathematical Discovery.
Cambridge University Press; Cambridge 1976.
Deutsch: Beweise und Widerlegungen. Vieweg; Wiesbaden 1979
Eine Gruppe von Schülern erarbeitet sich mit ihrem Lehrer einen Satz von Euler im Dialog. Jedesmal wenn sie Beweis und Begriffe verstanden zu haben meinen, findet einer ein Gegenbeispiel, sie ändern, fangen neu an. Beim Beweisen wollen wir nicht Wahrheit etablieren, sondern uns und andere überzeugen.

Luhmann, Niklas: Soziale Systeme.
Suhrkamp, stw 666; Frankfurt am Main 1984
Über Sinn und Verstehen in der Kommunikation. Schön und schwierig zu lesen.

Maddy, Penelope: The Roots of Contemporary Platonism.
Journal of Symbolic Logic vol. 54 (1989), pp. 1121-1144
Die Autorin setzt sich damit auseinander, wie die Logiker verschiedener Schulen ihre Weltsicht begründen - insbesondere gegenüber den "arbeitenden Mathematikern".

Naur, Peter: Programming as Theory Building.
Euromicro 84; Microprocessing and Microprogramming 15 (1985), pp. 253-261
Die Theorie, die Programmierer beim Arbeiten entwickeln, kann man aus den Programmen und Dokumentationen nicht voll ersehen; sie steckt in den Händen und Herzen ebenso wie in den Köpfen.

Smullyan, Raymond M.: Wie heißt dieses Buch?
   Vieweg; Wiesbaden 1981
   Logeleien eines Logikers.
Zweistein, Logeleien von: dtv-Spiele Nr. 10306.
   Deutscher Taschenbuch-Verlag; München 1984
   Die wöchentlichen Logeleien aus der "Zeit".

L6.   Zur ganzen Wissenschaft

Bateson, Gregory: Steps to an Ecology of Mind.
   Ballantine Books; New York 1972.
   Deutsch: Ökologie des Geistes. Suhrkamp; Frankfut/Main 1981
   Aus einem Biologen wird über praktischer Arbeit in Ethnologie und dann Psychiatrie ein
   Systemtheoretiker, weil er alles, was er lernt, theoretisch durchdringt. Die Aufsätze spiegeln
   seine Entwicklung und die seiner Theorien wider.
Bateson, Gregory: Mind and Nature - a Necessary Unity.
   Ballantine Books; New York 1979.
   Deutsch: Geist und Natur - eine notwendige Einheit. Suhrkamp; Frankfut/Main 1982
   Bateson hat immer mit Menschen gearbeitet und entwickelt seine Theorie autopoietischer
   Systeme dementsprechend. Geistige und biologische Entwicklung sind gekoppelte stocha-
   stische Prozesse, die den gleichen Prinzipien unterliegen. Das schönste Buch über Lernen und
   Evolution.
Berman, Morris: The Reenchantment of the World.
   Cornell University Press; Ithaca and London 1981.
   Deutsch: Wiederverzauberung der Welt. Dianus-Trikont; München 1983
   Die Wissenschaft hat sich im Übergang zur Neuzeit im Gegensatz zur Alchemie, aber in
   Verstrickung mit Religion und Politik entwickelt. Berman bringt uns seinen kritischen Stand-
   punkt anschaulich nahe und kontrastiert ihn ebenso lebhaft mit einer ganzheitlichen Sicht.
Bohm, Daniel: Wholeness and the implicate order.
   ARK Paperbacks; London 1983
   Unser Denken baut auf einem ungebrochenen Erfassen der Welt in allen Bereichen auf. Er-
   fassen wir die Welt atomistisch, erkennen wir nur Fragmente. Gehen wir von impliziten Ord-
   nungen aus, sehen wir die expliziten Ordnungen überall. Die impliziten Ordnungen der Physik
   sind nicht-cartesisch, sie entfalten sich zur Relativitätstheorie und Quantenmechanik als
   speziellen, einander widersprechenden Weltsichten.
Dillard, Annie: Pilgrim at Tinker Creek.
   Bantam Books; 1975
   "Ich bin keine Wissenschaftlerin; ich erkunde die Umgebung," schreibt die Literaturkritikerin
   und läßt uns teilhaben an ihrer Erkundung der Natur, hingerissen zwischen mystischem
   Staunen und wissenschaftlicher Akribie.
Hoff, Benjamin: The Tao of Pooh.
   E.P. Dutton; 1982.
   Deutsch: Tao Te Puh. Synthesis; Essen 1984

"... die Lehren des Tao durch Puh den Bären erklären und Puh den Bären durch die Lehren des Tao" und dabei lernen, daß die Welt einfacher ist, als die Wissenschaftler uns glauben machen wollen.

Leopold, Aldo: A Sand County Almanac.

Ballantine Books; New York 1970

Aldo Leopold, Biologieprofessor, Regierungsberater, Wochenendfarmer, hat früher als wir alle für Umweltschutz und Umweltbewußtsein gearbeitet. Von ihm stammen Begriffe wie 'food chain' und 'land pyramid' und der Ruf nach 'land ethics' - gewachsen aus wunderschönen Beschreibungen der Natur und der Rolle des Menschen in ihr.

Pirsig, Robert: Zen and the Art of Motorcycle Maintenance.

Bantam Books; 1975.

Deutsch: Zen und die Kunst ein Motorrad zu warten. Fischer Taschenbuch 2020; 1980

Der Autor, Informatiker, erzählt von einer Motorradfahrt mit seinem Sohn. Verfolgt dabei den Geist des rationalen Denkens zurück zu den Griechen und über Poincaré hin zu unserer Technikgläubigkeit. Verliert auf der Jagd nach Qualität fast seinen Sohn und sich.

Smullyan, Raymond M.: The Tao is Silent.

Harper & Row; London 1977

Betrachtungen eines Logikers.

Thoreau, Henry David : Walden (and other writings).

Bantam Books; 1962.

Deutsch: Walden oder Leben in den Wäldern. Detebe 19; Zürich 1971

Der Klassiker der amerikanischen Umweltliteratur, geschrieben ca. 1850. Wie Annie Dillard, aber in anderer Zeit und anderem Geist, erkundet Thoreau die Natur und entwickelt daraus aufrührerische Ansichten über Sehen und Lernen, über Technik und Selbständigkeit.

L7.   Eigene Arbeiten zum Formalisieren und Kommunizieren

Kleine Systeme.

Technische Universität Berlin, Bericht-Nr. 82-14, 1982

Erweiterte englische Fassung: Small Systems.

Purdue University, Techn. Report Nr. CSD-TR 435, 1983

Ungelogene unlogische Geschichten.

Technische Universität Berlin, Bericht-Nr. 85-18, 1985. - Sprache im Technischen Zeitalter, Bd. 103, 1987, S. 222-239

Only small systems evolve.

In "System design for human development and productivity: participation and beyond", IFIP WG9.1 Conference Humboldt-Universität Berlin 1986, edited by P. Docherty, K. Fuchs-Kittowski, P. Kolm, L. Mathiassen. North-Holland; Amsterdam 1987, pp. 177-185

Formalizing and Understanding. What can logicians and computer scientists learn from each other?

Unveröffentlichtes Manuskript, Vortrag Symposium "Logik in der Informatik" Karlsruhe 1987

How to communicate proofs or programs.

Technische Universität Berlin, Bericht-Nr. 88-22, 1988. - In Budde et alii (L5), S. 140-154

Prototyping is Theory Building.

Unveröffentlichtes Manuskript, Vortrag IFIP WG9.1 Conference "Information System, Work and Organization Design", Humboldt-Universität Berlin, 1989

Beziehungskiste Mensch - Maschine.

Sprache im Technischen Zeitalter, Bd.112, 1989, S. 332-343. - Auch in "Das kritische Computerbuch", hrsg. von Gero von Randow. Grafit-Verlag; Dortmund 1990, S.90-110

Wende zur Phantasie; zur Theoriebildung in der Informatik.

Technische Universität Berlin, Bericht Nr. 90-17, 1990. - In "GI - 20.Jahrestagung, Stuttgart", Bd. I. Springer: Berlin Heidelberg New York 1990, S. 242-255. - Auch in Sprache im Technischen Zeitalter, Bd. 116, 1990, S. 330-345

Sinn im Formalen? - Wie wir mit Maschinen und Formalismen umgehen.

Technische Universität Berlin, Bericht Nr. 91-12, 1991. - Erscheint in Coy et alii (L5)

Kleine Systeme - Lernen und Arbeiten in formalen Umgebungen.

Vieweg: Braunschweig. In Vorbereitung

Sammlung der ersten acht Arbeiten, von mir ins Deutsche übersetzt.

Begriffsverzeichnis

Verweise nach Abschnitten,
Einleitungen (zu den Teilen und
Kapiteln), Einführung, Anhang.
Verweise auf Definitionen fett.

Symbolverzeichnis

Expertensystemwerkzeuge

Produkte, Aufbau, Auswahl

von Matthias von Bechtolsheim, Karsten Schweichhart und Udo Winand

1991. X, 138 Seiten. Gebunden.
ISBN 3-528-05156-6

Komplexen betrieblichen Aufgabenstellungen kann heute vielfach mit leistungsfähigen Expertensystementwicklungen begegnet werden. Das vorliegende Buch gibt einen umfassenden Überblick darüber, welche Entwicklungswerkzeuge für welchen Zweck geeignet sein können. Im einzelnen geht es um folgende Fragen:
- Was ist der derzeitige Stand der Technik?
- Welche Entscheidungsgrundlagen sollten beachtet werden?
- Wie können die Tools eingebunden werden in bestehende DV-Umgebungen?
- Welcher Support ist bei verfügbaren Produkten zu erwarten?

Ein unverzichtbarer Ratgeber für jeden, der es professionell mit KI-Werkzeugen zu tun hat.

Verlag Vieweg · Postfach 58 29 · D-6200 Wiesbaden

vieweg

Parallelism in Logic

Its Potential for Performance and Program Development

von Franz Kurfeß

1991. XII, 299 pp. (Artificial Intelligence, ed. by Wolfgang Bibel and Walther von Hahn) Softcover.
ISBN 3-528-05163-9

The potential of parallelism in logic reaches far beyond the exploitation of AND- and OR-parallelism usually found in attempts to parallelize PROLOG. This book discusses parallelism in logic and its exploitation on parallel architectures. A variety of categories of parallelism is discussed with respect to different levels of a logical formula and different ways to evaluate it. As an outcome of these investigations ot is shown that modularity allows structuring of logic programs and meta-evaluation can be used to control the evaluation process on a parallel system. This combination yields a consistent programming framework with a wide scope. Finally, the suitability of a specific evaluation mechanism for parallel architectures is investigated.

Vieweg Publishing · P. O. Box 58 29 · D-6200 Wiesbaden